“十二五”职业教育国家规划教材
经全国职业教育教材审定委员会审定

水处理工程技术

SHUICHULI GONGCHENG JISHU

（第2版）

张宝军　王国平　袁永军　刘红侠 ◀ 编著

冯启言　王阿华 ◀ 主审

U0280300

重庆大学出版社

内容简介

本书是"十二五"职业教育国家规划教材,国家级精品课程、国家级精品资源共享课程、职业教育专业教学资源库子项目水处理工程技术课程配套教材,2020年全国职业院校技能大赛改革试点赛高职组"水处理技术"赛项推荐教材。

本书系统介绍了水处理工程技术的基本原理、工艺流程、水处理构筑物及设备的功用和构造、水处理系统选择计算及运行维护与管理等相关知识。特别注重对水处理工程技术的应用能力和职业技能的培养,并反映了新知识、新技术、新工艺和新方法,具有职业教育特色。全书共5章,主要内容包括:水质与水处理工程技术、地表水处理技术、地下水及特殊用水处理技术、城镇污水处理技术、工业废水处理技术。每章针对不同的水质特点及水质标准,按处理对象与处理方法、处理工艺、运行管理顺序编排。

本书可作为技术技能型人才培养各类教育环境保护类、市政工程类专业教学用书,也可供从事水处理工程技术工作的操作人员和运行管理人员参考。

图书在版编目(CIP)数据

水处理工程技术 / 张宝军等编著. -- 2版. -- 重庆：
重庆大学出版社,2021.8(2024.1重印)
ISBN 978-7-5624-8477-6

Ⅰ.①水… Ⅱ.①张… Ⅲ.①水处理—高等职业教育
—教材 Ⅳ.①TU991.2

中国版本图书馆 CIP 数据核字(2020)第 130017 号

"十二五"职业教育国家规划教材
水处理工程技术
（第2版）

编 著 张宝军 王国平 袁永军 刘红侠
主 审 冯启言 王阿华

责任编辑:刘颖果 版式设计:桂晓澜
责任校对:谢 芳 责任印制:赵 晟

*

重庆大学出版社出版发行
出版人:陈晓阳
社址:重庆市沙坪坝区大学城西路21号
邮编:401331
电话:(023) 88617190 88617185(中小学)
传真:(023) 88617186 88617166
网址:http://www.cqup.com.cn
邮箱:fxk@ cqup.com.cn（营销中心）
全国新华书店经销
重庆巍承印务有限公司印刷

*

开本:787mm×1092mm 1/16 印张:23.75 字数:594 千
2015年1月第1版 2021年8月第2版 2024年1月第12次印刷
印数:15 242— 17 241
ISBN 978-7-5624-8477-6 定价:59.00 元

前　言

本书在第1版的基础上,根据《室外给水设计标准》(GB 50013—2018)、《室外排水设计标准》(GB 50014—2021)进行修订。本书结合近年来水处理工程的技术特点,针对不同的水质特点、水质标准,系统地介绍了水处理工程技术的基本原理、水处理构筑物及设备的功用和构造、水处理系统选择计算及运行维护与管理等方面的知识。本书共5章,主要内容包括:水质与水处理工程技术、地表水处理技术、地下水及特殊用水处理技术、城镇污水处理技术、工业废水处理技术。每章针对不同的水质特点及水质标准,按处理对象与处理方法、处理工艺、运行管理顺序编排。本书注重水处理工程技术的应用能力和职业技能的培养,反映新知识、新技术、新工艺和新方法,具有职业教育特色。为便于学习,在相关章节安排了工程案例、课后思考题,并附有全国职业院校技能大赛有关水处理工程技术比赛的方案与样题。

本书注重理论与实际的结合,体现产学融合、校企合作的知识深度,做到中职、高职、应用本科、工程类研究生的有效衔接,有深有浅,繁简得当。既体现整体方案、工艺设计的技术水平,又体现现场操作维护、运行管理的技术能力。

本书第1版依托国家精品课程、国家精品资源共享课水处理工程技术教学团队,由江苏建筑职业技术学院张宝军教授等编著。第2版由职业教育专业教学资源库子项目水处理工程技术课程建设团队修订完成。参与第2版修订工作的有江苏建筑职业技术学院张宝军、王国平、袁永军、刘红侠、袁涛、孙悦、高将、王晓玲,杨凌职业技术学院苏少林,安徽水利水电职业技术学院蒯圣龙,黄河水利职业技术学院王雪平,深圳信息职业技术学院钟润生,广西水利电力职业技术学院彭燕莉,浙江天煌科技实业有限公司朱幸福。全书由张宝军统稿定稿。

本书由南京市市政工程设计研究院有限公司王阿华研究员级高级工程师、中国矿业大学博士生导师冯启言教授担任主审。

本书在编写过程中,编者参考并引用了大量文献资料,在此向所有被引用资料的专家学者致以真诚的感谢!

因编写人员知识水平、实践经验所限,书中难免存在不完善之处,还请各位专家、读者批评指正。

编　者

2021年5月

目　录

1

水质与水处理工程技术

教学要求

通过本章学习,理解水资源的概念,掌握我国水资源的分布及特点,熟悉水的自然循环、水的社会循环、水质与水体自净、水质指标与水质标准等概念,了解水处理工程技术的现状与发展。

知识点

水资源;水的循环;水体污染;水体自净;水质指标;水质标准

1.1 水资源与水的循环

1.1.1 水资源

水资源,指现在或将来一切可能用于生产和生活的地表水和地下水。水是人类生产和生活不可缺少的物质,是生命的源泉,也是工农业生产和经济发展不可取代的自然资源。随着世界经济的快速发展,人口也不断增长,人民生活水平日益提高,用水量逐年增加。因此,每个国家都把水作为一种宝贵的资源,并加以开发、保护和利用。

地球总表面积为 5.1×10^8 km^2,其中海洋面积占全球面积的 70.8%,陆地面积约占29.2%。地球上水的总量约有 14×10^8 km^3,以不同的形式分布于不同的区域。分布形式有海洋水、淡水湖水、盐湖和内海水、河流水、土壤水、地下水、冰冠和冰川水、大气水。海洋储量占地球水总量的 96.5%,陆地表面水量为 3.5%。海水含有大量的矿物盐类,不宜被人类直接使用。在人类可利用淡水中,约有 75%以冰冠和冰川的形式存在于地球的两极,可被人类开发利用的淡水仅占总水量的 0.3%。

我国地域辽阔,年平均降水总量约为 6.0×10^3 km^3,河川径流量为 2.7×10^3 km^3,占世界河川径流量的 5.7%,居世界第六位。但人均水量为 2.6×10^3 km^3,只有世界人均水量的1/4,被列为世界 13 个贫水国家之一。水资源的地区分布也极不均匀,径流量由东南向西北递减,东南沿海湿润多雨,西北内陆干燥少雨,南北水资源相差悬殊。另外,我国大部分地区冬春少雨,夏秋多雨,年降雨集中在汛期,易造成一些地区旱涝灾害频繁发生。

1.1.2 水的循环

1)水的自然循环

地球上的水时时刻刻都 在运动中,而且可以相互交换。如果没有水的运动,陆地的水就会很快枯竭。正是地心引力及太阳的辐射作用,使各种状态的

水的循环

水从海洋、江河、湖泊、沼泽、水库及陆地表面的植被中,蒸发、散发变成水汽,上升到空中,一部分被气流带到其他区域,在一定条件下凝结,通过降水的形式落到海洋或陆地上;一部分滞留在空中,待条件成熟,降到地球表面。降到陆地上的水,在地心引力的作用下,一部分形成地表的径流流入江河,最后流入海洋;还有一部分渗入地下,形成地下径流;另外,还有一小部分又重新蒸发到空中。这种在太阳照射和地球引力作用下形成的水的循环现象称为水的自然循环,如图1.1所示。海洋—内陆—海洋的循环称为大循环或外循环,而内陆—海洋的循环,省却了通向海洋的径流。那些在小自然区域内的循环称为小循环或内循环,如图1.2所示。不论何种循环,使水蒸发的基本动力是太阳能,使云气运动的动力是密度差造成的大气环流,使水流动的动力是地球引力。

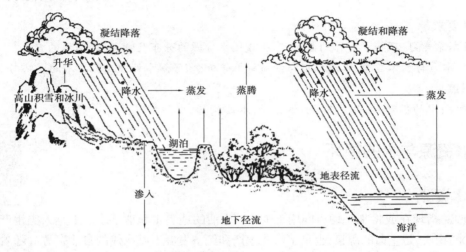

图1.1　水的自然循环

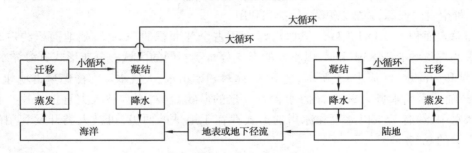

图1.2　水的大循环与小循环

2)水的社会循环

由人的因素促成的水循环,称为水的社会循环。它是直接为人们的生活和生产服务的。取之于自然而直接供生活和生产使用的水,称为给水;使用后因丧失使用价值而排放的水,称为排水。

为保证给水能满足水量、水质和水压使用要求的工程设施,称为给水工程;为保证排水能安全可靠地排放的设施,称为排水工程。由给水工程和排水工程构成水的社会循环,如图1.3所示。

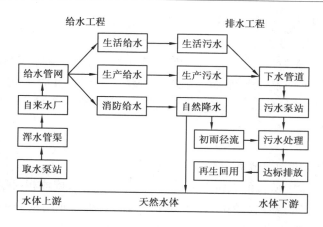

图 1.3 水的社会循环

1.2 水体污染与水体自净

1.2.1 天然水体中的杂质

天然水体按水源的种类可分为地表水和地下水两种。地表水又称陆地水，指存在于地壳表面，暴露于大气的水，是河流、冰川、湖泊、沼泽 4 种水体的总称；地下水，指贮存于包气带以下地层空隙中的水，包括岩石孔隙、裂隙和溶洞之中的水。

天然水体中的杂质

水在自然循环中都不同程度地有各种各样的杂质混入，使水质发生变化。其杂质来源基本分为两类：一是自然过程，如初期降水（包括雨、雪等）在到达地面之前被各种有害物质溶入，水对地层矿物中某些易溶成分的溶解，水流对地表及河床冲刷所带入的泥沙和腐殖质，水中各类微生物、水生动植物繁殖及其死亡残骸等；二是人为因素（即生活污水及工业废水）的污染，此时水中杂质会更加复杂，这些杂质按形态（主要是尺寸大小）可分为悬浮物、胶体和溶解物三类，见表 1.1。

表 1.1 中的颗粒尺寸是按球形计，各类杂质的尺寸界限是大体的范围。粒径为 100 nm ~ 1 μm 属于胶体和悬浮物的过渡阶段。小颗粒悬浮物也具有一定的胶体特性，当粒径大于 10 μm 时，与胶体有明显差别。

表 1.1 水中杂质分类

杂 质	溶(低分子、离子)解物		胶 体			悬浮物		
颗粒尺寸	0.1 nm	1 nm	10 nm	100 nm	1 μm	10 μm	100 μm	1 mm
分辨工具	电子显微镜		超显微镜			显微镜	肉眼可见	
外观	透明		浑浊			浑浊		

1)悬浮物和胶体杂质

地表水中大多含有大量悬浮物、胶体物质，这些物质的存在使水变得浑浊，而且它们还能够黏附很多细菌和病毒。因此，悬浮物和胶体是地表水作为饮用水源时水处理中主要的去除对象。

从水的生活饮用和水处理技术的观点看:悬浮物的尺寸较大,易在水中下沉或上浮。易于下沉的一般是大颗粒泥沙及矿物质废渣等;能够上浮的一般是体积较大而密度小于水的某些有机物。胶体状的物质颗粒尺寸很小。水中胶体通常包括黏土、藻类、腐殖质及蛋白质等。它们在水中长期静置,既不能上浮水面,也不能沉淀澄清。悬浮物和胶体往往造成水的浑浊,而有机物如腐殖质及藻类等还使水产生色、嗅、味,对工业使用和人类健康产生主要影响,并给人以厌恶感和不快。

2)**溶解杂质**

水中溶解杂质分无机物溶解物和有机物溶解物两类。

①无机溶解物,指水中所含的无机低分子和离子,它们与水构成相对稳定的均相体系。无机溶解物可产生色、嗅、味,导致水的硬度、碱度提高,是某些工业用水的去除对象。有毒有害的无机溶解物是饮用水的去除对象。

②有机溶解物,指水中所含的有机高分子物质,如腐殖酸等。

溶解气体指溶解在水中的 O_2、N_2、CO_2 气体,有时还含有 SO_2 和 H_2S。这些物质用常规的混凝、沉淀、过滤等方法难以去除。天然水体中 O_2 主要来源于空气中氧的溶解,部分来自藻类等水生植物的光合作用。正常水体中溶解氧的含量为 $5\sim10$ mg/L,最高含量不超过 10 mg/L。天然水体中 CO_2 来源于有机物的分解,江河水中 CO_2 的含量一般小于 30 mg/L。天然水体中 N_2 主要来源于空气中氮的溶解,部分是有机物分解及含氮化合物的细菌还原过程产生。

水中的离子包括以阳离子和阴离子形式存在的 Ca^{2+}、Mg^{2+}、Na^+、K^+、HCO_3^-、SO_4^{2-}、Cl^-,而地下水还有 Fe^{2+} 和 F^- 等。所有这些离子主要来源于矿物质的溶解,部分来源于水中有机物的分解。随着水污染的程度日益加重,水中可能含有 Hg、Cr、Cd、Pb、Se、As、氰化物等无机类有毒物质,多环芳烃、芳香族氨基化合物、有机汞、酚类化合物等有机类有害物质,以及人工合成的有机磷农药、有机氯等有毒物质,此时水处理工艺更加复杂。

江河水易受自然条件影响,水较混浊,细菌较多,含盐量和硬度较低。由于湖泊及水库水多由河水供给形成,其水质与河水类似。但湖(或水库)水流动性小,贮存时间长,经过长期自然沉淀,一般浊度较低,多数含藻类较多。湖(或水库)水受风浪冲击后水质变化较大,受生活污水污染后易产生富营养化。

1.2.2　水体污染

1)水体污染的概念

水体,指河流、湖泊、沼泽、水库、地下水、冰川、海洋的总称。它不仅包括水,而且也包括水中的悬浮物、底泥及水生生物等。

水体污染,指人类在生活、生产中使用过的水排入水体后,其所含的污染物在数量上超过了该物质在水体中的本底含量和水体的环境容量,导致水的物理、化学及生物性质发生变化,使水体固有的生态系统和功能受到破坏。在自然情况下,天然水的水质也常有一定变化,但这种变化是一种自然现象,不属于水体污染。水体一旦受到污染,会降低水的质量,直接或间接地危害人类的生存和健康。

2)水体污染的原因

水体污染体现在排入水体的污染物质总量超过了水体本身的净化能力。导致水体污染的原因是人类生活、生产过程中排放的污染物造成的。其主要污染源为工矿企业生产过程产生的废水,城镇居民生活区的生活污水与农业生产过程中产生的有机农药污水也对水体产生污染。

生活污水,指人类在日常生活中使用过的,并被生活废弃物所污染的水,一般指受到粪便污染的水。

工业废水,指工矿企业生产过程中使用过的并被生产原料等废料所污染的水,包括生产污水和生产废水。

城市污水,指生活污水和工业废水的混合污水。

初期降水由于冲刷了地表的各种污染物,初雨径流含有大量的污染物质,需要对其进行水质处理。

污水经净化处理后最终转化为排放水体,用来灌溉农田和重复利用。排放水体是污水的自然归宿。污水排入水体后,水体本身具有一定的稀释与净化能力,污染物浓度能得以降低,但这也是造成水体污染的重要原因。灌溉农田可以节约水资源,但必须符合灌溉的有关规定,如果用污染超标水灌溉,不仅不利于农作物生长,还会污染地下水或地表水。因此,农业灌溉用水也是水体受到污染的原因之一。

3)水体污染的分类

水体污染源,指向水体排放污染物的场所、设备和装置等。

①按污染的分布特征不同,水体污染分为点源污染、面源污染、扩散污染。

点源污染,指来自未经妥善处理的城市污水(生活污水与工业废水)集中排入水体造成的污染。

水体污染的分类

面源污染,指农田肥料、农药以及城市地面的污染物随雨水径流进入水体造成的污染。

扩散污染,指随大气扩散的有毒有害物质,由于重力沉降或降雨过程,进入水体造成的污染。

②按造成水体污染原因的不同,水体污染分为天然污染和人为污染。

天然污染,指由自然因素造成的污染,如地面水渗漏和地下水流动将地层中某些矿物质溶解,使水中的盐分、微量元素或放射性物质浓度升高而使水质恶化。

人为污染,指人类的生产和生活活动造成的水体污染。人为污染是当前水体污染的主要污染源。

③按受污染的水体不同,水体污染分为地面水污染、地下水污染和海洋污染。

④按污染源释放的有害物质种类不同,水体污染分为物理性污染、化学性污染、生物性污染。

4)水体污染的危害

(1)物理性污染及其危害

物理性污染,指能被人类感官所察觉并引起不悦的水温、色度、臭味、悬浮物及泡沫等造成的污染。一般包括悬浮物污染、热污染、放射性污染。

水体污染的危害

悬浮物污染不但使水质变得浑浊,还会使管道及设备堵塞、磨损,干扰废水处理及回收设备的工作。悬浮性固体会导致鱼类窒息死亡,并且能使水质恶化;溶解性固体能增加水中的无机盐浓度,使土壤板结。

热污染,指废水温度过高而引起的水体污染。水温过高会使水体溶解氧浓度降低,导致生物耗氧速度加快,水质迅速恶化,造成鱼类和水生生物因缺氧而死亡。热污染主要来源于热电站、核电站、冶金和石油化工等工厂的排水。

放射性污染,指由放射性物质造成的污染。环境中的放射性物质可以由多种途径进入人体,发出的射线会破坏机体内的大分子结构,甚至直接破坏细胞和组织结构,给人体造成损伤,引发白血病和各种癌症,破坏人的生殖机能,严重的能在短期内致死。累积照射会引起慢性放射病,使造血器官、心血管系统、内分泌系统和神经系统等受到损害,发病过程往往延续几十年。放射性污染的来源有:原子能工业排放的放射性废物,核武器试验的沉降物以及医疗、科研排出的含有放射性物质的废水、废气、废渣等。

(2)化学性污染及其危害

化学性污染,指农用化学物质、食品添加剂、食品包装容器和工业废弃物的污染,汞、镉、铅、氰化物、有机磷及其他有机或无机化合物等造成的污染。常见的有需氧有机物污染、有机毒物污染、重金属污染、营养物质污染和酸碱污染等。影响水质的污染物质大部分为有机污染物。

需氧有机物污染,包括碳水化合物、蛋白质、油脂、氨基酸、脂肪酸、酯类等有机物质。需氧有机物没有毒性,但水体需氧有机物越多,耗氧也越多,水质就越差,水体污染就越严重。由于需氧有机物造成水体缺氧,所以对水生生物中的鱼类危害严重。充足的溶解氧是鱼类生存的必要条件,目前水污染造成的死鱼事件,绝大多数是这种类型的污染所致。当水体中溶解氧消失时,厌氧菌繁殖,形成厌氧分解,发生黑臭,分解出甲烷、硫化氢等有毒有害气体,更不适于鱼类的生存和繁殖。

有机毒物污染,包括酚类化合物、有机氯农药、有机磷农药、增塑剂、多环芳烃、多氯联苯等。

重金属作为有色金属,在人类的生产和生活方面有着广泛的应用,因此在环境中存在着各种各样的重金属污染源。其中,采矿和冶炼是向环境释放重金属的主要污染源。重金属污染物一般具有潜在危害性。它们与有机污染物不同,水中的微生物难以使之分解消除(可称为降解作用),经过"虾吃浮游生物,小鱼吃虾,大鱼吃小鱼"的水中食物链被富集,浓度逐级加大。而人类处于食物链的终端,通过食物或饮水,将有毒物摄入人体。

重金属污染的特点:水体中重金属离子浓度为 $0.1 \sim 10$ mg/L 即可产生毒性效应;重金属不能被微生物降解,反而可在微生物的作用下,转化为金属有机化合物,使毒性猛增;水生生物从水体中摄取重金属并在体内大量积蓄,经过食物链进入人体;重金属进入人体后,能与体内的蛋白质及酶等发生化学反应而使其失去活性,并可能在体内某些器官中积累,造成慢性中毒,这种积累的危害有时需要 $10 \sim 30$ 年才显露出来。因此,污水排放标准都对重金属离子的浓度作了严格限制,以便控制水污染,保护水资源。引起水污染的重金属主要有汞、铬、镉、铅等,此外锌、铜、钴、镍、锡等重金属离子对人体也有一定的毒害作用。

污水中的氮、磷为植物的营养物质,N、P 对高等植物的生长是重要物质,而对天然水体中的藻类,N、P 虽然是生长物质,但藻类的大量生长和繁殖能使水体产生富营养化现象。

污水中的无机盐类,主要指污水中的硫酸盐、氯化物和氰化物等。硫酸盐来自人类排泄物及一些工矿企业废水,如选矿、化工、制药、造纸等工业废水。污水中的硫酸盐用 SO_4^{2-} 表示,在缺氧状态下,硫酸盐还原菌和反硫化菌的作用使其还原成 H_2S。硫化物主要来自人类排泄物。

某些工业废水含有较高的氯化物,它对管道及设备有腐蚀作用。污水中的氰化物主要来自电镀、焦化、制革、塑料、农药等工业废水。氰化物为剧毒物质,在污水中以无机氰和有机氰两种类型存在。

除此以外,城市污水中还存在一些无机有毒物质,如无机砷化物,主要以亚砷酸和砷酸盐形式存在。砷会在人体内积累,属致癌物质。

酸碱污染物主要由排入城市管网的工业废水造成。水中的酸碱度以 pH 值反映其含量。酸性废水的危害在于其有较大的腐蚀性;碱性废水易产生泡沫,使土壤盐碱化。城市污水的酸碱性变化不大,微生物生长要求酸碱度为中性偏碱为最佳,当 pH 值超出 6~9,将会对人畜造成危害。

（3）生物性污染及其危害

生物性污染,指致病菌及病毒等病原微生物排入水体后,直接或间接地使人感染或传染各种疾病。病原体污染来源于粪便,医院污水,屠宰、制革生物制品等工厂排水,垃圾及地表径流等。霉菌毒素污染来源于制药、酿造、制革等工厂的排水。

病原微生物的水污染危害至今仍是威胁人类健康和生命的重要水污染类型。洁净的天然水一般含细菌很少,病原微生物更少。水质监测中通常规定用细菌总数和大肠杆菌群数作为病原微生物污染的间接指标。

病原微生物污染的特点:数量大、分布广,存活时间长(病毒在自来水中可存活 2~288 d),繁殖速度快,易产生抗药性。因此,传统的二级生化污水处理及加氯消毒后,某些病原微生物仍能大量存活。此类污染物通过多种途径进入人体,并在体内生存,一旦条件适合,会传播霍乱、伤寒、痢疾等病毒污染的疾病和寄生虫病。

1.2.3 水体自净

1)水体自净

水体自净,指水体受到污染后,通过自身的一系列物理、化学和生物等因素的共同作用,致使污染物质的总量减少或浓度降低,使受污染的水体部分或完全恢复原状的过程。

水体自净的原理包括稀释、混合、吸附沉淀、氧化还原、生物分解、生物转化和生物富集等。一般情况下,自净过程主要取决于水体对受纳污染物的稀释作用以及水体中的微生物对有机污染物的生物降解作用。

水体自净过程十分复杂,按其净化机理可分为:

（1）物理自净

物理自净,指通过污染物质在水体中的稀释、扩散、混合、沉淀和挥发等作用,使水体得到一定程度净化的过程。其净化能力的强弱取决于污染物自身的物理性质(密度、形态、粒度等)以及水体的水文条件(温度、流速、流量等)。物理自净作用只能降低水体中污染物质的浓度,并不能减少污染物质的总量。

水体自净的原理

（2）化学自净

化学自净,指水体中的污染物质通过氧化、还原、吸附、凝聚、中和等反应,使其浓度降低的过程。影响化学自净能力的因素主要有污染物质的形态和化学性质、水体的温度、酸碱度以及氧化还原电位等。

（3）生物自净

生物自净,指通过水生生物的代谢作用,使水体中的污染物质浓度降低或转化为无害物质的过程。水体生物净化过程进行的快慢和程度与污染物质的性质和数量、微生物种类及水体温度、供氧状况等条件有关。

任何水体的自净作用都是上述 3 项自净作用的综合,它们同时发生并相互影响,其中常以生物自净作用为主,微生物在水体自净过程中是最活跃、最积极的因素。图 1.4 为河水自净示意图。

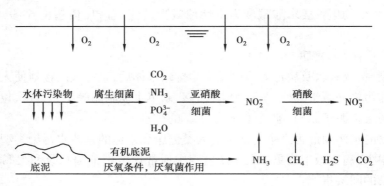

图 1.4　河水自净示意图

如图 1.5 所示,正常河流处于清洁带,水中的溶解氧与好氧物质处于一种平衡状态。当有机污染物排入水体后,河流处于污染带,微生物降解有机物而将水中的溶解氧消耗殆尽,使河水出现氧不足现象(或称亏氧状态),此时的溶解氧曲线处于如同一只勺子的底部。随着大气向水体不断溶氧,又使得水体中的溶解氧逐步得到恢复,河流处于恢复带,最后达到正常清洁状态。描述被污染河流中溶解氧的变化曲线,称为氧垂曲线。

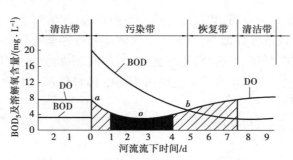

图 1.5　被污染河流中生化需氧量与溶解氧的变化曲线

2）水环境容量

水环境容量,是指在不影响水的正常用途的情况下,水体所能容纳污染物的最大负荷量或自身调节并保持生态平衡的能力。正确认识和利用水环境容量对水污染控制有重要意义,它是环境管理部门制定地方性、专业性水域排放标准的依据之一,是确定水污染实施总量控制的依据,是水环境管理的基础。

水环境容量的大小除与水体的本身特性如河宽、水深、流量、流速以及天然水质、水文特征等有关外,还与水体的用途和功能、污染物特性有关。水体功能越强,对水质要求也就越高,其水环境容量就越小。反之,当水体的水质指标不甚严格时,水环境容量将会大一些;污染物的物理、化学性质越稳定,其水环境容量就越小。例如,耗氧性有机物的水环境容量比难降解有机物的水环境容量大得多,而重金属的水环境容量则甚微。

1.3 水质指标与水质标准

1.3.1 水质指标

水质指标又称水质参数,指水样中除去水分子外所含杂质的种类和数量,是反映水的性质的一种量度,是判断和综合评价水体质量并对水质进行界定分类的重要参数。

水质指标的
概念与分类

水质指标有的涉及单项质量浓度具体数值,如水中的铁、锰等;有的不代表具体成分,但能直接或间接反映水的某一方面的性质,如水的色度、浑浊度、COD 等,称为替代参数。

1)物理性指标

(1)温度

水温与水的物理化学性质有关,气体的溶解度、微生物的活动及 pH 值、硫酸盐的饱和度等都受水温影响。许多工业排放的废水都有较高的温度,这些排放的废水使水体水温升高,造成水体热污染。

水的物理性
指标

(2)色度

色度是一项感官性指标,表现在水体呈现的不同颜色,分为表色与真色。表色指由悬浮物造成的色度,真色指由胶体物质和溶解物质形成的色度。色度污染会使水体的色度加深,透光性减弱,还会影响水生生物的光合作用,抑制其生长繁殖,妨碍水体的自净作用。

纯净水无色透明,天然水中含有黄腐酸呈黄褐色,含有藻类的水呈绿色或褐色,较清洁的地表水其色度一般为 15~25 度,湖泊水色度可达 60 度以上,饮用水色度不超过 15 度。

生活污水的颜色一般呈灰色。工业废水则由于工矿企业的不同,色度差异较大,如印染、造纸等生产污水色度很高。带有金属化合物和有机化合物等有色污染物的污水呈现各种颜色。将有色污水用蒸馏水稀释后与参比水样对比,一直稀释到两水样色差一样,此时污水的稀释倍数即为色度。

(3)嗅和味

嗅和味属感官性指标,靠人体的感官测定,可定性反映水体中污染物的多少。天然水是无嗅无味的。当水体受到污染后会产生异味。水的异臭来源于还原性硫和氮的化合物、挥发性有机物和氯气等污染物质。不同盐分会给水带来不同的异味,如氯化钠带咸味、硫酸镁带苦味、铁盐带涩味、硫酸钙带甜味等。

(4)固体物质

总固体(TS)指水中所有残渣的总和,包括溶解性固体(DS)和悬浮固体(SS)。溶解性固体指水样经过滤后,滤液蒸干所得的固体。悬浮固体指滤渣脱水烘干后所得的固体。

固体残渣根据挥发性能可分为挥发性固体(VS)和固定性固体(FS)。将固体在 600 ℃ 的温度下灼烧,挥发掉的量即是挥发性固体,灼烧残渣则是固定性固体。

溶解性固体表示盐类的含量,悬浮固体表示水中不溶解的固体物质的量,挥发性固体反映固体的有机成分的量。

水体含盐量多将影响生物细胞的渗透压和生物的正常生长。悬浮固体可能造成水道淤塞。

（5）浑浊度

浑浊度表示水中含有悬浮物及胶体状态的杂质。地下水悬浮物较少，但水流经岩层时溶解了各种可溶矿物质，其含盐量高于地表水（海水及咸水湖除外），故硬度高于地表水。我国地下水总硬度平均为 60~300 mg/L，有的地区高达 700 mg/L。地表水主要以江河水为主，其水中的悬浮物和胶体杂质较多，浊度高于地下水，但其含盐量和硬度较低。

2）化学性指标

（1）有机性指标

生活污水和某些工业废水中所含的碳水化合物、蛋白质、脂肪等有机物化合物，在微生物作用下最终分解为简单的无机物质、二氧化碳和水等。这些有机物在分解的过程中需要消耗大量的氧，故属耗氧有机污染物。耗氧有机污染物是使水体产生黑臭的主要因素之一。

水的化学性指标

污水中有机污染物的主要危害是消耗水中溶解氧。在实际工作中采用生物化学需氧量、化学需氧量、总有机碳、总需氧量等指标来反映水中需氧有机物的含量。

①生物化学需氧量。生物化学需氧量（Bio-Chemical Oxygen Demand，BOD），指水中有机污染物被好氧微生物分解时所需要的氧气量（单位为 mg/L），反映在有氧条件下，水中可生物降解的有机物的量。生物化学需氧量越高，表示水中需氧有机污染物越多。

有机污染物被好氧微生物氧化分解的过程分为两个阶段：第一阶段是有机物被转化成二氧化碳、水和氨；第二阶段是氨被转化为亚硝酸盐和硝酸盐。污水的生化需氧量通常只指第一阶段有机物生物氧化所需的氧量。微生物的活动与温度有关，测定生化需氧量时一般以 20 ℃作为测定的标准温度。一般生活污水中的有机物需 20 d 左右才能基本完成第一阶段的分解氧化过程，即测定第一阶段的生化需氧量至少需 20 d，这在实际工作中有困难。目前以 5 d 作为测定生化需氧量的标准时间，简称 5 日生化需氧量（用 BOD_5 表示）。一般有机物的 5 日生化需氧量约为第一阶段生化需氧量的 70%。

②化学需氧量。化学需氧量（Chemical Oxygen Demand，COD），指用化学氧化剂氧化水中有机污染物时所消耗的氧化剂量（单位为 mg/L）。化学需氧量越高，表示水中有机污染物越多。

常用氧化剂为重铬酸钾和高锰酸钾。以高锰酸钾作氧化剂时，测得的值称为 COD_{Mn} 或简称 OC。以重铬酸钾作氧化剂时，测得的值称为 COD_{Cr} 或简称 COD。如果废水中有机物的组成相对稳定，则化学需氧量和生化需氧量之间应有一定的比例关系。重铬酸钾化学需氧量与第一阶段生化需氧量之差，可以粗略地表示不能被好氧微生物分解的有机物量。

③总有机碳。总有机碳（Total Organic Carbon，TOC），指水样中所有有机污染物质的含碳量，是评价水样中有机污染物质的一个综合参数。

④总需氧量。总需氧量（Total Oxygen Demand，TOD），指有机物中含有的碳、氢、氮、硫等元素全被氧化时的需氧量。碳被氧化为二氧化碳，氢、氮及硫则被氧化为水、一氧化氮、二氧化硫等。

⑤油类污染物。油类污染物有石油类和动植物油脂两种。油类污染物进入水体后影响水

生生物的生长,降低水体的资源价值。油膜覆盖水面阻碍水的蒸发,影响大气和水体的热交换。油类污染物进入海洋,改变海面的反射率和减少进入海洋表层的日光辐射,对局部地区的水文气象条件可能产生一定的影响。大面积油膜阻碍氧气进入水体,降低水体的自净能力。

⑥酚类污染物。酚类化合物是有毒有害污染物。水体受酚类化合物污染后影响水产品的产量和质量。酚的毒性还可抑制水中微生物的自然生长速度,有时甚至使其停止生长。

（2）无机性指标

①植物营养元素。污水中的 N、P 为植物营养元素,从农作物生长角度看,植物营养元素是重要物质,但过多的 N、P 进入天然水体易导致富营养化。

②pH 值。一般要求处理后水的 pH 值为 6~9,天然水体的 pH 值一般为 6~9,当受到酸碱污染时 pH 值发生变化,消灭或抑制水体中生物的生长,妨碍水体自净,还可腐蚀船舶。若天然水体长期遭受酸碱污染,使水质逐渐酸化或碱化,会对正常生态系统产生影响。

③重金属。重金属主要指汞、镉、铅、铬、镍以及砷等生物毒性显著的元素,也包括具有一定毒害性的一般重金属,如锌、铜、钴、锡等。采矿和冶炼是向环境中释放重金属的最主要污染源。

3）生物性指标

（1）细菌总数

水中细菌总数反映了水体受细菌污染的程度。细菌总数不能说明污染的来源,必须结合大肠杆菌的群数来判断水体污染的来源和安全程度。

水的生物性
指标

（2）大肠杆菌群

水是传播肠道疾病的重要媒介,大肠杆菌群被视为最基本的粪便污染指示菌群。大肠杆菌群的值可表明水被粪便污染的程度,间接表明有肠道病菌（伤寒、痢疾、霍乱等）存在的可能性。

1.3.2　水质标准

水质标准,指有关部门制定的针对不同用水对象或污染物排放主体所要求的各项水质指标应达到的限值。供水水质标准保障人类生活、生产不同用途时的水质安全,污水排放标准保障人类生活、生产使用后的污水进入水体前的水质安全,避免水体污染。

水质标准

1）水环境质量标准

水环境质量标准,指为控制和消除污染物对水体的污染,根据水环境长期和近期目标而提出的质量标准。除制定全国水环境质量标准外,各地区还可参照实际水体的特点、水污染现状、经济和治理水平,按水域主要用途,会同有关单位共同制定地区水环境质量标准。

现已发布的水环境质量标准有《地表水环境质量标准》（GB 3838—2002）、《海水水质标准》（GB 3097—1997）、《农田灌溉水质标准》（GB 5084—2005）、《渔业水质标准》（GB 11607—1989）和《地下水质量标准》（GB/T 14848—2017）等。这些标准详细规定了各类水体中污染物的允许最高含量。

地表水环境质量标准依据地表水域环境功能和保护目标,按功能高低依次划分为5类:

①Ⅰ类:主要适用于源头水、国家自然保护区。

②Ⅱ类:主要适用于集中式生活饮用水地表水源地一级保护区、珍稀水生生物栖息地、鱼虾类产卵场、仔稚幼鱼的索饵场等。

地表水环境
质量标准

③Ⅲ类:主要适用于集中式生活饮用水地表水源地二级保护区、鱼虾类越冬场、洄游通道、水产养殖区等渔业水域及游泳区。

④Ⅳ类:主要适用于一般工业用水区及人体非直接接触的娱乐用水区。

⑤Ⅴ类:主要适用于农业用水区及一般景观要求水域。

该标准按照上述地表水5类水域功能,规定了水质项目和标准值、水质评价、水质检测以及标准的实施与监督。

2)生活饮用水卫生标准

生活饮用水,指供人们日常生活的饮水和生活用水。饮水包括用作日常生活饮水的桶装水和瓶装水,但不包括饮料和矿泉水。生活用水应符合标准,以免危害人体健康。

生活饮用水
卫生标准

生活饮用水卫生标准包括生物学指标6项、消毒剂指标4项、毒理学指标74项、感官性状和一般化学指标20项、放射性指标2项、总计106项。

(1)微生物指标

微生物指标要求饮用水中不含病原微生物(细菌、病毒、原虫、寄生虫等),在流行病学上安全可靠。

病原微生物对人类健康影响最大,它能够在同一时间内使大量饮用者患病。饮用水处理厂采用能充分反映病原微生物存在与否的指示微生物作为控制指标,如总大肠菌群和大肠埃希氏菌。

由隐孢子虫和贾第鞭毛虫等致病原生动物引起的水媒介流行病,在饮用水卫生标准中作了明确规定。

(2)毒理指标

毒理指标要求水中所含的无机物和有机物在毒理学上安全,对人体健康不产生毒害和不良影响。

水中有毒化学物质少数是天然存在的,如某些地下水中含有氟或砷等无机毒物,绝大多数是人为污染的,也有少数是在水处理过程中形成的,如三卤甲烷和卤乙酸等。

(3)感官性状和一般化学指标

感官性状和一般化学指标要求饮用水感官良好,无不良刺激或不愉快的感觉。

水的色度、浑浊度、嗅、味和肉眼可见物,虽然不会直接影响人体健康,但会引起使用者的厌恶感。浑浊度高时不仅让人感到不快,而且病菌、病毒及其他有害物质常常附着于形成浑浊度的悬浮物中。降低浑浊度可以满足感官性状要求,同时对限制水中其他有毒、有害物质含量具有积极意义。

一般化学指标与感官性状有关,因此与感官性状指标列在同一类中。化学指标中所列的化学物质和水质参数包括以下几类:

第一类是对人体健康有益但不宜过量的化学物质。如铁是人体必需元素之一，但水中铁含量过高会使洗涤的衣物和器皿染色并会形成令人厌恶的沉淀或异味。

第二类是对人体健康无益但毒性也很低的物质，如阴离子合成洗涤剂对人体健康危害不大，但水中含量超过 0.5 mg/L 时会使水起泡且有异味。水的硬度过高，烧水器具内壁会结垢，洗涤衣服时也比较浪费肥皂等。

第三类是高浓度时具有毒性，但其浓度远未达到致毒量时，就在感官性状方面表现出来。如酚类物质有促癌或致癌作用，但水中含量很低，远未达到致毒量时，即具有恶臭，加氯消毒后所形成的氯酚恶臭更甚。故挥发酚按感官性状制定标准是安全的。

（4）放射性指标

水中放射性核素来源于天然矿物侵蚀和人为污染。放射性核素是发射 α 射线和 β 射线的放射源，因此放射性物质均为致癌物。当放射性核素剂量很低时，不需鉴定特定核素，只需测定总 α 射线和 β 射线的活度，即可确定人类可接受的放射水平。在饮用水标准中，放射性指标通常以总 α 射线和总 β 射线作为控制指标。若总 α 或总 β 射线指标超过控制值时，或水源受到特殊核素污染时，则应进行核素分析和评价以判定能否饮用。

《生活饮用水卫生标准》（GB 5749—2006）中分常规指标和非常规指标两类。为保证用户饮用安全，生活饮用水中不得含有病原微生物，化学物质、放射性物质不得危害人体健康，生活饮用水的感官性状良好，并应经消毒处理。

3）再生水水质标准

再生水，指污废水经二级处理和深度处理后供作回用的水。当二级处理出水满足特定回用要求，并已回用时，二级处理出水也可称为再生水。

再生水回用标准主要体现水污染防治和水资源开发政策，提高用水效率，做好城镇节约用水工作，合理利用水资源，实现城镇污水资源化，减轻污水对环境的污染，促进城镇建设和经济建设可持续发展。再生水回用分类标准考虑饮用和非饮用、与人体接触和非接触，以及是否进入食物链等重要因素。

再生水回用就是将城市居民生活及生产中使用过的水经过处理后回用。有两种不同程度的回用：一种是将污水处理到可饮用的程度，另一种则是将污水处理到非饮用的程度。

我国制定的城市污水再生利用系列标准分为 7 项，分别为分类、城市杂用水水质、景观环境用水水质、地下水回灌水质、工业用水水质、农田灌溉用水水质和绿地灌溉水质。

4）工业用水水质标准

工业用水种类繁多，水质要求各不相同。水质要求高的工业用水，不仅要求去除水中的悬浮杂质和胶体杂质，而且还需要不同程度地去除水中的溶解杂质。

食品、酿造及饮料工业的原料用水，水质要求应当高于生活饮用水的要求。纺织、造纸工业用水，要求水质清澈，对易于在产品上产生斑点影响印染质量或漂白度的杂质含量有严格限制，如铁和锰会使织物或纸张产生锈斑，水的硬度过高也会使织物或纸张产生钙斑。

对锅炉补给水，凡能导致锅炉、给水系统及其他热力设备腐蚀、结垢及引起汽水共腾现象的各种杂质，都应大部分或全部去除。锅炉压力和构造不同，对水质的要求也不同。汽包锅炉和直流锅炉的补给水水质要求相差悬殊，锅炉压力越高，水质要求也越高。如低压锅炉（压力<2 450 kPa），应限制给水中的钙、镁离子含量和含氧量及 pH 值。当水的硬度符合要求

时,即可避免水垢的产生。

在电子工业中,零件的清洗及药液的配制等都需要纯水。例如,在微电子工业的芯片生产过程中,几乎每道工序都要用高纯水清洗。

许多工业部门在生产过程中需要大量冷却水,用以冷凝蒸汽以及工艺流体或设备降温。冷却水对水温、水质都有要求。如水温要低,如果水中存在悬浮物、藻类及微生物等,会使管道和设备堵塞;在循环冷却系统中,应控制在管道和设备中由于水质所引起的结垢、腐蚀和微生物繁殖。

5)污水综合排放标准

要防止水体污染,保持水体达到一定的水质标准,必须对排入水体的污染物种类和数量进行严格控制。我国排放标准分为两类:第一类为一般排放标准,如《污水综合排放标准》(GB 8978—1996);第二类为行业排放标准,如《城镇污水处理厂污染物排放标准》(GB 18918—2002)。

《污水综合排放标准》(GB 8978—1996)适用于现有单位水污染物的排放管理,以及建设项目的环境影响评价、建设项目环境保护设施设计、竣工验收及其投产后的排放管理。按照污水排放去向,分年限规定了69种水污染物最高允许排放浓度及部分行业最高允许排水量,按地面水域使用功能要求和污水排放去向,对地面水水域和城市下水道排放的污水分别执行一、二、三级标准。

①排入《地表水环境质量标准》(GB 3838—2002)Ⅲ类水域和《海水水质标准》(GB 3097—1997)Ⅱ类水域,如一般经济渔业水域、重点风景游览区等,执行一级标准;

②排入《地表水环境质量标准》中Ⅳ、Ⅴ类水域和排入《海水水质标准》中三类海域的污水,执行二级标准;

③排入设置二级污水处理厂的城镇排水系统的污水,执行三级标准;

④排入未设置二级污水处理厂的城镇排水系统的污水,必须根据排水系统出水受纳水域的功能要求,分别执行一级或二级标准;

⑤对特殊保护的水域,即《地表水环境质量标准》中Ⅰ、Ⅱ类水域和Ⅲ类水域中划定的保护区和《海水水质标准》中一类海域,禁止新建排污口,现有排污口应按水体功能要求,实行污染物总量控制,以保证受纳水体水质符合规定用途的水质标准。

《污水综合排放标准》将排放的污染物按性质及控制方式分为两类。第一类污染物是指能在环境中或动物体内蓄积,对人类健康产生长远不良影响的污染物质。含有此类有害污染物质的污水,不分行业和排水方式,不分建设的具体时间,也不分受纳水体的功能类别,在车间或车间处理设施的出口取样化验。第二类污染物是指长远影响小于第一类的污染物质。

6)城镇污水处理厂污染物排放标准

《城镇污水处理厂污染物排放标准》(GB 18918—2002)分年限规定了城镇污水处理厂出水、废气和污泥中污染物的控制项目和标准值,居民小区和工业企业内独立的生活污水处理设施污染物的排放管理也按该标准执行。排入城镇污水处理厂的工业废水和医院污水,应达到《污水综合排放标准》(GB 8978—1996)、相应行业的国家排放标准、地方排放标准的限值及地方总量控制要求。

城镇污水处理厂污染物排放标准

《城镇污水处理厂污染物排放标准》根据污染物的来源及性质,将污染物控制项目分为基本控制项目和选择控制项目两类。基本控制项目主要包括影响水环境和城镇污水处理厂一般处理工艺可以去除的常规污染物以及部分一类污染物,共 19 项。基本控制项目必须执行。选择性控制项目包括对环境有较长期影响或毒性较大的污染物,共计 43 项。选择控制项目由地方环境保护行政主管部门根据污水处理厂接纳的工业污染物的类别和水环境质量要求选择控制。

根据城镇污水处理厂排入地表水地域环境功能和保护目标,以及污水处理厂的处理工艺,将基本控制项目的常规污染物标准值分为一级标准、二级标准、三级标准。一级标准分为 A 标准和 B 标准。一类重金属污染物和选择控制项目不分级。

一级标准的 A 标准是城镇污水处理厂出水作为回用水的基本要求。当污水处理厂出水引入稀释能力较小的河湖作为城镇景观用水和一般回用水等用途时,执行一级 A 标准。

城镇污水处理厂出水排入地表水 Ⅲ 类功能水域(划定的饮用水水源保护区和游泳区除外)、海水二类功能水域和湖、库等封闭或半封闭水域时,执行一级 B 标准。

城镇污水处理厂出水排入地表水 Ⅳ、Ⅴ 类功能水域或海水三、四类功能海域,执行二级标准。

非重点控制流域和非水源保护区的建制镇的污水处理厂,根据当地经济条件和水污染控制要求,采用一级强化处理工艺时,执行三级标准。但必须预留二级处理设施的位置,分期达到二级标准。

1.4 水处理工程技术及发展

1.4.1 水处理工程技术的概念

水处理工程技术,指人类为满足生活、生产对水质的要求,采用工程技术方法和手段,研究设计并建造相应的水处理工程设施和设备,通过生产运行去除水中含有的不需要的物质,以获得符合水质标准的商品水的过程。

人类从自然水体中取水、用水,然后再排入自然水体。为了满足生活、生产活动对水的需求,必须对自然水体进行净化处理才能使用,同时排入自然水体的水要进行净化处理才能排放。

《生活饮用水卫生标准》(GB 5749—2006)、《城镇污水处理厂污染物排放标准》(GB 18918—2002)、《室外给水设计标准》(GB 50013—2018)和《室外排水设计标准》(GB 50014—2021)是水处理工程技术最基本的法律依据。

给水处理工程技术,指以自然水体为水源,通过工程技术手段,将水质处理到符合人类生活、生产用水标准的过程。给水处理目的包括去除或部分去除水中杂质,如有机物、无机物和微生物等,达到使用水质标准;在水中加入某种化学成分以改善使用性质,如饮用水中加氟以防止龋齿,循环冷却水中加缓蚀剂及阻垢剂以控制腐蚀、结垢等;改变水的某些物理化学性质,如调节水的 pH 值、水的冷却等。

污水处理工程技术,指人类为保护自然水体不被污染,通过工程技术手段,将生活、生产使用过的污水中所含的污染物分离出来,或将其转化为无害物质,处理到符合排放标准的过程。

水处理工程技术的概念、分类与水处理程度

1.4.2　水处理工程技术的分类

水处理工程技术有多种分类方法:

①从人类参与水的循环角度出发,分为给水处理工程技术和污水处理工程技术;

②从水处理的工艺流程角度出发,分为单元法、组合工艺法;

③从水处理的学科角度出发,分为物理法、化学法、生物化学法;

④按照给水水源不同,分为地表水处理技术、地下水处理技术;

⑤按照给水水源水质不同,分为一般水源水处理技术、受污染水源水处理技术;

⑥按照用水对象和处理程度不同,分为生活饮用水处理技术、优质饮用水处理技术、工业用水处理技术、城市生活杂用水处理技术、城市景观用水处理技术等;

⑦按照污水处理对象不同,分为城镇生活污水处理技术、工业废水处理技术;

⑧按照污水处理程度不同,分为污水一级处理、污水二级处理和污水三级处理。

1.4.3　水处理程度

1)给水处理程度

(1)生活饮用水

生活饮用水要求达到《生活饮用水卫生标准》(GB 5749—2006)要求的水质标准。生活饮用水中不得含有病原微生物,水中化学物质、放射性物质不得危害人体健康,感官性状良好,应经消毒处理。

(2)优质饮用水

世界卫生组织(WHO)根据对世界长寿地区的大量调查结果进行分析,提出优质饮用水的6条标准:不含有害人体健康的物理性、化学性和生物性污染;含有适量的有益于人体健康,并呈离子状态的矿物质(钾、镁、钙等含量在 100 mg/L 左右);水的分子团小,溶解力和渗透力强;水的硬度适中,导热、导电性能要好;应呈现弱碱性(pH 值为 8~9);水中含有溶解氧(5 mg/L左右),含有碳酸根离子,可以迅速、有效地清除体内的酸性代谢产物和各种有害物质。

(3)工业特种用水

工业用水种类繁多,水质要求各不相同。即使是同一种工业,不同的生产工艺过程,对水质的要求也有差异。应根据工艺要求对水质进行必要的处理,以保证工业生产的正常进行。工业用水的水质优劣,与工业生产的发展和产品质量的提高关系很大。大多数工业用水,不仅要求去除水中悬浮杂质和胶体杂质,而且还要不同程度地去除水中的溶解杂质。在电子工业中,零件的清洗及药液的配制等,都需要不同程度的纯水。特别是半导体器件和集成电路的生产,几乎每道工序均需纯水乃至高纯水进行清洗。冷却水除对水温有一定的要求外,还要求不发生悬浮物和溶解盐类的沉淀,没有藻类等微生物的滋长,以防堵塞管道和设备;还要求对设备无腐蚀作用。

2)污水处理程度

(1)一级处理

一级处理主要是去除污水中呈漂浮、悬浮状态的固体污染物质。物理处理大部分只能完成一级处理的要求。经过一级处理后的污水,BOD_5 一般可去除 30% 左右,达不到排放标准要求。一级处理属于二级处理的预处理。

（2）二级处理

二级处理主要是去除污水中呈胶体和溶解状态的有机污染物质（即 BOD_5、COD 物质），BOD_5 去除率可达 90% 以上，使有机污染物达到排放标准。二级处理主要指生物处理。

（3）三级处理

三级处理是在一级、二级处理后，进一步处理难降解的有机物、磷和氮等能够导致水体富营养化的可溶性无机物等。其主要方法有生物脱氮除磷法、混凝沉淀法、砂滤法、活性炭吸附法、离子交换法、电渗析法和膜法等。三级处理是深度处理的同义语，但两者又不完全相同。三级处理常用于二级处理之后的补充处理；而深度处理则以污水回收、再生利用为目的。

1.4.4 水处理方法

1）物理处理法

物理处理法

物理处理法指借助于物理作用分离和除去水中的不溶性悬浮物或固体的方法。常用的物理处理法有均和调节、筛滤、沉淀、离心分离、过滤、高梯度磁分离、物理消毒等。

（1）均和调节

均和调节分水质调节和水量调节，目的在于减少污水特征上的波动，为后续水处理系统提供稳定和优化的操作条件。水质调节是对不同时间或不同来源的污水进行混合，使流出的水质比较均匀。水量调节分为线内调节和线外调节两种。

（2）筛滤

筛滤是利用留有孔眼的装置或由某种介质组成的滤层截留废水中的悬浮固体的方法。使用设备有：格栅，用以截阻大块固体污染物；筛网，用以截阻、去除废水中的纤维、纸浆等较细小的悬浮物；布滤设备，用以截阻、去除废水中的细小悬浮物；砂滤设备，用以过滤、截留更为微细的悬浮物。

（3）沉淀

沉淀指水中悬浮颗粒在重力作用下从水中分离出来的过程。这种方法简单易行，分离效果好，是水处理的重要工艺，在每一种水处理过程中几乎都有使用。在各种水处理工艺中，沉淀的作用有所不同。

（4）离心分离

离心分离是污水中的悬浮物借助离心设备的高速旋转，在离心力作用下与水分离的过程。由于离心力场中悬浮物所受的离心力远大于它所受的重力，所以能获得很好的分离效果，其分离效果远超过重力沉降法。

（5）过滤

过滤指待滤水通过过滤介质（或过滤设备）时，水中固体物质从水中分离出来的一种单元处理方法。过滤分为表面过滤和滤层过滤（又称滤床过滤或深层过滤）两种。表面过滤是指尺寸大于介质孔隙的固体物质被截留于过滤介质表面而让水通过的一种过滤方法，如滤网过滤、微孔滤膜过滤等。滤层过滤是指在过滤设备中填装粒状滤料（如石英砂、无烟煤等）形成多孔滤层的过滤。

（6）高梯度磁分离

高梯度磁分离是对水中弱磁性或反磁性物质,通过提高磁场梯度的办法来增大磁力使之分离的方法。常用的设备为磁过滤器。

2）化学处理法

化学处理法

化学处理法指通过化学反应和传质作用来分离、去除废水中呈溶解、胶体状态的污染物或将其转化为无害物质的废水处理法。以投加药剂产生化学反应为基础的处理单元有混凝、中和、氧化还原等;以传质作用为基础的处理单元有萃取、汽提、吹脱、吸附、离子交换以及电渗吸和反渗透等。

在水处理工程技术领域,化学处理法一般指以投加药剂产生化学反应为基础的处理单元。常用的化学处理法如下:

（1）中和

在酸(碱)废水中投加碱(酸)生成弱解离的水分子,同时生成可溶解或难溶解的其他盐类,从而消除它们的有害作用。

（2）混凝

在未经处理或等待进一步处理的水中投加电解质,使水中不易沉淀的胶体和悬浮物聚结成易于沉淀的絮凝体的过程。混凝包括凝聚和絮凝两个阶段。

（3）化学沉淀

化学沉淀指向水中投加某种化学药剂,与水中一些溶解物质发生化学反应而生成难溶物沉淀下来。

（4）氧化还原

氧化还原指用氧化剂氧化水中溶解性有毒有害物质使之转化为无毒无害或不溶物质的方法。氧化、还原同时发生,氧化剂得到电子得以还原,而使另一种物质失去电子受到氧化。给水处理常用氧、氯等氧化剂氧化水中的铁、锰、铬、氰等无机物和多种有机物等生成不溶物质沉淀去除。用氯、二氧化氯等氧化剂灭活水中绝大多数病原体进行消毒。

（5）电解

电解法指利用电解原理,将含有电解质的污水通过电解过程,在阴、阳两极上分别发生还原反应和氧化反应,从而使某些污染物转化为无害物质以实现污水净化的方法。

（6）化学消毒

化学消毒指通过向水中投加化学消毒剂来实现消毒,主要有氯化法、臭氧消毒法、二氧化氯消毒法等。

3）物理化学处理法

物理化学处理法

物理化学指以物理的原理和实验技术为基础,研究化学体系的性质和行为,发现并建立化学体系中特殊规律的学科,是化学的一个分支。

在水处理工程技术领域,物理化学处理法一般指通过传质作用来分离、去除废水中呈溶解、胶体状态的污染物或将其转化为无害物质的水处理法。以传质作用为基础的处理单元有气浮、吸附、离子交换、膜分离技术(电渗析、反渗透、超滤)、萃取、汽提、吹脱等。

还有一种说法是,物理化学处理法指运用物理和化学的综合作用使水得到净化的方法。

它是使用物理方法和化学方法组成的废水处理系统,或是包括物理过程和化学过程的单项处理方法,如浮选、吹脱、结晶、吸附、萃取、电解、电渗析、离子交换、反渗透等。

（1）气浮

固液分离或液液（如含油水）分离的一种方法。利用大量微细气泡黏附于杂质、絮粒之上,将悬浮颗粒浮出水面而去除的工艺。

（2）吸附

吸附可以发生在固相液相、固相气相或液相气相之间。在某种力的作用下,被吸附物质移出原来所处的位置,在界面处发生相间积聚和浓缩的现象称为吸附。由分子力产生的吸附称为物理吸附;由化学键力产生的吸附称为化学吸附。

（3）离子交换

离子交换指用一种不溶于水且带有可交换基团的固体颗粒（离子交换剂）从水溶液中吸附阴、阳离子,且把本身可交换基团中带相同电荷的离子等当量地释放到水中,从而达到去除水中特定离子的过程。离子交换法广泛应用于硬水软化、除盐和工业废水中的铬铜等重金属的去除。

（4）膜分离技术

膜分离技术指在电位差、压力差或浓度差推动力作用下,利用特定膜的透过性能,分离水中离子、分子和固体微粒的处理方法。在水处理中,通常采用电位差和压力差两种。利用电位差的膜分离法有电渗析法;利用压力差的膜分离法有微滤、超滤、纳滤和反渗透法。

（5）萃取

萃取是利用溶质在互不相溶的溶剂里溶解度的不同,用一种溶剂把溶质从另一溶剂所组成的溶液里提取出来的操作方法。

（6）吹脱

吹脱是用来脱除污水中的溶解气体和某些极易挥发的溶质的一种气液相转移分离法。其过程是:将空气通入污水中,使其与污水充分接触,污水中的溶解气体和易挥发的溶质便穿过气液界面进入空气相,从而达到脱除溶解气体（污染物）的目的。吹脱法常用于去除污水中含有的有毒、有害溶解气体,如 CO_2、H_2S、HCN 等。

4）生物化学处理法

生物化学处理法指利用微生物的代谢作用,使水中呈溶解和胶体状态的有机污染物转化为无害物质,以实现净化的方法。生物化学处理法分为好氧生物处理法和厌氧生物处理法。常用的好氧生物处理法有活性污泥法、生物膜法、自然生物处理法等。

生物化学处理法

曝气及生物处理以往主要应用在污水处理领域,随着原水污染的加剧,生活饮用水水源中有机污染物的含量越来越高,采用曝气可以去除水中溶解气体如 CO_2、H_2S 等,以及能引起嗅和味的物质和挥发有机物（VOC）。曝气还对原水有预处理作用,如可以补充水中溶解氧,氧化水中的铁锰。生物处理工艺主要去除水中的有机物,采用的反应器多为微生物膜类型,生物处理对色度、铁锰的去除也有效果,可以减少后续工艺的混凝剂投加量。

1.4.5 水处理工艺

单元处理是水处理工艺中完成或主要完成某一特定目的的处理环节。以上所介绍的各种单元处理方法,在水处理中的应用是灵活多样的。去除一种污染物,往往可采用多种处理方法。同样,一种处理方法,往往也可应对多种处理对象。

1）地表水处理工艺

（1）常规处理工艺

天然水体中含有的杂质主要是悬浮物和胶体颗粒。常规处理工艺采取混凝、沉淀、过滤、消毒的方法就可以达到生活饮用水卫生标准要求的水质。常规给水处理工艺流程如图1.6所示。

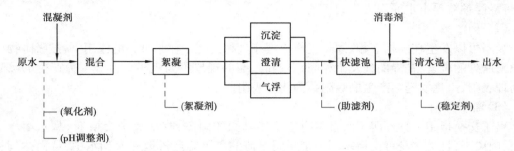

图 1.6　常规给水处理工艺流程

（2）高浊水源水处理技术

高浊度水是指浊度较高的含沙水体,并且具有清晰的界面分选沉降。通常情况下指由粒径不大于0.025 mm为主组成的含沙量较高的水体,有的河段最大平均含沙量超过100 kg/m³。我国以黄河流域和长江上游各江河采用的处理工艺较为典型,处理工艺需要充分考虑泥沙的影响,在混凝工艺前段设置预处理工艺,以去除高浊度水中的泥沙。

浑水调蓄水库可以用于一次沉淀池的泥沙沉淀,其工艺流程如图1.7所示。

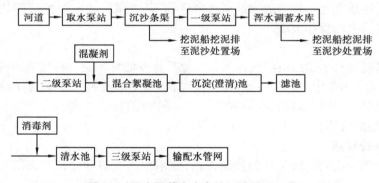

图 1.7　浑水调蓄水库自然沉淀处理工艺

（3）微污染水源水处理技术

微污染水源是指水的性质达不到现行《地表水环境质量标准》（GB 3838—2002）的要求,其中包括水的物理、化学和微生物指标;有些河流的水源氨氮（NH_3—N）浓度增加,有机物综合指标 BOD_5、COD、TOC升高,水中溶解氧（DO）降低,嗅和味明显。这种原水用传统的流程难以处理到饮用水水质标准,必须选择适当的流程,才能使水质达标。

针对微污染水源水的水质特点,国内外进行了大量的研究和应用。按照作用原理,可以分为物理、化学、生物净水工艺;按照处理工艺的流程,可以分为预处理、常规处理、深度处理;按照工艺特点,可以分为传统工艺强化技术、新型组合工艺处理技术。

2）地下水处理工艺

（1）地下水除铁除锰

含铁、含锰地下水在我国分布很广,地壳中的铁质多半分散在各种晶质岩和沉积岩中,它们都是难溶性的化合物。我国地下水中铁的含量一般为 5～10 mg/L,锰的含量一般为 0.5～2.0 mg/L。当地下水中铁、锰含量高时,会使水产生色、嗅、味,使用不便,作为造纸、纺织、化工、食品、制革等生产用水,也会影响其产品的质量。原水的铁锰含量超过标准规定时,须经除铁除锰处理。除铁常用方法有空气自然氧化法、接触催化氧化法;除锰常用方法有催化氧化法。

（2）地下水除氟

氟是自然界中广泛分布的元素之一,在卤素中,它在地壳中的含量仅次于氯,我国地下水含氟地区的分布范围很广。氟又是机体生命活动所必需的微量元素之一,但过量的氟则产生毒性作用。除氟常用方法有活性氧化铝吸附过滤法、骨炭过滤法等。

（3）水的软化与除盐

水的硬度过高,对生活和生产都有危害,特别是锅炉用水。目前水的软化处理主要有以下两种方法:

①水的药剂软化法。基于溶度积原理,向原水中加入一定量的某些化学药剂(如石灰、苏打等),使之与水中的 Ca^{2+}、Mg^{2+} 反应生成难溶化合物 $CaCO_3$ 和 $Mg(OH)_2$ 沉淀析出,以达到去除水中大部分 Ca^{2+}、Mg^{2+} 的目的。工艺所需设备与常规净化工艺过程基本相同,也要经过混凝、沉淀、过滤等工序。

②水的离子交换软化法。基于离子交换原理,利用某些离子交换剂所具有的可交换阳离子(Na^+ 或 H^+)与水中 Ca^{2+}、Mg^{2+} 进行离子交换反应,去除水中的 Ca^{2+}、Mg^{2+},以达到水的软化目的。

水的除盐包括复床、混合床等。

（4）水的冷却处理

工业生产过程中往往会产生大量热量,通常使用水来冷却设备或产品。冷却用水水量很大。为了重复利用吸热后的水以节约水资源,同时从经济及环境保护方面考虑,冷却水都应实现循环利用。

循环利用的冷却水称为循环水。循环水在长期使用过程中,由于盐类浓缩或散失、尘土积累、微生物滋长等原因,造成设备内垢物沉积或者对金属设备产生腐蚀作用。为了保证循环冷却水系统的可靠运行,必须使已经升高了的水温降低(即循环水的冷却),以保持较好的冷却效果,同时进行水质处理以控制结垢、污垢、腐蚀和淤塞(即循环水的处理)。

3）城镇污水处理工艺

城镇污水处理的典型工艺流程是由完整的二级处理系统和污泥处理系统组成。该流程的一级处理是由格栅、沉沙池和初次沉淀池组成,其作用是去除污水中的无机和有机性的悬浮污染物,污水的 BOD_5 能够去除 20%～30%。二级处理系统是城市污水处理厂的核心,其主要作用是去除污水中呈胶体和溶解状态的有机污染物,BOD_5 去除率达 90% 以上。通过二级处理,污水的 BOD_5 可降至 20～30 mg/L,一般可达到排放水体和灌溉农田的要求。应用于二级处理的各类生物处理技术有活性污泥法、生物膜法及自然生物处理技术,只要运行正常,都能取得良好的处理效果。

污泥是污水处理过程中的产物。城镇污水处理产生的污泥含有大量有机物,富含肥分,可以作为农肥使用,但又含有大量细菌、寄生虫卵以及从工业废水中带来的重金属离子等,需要作稳定与无害化处理。污泥处理的主要方法是减量处理(如浓缩、脱水等)、稳定处理(如厌氧消化、好氧消化等)、综合利用(如消化气利用、污泥农业利用等)和最终处置(如干燥、焚烧、填理、投海、作建筑材料等)。

对于某种污水应采用哪几种处理方法组成处理系统,要根据污水的水质、水量,回收其中有用物质的可能性、经济性、受纳水体的条件和要求,并结合调查研究与经济技术比较后决定,必要时还需进行试验。

城镇污水处理的典型流程如图1.8所示。

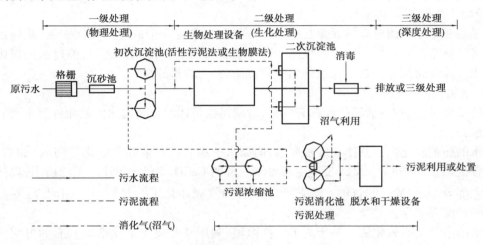

图1.8 城镇污水处理的典型流程

4)工业废水处理工艺

工业废水的处理工艺随工业性质、生产原料、成品及生产工艺的不同而不同,具体处理方法与流程应根据工业废水水质、水量、处理对象及排放标准的要求,经调查研究或试验后确定。

1.4.6 水处理工程技术发展

1)给水处理技术发展

随着工业的迅速发展,饮用水源的污染越来越严重,水中有害物质逐年增多。

微污染水源主要是有机物污染,用常规处理工艺,应在混凝工艺环节加以改进,如投加粉末活性炭(PAC)进行吸附,同时投加氧化剂氧化水中的有机物。

采用生物处理加强常规处理工艺,对微污染水源的预处理是目前可行的方案,尽管污染物成分复杂,但经过生物膜法如生物滤池、生物转盘及生物接触滤池和生物流化床等处理后,可以大大降低水中的有机污染物浓度。

生物预处理的目的主要是降低原水中的有机物浓度,为后续处理创造条件。地表水指江河、湖泊、水库等水,我国的湖泊及水库的蓄水量占全国淡水资源的23%。因此,以湖泊水库作为水源的城市占全国城市供水量的25%左右。湖泊、水库的水文特征,加上含氮、磷污水大量排入,使水体富营养化现象严重,藻类大量繁殖。对此类水源的处理,常用气浮的方法去除藻类。

优质饮用水是最大限度地去除原水中的有毒有害物质,同时又保留原水中对人体有益的微量元素和矿物质的饮用水。优质饮用水应仅仅局限于供人们直接饮用和做饭等一部分直接入口的专门饮用水。城市供水中只有2%～5%用于生活饮用,其余95%～98%的水用于生产、绿化和消防等方面。

目前饮用水水质标准的基础文件有欧洲共同体(EEC)的饮用水水质指令、世界卫生组织

（WHO）的饮用水水质准则、美国环保局（EPA）的安全饮水法。优质饮用水水质标准应结合上述 3 个国际水质标准，我国《饮用净水水质标准》适用于已符合生活饮用水水质标准的自来水或水源水为原水，经在净化后可供给用户直接饮用的管道直饮水。

2）污水处理工程技术发展

中国对废水污染的治理与西方发达国家相比起步较晚，在借鉴国外先进处理技术经验的基础上，以国家科技攻关课题为平台，引进和开发了大量的废水处理新技术，某些项目已达到国际先进水平。这些新技术的投产运行为缓解中国严峻的水污染现状和改善水环境发挥了至关重要的作用。

目前，中国城市污水处理主要采用生物活性污泥法。目前形成的较典型的二级处理工艺有传统活性污泥法、AB 法、A/O 工艺、A^2/O 工艺、氧化沟工艺、ICEAS 工艺、CASS 工艺、SBBR 工艺、BIOLAK 工艺等。其中应用较多的为氧化沟工艺和 CASS 工艺（CASS 工艺和 BIOLAK 工艺为较新型工艺）。

较为先进的水处理技术简要介绍如下：

①低温等离子体水处理技术：包括高压脉冲放电等离子体水处理技术和辉光放电等离子体水处理技术，是利用放电直接在水溶液中产生等离子体，或者将气体放电等离子体中的活性粒子引入水中，可使水中的污染物彻底氧化、分解。

②电化学（催化）氧化技术：通过阳极反应直接降解有机物，或通过阳极反应产生羟基自由基、臭氧等氧化剂降解有机物。电化学（催化）氧化包括一维、二维和三维电极体系。三维电极可用于处理生活污水，农药、染料、制药、含酚废水等难降解有机废水，金属离子，垃圾渗滤液等。

③超声波氧化技术：用频率为 15~1 000 kHz 的超声波辐照水体中的有机污染物，不仅可以改善反应条件，加快反应速度和提高反应产率，还能使一些难以进行的化学反应得以实现。它集高级氧化、焚烧、超临界氧化等多种水处理技术的特点于一身，操作简单，对设备的要求较低，在降解废水中毒性高、难降解的有机污染物，加快有机污染物的降解速度，实现工业废水污染物的无害化，避免二次污染的影响上具有重要意义。

④辐射技术处理污染物：不需加入或只需少量加入化学试剂，不会产生二次污染，具有降解效率高、反应速度快、污染物降解彻底等优点。而且，当电离辐射与氧气、臭氧等催化氧化手段联合使用时，会产生协同效应。

⑤光化学催化氧化技术：是在有催化剂的条件下的光化学降解，氧化剂在光的辐射下产生氧化能力较强的自由基。光催化氧化技术在氧化降解水中有机污染物，特别是难降解有机污染物时有明显优势。

⑥超临界水氧化技术：以超临界水为介质，均相氧化分解有机物。可以在短时间内将有机污染物分解为 CO_2、H_2O 等无机小分子，而硫、磷和氮原子分别转化成硫酸盐、磷酸盐、硝酸根和亚硝酸根离子或氮气。

⑦铁炭微电解处理技术：是利用 Fe/C 原电池反应原理对废水进行处理的良好工艺，又称内电解法、铁屑过滤法等。这种处理技术广泛应用于印染、农药/制药、重金属、石油化工及油分等废水以及垃圾渗滤液处理，取得了良好的效果。

当前，中国污水处理行业正处于行政管理体制的转型阶段，与市场化的要求还有一定差距，为推动中国污水处理行业的健康发展，必须完善各种排污收费、污水资源化监督管理等法制规范建设；推行循环经济发展模式，在工业企业的新建和升级改造时采用 BAT 技术，实现原材料的减量化、再循环、再利用,以"污水资源化"为基本,从源头减少污水及污染物的产生量;促进污水处理行业的产业化、市场化,在政府的培育、引导、监督下,推动污水处理和再生水循环利用的产业化发展;实行科学合理的运营管理体制,积极推行 PPP、BOT、ABS 和一体化运营模式;加强政府部门、企业自身、社会公众的参与监督意识;设立环保基金,用于处理突发污染事件和对废弃工业企业遗留污染的治理。

3)水处理产业链

从广义上讲,水处理产业链的参与主体有水处理工程设计商、水处理工程承包商、设备(包括水处理设备、管网、药剂、检测仪器等)提供商以及水处理设施运营商。

近几年来,中国水处理市场出现了一批专业水处理投资公司,这些水处理投资公司在前台激烈争夺水处理市场,后台则网罗了一批工程技术公司、设备制造商和运营管理公司为其投资项目提供建设和管理服务,待到时机成熟后,大型专业水处理投资公司将会把触角向相关子行业延伸,以资本运作为手段,控股相关为之服务的设备制造、工程技术及运营公司,最终形成一批以水处理投资为核心,集设备制造、工程设计、工程管理、运营服务于一体的大型综合性的水处理集团群。

一般意义上的水处理行业则局限于生产和提供水处理产品及服务主体的集合,即水处理运营子行业。根据水的流转路径,水处理产业链可以分为原水生产和供应、自来水生产和供应、自来水销售、污水收集和处理、再生水(中水)生产和销售,这些价值环节构成了狭义的水处理产业链。

本章小结

水质与水处理工程技术是本课程学习的开篇,主要讲解水资源与水的循环、水质与水体自净、水质指标与水质标准、水处理工程技术与发展。其中水质、水质标准是学习重点,在初步了解了水处理的常规工艺后,方可进入后续内容的学习。

习 题

1.水资源是如何定义的?

2.水的自然循环和社会循环有什么区别?

3.水质与水质指标与人类社会之间有什么关系?

4.天然水体中含有哪些杂质?

5.城镇污水是如何构成的?

6.水体污染对人类社会有哪些危害?

7.生活饮用水卫生标准有哪些基本指标?

8.城镇污水处理厂污染物排放标准如何划分? 主要指标有哪些?

9.城镇给水处理的典型工艺流程如何描述?

10.城镇污水处理的典型工艺流程如何描述?

11.搜集整理有关水质标准、污水处理污染物排放标准。

2

地表水处理技术

教学要求

通过本章学习,理解地表水处理涉及的混凝、沉淀、过滤、消毒等工艺的基本概念、基本原理,掌握地表水处理工艺特点,熟悉地表水处理运行管理及维护工作内容,了解地表水处理工艺设计与选型方法。

知识点

胶体;胶体稳定性;混凝;混凝机理;混凝剂;絮凝设施;自由沉淀;理想沉淀池;平流沉淀池;斜板斜管沉淀池;澄清池;快滤池;过滤;冲洗;消毒

2.1 地表水的混凝处理

水中悬浮杂质一般可以通过自然沉淀的方法去除,如大颗粒悬浮物可在重力作用下沉降;而细微颗粒包括悬浮物和胶体颗粒的自然沉降极其缓慢,在停留时间有限的水处理构筑物内不可能沉降下来。这类颗粒的去除有赖于破坏其胶体的稳定性,如加入混凝剂,使颗粒相互聚结形成容易去除的大絮凝体,再通过沉淀的方法去除。

2.1.1 胶体及其稳定性

1)胶体

分散体系是指由两种以上的物质混合在一起而组成的体系,其中被分散的物质称为分散相,在分散相周围连续的物质称为分散介质。水处理工程研究的分散体系中,颗粒尺寸为 $1\ nm \sim 0.1\ \mu m$ 的称为胶体溶液,颗粒大于 $0.1\ \mu m$ 的称为悬浮液。分散相是指那些微小悬浮物和胶体颗粒,它们可以使光散射造成水的浑浊;分散介质就是水。

（1）胶体的特性

①光学性质。胶体颗粒尺寸微小,一般由一个大分子或多个分子组成,可以透过普通滤纸,在水中能引起光的散射。

②布朗运动。由于水分子的热运动撞击胶体颗粒而发生的胶体颗粒的不规则运动,称为布朗运动,它是胶体颗粒不能自然沉降的原因之一。

③胶体的表面性能。胶体颗粒比较微小,其比表面积(即单位体积的表面积)较大,因此具有较大的表面自由能,产生特殊的吸附能力和溶解现象。

④电泳现象。胶体颗粒在外加电场的作用下能够发生运动,说明胶体带电。这种移动现

象,称为电泳。在一个 U 形管中放入某种胶体溶液,两端插入电极并通电,可以发现胶体颗粒向某一电极移动。当胶体颗粒为黏土、细菌、蛋白质时,运动方向朝向阳极,说明这类胶体颗粒带负电;当水中胶体颗粒为氢氧化铝时,运动方向朝向阴极,说明带正电。

⑤电渗现象。液体在电场作用下可以透过多孔性材料的现象,称为电渗。在电泳现象中,也可以认为有部分液体渗透过胶体颗粒之间的孔隙移向相反的电极,带有负电的胶体颗粒在阳极附近浓集时,在阴极处的液面同时会出现升高的现象。

电泳和电渗都是在外加电场作用下引起的,胶体溶液系统内固液两相之间产生的相对移动现象,统称为动电现象。

胶体的特性
与结构

(2)胶体的结构

通过对胶体结构的研究,可以清楚地了解胶体的带电现象和使胶体脱稳的途径。

胶体分子聚合而成的胶体颗粒称为胶核,胶核表面吸附某种离子(电位形成离子)而带电。由于静电引力的作用,溶液中的异号离子(反离子)就会被吸引到胶体颗粒周围。这些异号离子会同时受到两种力的作用而形成双电层。双电层是指胶体颗粒表面所吸附的阴阳离子层。

①胶体颗粒表面离子的静电引力。它吸引异号离子靠近胶体颗粒的固体表面的电位形成离子,这部分反离子紧附在固体表面,随着颗粒一起移动,称为束缚反离子,与电位形成离子组成吸附层。

②颗粒的布朗运动、颗粒表面的水化作用力。异号离子本身热运动的扩散作用力及液体对这些异号离子的水化作用力,可以使没有贴近固体表面的异号离子均匀分散到水中去。这部分离子受静电引力的作用相对较小,当胶体颗粒运动时,与固体表面脱开,而与液体一起运动,它们包围着吸附层形成扩散层,称为自由反离子。

上述两种力的作用结果,使贴近固体表面处的这些异号离子浓度最大,随着与固体表面距离的增加,浓度逐渐变小,直到等于溶液中的离子平均浓度。

通常将胶核与吸附层合在一起称为胶粒,胶粒与扩散层组成胶团。胶团的结构式如图 2.1 所示。

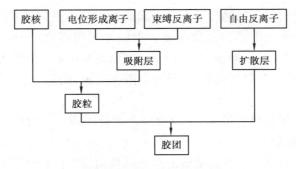

图 2.1　胶团结构式

图 2.2 为一个想象的天然水中黏土胶团。天然水的浑浊大都由黏土颗粒形成。黏土的主要成分是 SiO_2,因此黏土颗粒总是带有负电,其外围吸引了水中常见的许多带正电荷的离子。吸附层的厚度很薄,只有 2~3 Å。扩散层比吸附层厚得多,有时可能是吸附层的几百倍厚。在

扩散层中,不仅有正离子及其周围的水分子,而且还可能有比胶核小的带正电的胶粒,也夹杂着一些水中常见的 HCO_3^-、OH^-、Cl^- 等负离子和带负电荷的胶粒。

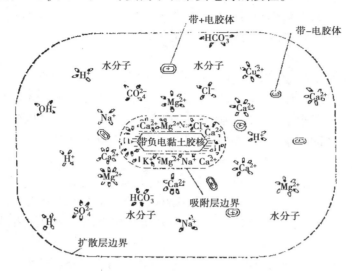

图 2.2 天然水中黏土胶团示意图

由于胶核表面吸附的离子总比吸附层里的反离子多,所以胶粒带电。而胶团具有电中性,因为带电胶核表面与扩散于溶液中的反离子电性中和,构成双电层结构,如图 2.3 所示。

扩散层中的反离子与胶体颗粒所吸附的离子间吸附力很弱,当胶体颗粒运动时,大部分离子脱离开胶体颗粒,这个脱开的界面称为滑动面。胶核表面(固、液界面)上的离子和反离子之间形成的电位称为总电位,即 ψ 电位。胶核在滑动时所具有的电位称为动电位,即 ξ 电位,它是在胶体运动中表现出来的,也就是在滑动面上的电位。在水处理研究中,ξ 电位具有重要意义,可以用激光多普勒电泳法或传统电泳法测得。天然水中胶体杂质通常带负电。地面水中的石英和黏土颗粒,根据组成成分的酸碱比例不同,其 ξ 电位为 $-15 \sim -40$ mV。一般在河流和湖泊水中,颗粒的 ξ 电位为 $-15 \sim -25$ mV;当含有机污染时,ξ 电位可达 $-50 \sim -60$ mV。

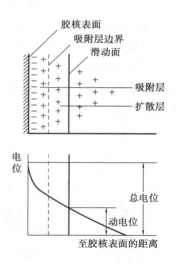

图 2.3 胶体双电层结构示意图

2)胶体的稳定性

胶体稳定性指胶体颗粒在水中长期保持分散悬浮状态的特性。致使胶体颗粒稳定性的主要原因是颗粒的布朗运动、胶体颗粒间同性电荷的静电斥力和颗粒表面的水化作用。胶体稳定性分为动力学稳定和聚集稳定两种。

胶体的稳定性

胶体颗粒的布朗运动构成了动力学稳定性,反映为颗粒的布朗运动对抗重力影响的能力。水中粒度较微小的胶体颗粒,布朗运动足以抵抗重力的影响,因此能长期悬浮于水中而不发生沉降,称为动力学稳定性。

胶体间的静电斥力和颗粒表面的水化作用构成了聚集稳定性,反映了水中胶体颗粒之间因其表面同性电荷相斥或者由于水化膜的阻碍作用而不能相互凝聚的特性。

布朗运动一方面使胶体具有动力学稳定性,另一方面也为碰撞、接触、吸附、絮凝创造了条件。但由于有静电斥力和水化作用,使之无法接触。因此,胶体稳定性的关键在于聚集稳定性,聚集稳定性一旦破坏,则胶体颗粒就会结大而下沉。

(1)憎水胶体的聚集稳定性

憎水胶体指与水分子间缺乏亲和性的胶体。在憎水胶体的吸附层中离子直接与胶核接触,水分子不直接接触胶核,如无机物的胶体颗粒。憎水胶体的分散需借助外力作用,脱水后也不能重新自然地分散于水中,故又称为不可逆的胶体。通过双电层结构分析,可以说明憎水胶体稳定性。憎水胶体的聚集稳定性主要取决于胶体的 ξ 电位,ξ 电位越高,扩散层越厚,胶体颗粒越具有稳定性。

德加根(Derjaguin)、兰道(Landon)、伏维(Verwey)、奥贝克(Overbeek)各自从胶粒相互作用能的角度,阐明了胶粒相互作用理论,简称 DLVO 理论。DLVO 理论认为,水中胶体颗粒能否相互接近甚至结合,取决于布朗运动的动力、静电斥力和范德华引力三者的综合表现,也就是说取决于 3 种力产生的能量对比。

①布朗运动的动能主要和水温有关。在一定温度下,布朗运动的动能基本不变。

②静电斥力产生的势能与微粒间距有关。当两胶体颗粒的扩散层未发生重叠时,静电斥力不存在;当两胶体颗粒的扩散层发生重叠时,胶体之间产生静电斥力。

③范德华引力产生的势能与微粒间距有关。

可以从两胶粒之间相互作用力及其与两胶粒之间的距离关系进行分析,当两个胶粒相互接近至双电层发生重叠时[图 2.4(a)],就会产生静电斥力。相互接近的两胶粒能否凝聚,取决于由静电斥力产生的排斥势能量 E_R 由范德华引力产生的吸引势能 E_A,二者相加即为总势能 E。E_R 与 E_A 均与两胶粒表面间距 x 有关,如图 2.4(b)所示。

从图 2.4 可知,两胶粒表面间距 $x=oa\sim oc$ 时,排斥势能占优势。$x=ob$ 时,排斥势能最大,用 E_{max} 表示,称排斥能峰。

当 $x<oa$ 或 $x>oc$ 时,吸引势能均占优势。$x>oc$ 时,虽然两胶粒表现出相互吸引趋势,但存在着排斥能峰这一屏障,两胶粒仍无法靠近。只有当 $x<oa$ 时,吸引势能随间距减小而急剧增大,凝聚才会发生。

要使两胶粒表面间距小于 oa,布朗运动的动能首先要克服排斥能峰 E_{max} 才行。然而,胶粒布朗运动的动能远小于 E_{max},两胶粒之间距离无法靠近到 oa 以内,故胶体处于分散稳定状态。

(2)亲水胶体的聚集稳定性

亲水胶体指与水分子能结合的胶体,胶体微粒直接吸附水分子、有机胶体或高分子物质,如蛋白质、淀粉及胶质等属于亲水胶体。

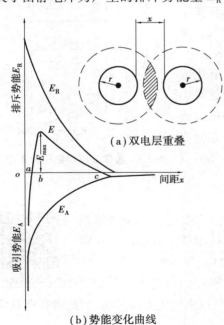

(a)双电层重叠

(b)势能变化曲线

图 2.4 相互作用势能与颗粒间距离关系

水化作用是亲水胶体聚集稳定性的主要原因。亲水胶体的水化作用往往来源于粒子表面极性基团对水分子的强烈吸附，使粒子周围包裹一层较厚的水化膜，阻碍胶体微粒相互靠近，范德华引力不能发挥作用。水化膜越厚，胶体稳定性越好。

亲水胶体的一个最突出性质是它们能够在吸水自动分散形成胶体溶液后，又可脱水恢复成原来的物质，并再重新分散于水中产生胶体。因此，亲水胶体也称为可逆的胶体。

亲水胶体虽然也具有双电层结构，但它的稳定性主要由其所吸附的大量水分子构成的水化膜来说明。亲水胶体保持分散的能力，即它的稳定性比憎水胶体高。

2.1.2 混凝机理

混凝是指水中胶体颗粒及微小悬浮物的聚集过程。它是凝聚和絮凝的总称。凝聚(Coagulation)是指水中胶体被压缩双电层而失去稳定性的过程；絮凝(Flocculation)是指脱稳胶体相互聚结成大颗粒絮体的过程。凝聚是瞬时的，而絮凝则需要一定的时间才能完成，二者在一般情况下不好截然分开。因此，把能起凝聚和絮凝作用的药剂统称为混凝剂。

水处理工程中的混凝现象比较复杂。不同种类的混凝剂以及不同的水质条件，混凝机理都有所不同。混凝的目的是使胶体颗粒能够通过碰撞而彼此聚集。实现这一目的，就要消除或降低胶体颗粒的稳定因素，使其失去稳定性。

胶体颗粒的脱稳可分为两种情况：一种是通过混凝剂的作用，使胶体颗粒本身的双电层结构发生变化，致使 ζ 电位降低或消失，达到胶体稳定性破坏的目的；另一种就是胶体颗粒的双电层结构没有多大变化，主要是通过混凝剂的媒介作用使颗粒彼此聚集。

目前普遍用 4 种机理来定性描述水的混凝现象。

1)压缩双电层作用机理

对于憎水胶体，要使胶粒通过布朗运动相互碰撞而结成大颗粒，必须降低或消除排斥能峰才能实现。降低排斥能峰的办法是降低或消除胶粒的 ζ 电位。在胶体系统中，加入电解质可降低 ζ 电位。

根据胶体双电层结构，决定了颗粒表面处反离子浓度最大。胶体颗粒所吸附的反离子浓度与距颗粒表面的距离成反比，随着与颗粒表面的距离增大，反离子浓度逐渐降低，直至与溶液中离子浓度相等，如图 2.5 所示。

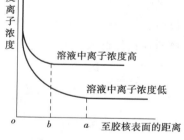

图 2.5 溶液中离子浓度与扩散层厚度之间的关系

当向溶液中投加电解质盐类时，溶液中反离子浓度增高，胶体颗粒能较多地吸引溶液中的反离子，使扩散层的厚度减小。图 2.5 中扩散层的厚度将从图中的 oa 减小至 ob。

根据浓度扩散和异号电荷相吸的作用，这些离子可与颗粒吸附的反离子发生交换，挤入扩散层，使扩散层厚度缩小，进而更多地挤入滑动面与吸附层，使胶粒带电荷数减少，ζ 电位降低，这种作用称为压缩双电层作用。此时两个颗粒相互间的排斥力减小，同时由于它们相撞时的距离减小，相互间的吸引力增大，胶粒得以迅速聚集。这个机理是借单纯静电现象来说明电解质对胶体颗粒脱稳的作用。

压缩双电层作用机理不能解释其他一些复杂的胶体脱稳现象。如混凝剂投量过多时，凝聚效果反而下降，甚至重新稳定；可能与胶粒带同号电荷的聚合物或高分子有机物有好的凝聚效果;等电状态应有最好的凝聚效果,但在生产实践中,往往 ξ 电位大于零时,混凝效果最好。

　　2)吸附和电荷中和作用机理

　　吸附和电荷中和作用,指胶粒表面对异号离子、异号胶粒或链状高分子带异号电荷的部位有强烈的吸附作用而中和了它的部分电荷,减少了静电斥力,因而容易与其他颗粒接近而互相吸附。这种吸附力,除静电引力外,一般认为还存在范德华力、氢键及共价键等。

　　当采用铝盐或铁盐作为混凝剂时,随着溶液 pH 值的不同可以产生各种不同的水解产物。当 pH 值较低时,水解产物带有正电荷。给水处理时,原水中胶体颗粒一般带有负电荷,因此带正电荷的铝盐或铁盐水解产物可以对原水中的胶体颗粒起中和作用。二者所带电荷相反,在接近时,将导致相互吸引和聚集,如图 2.6 所示。

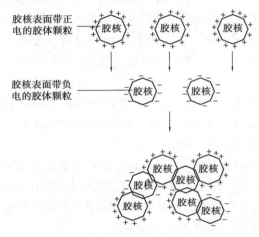

图 2.6　不同电荷之间的相互吸引聚集

　　3)吸附架桥作用机理

　　吸附架桥作用,是指高分子物质与胶体颗粒的吸附与桥连。当高分子链的一端吸附某一胶粒后,另一端又吸附另一胶粒,形成"胶粒-高分子-胶粒"的絮凝体,如图 2.7(a)所示。高分子物质在这里起胶体颗粒之间相互结合的桥梁作用。

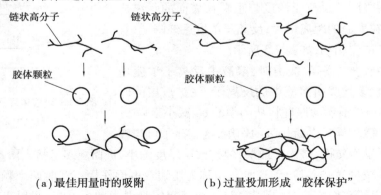

　　(a)最佳用量时的吸附　　　　　　(b)过量投加形成"胶体保护"

图 2.7　链状高分子与胶体颗粒的吸附桥连

　　高分子物质过量投加时,胶粒的吸附面均被高分子覆盖,两胶粒接近时,就受到高分子之间的相互排斥而不能聚集。这种排斥力可能源于"胶粒-胶粒"之间高分子受到压缩变形而具有的排斥势能,也可能由于高分子之间的电性斥力或水化膜。因此,高分子物质投量过少,不足以将胶粒架桥连接起来;投量过多,又会产生"胶体保护"作用[如图 2.7(b)],使凝聚效果下降,甚至重新稳定,即所谓的再稳。

除了长链状有机高分子物质外,无机高分子物质及其胶体颗粒,如铝盐、铁盐的水解产物等,也可以产生吸附架桥作用。

4)沉淀物网捕作用机理

沉淀物网捕又称卷扫,是指向水中投加含金属离子的混凝剂(如硫酸铝、石灰、氯化铁等高价金属盐类),当药剂投加量和溶液介质的条件足以使金属离子迅速生成氢氧化物沉淀时,所生成的难溶分子就会以胶体颗粒或细微悬浮物作为晶核形成沉淀物,即所谓的网捕、卷扫水中胶粒,以致产生沉淀分离。

在水处理工程中,以上所述的 4 种机理有可能会同时发挥作用,只是在特定情况下以某种机理为主。

2.1.3　影响混凝效果的主要因素

1)水温

影响混凝效果
的主要因素

水温对混凝效果有明显影响。低温水絮凝体形成缓慢,絮凝颗粒细小、松散,沉淀效果差。水温低时,即使过量投加混凝剂也难以取得良好的混凝效果。其原因主要有以下几点:

①水温低会影响无机盐类水解。无机盐混凝剂水解是吸热反应,低温时水解困难,造成水解反应慢。如硫酸铝,水温降低 10 ℃,水解速度常数降低 2~4 倍;水温在 5 ℃时,硫酸铝水解速度极其缓慢。

②低温水的黏度大,使水中杂质颗粒的布朗运动强度减弱,碰撞机会减少,不利于胶粒凝聚,混凝效果下降,同时水流剪力增大,影响絮凝体的成长。这就是冬天混凝剂用量比夏天多的原因。

③低温水中胶体颗粒水化作用增强,妨碍胶体凝聚,而且水化膜内的水由于黏度和重度增大,影响了颗粒之间的黏附强度。

为提高低温水混凝效果,常用的办法是投加高分子助凝剂,如投加活化硅酸后,可对水中负电荷胶体起到桥连作用。如果与硫酸铝或三氯化铁同时使用,可降低混凝剂的用量,提高絮凝体的密度和强度。

2)pH 值

混凝过程中要求有一个最佳 pH 值,使混凝反应速度达到最快,絮凝体的溶解度最小。这个 pH 值可以通过试验测定。混凝剂种类不同,水的 pH 值对混凝效果的影响程度也不同。

对于铝盐与铁盐混凝剂,不同的 pH 值,其水解产物的形态不同,混凝效果也各不相同。对硫酸铝来说,用于去除浊度时,最佳 pH 值为 6.5~7.5;用于去除色度时,pH 值一般为4.5~5.5。对于三氯化铝来说,适用的 pH 值范围较硫酸铝要宽,用于去除浊度时,最佳 pH 值为6.0~8.4;用于去除色度时,pH 值一般为 3.5~5.0。

高分子混凝剂的混凝效果受水的 pH 值影响较小,故对水的 pH 值变化适应性较强。

3)碱度

水中碱度高低对混凝起着重要的作用和影响,有时会超过原水 pH 值的影响程度。由于水解过程中不断产生 H^+，导致水的 pH 值下降。要使 pH 值保持在最佳范围内，常需要加入碱使中和反应充分进行。

天然水中均含有一定碱度（通常是 HCO_3^-），对 pH 值有缓冲作用：

$$HCO_3^- + H^+ = CO_2 + H_2O$$

当原水碱度不足或混凝剂投量很高时，天然水中的碱度不足以中和水解反应产生的 H^+，水的 pH 值将大幅度下降，不仅超出了混凝剂的最佳范围，甚至会影响混凝剂的继续水解，此时应投加碱剂（如石灰）以中和混凝剂水解过程中产生的 H^+。

4）悬浮物含量

浊度高低直接影响混凝效果，过高或过低都不利于混凝。浊度不同，混凝剂用量也不同。对于去除以浑浊度为主的地表水，主要的影响因素是水中的悬浮物含量。

水中悬浮物含量过高时，所需铝盐或铁盐混凝剂投加量将相应增加。为了减少混凝剂用量，通常投加高分子助凝剂，如聚丙烯酰胺及活化硅酸等。对于高浊度原水处理，采用聚合氯化铝具有较好的混凝效果。

水中悬浮物浓度很低时，颗粒碰撞速率大大减小，混凝效果差。为提高混凝效果，可以投加高分子助凝剂，如活化硅酸或聚丙烯酰胺等，通过吸附架桥作用，使絮凝体的尺寸和密度增大；投加黏土类矿物颗粒，可以增加混凝剂水解产物的凝结中心，提高颗粒碰撞速率并增加絮凝体密度；也可以在原水中投加混凝剂后，经过混合直接进入滤池过滤。

5）水力条件

要使杂质颗粒之间或杂质与混凝剂之间发生絮凝，一个必要条件是使颗粒相互碰撞。推动水中颗粒相互碰撞的动力来自两个方面：一是颗粒在水中的布朗运动；二是在水力或机械搅拌作用下所造成的流体运动。由布朗运动造成的颗粒碰撞聚集称为异向絮凝，由流体运动造成的颗粒碰撞聚集称为同向絮凝。

颗粒在水分子热运动的撞击下所作的布朗运动是无规则的，当颗粒完全脱稳后，一经碰撞就发生絮凝，从而使小颗粒聚集成大颗粒。由布朗运动造成的颗粒碰撞速率与水温成正比，与颗粒的数量浓度平方成正比，而与颗粒尺寸无关。实际上，只有小颗粒才具有布朗运动。随着颗粒粒径增大，布朗运动将逐渐减弱。当颗粒粒径大于 $1~\mu m$ 时，布朗运动基本消失。因此，要使较大的颗粒进一步碰撞聚集，还要靠流体运动的推动来促使颗粒相互碰撞，即进行同向絮凝。

同向絮凝要求有良好的水力条件。适当的紊流程度可为细小颗粒创造相互碰撞接触的机会和吸附条件，并防止较大的颗粒下沉。紊流程度太强烈，虽然相碰接触机会更多，但相碰太猛，也不能互相吸附，并容易使逐渐长大的絮凝体破碎。因此，在絮凝体逐渐成长的过程中，应逐渐降低水的紊流程度。

控制混凝效果的水力条件，往往以速度梯度 G 和 GT 作为重要的控制参数。

速度梯度是指相邻两水层中两个颗粒的速度差与垂直于水流方向的两流层之间距离的比值，用来表示搅拌强度。流速增量越大，间距越小，颗粒越容易相互碰撞。可以认为速度梯度 G 实质上反映了颗粒碰撞的机会或次数。

GT 是速度梯度 G 与水流在混凝设备中的停留时间 T 之乘积，可间接地表示在整个停留时间内颗粒碰撞的总次数。

在混合阶段,异向絮凝占主导地位。药剂水解、聚合及颗粒脱稳进程很快,故要求混合快速剧烈,通常搅拌时间为 10~30 s,一般 G 为 500~1 000 s^{-1}。在絮凝阶段,同向絮凝占主导地位。絮凝效果不仅与 G 有关,还与絮凝时间 T 有关。在此阶段,既要创造足够的碰撞机会和良好的吸附条件,让絮凝体有足够的成长机会,又要防止生成的小絮体被打碎。因此,搅拌强度要逐渐减小,反应时间相对加长,一般在 15~30 min,平均 G 为 20~70 s^{-1},平均 GT 为 $1×10^4$ ~ $1×10^5$。

2.1.4　混凝剂

混凝剂的概念与分类

为使胶体颗粒脱稳而聚集所投加的药剂,统称为混凝剂。混凝剂具有破坏胶体稳定性和促进胶体絮凝的功能。习惯上把低分子电解质称为凝聚剂,这类药剂主要通过压缩双电层和电性中和机理起作用,把主要通过吸附架桥机理起作用的高分子药剂称为絮凝剂。在混凝过程中,如果单独采用混凝剂不能取得较好的效果时,可以投加某类辅助药剂来提高混凝效果,这类辅助药剂统称为助凝剂。

对混凝剂的基本要求是:混凝效果好,对人体健康无害,适应性强,使用方便,货源可靠,价格低廉。

混凝剂的种类有很多,按化学成分可分为无机和有机两大类,如表 2.1 所示。

无机混凝剂应用历史悠久,广泛用于饮用水、工业水的净化处理以及地下水、废水淤泥的脱水处理等。无机混凝剂按金属盐种类可分为铝盐系和铁盐系两类;按阴离子成分又可分为盐酸系和硫酸系;按分子量可分为低分子体系和高分子体系两大类。

有机混凝剂虽然价格低廉,但效果较差,特别是在某些冶炼过程中,实质上是加入了杂质,故应用较少。近 20 年来有机混凝剂的使用发展迅速。这类混凝剂可分为天然高分子混凝剂(褐藻酸、淀粉、牛胶)和人工合成高分子混凝剂(聚丙烯酰胺、磺化聚乙烯苯、聚乙烯醚等)两大类。由于天然聚合物易受酶的作用而降解,已逐步被不断降低成本的合成聚合物所取代。

表 2.1　混凝剂的类型及名称

类　型		名　　称
无机型	无机盐类	硫酸铝,硫酸钾铝,硫酸铁,氯化铁,氯化铝,碳酸镁
	碱　类	碳酸钠,氢氧化钠,石灰
	金属氢氧化物类	氢氧化铝,氢氧化铁
	固体细粉	高岭土,膨润土,酸性白土,炭黑,飘尘
	高分子类　阴离子型	活化硅酸(AS),聚合硅酸(PS)
	高分子类　阳离子型	聚合氯化铝(PAC),聚合硫酸铝(PAS),聚合氯化铁(PFC),聚合硫酸铁(PFS),聚合磷酸铝(PAP),聚合磷酸铁(PFP)
	高分子类　无机复合型	聚合氯化铝铁(PAFC),聚合硫酸铝铁(PAFS),聚合硅酸铝(PASI),聚合硅酸铁(PFSI),聚合硅酸铝铁(PAFSI),聚合磷酸铝(PAFP)
	高分子类　无机有机复合型	聚合铝-聚丙烯酰胺,聚合铁-聚丙烯酰胺,聚合铝-甲壳素,聚合铁-甲壳素,聚合铝-阳离子有机高分子,聚合铁-阳离子有机高分子

续表

类 型			名 称
有机型	天然类		淀粉,动物胶,纤维素的衍生物,腐殖酸钠
	人工合成类	阴离子型	聚丙烯酸,海藻酸钠(SA),羧酸乙烯共聚物,聚乙烯苯磺酸
		阳离子型	聚乙烯吡啶,胺与环氧氯丙烷缩聚物,聚丙烯酰胺阳离子化衍生物
		非离子型	聚丙烯酰胺(PAM),尿素甲醛聚合物,水溶性淀粉,聚氧化乙烯(PEO)
		两性型	明胶,蛋白素,干乳酪等蛋白质,改性聚丙烯酰胺

1)无机类混凝剂

(1)无机盐类

无机类混凝剂

无机低分子混凝剂即普通无机盐,包括硫酸铝、氯化铝、硫酸铁、氯化铁等。在水处理混凝过程中,投加铝盐或铁盐后,发生金属离子水解和聚合反应,其产物兼有凝聚和絮凝作用的特性。无机电解质在水中发生电离水解生成带电离子,其电性与水中颗粒所带电性相反,水解离子的价态越高,凝聚作用越强。但用于水处理时,无机低分子混凝剂成本高、腐蚀性大,在某些场合净水效果还不理想。

①硫酸铝。硫酸铝使用方便,混凝效果较好,是使用历史最久、目前应用仍较广泛的一种无机盐混凝剂。净水用的明矾就是硫酸铝和硫酸钾的复盐 $Al_2(SO_4)_3 \cdot K_2SO_4 \cdot 24H_2O$,其作用与硫酸铝相同。硫酸铝的分子式是 $Al_2(SO_4)_3 \cdot 18H_2O$,其产品有精制和粗制两种。精制硫酸铝是白色结晶体。粗制硫酸铝质量不稳定,价格较低,其中 Al_2O_3 含量为 $10.5\% \sim 16.5\%$,不溶杂质含量为 $20\% \sim 30\%$,增加了药液配制和排除废渣等方面的困难。硫酸铝易溶于水,pH 值在 $5.5 \sim 6.5$,水溶液呈酸性反应,室温时溶解度约为 50%。

固体硫酸铝 $Al_2(SO_4)_3 \cdot 18H_2O$ 溶于水后,立即离解出铝离子,且常以 $[Al(H_2O)_6]^{3+}$ 的水合形态存在。在一定条件下,经水解、聚合或配合反应可形成多种形态的配合物或聚合物以及氢氧化铝 $Al(OH)_3$。各种物质组分的存在与否及含量多少,取决于铝离子水解时的条件,包括水温、水的硬度、pH 值和硫酸铝投加量等。

当 pH 值<3 时,水中的铝以 $[Al(H_2O)_6]^{3+}$ 形态存在,$[Al(H_2O)_6]^{3+}$ 可起压缩双电层作用;当 pH 值为 $4.5 \sim 6.0$ 时,水中产生较多的多核羟基配合物,如 $[Al(OH)_4]^{5+}$ 及 $[Al_{13}O_4(OH)_{24}]^{7+}$ 等,这些物质对负电荷胶体起电性中和作用,凝聚体比较密实;当 pH 值为 $7.0 \sim 7.5$ 时,水解产物以电中性氢氧化铝聚合物 $[Al(OH)_3]_n$ 为主,可起吸附架桥作用,同时也存在某些羟基配合物的电性中和作用。天然水的 pH 值一般为 $6.5 \sim 7.8$,铝盐的混凝作用主要是吸附架桥和电性中和。当铝盐投加量超过一定限度时,会产生"胶体保护"作用,使脱稳胶粒电荷变号或使胶粒被包卷而重新稳定;当铝盐投加量继续增大,超过氢氧化铝溶解度而产生大量氢氧化铝沉淀物时,则起网捕和卷扫作用。实际上,在一定的 pH 值下,几种作用都可能同时存在,只是程度不同。

水温低时水解困难,形成的絮体较为松散。使用硫酸铝时,水的有效 pH 值范围较窄,与原水硬度有关。对于软水,pH 值为 $5.7 \sim 6.6$;中等硬度的水,pH 值为 $6.6 \sim 7.2$;较高硬度的水,pH 值为 $7.2 \sim 7.8$。

在投加硫酸铝时应充分考虑上述因素,避免加入过量硫酸铝后使水的 pH 值降至其适宜的数值以下,不仅浪费药剂,而且处理后的水质发浑。

除了固体硫酸铝外,还有液体硫酸铝。液体硫酸铝制造工艺简单,Al_2O_3 含量约为 6%,一般用坛装或灌装,通过车、船运输。液体硫酸铝使用范围与固体硫酸铝差不多,但配制和使用均比固体硫酸铝方便得多,近年来在南方地区使用较为广泛。

②硫酸亚铁。硫酸亚铁分子式为 $Fe_2SO_4 \cdot 7H_2O$,半透明绿色晶体,又称为绿矾。其易溶于水,水温20 ℃时溶解度为 21%,硫酸亚铁离解出的 Fe^{2+} 只能生成最简单的单核络合物,因此没有三价铁盐那样具有良好的混凝效果。残留在水中的 Fe^{2+} 会使处理后的水带色,Fe^{2+} 与水中的某些有色物质作用后会生成颜色更深的溶解物。因此,在使用硫酸亚铁时,应将二价铁先氧化为三价铁,而后再混凝作用。

处理饮用水时,硫酸亚铁的重金属含量应极低,应考虑在最高投药量处理后,水中的重金属含量应在国家饮用水水质标准的限度内。

铁盐使用时,水的 pH 值的适用范围较宽,为 5.0~11。

③三氯化铁。三氯化铁分子式为 $FeCl_3 \cdot 6H_2O$,是黑褐色晶体,也是一种常用的混凝剂,有强烈吸水性,极易溶于水,其溶解度随着温度的上升而增加,形成的矾花沉淀性能好,絮体结得大,沉淀速度快。处理低温水或低浊水时的效果要比铝盐好。三氯化铁具有强腐蚀性,尤其是对铁的腐蚀性最强。对混凝土也有腐蚀,对塑料管也会因发热而引起变形。因此,调制和加药设备必须考虑用耐腐蚀器材,如采用不锈钢的泵轴运转几星期就腐蚀,一般采用钛制泵轴有较好的耐腐性能。三氯化铁 pH 值的适用范围较宽,但处理后的水的色度比用铝盐高。

（2）无机高分子类

无机高分子絮凝剂是在传统的铝盐、铁盐的基础上发展起来的一类水处理剂。药剂加入水中后,在一定时间内吸附在颗粒物表面,以其较高的电荷及较大的分子量发挥电中和及黏结架桥作用。目前无机高分子絮凝剂已有相当规模的生产和应用,聚合类药剂的生产占絮凝剂总产量的 30%~60%。近年来,研制和应用聚合铝、铁、硅及各种复合型絮凝剂成为热点。

①聚合氯化铝。聚合氯化铝（PAC）是目前生产和应用技术成熟、市场销量最大的无机高分子絮凝剂。在实际应用中,聚合氯化铝具有比传统絮凝剂用量省、净化效能高、适应性宽等优点,比传统低分子絮凝剂用量少 1/3~1/2,成本低 40% 以上,因此在国内外得到了迅速发展。

聚合氯化铝也称碱式氯化铝,化学式表示为 $[Al_2(OH)_n \cdot Cl_{6-n}]_m$,其中 n 可取 1~5 的任何整数,m 为 ≤10 的整数。这个化学式实际指 m 个 $Al_2(OH)_n \cdot Cl_{6-n}$（称羟基氯化铝）单体的聚合物。

聚合氯化铝中 OH 与 Al 的比值对混凝效果有很大影响。一般用碱化度 B 来表示。

$$B = \frac{[OH]}{3[Al]} \times 100\% \tag{2.1}$$

例如 $n=4$ 时,碱化度 B 为:

$$B = \frac{4}{3 \times 2} \times 100\% = 66.7\%$$

一般来说,碱化度越高,其黏结架桥性能越好,但是因接近 $[Al(OH)_3]_n$ 而易生成沉淀,稳定性较差。目前聚合氯化铝产品的碱化度一般为 50%~80%。

聚合氯化铝的外观状态与盐基度、制造方法、原料、杂质成分及含量有关。盐基度<30%时为晶状固体;30%~60%为胶状固体;40%~60%为淡黄色透明液体;>60%时为无色透明液体,玻璃状或树脂状固体;>70%时的固体状不易潮解,易保存。

聚合氯化铝作为混凝剂处理水时有以下特点:对污染严重或低浊度、高浊度、高色度和受微污染的原水都可达到好的混凝效果;水温低时,仍可保持稳定的混凝效果,因此在我国北方地区更为适用;矾花的形成较快,颗粒大而重,沉淀性能好,投药量一般比硫酸铝低;pH 值为5~9,当过量投加时也不会像硫酸铝那样造成水浑浊的反效果;碱化度比其他铝盐、铁盐高,因此药液对设备的侵蚀作用小,且处理后水的 pH 值和碱度下降较小。

聚合氯化铝的混凝机理与硫酸铝相同,而聚合氯化铝可根据原水水质的特点来控制制造过程中的反应条件,从而制取所需要的最适宜的聚合物,投入水中水解后即可直接提供高价聚合离子,达到优异的混凝效果。

除了聚合氯化铝外,聚合硫酸铝在处理天然河水时,剩余浊度的质量分数低于 4 $\mu g/g$,COD_{Cr} 低于 6 mg/L,脱色效果明显;在处理含氟废水时,F^- 含量低于 104 $\mu g/g$。聚合硫酸铝除浊效果显著,并且有较宽的温度和 pH 值适用范围。

②聚合硫酸铁。聚合硫酸铁(PFS)是一种红褐色的黏性液体,是碱式硫酸铁的聚合物,其化学式为 $[Fe_2(OH)_n \cdot (SO_4)_{3-n/2}]_m$,其中 n 为<2,m 为>10 的整数。聚合硫酸铁具有絮凝体形成速度快、絮团密实、沉降速度快、对低温高浊度原水处理效果好、适用水体的 pH 值范围广等特性,同时还能去除水中的有机物、悬浮物、重金属、硫化物及致癌物,无铁离子的水相转移,脱色、脱油、除臭、除菌功能显著,它的腐蚀性远比三氯化铁小。与其他混凝剂相比,聚合硫酸铁有着很强的市场竞争力,其经济效益也十分明显,值得大力推广应用。

③活化硅酸。活化硅酸(AS)又称为活化水玻璃、泡花碱,其分子式为 $Na_2O \cdot xSiO_2 \cdot yH_2O$。活化硅酸是粒状高分子物质,属阴离子型絮凝剂,其作用机理是靠分子链上的阴离子活性基团与胶体微粒表面间的范德华力、氢键作用而引起的吸附架桥作用,不具有电中和作用。活化硅酸是在 20 世纪 30 年代后期作为混凝剂开始在水处理中得到应用的。活化硅酸呈真溶液状态,在通常的 pH 值条件下其组分带有负荷,对胶体的混凝是通过吸附架桥机理使胶体颗粒粘连,因此常被称为絮凝剂或助凝剂。

活化硅酸一般在水处理现场制备,无商品出售。因为活化硅酸在储存时易析出硅胶而失去絮凝功能。实质上活化硅酸是硅酸钠在加酸条件下聚合反应进行到一定程度的中间产物,其电荷、大小、结构等组分特征主要取决于水解反应起始的硅浓度、反应时间和反应时的 pH 值。活化硅酸适用于硫酸亚铁与铝盐混凝剂,可缩短混凝沉淀时间,节省混凝剂用量。在使用时宜先投入活化硅酸。在原水浑浊度低、悬浮物含量少及水温较低(14 ℃以下)时使用,其效果更为显著。在使用时要注意加注点,要有适宜的酸化度和活化时间。

2)有机类混凝剂

有机类混凝剂指线型高分子有机聚合物,即通常所说的絮凝剂。其种类按来源可分为天然高分子絮凝剂和人工合成高分子絮凝剂;按反应类型可分为缩合型和聚合型;按官能团的性质和所带电性可分为阴离子型、阳离子型、非离子型和两性型。凡基团离解后带正电荷者称阳离子型,带负电荷者称阴离子型,分子中既含有正电荷基团又含有负电荷基团者称两性型,分子中不含可离解基团

有机类和复合类混凝剂

者称非离子型。常用的有机类混凝剂主要是人工合成的有机高分子混凝剂,其最大特点是可根据使用需要,采用合成的方法对碳氢链的长度进行调节;同时,在碳氢链上可以引入不同性质的官能团,这些有效官能团可以强烈吸附细微颗粒,在微粒与微粒之间形成架桥作用。

根据电性吸附原理,如果颗粒表面带正电荷,则应采用阴离子型絮凝剂;颗粒表面带负电荷,则应采用阳离子或非离子型絮凝剂。一般阴离子型絮凝剂适用于处理氧化物和含氧酸盐,阳离子型絮凝剂适用于处理有机固体。对于长时间放置能沉降的悬浮液,使用阴离子型或非离子型的高分子絮凝剂可以促进其絮凝速度。对于不能自然沉降的胶体溶液、浊度较高的废水,单独使用阳离子型的高分子絮凝剂,就可取得较佳的絮凝效果。阴离子、阳离子和非离子型高分子絮凝剂由于自身应用的范围限制,故都将逐渐被两性型高分子絮凝剂取代。

两性型高分子絮凝剂在同一高分子链节上兼具阴离子、阳离子两种基团,在不同介质中均可应用。对废水中由阴离子表面活性剂所稳定的分散液、乳浊液及各类污泥或由阴离子所稳定的各种胶体分散液,均有较好的絮凝及污泥脱水功效。

世界各国研制的两性型高分子水处理剂按其原料来源可分为天然高分子改性和化学合成两大类。天然改性型两性高分子絮凝剂大体可分为两性淀粉、两性纤维素、两性植物胶等。化学合成药剂具有产品性能稳定、容易根据需要控制合成产物分子量等特点。目前研究较多的化学合成型两性高分子絮凝剂主要有聚丙烯酰胺类两性高分子。

有机混凝剂品种很多,以聚丙烯酰胺为代表。其优点是投加量少、存放设施小、净化效果好。但对其毒性,各国学者看法不一,有待深入研究。聚丙烯酰胺(PAM)是非离子型聚合物的主要品种,另外还有聚氧化乙烯(PEO)。

聚丙烯酰胺又称三号絮凝剂,是使用最为广泛的人工合成有机高分子絮凝剂。它是由丙烯酰胺聚合而成的有机高分子聚合物,无色、无味、无嗅,易溶于水,没有腐蚀性。聚丙烯酰胺在常温下稳定,高温、冰冻时易降解,并降低絮凝效果,在储存和配制投加时,应注意将温度控制在 2~55 ℃。

聚丙烯酰胺的聚合度高达 20 000~90 000,相应的相对分子质量高达 150 万~600 万。它的混凝效果在于对胶体表面具有强烈的吸附作用,在胶粒之间形成桥联。聚丙烯酰胺每一链节中均含有一个酰胺基($-CONH_2$)。由于酰胺基之间的氢键作用,线性分子往往不能充分伸展开来,致使桥联作用削弱。

通常将 PAM 在碱性条件下(pH 值>10)进行部分水解,生成阴离子型水解聚合物 HPAM。PAM 经部分水解后,部分酰胺基带负电荷,在静电斥力下,高分子得以充分伸展,吸附架桥得到充分发挥。由酰胺基转化为羧基的百分数称为水解度。水解度过高负电性过强,对絮凝也产生阻碍作用。一般控制水解度在 30%~40%较好。通常以 HPAM 作助凝剂以配合铝盐或铁盐作用,效果较为显著。

3)复合类混凝剂

(1)复合型无机高分子混凝剂

复合型无机高分子混凝剂是在普通无机高分子絮凝剂中引入其他活性离子,以提高药剂的电中和能力,诸如聚铝、聚铁、聚活性硅胶及其改性产品。王德英等研制的聚硅酸硫酸铝,其活性较好,聚合度适宜,不易形成凝胶,絮凝效果显著。用于处理低浊度水时,其效果优于PAC 和 PFS。此外,为了改善低温、低浊度水的净化效果,人们又研制开发出一种聚硅酸铁

（PSF），这种药剂处理低温低浊水的效果比硫酸铁的絮凝效果有明显的优越性：用量少，投料范围宽，絮团形成时间短且颗粒大而密实，可缩短水样在处理系统中的停留时间，对处理水的pH值基本无影响。

（2）无机-有机高分子混凝剂复合使用

无机高分子混凝剂对含各种复杂成分的水处理适应性强，可有效去除细微悬浮颗粒，但生成的絮凝体不如有机高分子生成的絮凝体大。单独使用无机混凝剂投药量大，目前已很少这样使用。

与无机药剂相比，有机高分子絮凝剂用量小，絮凝速度快，受共存盐类、介质pH值及环境温度的影响小，生成污泥量也少；且有机高分子絮凝剂分子可带—COO—、—NH、—SO₃、—OH等亲水基团，可具链状、环状等多种结构，有利于污染物进入絮凝体，脱色性好。许多无机絮凝剂只能去除60%~70%的色度，而有些有机絮凝剂可去除90%的色度。

由于某些有机高分子絮凝剂因其水解、降解产物有毒，合成产物价格较高，现多以无机高分子絮凝剂与有机高分子絮凝剂复合使用，或以无机盐的存在与污染物电荷中和，促进有机高分子絮凝剂的作用。

4）助凝剂

助凝剂

当单独使用某种絮凝剂不能取得良好效果时，还需要投加助凝剂。助凝剂是指与混凝剂一起使用，以促进水的混凝过程的辅助药剂。助凝剂通常是高分子物质，其作用是改善絮凝体结构，促使细小而松软的絮粒变得粗而密实，调节和改善混凝条件。

助凝剂的作用机理主要是吸附架桥。如对于低温、低浊水，采用铝盐或铁盐混凝剂时，形成的絮粒一般细小而松散，不易沉淀；当投入少量活化硅酸时，絮凝体的尺寸和密度就会增大，沉速加快。

水处理常用助凝剂有骨胶、聚丙烯酰胺及其水解产物、活化硅酸、海藻酸钠等。

骨胶是一种粒状或片状动物胶，是高分子物质，相对分子质量在3 000~80 000，骨胶易溶于水，无毒、无腐蚀性，与铝盐或铁盐配合使用效果显著。其价格比铝盐和铁盐高，使用较麻烦，不能预制保存，需要现场配制、即日使用，否则会变成冻胶。

在水处理过程中还会用到其他种类助凝剂，按助凝剂的功能不同，可以分为调整剂、絮体结构改良剂和氧化剂3种类型。

①调整剂。在水的pH值不符合工艺要求时，或在投加混凝剂后pH值变化较大时，需要投加pH调整剂。常用的pH调整剂包括石灰、硫酸和氢氧化钠等。

②絮体结构改良剂。当生成的絮凝体较小且松散易碎时，可投加絮凝体结构改良剂以改善絮凝体的结构，增加其粒径、密度和强度，如采用活化硅酸、黏土等。

③氧化剂。当水中有机物含量高时易起泡沫，使絮凝体不易沉降。这时可以投加氯气、次氯酸钠、臭氧等氧化剂来破坏有机物，从而提高混凝效果。

5）微生物絮凝剂

微生物絮凝剂

微生物絮凝剂，指由微生物自身产生的、具有高效絮凝作用的天然高分子物质。具有分泌絮凝剂能力的微生物称为絮凝剂产生菌。微生物絮凝剂主要包括从微生物细胞壁提取物、利用微生物细胞代谢产物和直接利用微生物细胞等形式的絮凝剂。

许多带电量较高的微生物如浮游藻类等,都有可能选择性地吸附到矿物表面,改变矿物表面电性而使矿粒互相絮凝沉降。带电量较高、疏水性也较强的微生物如草分枝杆菌等,吸附于矿物表面不但使矿物絮凝沉降速度加快,得到的絮团也更紧密。由于微生物絮凝剂的非特异性的絮凝和沉淀性能,它在水处理方面的巨大潜能已引起人们的普遍重视。

与有机合成高分子絮凝剂和无机絮凝剂相比,微生物絮凝剂具有高效、安全、无毒和无二次污染等优点,但目前对其的研究还主要停留在高效微生物絮凝剂的产生菌种的分离、筛选和培养上,因此微生物絮凝剂还未能大规模应用于水处理上。微生物絮凝剂是当今一种最具希望的絮凝剂,有着广阔的研究和发展前景。

2.1.5 混凝过程

混凝过程

水处理过程中,向水中投加药剂并加以混合,使水中的胶体物质产生凝聚或絮凝,这一综合过程称为混凝过程。混凝过程包括药剂的溶解、配制、计量、投加、混合和反应等几个部分。

1)混凝剂的配制与投加

混凝剂投加分干法投加和湿法投加两种方式。

干法投加是把药剂直接投放到被处理的水中。干法投加劳动强度大,投配量较难掌握和控制,对搅拌设备要求高。目前国内已很少使用。

湿法投加是目前普遍采用的投加方式。将混凝剂配成一定浓度的溶液,直接定量投加到原水中。用以投加混凝剂溶液的投药系统,包括溶解池、溶液池、计量设备、提升设备和投加设备等。药剂的溶解和投加过程如图2.8所示。

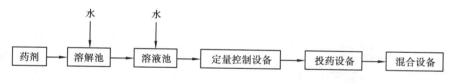

图2.8 药剂的溶解和投加过程

(1)混凝剂溶解和溶液配制

溶解池是把块状或粒状的混凝剂溶解成浓溶液,对难溶的药剂或在冬季水温较低时,可用蒸汽或热水加热,一般情况下只要适当搅拌即可溶解。药剂溶解后流入溶液池,配成一定浓度。在溶液池中配制时同样要进行适当搅拌。搅拌时可采用水力、机械或压缩空气等方式。一般药量小时采用水力搅拌,药量大时采用机械搅拌。凡和混凝剂溶液接触的池壁、设备、管道等,应根据药剂的腐蚀性采取相应的防腐措施。

大中型水厂通常建造混凝土溶解池,一般设计两格,交替使用。溶解池通常设在加药间的底层,为地下式。溶解池池顶高出地面0.2 m,底坡应大于2%,池底设排渣管,超高为0.2~0.3 m。溶解池容积可按溶液池容积的20%~30%计算。根据经验,中型水厂溶解池容积为0.5~0.9 $m^3/(10^4 m^3 \cdot d)$,小型水厂为1 $m^3/(10^4 m^3 \cdot d)$。

溶液池是配制一定浓度溶液的设施。溶解池内的浓药液送入溶液池后,用自来水稀释到所需浓度以备投加。溶液池容积按式(2.2)计算:

$$W = \frac{24 \times 100aQ}{1\ 000 \times 1\ 000bn} = \frac{aQ}{417bn} \qquad (2.2)$$

式中:W——溶液池容积,m³;

　　Q——处理水量,m³/h;

　　a——混凝剂最大投加量,mg/L;

　　b——溶液浓度,一般取 5%~20%(按商品固体质量计);

　　n——每日配制次数,一般不超过 3 次。

(2)混凝剂投加

通过计量或定量设备将药液投入原水中,并能随时调节。一般中小水厂可采用孔口计量,常用的有苗嘴和孔板,如图 2.9 所示。在一定液位下,一定孔径的苗嘴出流量为定值。当需要调整投药量时,只要更换苗嘴即可。标准图中苗嘴共有 18 种规格,其孔径为 0.6~6.5 mm。为保持孔口上的水头恒定,还要设置恒位水箱,如图 2.10 所示。为实现自动控制,可采用计量泵、转子流量计或电磁流量仪等。

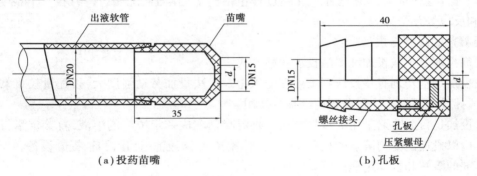

(a)投药苗嘴　　　　　　　　　　(b)孔板

图 2.9　苗嘴和孔板

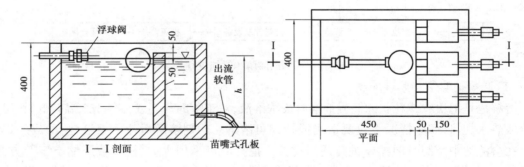

图 2.10　恒位水箱

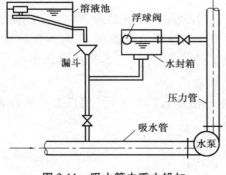

图 2.11　吸水管内重力投加

投加方式分为重力投加或压力投加,一般根据水厂高程布置和溶液池位置的高低来确定投加方式。

①重力投加:是利用重力将药剂投加在水泵吸水管内(图 2.11)或吸水井中的吸水喇叭口处(图 2.12),利用水泵叶轮混合。取水泵房离水厂加药间较近的中小型水厂采用这种办法较好。图中水封箱是为防止空气进入吸水管而设的。如果取水泵房离水厂较远,可建造高位溶液池,利用重力将药剂投入水泵压水管上,如图 2.13 所示。

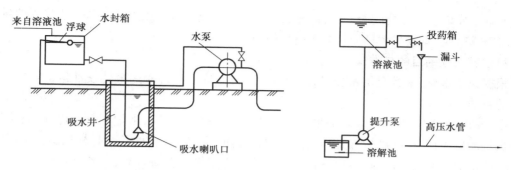

图 2.12 吸水喇叭口处重力投加

图 2.13 高位溶液池重力投加

②压力投加：是利用水泵或水射器将药剂投加到原水管中，适用于将药剂投加到压力水管中，或需要投加到标高较高、距离较远的净水构筑物内。

水泵投加是从溶液池抽提药液送到压力水管中，有直接采用计量泵和采用耐酸泵配以转子流量计两种方式，如图 2.14 所示。

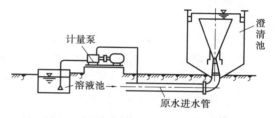

图 2.14 应用计量泵压力投加

水射器投加是利用高压水(压力>0.25 MPa)通过喷嘴和喉管时的负压抽吸作用，吸入药液到压力水管中，如图 2.15 所示。水射器投加应设有计量设备。一般水厂内的给水管都有较高压力，故使用方便。

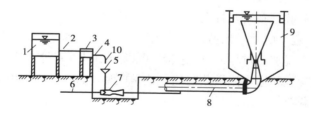

图 2.15 水射器压力投加

1—溶液池；2,4—阀门；3—投药箱；5—漏斗；6—高压水管；7—水射器；
8—原水进水管；9—澄清池；10—孔、嘴等计量装置

药剂注入管道的方式应有利于水与药剂的混合，如图 2.16 所示为几种投药管布置方式。投药管道与零件宜采用耐酸材料，且便于清洗和疏通。

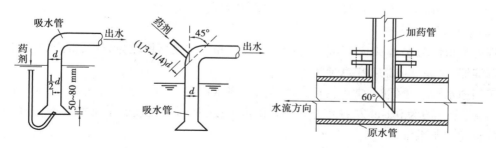

图 2.16 投药管布置

药剂仓库应设在加药间旁,尽可能靠近投药点。混凝剂和助凝剂的储备量应按当地供应、运输等条件确定,宜按最大投加量的 7~15 d 计算。

2)混凝试验的目的与方法

根据原水水质、水量变化和既定的出水水质目标,确定出混凝剂最佳投加量,是进行混凝试验的目的。

由于影响混凝效果的因素较复杂,且在水厂运行过程中水质、水量不断变化,故要达到最佳剂量且能即时调节、准确投加是相当困难的。目前,我国大多数水厂还是根据实验室混凝搅拌试验确定混凝剂最佳剂量,然后进行人工调节。为了提高混凝效果,节省耗药量,混凝工艺的自动控制和优化控制技术正逐步推广应用,如数学模型法、现场模拟试验法和流动电流检测法等。

（1）数学模拟法

数学模拟法,是指根据原水有关的水质参数,如浊度、水温、pH 值、碱度、溶解氧、氨氮和原水流量等影响混凝效果的主要参数作为前馈值,以沉淀后出水的浊度等参数作为后馈值,建立数学模型来自动调节加药量的多少。

早期仅采用原水水质参数建立的数学模型称为前馈模型。目前一般采用前、后馈参数共同参与控制的数学模型,又称为闭环控制法。

根据原水水质和水量,用数理统计方法建立前馈数学模型,在此基础上,根据沉淀池与滤池出水水质建立反馈数学模型。由前馈给出量和反馈调节量就可获得最佳剂量。此方法是国内外比较先进的控制方式,可以达到提高水质、降低药耗的目的。

采用数学模型的关键是必须要有大量可靠的生产数据。针对各地各水源的条件不同和所采用的药剂种类不同,建立的数学模型也各不相同。

采用数学模拟法实现加药过程的自动控制,可以采用以下 4 种方法：

①根据原水水质参数和原水流量共同建立数学模型,给出一个控制信号,控制加注泵的转速来实现加注泵自动调节加注量。

②根据原水水质参数建立数学模型,给出一个信号;用原水流量给出另一个信号;分别控制加注泵的冲程和转速,实现自动调节加注量。

③根据原水流量作为前馈,给出一个信号;用处理水水质（一般为沉淀池出水浊度）作为后馈给出另一个信号;分别控制加注泵的冲程和转速实现自动调节加注泵。

④根据原水水质参数和原水流量共同建立数学模型,给出一个信号;用处理水水质给出另一个信号;分别控制加注泵的冲程和转速,实现自动调节加注量。

（2）现场模拟试验法

现场模拟试验法是目前应用较多的方法,确定和控制投药量较为简单,常用的模拟装置有斜管沉淀器、过滤器或二者串联使用。

①当原水浊度较低时,常用模拟过滤器法。将水厂混合后的水引一定水样连续进入模拟过滤器（直径一般为 0.1 m 左右）,连续测定出水浊度,从而判断投药量是否合适,并反馈到投药量的自动控制系统。

②当原水浊度较高时,可将模拟沉淀池和模拟滤池串联使用。

现场模拟试验法是在现场连续检测,十几分钟就可以完成检测,检测时间较短,相对接近生产实际。

（3）特性参数法

在影响混凝效果的多种复杂因素中，可以发现某种情况下总是有一些影响混凝效果的主要参数，称之为特性参数。这些特性参数的变化能够反映混凝程度的变化。目前应用的特性参数法有流动电流检测法和透光率脉动法。

①流动电流检测法。流动电流是指胶体扩散层中反离子在外力作用下随着流体流动而产生的电流。流动电流与胶体的移动电位（ξ 电位）有正相关关系。混凝后胶体的 ξ 电位变化可以反映胶体脱稳程度，因此混凝后的流动电流变化同样可以反映胶体脱稳程度。

流动电流检测法的控制系统包括检测器、控制器和执行装置 3 个部分。其核心部分为流动电流检测器（SCD），把影响投加量的多种因素只用检测凝聚后水的流动电流值单一参数代替。通过控制其流动电流值最佳范围，实现单因子自动控制。

②透光率脉动法。透光率脉动法是利用光电原理检测水中絮凝颗粒变化，从而达到在线连续控制混凝的一种方法。根据沉淀池出水浊度与投药混凝后水的相对脉动关系，选定一个给定值，其自控系统设计与流动电流法类似，通过控制器和执行装置完成投药的自动控制，使沉淀池出水浊度始终保持在预定要求范围内。

2.1.6　混凝设施

1）混合设施

为了创造良好的混凝条件，要求混合设施能够将投入的药剂快速均匀地扩散于被处理水中。混合设施种类较多，归纳起来有水泵混合、管式混合、机械混合和水力混合等方式。

（1）混合的基本要求

混合是取得良好混凝效果的重要前提。药剂的品种、浓度、原水的温度、水中颗粒的性质与大小等都会影响混凝效果，而混合方式的选择是最主要的影响因素。

对混合设施的基本要求：通过对水体的强烈搅动后，能够在很短的时间内促使药剂均匀地扩散到整个水体，达到快速混合的目的。

铝盐和铁盐混凝剂的水解反应速度非常快，例如，相对分子质量为几百万的聚合物，形成聚合的时间约为 1 s，所以没有必要延长混合时间。采用水流断面上多点投加，或者采用强烈搅拌的方式，可以使药剂均匀地分布于水体中。

在设计时注意混合设施尽可能与后继处理构筑物拉近距离，最好采用直接连接方式。采用管道连接时，管内流速可以控制在 0.8～1.0 m/s，管内停留时间不宜超过 2 min。根据经验，反映混合指标的速度梯度 G 一般控制在 500～1 000 s^{-1}。

混合方式与混凝剂的种类有关。例如，使用高分子混凝剂时，因其作用机理主要是絮凝，所以只要求药剂能够均匀地分散到水体即可，而不要求采取快速和剧烈的混合方式。

（2）各种混合方式的特点和适用条件

①管式混合。常用的管式混合有管道静态混合器、文氏管式、孔板式管道混合器、扩散混合器等。最常用的为管道静态混合器。

管道静态混合器是在管道内设置若干固定叶片，通过的水成对分流，并产生涡旋反向旋转和交叉流动，从而达到混合目的，如图 2.17 所示。

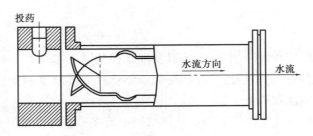

图 2.17　管道静态混合器

　　静态混合器在管道上安装容易,可实现快速混合,并且效果好、投资省、维修工程量少。但会产生一定的水头损失,为了减少能耗,管内流速一般采用 1 m/s。该种混合器内一般采用1~4 个分流单元,适用于流量变化较小的水厂。

　　扩散混合器是在孔板混合器的前面加上锥形配药帽组成。锥形帽为 90°夹角,顺水流方向投影面积是进水管面积的 1/4,孔板面积是进水管面积的 3/4,管内流速为 1 m/s 左右,混合时间取 2~3 s,G 一般为 700~1 000 s^{-1},如图 2.18 所示。混合器的长度一般为0.5 m 以上,用法兰连接在原水管道上,安装位置低于絮凝池水面。扩散混合器的水头损失为 0.3~0.4 m,多用于直径为 200~1 200 mm 的进水管上,适用于中小型水厂。

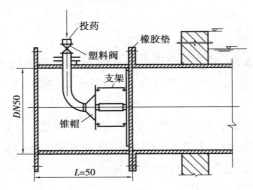

图 2.18　扩散混合器

　　②水泵混合。水泵混合是利用水泵的叶轮产生涡流,从而达到混合目的。这种方式设备简单,无须专门的混合设备,没有额外的能量消耗,因此运行费用较低。但在使用三氯化铁等腐蚀性较强的药剂时会腐蚀水泵叶轮。

　　由于采用水泵混合可以省去专门的混合设备,故在过去的设计中较多采用。近年来的运行发现:水泵混合的 G 较低,水泵出水管进入絮凝池的投药量无法精确计量而导致自动控制投加难以实现,一般水厂的原水泵房与絮凝池距离较远,容易在管道中形成絮凝体,进入池内破碎影响絮凝效果。因此,要求混凝剂投加点一般控制在 100 m 之内,混凝剂投加在原水泵房水泵吸水管或吸水喇叭口处,并注意设置水封箱,以防止空气进入水泵吸水管。

　　③机械混合。机械混合是通过机械在池内的搅拌达到混合目的,要求在规定的时间内达到需要的搅拌强度,满足速度快、混合均匀的要求。机械搅拌一般采用桨板式和推进式。桨板式结构简单,加工制造容易。推进式效能高,但制造较为复杂。混合池有方形和圆形之分,以方形较多。池深与池宽比为 1∶1~3∶1,池子可以单格或多格串联,停留时间为 10~60 s。

　　机械搅拌一般采用立式安装,为了减少共同旋流,需要将搅拌机的轴心适当偏离混合池的中心。在池壁设置竖直挡板可以避免产生共同旋流,如图2.19所示。机械混合器水头损失小,并可适应水量、水温、水质的变化,混合效果较好,适用于各种规模的水厂。但机械混合需要消耗电能,机械设备管理和维护较复杂。

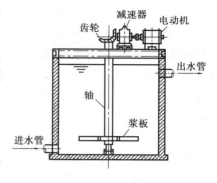

图 2.19　机械混合器

2)絮凝设施

（1）絮凝过程的基本要求

原水与药剂混合后,通过絮凝设备的外力作用,使具有絮凝性能的微絮凝颗粒接触碰撞,形成肉眼可见的大的密实絮凝体,从而实现沉淀分离的目的。在原水处理构筑物中,完成絮凝过程的设施称为絮凝池。絮凝过程是净水工艺中不可缺少的重要内容。

为了达到较为满意的絮凝效果,絮凝过程需要满足以下基本要求:

①颗粒具有充分的絮凝能力;

②具备保证颗粒获得适当的碰撞接触而又不致破碎的水力条件;

③具备足够的絮凝反应时间;

④颗粒浓度增加,接触效果增加,即接触碰撞机会增多。

（2）絮凝设施的分类

絮凝设施的形式较多,一般分为水力搅拌式和机械搅拌式两大类。

水力搅拌式是利用水流自身能量,通过流动过程中的阻力给水流输入能量,反映为在絮凝过程中产生一定的水头损失。

机械搅拌式是利用电机或其他动力带动叶片进行搅动,使水流产生一定的速度梯度,这种形式的絮凝不消耗水流自身的能量,絮凝所需要的能量由外部提供。

常用的絮凝设施分类见表2.2。

表 2.2　常用的絮凝设施分类

分　类	形　式	
水力搅拌	隔板絮凝	往复隔板
		回转隔板
	折板絮凝	同波折板
		异波拍板
		波纹板
	网格絮凝（栅条絮凝）	
	穿孔旋流絮凝	
机械搅拌	水平轴搅拌	
	垂直轴搅拌	

除了表2.2所列主要形式以外,还可以将不同形式的絮凝设施加以组合应用,例如穿孔旋流絮凝与隔板组合、隔板絮凝与机械搅拌组合等。

（3）几种常用的絮凝池形式

①隔板絮凝池。水流以一定流速在隔板之间通过，从而完成絮凝过程的絮凝设施，称为隔板絮凝池。水流方向是水平运动的称为水平隔板絮凝池，水流方向为上下竖向运动的称为垂直隔板絮凝池。水平隔板絮凝池应用较早，隔板布置采用来回往复的形式，如图2.20所示。水流沿隔板间通道往复流动，流动速度逐渐减小，这种形式称为往复式隔板絮凝池。往复式隔板絮凝池可以提供较多的颗粒碰撞机会，但在转折处消耗能量较大，容易引起已形成矾花的破碎。

为了减小能量损失，出现了回转式隔板絮凝池，如图2.21所示。这种絮凝池将往复式隔板180°的急剧转折改为90°，水流由池中间进入，逐渐回转至外侧，其最高水位出现在池的中间，出口处的水位基本与沉淀池水位持平。回转式隔板絮凝池避免了絮凝体的破碎，同时也减少了颗粒碰撞机会，影响了絮凝速度。

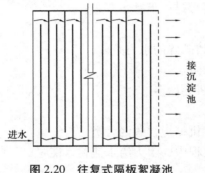 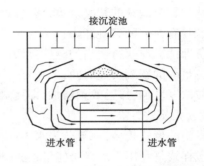

图2.20　往复式隔板絮凝池　　　图2.21　回转式隔板絮凝池

②折板絮凝池。折板絮凝池是在隔板絮凝池基础上发展起来的，应用较为普遍。在折板絮凝池内放置一定数量的平折板或波纹板，水流沿折板竖向上下流动，多次转折，以促进絮凝。

折板絮凝池的布置方式有以下几种分类：

a.按水流方向可以分为平流式和竖流式，以竖流应用较为普遍。

b.按折板安装相对位置不同可以分为同波折板和异波折板，如图2.22所示。同波折板是将折板的波峰与波谷对应平行布置，使水流不变，水在流过转角处产生紊动；异波折板将折板波峰相对、波谷相对，形成交错布置，使水的流速时而收缩为最小，时而扩张为最大，从而产生絮凝所需要的紊动。

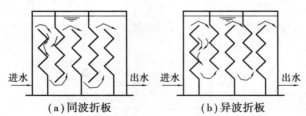

（a）同波折板　　　　　（b）异波折板

图2.22　单通道同波折板和异波折板絮凝池

c.按水流通过折板间隙数又可分为单通道和多通道，如图2.22和图2.23所示。单通道是指水流沿二折板间不断循序流动；多通道则是将絮凝池分隔成若干格，各格内设一定数量的折板，水流按各格逐格通过。

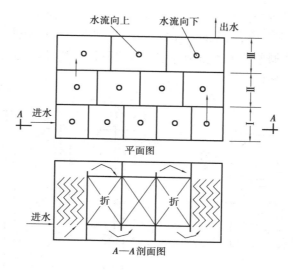

图 2.23　多通道折板絮凝池

无论哪一种方式都可以组合使用。有时絮凝池末端还可采用平板。同波和异波折板絮凝效果差别不大，但平板效果较差，只能放置在池末起补充作用。

③机械搅拌絮凝池。机械搅拌絮凝池通过电动机经减速装置驱动搅拌器对水进行搅拌，使水中颗粒相互碰撞，发生絮凝。搅拌器可以旋转运动，也可以上下往复运动。国内目前都是采用旋转式，常见的搅拌器有桨板式和叶轮式，桨板式较为常用。根据搅拌轴的安装位置，又分为水平轴式和垂直轴式，如图 2.24 所示。前者通常用于大型水厂，后者一般用于中小型水厂。机械絮凝池宜分格串联使用，以提高絮凝效果。

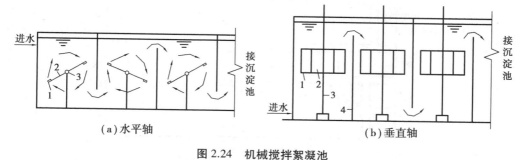

（a）水平轴　　　　　　　　　　（b）垂直轴

图 2.24　机械搅拌絮凝池

1—桨板；2—叶轮；3—旋转轴；4—隔墙

④穿孔旋流絮凝池。穿孔旋流絮凝池是利用进口较高的流速，使水流产生旋流运动，从而完成絮凝过程，如图 2.25 所示。为了改善絮凝条件，常采用多级串联的形式，由若干方格（一般不少于 6 格）组成。各格之间的隔墙上沿池壁开孔，孔口上下交错布置。水流通过呈对角交错开孔的孔口，沿池壁切线方向进入后形成旋流，因此又称为孔室絮凝池。为适应絮凝体的成长，逐格增大孔口尺寸，以降低流速。穿孔旋流絮凝池构造简单，但絮凝效果较差。

⑤网格（栅条）絮凝池。网格（栅条）絮凝池如图 2.26 所示，是在沿流程一定距离的过水断面上设置网格或栅条，距离一般控制在 0.6～0.7 m。通过网格或栅条的能量消耗完成絮凝过程。这种形式的絮凝池形成的能量消耗均匀，水体各部分的絮凝体可获得较为一致的碰撞

机会,因此絮凝时间相对较少。其平面布置和穿孔旋流絮凝池相似,由多格竖井串联而成,进水水流顺序从一格流到下一格,上下对角交错流动,直到出口。在全池约2/3的竖井内安装若干层网格或栅条,网格或栅条孔隙由密渐疏,当水流通过时,相继收缩、扩大,形成涡旋,造成颗粒碰撞,形成良好的絮凝条件。

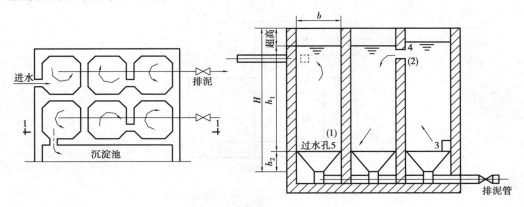

图 2.25　穿孔旋流絮凝池

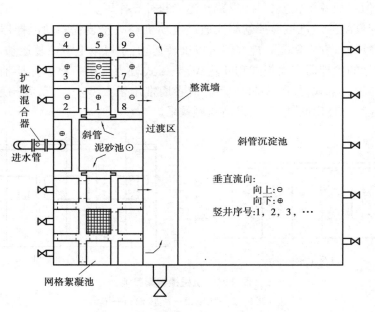

图 2.26　网格(栅条)絮凝池

3)絮凝池的设计

(1)设计指标

絮凝池设计的目的在于创造一个最佳的水力条件,以较短的絮凝时间达到最好的絮凝效果。理想的水力条件不仅与原水的性质有关,而且与絮凝池的形成有关。由于水质影响较为复杂,还不能作为工程设计的依据。

目前的设计方法仍然以经验为主,常用的设计指标有水流流速、絮凝时间、速度梯度 G 和 GT。

①水流流速与絮凝时间。不同的絮凝池,选择某一水流速度作为控制指标,根据控制流速和水在絮凝池内的停留时间,作为设计的控制指标。

②速度梯度 G 和 GT。速度梯度 G 反映了絮凝过程中在单位体积水中絮体颗粒数减少的速率,同时以 GT 作为絮凝最终效果的控制指标,较为符合理论要求。由于推荐的 G 幅度太大,在实际设计时缺乏控制意义。所以,为了确定 G 的合理分布,一般通过搅拌试验来完成。

(2)隔板絮凝池的设计计算

①隔板絮凝池主要设计参数。

a.絮凝时间为 20~30 min,平均 G 为 30~60 s^{-1},GT 为 10^4~10^5。

b.廊道流速,应沿程递减,从起端 0.5~0.6 m/s 逐步递减到末端 0.2~0.3 m/s,一般宜分成 4~6 段。

c.隔板净距不小于 0.5 m,转角处过水断面积应为相邻廊道过水断面积的 1.2~1.5 倍。尽量做成圆弧形,以减少水流在转弯处的水头损失。

d.为便于排泥,底坡为 2%~3%,排泥管直径大于 150 mm。

e.总水头损失,往复式为 0.3~0.5 m,回转式为 0.2~0.35 m。

②计算公式。

a.絮凝池容积:

$$V = \frac{QT}{60} \tag{2.3}$$

式中:V——絮凝池容积,m^3;

　　Q——设计流量,m^3/h;

　　T——絮凝时间,min。

b.池长:

$$L = \frac{V}{BH} \tag{2.4}$$

式中:L——池长,m;

　　B——池宽,应和沉淀池等宽,m;

　　H——有效水深,m。

c.隔板间距:

$$b = \frac{Q}{3\,600vH} \tag{2.5}$$

式中:v——隔板间流速,m/s。

d.水头损失:

$$h = \sum h_i \tag{2.6}$$

$$h = \xi m_i \frac{v_{it}^2}{2g} + \frac{v_i^2}{C_i^2} l_i \tag{2.7}$$

式中:h_i——第 i 段廊道水头损失,m;

　　m_i——第 i 段廊道内水流转弯次数;

　　v_i,v_{it}——第 i 段廊道内水流速度和转弯处水流速度,m/s;

ξ——隔板转弯处局部阻力系数,往复式 $\xi=3$,回转式 $\xi=1$;

C_i——流速系数,通常按公式 $C_i=\dfrac{1}{n}R_i^{\frac{1}{6}}$ 计算或直接查水力计算表;

l_i——第 i 段廊道总长度,m;

R_i——第 i 段廊道过水断面水力半径,m。

e.平均速度梯度 G:

$$G=\sqrt{\frac{\gamma h}{60\mu T}}\qquad(2.8)$$

式中:γ——水的容重,9.81×10^3 N/m³;

μ——水的动力黏度,Pa·s。

（3）折板絮凝池主要设计参数

①絮凝时间宜为 15～20 min,平均 G 为 30～50 s^{-1},GT 大于 2×10^4。

②分段数不宜小于三段,前段流速宜为 0.25～0.35 m/s,中段流速宜为 0.15～0.25 m/s,末段流速宜为 0.10～0.15 m/s。

③折板夹角宜采用 90°～120°。折板长为 0.8～2.0 m,宽为 0.5～0.6 m,峰高为 0.3～0.4 m,板间距（或峰距）为 0.3～0.6 m。折板上下转弯和过水孔洞流速,前段为 0.3 m/s,中段为 0.2 m/s,末段为 0.1 m/s。

折板絮凝池设计计算公式可参见有关设计手册。

（4）机械絮凝池主要设计参数

①絮凝时间宜为 15～20 min,平均 G 为 20～70 s^{-1},GT 为 1×10^4～1×10^5;

②池内宜设 3～4 级搅拌机,每级可用隔墙或穿孔墙分隔,以免短流;

③搅拌机桨板中心处线速度从第一级的 0.5 m/s 逐渐变小到末级的 0.2 m/s;

④每台搅拌器上桨板总面积宜为水流截面积的 10%～20%,不宜超过 25%;

⑤桨板长度不大于叶轮直径的 75%,宽度宜取 100～300 mm。

2.2 地表水的沉淀、澄清处理

2.2.1 悬浮颗粒在静水中的沉淀

水中悬浮颗粒依靠重力作用从水中分离出来的过程称为沉淀。原水投加混凝剂后,经过混合反应,水中胶体杂质凝聚成较大的矾花颗粒,进一步在沉淀池中去除。水中悬浮物的去除,可通过水和颗粒的密度差,在重力作用下进行分离。密度大于水的颗粒将下沉,小于水的则上浮。

1）沉淀的 4 种基本类型

根据水中悬浮颗粒的密度、凝聚性能的强弱和浓度的高低,沉淀可分为 4 种基本的沉淀类型。

①自由沉淀:悬浮颗粒在沉淀过程中呈离散状态,其形状、尺寸、质量等物理性状均不改变,下沉速度不受干扰,单独沉降,互不聚合,各自完成独立的沉淀过程。在这个过程中只受到颗粒自身在水中的重力和水流阻力的作用。

②絮凝沉淀：颗粒在沉淀过程中，其尺寸、质量及沉速均随深度的增加而增大。

③拥挤沉淀：又称为成层沉淀。颗粒在水中的浓度较大，在下沉过程中彼此干扰，在清水与浑水之间形成明显的交界面，并逐渐向下移动。其沉降的实质就是界面下降的过程。

④压缩沉淀：颗粒在水中的浓度很高，沉淀过程中，颗粒相互接触并部分地受到压缩物支撑，下部颗粒的间隙水被挤出，颗粒被浓缩。

2）完成沉淀过程的主要构筑物

①沉淀池：通过悬浮颗粒下沉而实现去除目的的沉淀过程。

②气浮池：通过微气泡和悬浮颗粒的吸附，使其相对密度小于水而上浮去除的沉淀过程。

③澄清池：通过沉淀的泥渣与原水悬浮颗粒接触吸附而加速沉降去除的沉淀过程。

3）悬浮颗粒在静水中的 3 种假设

①水中沉降颗粒为球形，其大小、形状、质量在沉降过程中均不发生变化；

②颗粒之间距离无穷大，沉降过程互不干扰；

③水处于静止状态，且为稀悬浮液。

4）理论推导

基于以上假设，静水中的悬浮颗粒仅受到重力和水的浮力两种力的作用。由于悬浮颗粒的密度大于水的密度，重力对其的作用大于浮力的作用，因此开始时颗粒沿重力方向以某一加速度下沉，同时受到水对运动颗粒所产生的摩擦阻力作用，随着颗粒沉降速度的增加，水流阻力不断增大。颗粒在水中的净重为定值，当颗粒的沉降速度增加到一定值后，颗粒所受重力、浮力和水的阻力三者达到平衡（图 2.27），颗粒的加速度为零，此时的颗粒开始以匀速下沉，并自此开始作匀速下沉运动。

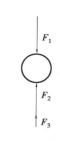

图 2.27 自由沉淀
受力分析

以 F_1、F_2、F_3 分别表示颗粒的重力、浮力和下沉过程中受到的水流阻力，则

$$F_1 = \frac{1}{6}\pi d^3 \rho_s g \qquad (2.9)$$

$$F_2 = \frac{1}{6}\pi d^3 \rho_1 g \qquad (2.10)$$

$$F_3 = \lambda \rho_1 A \frac{u^2}{2} \qquad (2.11)$$

式中：d——球形颗粒直径；

ρ_s，ρ_1——分别为颗粒、水的密度；

u——颗粒沉降速度；

λ——阻力系数，是雷诺数 $Re = \rho u d/\mu$ 和颗粒形状的函数，其中 μ 为水的动力黏度，对于层流，$\lambda = 24/Re$；

A——颗粒的投影面积，$A = \frac{1}{4}\pi d^2$。

自由沉淀可用牛顿第二定律表述为：

$$m \frac{\mathrm{d}u}{\mathrm{d}t} = F_1 - F_2 - F_3 = \frac{1}{6}\pi d^3(\rho_s - \rho_1)g - \lambda\rho_1 A \frac{u^2}{2} \tag{2.12}$$

自由沉降达到平衡状态时，$\frac{\mathrm{d}u}{\mathrm{d}t}=0$，由式(2.12)整理后得沉降速度公式为：

$$u = \sqrt{\frac{4gd(\rho_s - \rho_1)}{3\lambda\rho}} \tag{2.13}$$

在 $Re<1$ 的范围内，呈层流状态，将相应的阻力系数代入式(2.13)，得到斯托克斯(Stokes)公式为：

$$u = \frac{gd^2(\rho_s - \rho_1)}{18\mu} \tag{2.14}$$

斯托克斯公式表明了影响沉淀(上浮)速度的诸因素。

①颗粒沉降速度 u 的决定因素是 $\rho_s-\rho_1$。当 $\rho_s<\rho_1$ 时，u 呈负值，颗粒上浮；当 $\rho_s>\rho_1$ 时，u 呈正值，颗粒下沉；$\rho_s=\rho_1$ 时，$u=0$，颗粒在水中呈相对静止状态，不沉不浮。

②沉降速度 u 与颗粒直径 d 的平方成正比，颗粒越大，沉降速度越快。因此，增大颗粒直径 d，可大大提高下沉(或上浮)效果。

③u 与 μ 成反比，μ 取决于水质与水温。在水质相同的条件下，水温高则 μ 值小，有利于颗粒下沉(上浮)；水温低则 μ 值大，不利于颗粒下沉(上浮)，因此低温水难处理。

水中悬浮颗粒的组成比较复杂，颗粒形状多样，且粒径不均匀，密度也有差异，采用斯托克斯公式计算颗粒的沉降速度十分困难。因此，式(2.14)并不直接用于工艺计算。

水中悬浮颗粒的自由沉降性能一般可以通过沉淀试验来获得。

2.2.2　理想沉淀池的沉淀原理

1)理想沉淀池的沉淀过程分析

(1)理想沉淀池的 3 个假定

①颗粒处于自由沉淀状态；

②水流沿着水平方向作等速流动，在过水断面上各点流速相等，颗粒的水平分速等于水流流速；

③颗粒沉到池底即认为已被去除。

(2)理想沉淀池的沉淀过程分析

理想沉淀池的工作状况如图 2.28 所示。理想沉淀池分流入区、流出区、沉淀区和污泥区。从池中 A 点进入颗粒的运动轨迹是水平流速 v 和颗粒沉速 u 的矢量和。直线Ⅰ表示从池顶 A 点开始下沉而能够在池底最远处 D 点之前沉到池底的颗粒的运动轨迹；直线Ⅱ表示从池顶 A 点开始下沉而不能够沉到池底的颗粒的运动轨迹；直线Ⅲ表示从池顶 A 点开始下沉而正好沉到池底最远处 D 点的颗粒的运动轨迹。

将直线Ⅲ代表的颗粒具有的沉速定义为 u_0，故可得关系式：

$$\frac{u_0}{v} = \frac{H}{L} \tag{2.15}$$

式中：u_0——颗粒沉速，m/s；

　　　v——水流速度，即颗粒的水平分速，m/s；

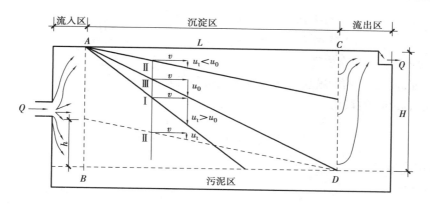

图 2.28　理想沉淀池工作状况

　　H——沉淀区水深,m;

　　L——沉淀区长度,m。

　　显然,沉速 $u_t \geq u_0$ 的颗粒都可在 D 点前沉淀掉,见轨迹 Ⅰ 代表的颗粒。沉速 $u_t < u_0$ 的颗粒,视其在流入区所处位置而定。如果靠近水面则不能被去除,见轨迹 Ⅱ 实线代表的颗粒;如果靠近池底就能被去除,见轨迹 Ⅱ 虚线代表的颗粒。

　　轨迹 Ⅲ 代表的颗粒沉速度 u_0 具有特殊意义,一般称为截留沉速。实际上,它反映了沉淀池所能去除的全部颗粒中最小颗粒的沉速。

　　水平流速 v 和沉速 u_0 都与沉淀时间 t 有关,即

$$t = \frac{V}{Q} = \frac{L}{v} = \frac{H}{u_0} \tag{2.16}$$

$$v = \frac{Q}{HB} \tag{2.17}$$

式中:Q——沉淀池设计流量,m^3/h;

　　　B——沉淀池宽度,m;

　　　V——沉淀池容积,m^3。

　　由此可以导出:

$$\frac{Q}{A} = u_0 = q \tag{2.18}$$

式中:A——沉淀池表面积,$A = BL$;

　　　q——表面负荷或溢流率。

　　表面负荷表示在单位时间内通过沉淀池单位表面积的流量,单位为 $m^3/(m^2 \cdot s)$ 或 $m^3/(m^2 \cdot h)$,其数值等于截留沉速,但含义不同。

　　理想沉淀池总的沉淀效率,在设定了截留沉速 u_0 以后,由两部分组成。一部分是 $u > u_0$ 的颗粒去除率,这类颗粒将全部沉到池底被去除。若所有沉速小于截留沉速 u_0 的颗粒质量占原水中全部颗粒质量的百分率为 P_0,则本部分去除率为 $(1 - P_0)$。另一部分是 $u < u_0$ 的颗粒去除率,这类颗粒部分沉到池底被去除。设这类颗粒中某一沉速 u_i 的颗粒浓度为 C_i,沿着进水区高度 H 的截面进入的总量则为 $QC_i = HBvC_i$,只有位于池底以上 h_i 高度内的部分才能全部沉到池底,其质量为 $h_i BvC_i$,则沉速为 u_i 的颗粒去除率为:

$$E_i = \frac{h_i B v C_i}{H B v C_i} \cdot \frac{H B v C_i}{H B v C_i} = \frac{u_i}{u_0} \cdot \mathrm{d}P_i = \frac{u_i}{Q/A} \cdot \mathrm{d}P_i \qquad (2.19)$$

式中：C_0——原水中悬浮物浓度；

$\mathrm{d}P_i$——沉速为 u_i 的颗粒质量占原水中全部颗粒质量的百分率。

因此，所有 $u < u_0$ 的颗粒去除率为：

$$E = \int_0^{P_0} \frac{u_i}{Q/A} \mathrm{d}P_i = \frac{1}{Q/A} \int_0^{P_0} u_i \mathrm{d}P_i \qquad (2.20)$$

故理想沉淀池总的沉淀效率为：

$$P = (1 - P_0) + \frac{1}{Q/A} \int_0^{P_0} u_i \mathrm{d}P_i \qquad (2.21)$$

由式（2.21）可知：

①悬浮物在沉淀池中的去除率取决于沉淀池的表面负荷 q 和颗粒沉速 u_t，而与其他因素（如水深、池长、水平流速和沉淀时间）无关。这一理论由哈真在 1904 年提出。

②当去除率一定时，颗粒沉速 u_t 越大，则表面负荷越高，产水量越大；当产水量和表面积不变时，u_t 越大，则去除率越高。颗粒沉速 u_t 的大小与凝聚效果有关，因此生产上一般重视混凝工艺，污水处理中预曝气的作用也是为了促进絮凝。

③颗粒沉速 u_t 一定时，增加沉淀池表面积可以提高去除率。当沉淀池容积一定时，池身浅则表面积大，去除率可以提高，这就是"浅池理论"，是斜板（管）沉淀池发展的理论基础。

2）影响沉淀池沉淀效果的因素分析

实际沉淀池由于受实际水流状况和凝聚作用等的影响，偏离了理想沉淀池的假设条件。

（1）沉淀池实际水流状况对沉淀效果的影响

在理想沉淀池中，假定流速均匀分布、水流稳定。但在实际沉淀池中，停留时间总是偏离理想沉淀池，实际沉淀池中水流在池子过水断面上的流速分布是不均匀的，整个池子的有效容积没有得到充分利用，一部分水流通过沉淀区的时间小于理论停留时间，而另一部分水流则大于理论停留时间，这种现象称为短流。这主要是水流的流速和流程不同导致的。

短流产生的原因包括进水的惯性、出水堰产生的水流抽吸、较冷或较重的进水产生异重流、沉淀池内存在导流壁和刮泥设备影响、风浪影响等。由于产生短流现象，导致池内顺着某些流程的水流流速大于平均值，而在另一些区域则小于平均值，甚至形成死角。

水流的紊动性用雷诺数 Re 判别。雷诺数表示水流的惯性力与黏滞力之间的对比关系。

$$Re = \frac{vR}{\mu} \qquad (2.22)$$

式中：v——水平流速，m/s；

R——水力半径，m；

μ——水的运动黏度，m^2/s。

在沉淀池中，要求降低雷诺数以利于颗粒沉降。明渠流中的 $Re > 500$ 时，水流呈紊流状态，平流式沉淀池中水流的 Re 一般为 4 000～15 000。此时水流除水平流速外，还有上下左右的脉动分速，并伴有小的涡流体，虽不利于颗粒的沉淀，但可使密度不同的水流较好地混合，减弱分层流动。

异重流是进入较静而具有密度差异的水体的一股水流。例如悬浮固体很多的水体,密度较大,进入池子经过沉淀后,密度有显著下降,这样进水与池水间出现密度差异,会出现进入池子的水流沉潜在池水的下层,上层的水基本上不流动的状况。异重流如果重于池内水体,将下沉并以较高的流速沿着底部绕道前进;异重流轻于水体,则将沿水面径流至出水口。密度差异主要是水温、所含盐分或悬浮固体量的不同导致的。如果池内的水平流速相当高,异重流会和池中水流汇合,基本上不会影响流态,此时的沉淀池具有稳定的流态。如果异重流在整个池内保持,则会存在不稳定的流态。

水流的稳定性以弗劳德数 Fr 判别。弗劳德数反映水流的惯性力与重力两者之间的对比关系。

$$Fr = \frac{v^2}{Rg} \tag{2.23}$$

式中:v——水平流速,m/s;

R——水力半径,m;

g——重力加速度,9.81 m/s^2。

Fr 增大,表明重力作用相对减小,惯性力作用相对增强,水流对温差、密度差异重流及风浪影响的抵抗能力强,从而保持沉淀池内的流态稳定。平流式沉淀池的 Fr 一般认为大于 10^{-5} 为宜。

在平流式沉淀池中,提高 Fr 和降低 Re 的有效措施是减小水力半径。在沉淀池中进行纵向分格,采用斜板、斜管沉淀池,均可以达到这一目的。在沉淀池中增大水平流速后可以提高 Re,虽不利于沉降,却提高了 Fr,从而增加了水的稳定性,提高了沉淀效果。一般将水平流速控制在 10~25 mm/s。

(2)凝聚作用的影响

悬浮物的絮凝过程在沉淀池中仍继续进行。由于沉淀池内水流流速分布不均匀,水流中存在的速度梯度会引起颗粒相互碰撞而促进絮凝。

水中絮凝颗粒大小不均匀,故沉速也不同。在沉淀过程中沉速大的颗粒会追上沉速小的颗粒而引起絮凝。

水在池内的停留时间越长,由速度梯度引起的絮凝效果越明显;池深越大,因颗粒沉速不同引起的絮凝进行得就越彻底。故实际沉淀池的沉淀时间和水深都会影响沉淀效果,从而偏离了理想沉淀池的假设条件。

2.2.3 沉淀池

作为依靠重力作用进行固液分离的装置,可以分为两类:一类是以沉淀有机固体为主的装置,统称为沉淀池;另一类则是以沉淀无机固体为主的装置,统称为沉砂池。

1)沉淀池的分类

①按沉淀池的水流方向不同,可分为平流式沉淀池、竖流式沉淀池、辐流式沉淀池,如图2.29 所示。

a.平流式沉淀池。水从池的一端流入,按水平方向在池内向前流动,从另一端溢出。池表面呈长方形,在进口处底部设有污泥斗。

b.竖流式沉淀池。表面多为圆形,也有方形、多角形。水从池中央下部进入,由下向上流动,沉淀后上清液由池面和池边溢出。

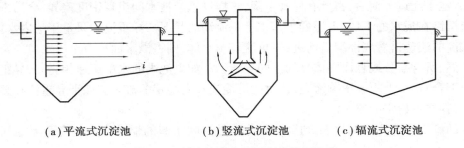

(a)平流式沉淀池　　　(b)竖流式沉淀池　　　(c)辐流式沉淀池

图 2.29　按水流方向不同划分的沉淀池

c.辐流式沉淀池。池表面呈圆形或方形,水从池中心进入,沉淀后从池子的四周溢出,池内水流呈水平方向流动,但流速是变化的。

②按截流颗粒沉降距离不同,可分为一般沉淀池、浅层沉淀池。斜板或斜管沉淀池的沉降距离仅为 30~200 mm,是典型的浅层沉淀池。斜板沉淀池中的水流方向可以布置成同向流(水流与污泥方向相同)、异向流(水流与污泥方向相反)、侧向流(水流与污泥方向垂直),如图 2.30 所示。

(a)同向流　　　　(b)异向流　　　　(c)侧向流

图 2.30　斜板或斜管沉淀池

2)沉淀池的选用

选用沉淀池时一般应考虑以下几个方面的因素:

①地形、地质条件。不同类型沉淀池选用时会受到地形、地质条件限制,有的平面面积较大而池深较小,有的池深较大而平面面积较小。如平流式沉淀池一般布置在场地平坦、地质条件较好的地方。沉淀池一般占生产构筑物总面积的 25%~40%。当占地面积受限时,平流式沉淀池的选用就会受到限制。

②气候条件。寒冷地区冬季时,沉淀池的水面会形成冰盖,影响处理和排泥机械运行,将面积较大的沉淀池建于室内进行保温会提高造价,因此选用平面面积较小的沉淀池为宜。

③水质、水量。原水水质中的浊度、含砂量、砂粒组成、水质变化直接影响沉淀效果。如斜管沉淀池积泥区相对较小,原水浊度高时会增加排泥困难。根据技术经济分析,不同的沉淀池常有其不同的适用范围。如平流式沉淀池的长度仅取决于停留时间和水平流速,而与处理规模无关,水量增大时仅增加池宽即可。单位水量的造价指标随处理规模的增加而减小,因此平流式沉淀池适于水量规模较大的场合。

④运行费用。不同的原水水质对不同类型沉淀池的混凝剂消耗也不同,排泥方式的不同会影响排泥水浓度和厂内自用水的耗水率,斜板、斜管沉淀池板材需要定期更新等,会增加运行费用。

3)平流式沉淀池

(1)基本构造

平流式沉淀池构造简单,为一长方形水池,由流入装置、流出装置、沉淀区、缓冲层、污泥区及排泥装置等组成,如图 2.31 所示。

流入
浮渣去除槽
流出
排泥

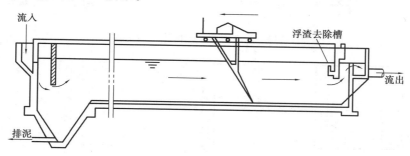

图 2.31　平流式沉淀池

①流入装置。其作用是使水流均匀地分布在整个进水断面上,并尽量减少扰动。原水处理时一般与絮凝池合建,设置穿孔墙(图 2.32)。水流通过穿孔墙,直接从絮凝池流入沉淀池,均布于整个断面上,保护形成的矾花。也可以采用其他一些整流措施,如图 2.33 所示。一般孔口流速不宜大于 0.15~0.2 m/s,孔洞断面沿水流方向渐次扩大,以减小进口射流,防止絮凝体破碎。沉淀池的水流一般采用直流式,避免产生水流的转折。

②流出装置。流出装置一般由流出槽与挡板组成,如图 2.34 所示。流出槽设自由溢流堰、锯齿形堰或孔口出流等。溢流堰要求严格水平,既可保证水流均匀,又可控制沉淀池水位。出流装置常采用自由堰形式,堰前设挡板,挡板入水深 0.3~0.4 m,距溢流堰 0.25~0.5 m。也可采用潜孔出流以阻止浮渣,或设浮渣收集排除装置。孔口出流流速为 0.6~0.7 m/s,孔径为 20~30 mm,孔口在水面下 12~15 cm。堰口最大负荷,混凝沉淀池不宜大于 20 $m^3/(h·m)$。

图 2.32　穿孔墙

2
1
3
(a)穿孔板式
4
1
5
(b)底孔流入与挡板组合式
1
6
5
(c)淹没孔流入与挡板组合式
1
6
3
(d)淹没孔与穿孔墙组合式

图 2.33　平流沉淀池入口的整流措施

1—进水槽;2—溢流堰;3—有孔整流墙壁;

4—底孔;5—挡流板;6—潜孔

为了减少负荷,改善出水水质,可以增加出水堰长。目前采用较多的方法是形槽出水,即在池宽方向均匀设置若干条出水槽,以增加出水堰长度和减小单位堰宽的出水负荷。常用增加出水堰长度的办法如图 2.35 所示。

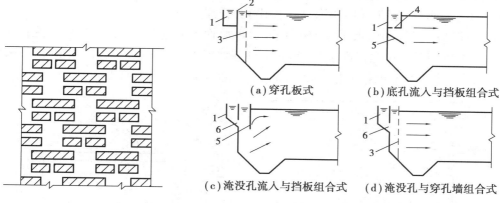

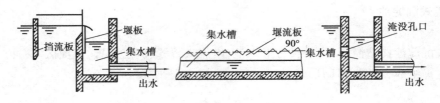

图 2.34　平流式沉淀池的出水堰形式

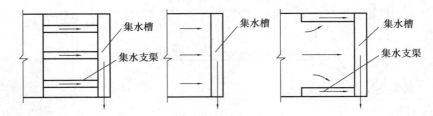

图 2.35　增加出水堰长度的办法

③沉淀区。平流式沉淀池的沉淀区在进水挡板和出水挡板之间,长度一般为 30~50 m。深度从水面到缓冲层上缘,一般不大于 3 m。沉淀区宽度一般为 3~5 m。

④缓冲层。为避免已沉污泥被水流搅起以及缓冲冲击负荷,在沉淀区下面设有 0.5 m 左右的缓冲层。平流式沉淀池的缓冲层高度与排泥形式有关。重力排泥时缓冲层的高度为 0.5 m,机械排泥时缓冲层的上缘高出刮泥板 0.3 m。

⑤污泥区。污泥区的作用是贮存、浓缩和排除污泥。排泥方法一般有静水压力排泥和机械排泥。

沉淀池内的可沉固体多沉于池的前部,故污泥斗一般设在池的前部。池底的坡度必须保证污泥顺底坡流入污泥斗中,坡度的大小与排泥形式有关。污泥斗的上底可为正方形,边长同池宽;也可以设计成长条形,其一边长同池宽。下底为 400 mm×400 mm 的正方形,泥斗倾面与底面夹角不小于 60°。污泥斗中的污泥可采用静力排泥方法。

静力排泥是依靠池内静水压力,将污泥通过污泥管排出池外。排泥装置由排泥管和泥斗组成,如图 2.36 所示。排泥管管径为 200 mm,池底坡度为 0.01~0.02。为减少池深,可采用多斗排泥,每个斗都有独立的排泥管,如图 2.37 所示;也可采用穿孔管排泥。

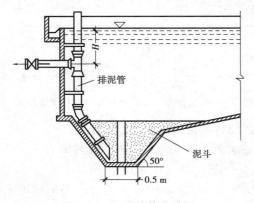

图 2.36　沉淀池静水排泥

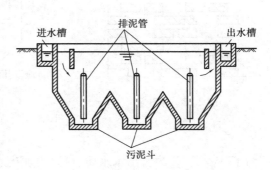

图 2.37　多斗式平流沉淀池

目前平流沉淀池一般采用机械排泥。机械排泥是利用机械装置,通过排泥泵或虹吸将池底积泥排至池外。机械排泥装置有链带式刮泥机、行车式刮泥机、泵吸式排泥装置和虹吸式排泥装置等。图2.38为设有行车式刮泥机的平流式沉淀池。工作时,桥式行车刮泥机沿池壁轨道移动,刮泥机将污泥推入贮泥斗中,不用时将刮泥设备提出水外,以免腐蚀。图2.39为设有链带式刮泥机的平流式沉淀池。工作时,链带缓缓地沿与水流方向相反的方向滑动。刮泥板嵌于链带上,滑动时将污泥推入贮泥斗中。当刮泥板滑动到水面时,又将浮渣推到出口集中清除。链带式刮泥机的各种机件都在水下,容易腐蚀,养护较为困难。

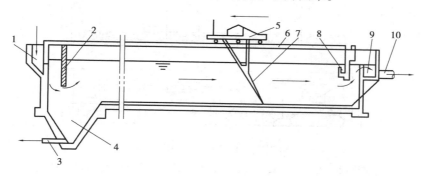

图2.38　设有行车式刮泥机的平流式沉淀池

1—进水槽;2—挡流板;3—排泥管;4—泥斗;5—刮泥行车;6—刮渣板;
7—刮泥板;8—浮渣槽;9—出水槽;10—出水管

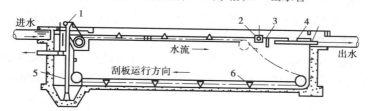

图2.39　设有链带式刮泥机的平流式沉淀池

1—集渣器驱动;2—浮渣槽;3—挡板;4—可调节的出水槽;5—排泥管;6—刮泥板

当不设存泥区时,可采用吸泥机,使集泥与排泥同时完成。常用的吸泥机有多口式和单口扫描式,且又分为虹吸和泵吸两种。图2.40为多口虹吸式吸泥装置。刮泥板1、吸口2、吸泥管3、排泥管4成排地安装在桁架5上,整个桁架利用电机和传动机构通过滚轮架设在沉淀池壁的轨道上行走,在行进过程中,利用沉淀池水位所能形成的虹吸水头,将池底积泥吸出并排入排泥沟10。

（2）设计计算

平流式沉淀池的设计内容包括流入装置、流出装置、沉淀区、污泥区、排泥和排浮渣设备选择等,其具体要求见现行国家标准《室外给水设计标准》（GB 50013—2018）。

4）斜板（管）沉淀池

（1）基本构造

根据哈真浅池理论,沉淀效果与沉淀面积、沉降高度有关,与沉降时间关系不大。为了增加沉淀面积,提高去除率,用降低沉降高度的办法来提高沉淀效果,在沉淀池中设置斜板或斜管,成为斜板(管)沉淀池。在池内安装一组并排叠成且有一定坡度的平板或管道,被处理水从管道或平板的一端流向另一端,相当于很多个浅且小的沉淀池组合在一起。由于平板的间距和管道的管径较小,故水流在此处为层流状态,当水在各自的平板或管道间流动时,各层隔开互不干扰,为水中固体颗粒的沉降提供了十分有利的条件,大大提高了水处理效果和能力。

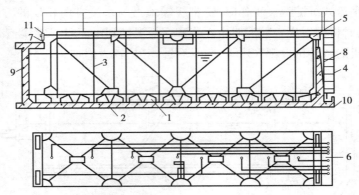

图 2.40 多口虹吸式吸泥装置

1—刮泥板;2—吸口;3—吸泥管;4—排泥管;5—桁架;6—电机和传动机构;

7—轨道;8—梯子;9—沉淀池壁;10—排泥沟;11—滚轮

从改善沉淀池水力条件的角度分析,由于斜板(管)沉淀池水力半径大大减小,从而使 Re 降低,而 Fr 大大提高。斜板沉淀池中的水流基本属层流状态,而斜管沉淀池的 Re 多在 200 以下,甚至低于 100;斜板沉淀池的 Fr 一般为 $10^{-3} \sim 10^{-4}$,斜管的 Fr 更大,故斜板(管)沉淀池能够满足水流的紊动性和稳定性要求。

在异向流、同向流和侧向流 3 种形式中,以异向流应用最广。异向流斜板(管)沉淀池,因水流向上流动,污泥下滑,方向各异而得名。如图 2.41 所示为异向流斜管沉淀池。

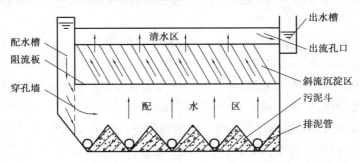

图 2.41 异向流斜管沉淀池

斜板沉淀池分为入流区、出流区、沉淀区和污泥区 4 个区。其中沉淀区的构造对整个沉淀池的构造起着控制作用。沉淀区由一系列平行的斜板或斜管组成,斜板的排列分竖向和横向两种情况。

竖向排列是将斜板重叠起来布置,每块斜板的同一端在同一垂直面上,如图 2.42(a)所示。沉淀区采用竖向排列大大提高了地面利用率,但从板上滑下的污泥会在同一垂直面上降落,降低了沉淀效率,因此竖向排列仅适用于小流量的沉淀池。

横向排列是将竖向排列的斜板端部错开,虽然这样使沉淀区的地面利用率降低,但入流区和出流区都不需要另占地面面积。一般旧池改造时都采用横向排列。横向排列可以分为顺向横排和反向横排,如图2.42(b)、(c)所示。在水处理工艺中,使用反向横排的效果要比顺向横排好。斜板沉淀池的进水流向是水平的,水流在沉淀区的流向是顺着斜板倾斜向上的。水从入流区到沉淀区要改变方向。由于水流转弯时外侧流速大于内侧流速,如果斜板为顺向排列,沿斜板滑下的污泥正好与较高的上升流速的水流相遇,从而增加了污泥下滑的阻力。如果斜板为反向横排,污泥下滑时与流速较小的水流相遇,污泥下滑的阻力较小,有利于排泥。

当斜板换成斜管后,就成为斜管沉淀池。斜板(管)倾角一般为60°,长为1~1.2 m,板间垂直间距为80~120 mm,斜管内切圆直径为25~35 mm。板(管)材要求轻质、坚固、无毒、价廉。目前较多采用聚丙烯塑料或聚氯乙烯塑料。如图2.43所示为塑料片正六角形斜管黏合示意。塑料薄板厚0.4~0.5 mm,块体平面尺寸通常不大于1 m×1 m,热轧成半六角形,然后黏合。

横向排列的斜板沉淀池入流区位于沉淀区的下面,高度为1.0~1.5 m。出流区位于沉淀区的上面,高度一般采用0.7~1.0 m。缓冲区位于斜板上面,深度≥0.05 m。出水槽一般采用淹没孔出流,或者采用三角形锯齿堰。

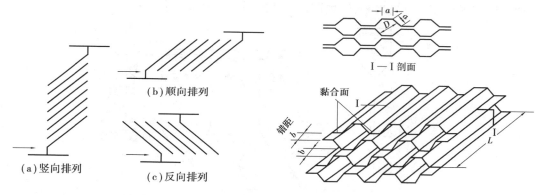

图 2.42　斜板的排列方式和水流方向　　　　图 2.43　塑料片正六角形斜管黏合示意

（2）设计计算

斜板沉淀池的设计仍可采用表面负荷来计算。根据水中悬浮物的沉降性能资料,由确定的沉淀效率找到相应的最小沉速和沉淀时间,从而计算出沉淀区的面积。沉淀区的面积不是平面面积,而是所有澄清单元的投影面积之和,要比沉淀池实际平面面积大得多。

2.2.4　澄清池

1）澄清池的工作原理

澄清池集混凝和沉淀两个水处理过程于一体,在一个处理构筑物内完成。如前所述,原水通过加药混凝,水中脱稳杂质通过碰撞结成大的絮凝体,而后在沉淀池内下沉去除。澄清池利用池中活性泥渣层与混凝剂以及原水中的杂质颗粒相互接触、吸附,把脱稳杂质阻留下来,使水达到澄清目的。活性泥渣层接触介质的过程就是絮凝过程,常称为接触絮凝。在絮凝的同时,杂质从水中分离出来,清水在澄清池的上部被收集。

泥渣层的形成,主要是在澄清池开始运转时,原水中加入较多的混凝剂,并适当降低负荷,经过一定时间运转后,逐步形成泥渣层。当原水浊度较低时,为加速形成泥渣层,可人工投加黏土。为了保持稳定的泥渣层,必须控制池内活性泥渣量,不断排除多余的泥渣,使泥渣层处于新陈代谢状态,保持接触絮凝的活性。

2)常见澄清池的类型及特点

根据池中泥渣运动的情况,澄清池可分为泥渣悬浮型和泥渣循环型两大类。

(1)泥渣悬浮型澄清池

泥渣悬浮型澄清池又称为泥渣过滤型澄清池。如图2.44所示,加药后的原水由下而上通过悬浮状态的泥渣层,水中脱稳杂质与高浓度的泥渣颗粒碰撞发生凝聚,同时被泥渣层拦截。这种类似于过滤作用,通过悬浮层的浑水即达到澄清目的。

常用的泥渣悬浮型澄清池有悬浮澄清池和脉冲澄清池两种。

①悬浮澄清池。如图2.44所示为悬浮澄清池的剖面图。其工艺流程是:加药后的原水经过气水分离器6从穿孔配水管1流入澄清室,水流自下而上通过泥渣悬浮层2,水中杂质则被泥渣层截留,清水从穿孔集水槽3流出;悬浮层中不断增加的泥渣,在自行扩散和强制出水管4的作用下,由排泥窗口5进入泥渣浓缩室,经浓缩后定期排除;强制出水管收集泥渣浓缩室内的上清液,并在排泥窗口两侧造成水位差,从而使澄清室内的泥渣流入泥渣浓缩室。气水分离器使水中空气在其中分离出来,以免进入澄清室后扰动悬浮层。

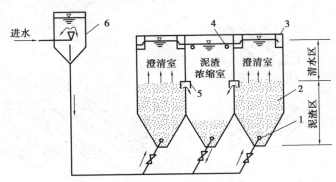

图2.44 悬浮澄清池剖面图

1—穿孔配水管;2—泥渣悬浮层;3—穿孔集水槽;4—强制出水管;5—排泥窗口;6—气水分离器

悬浮澄清池一般用于小型水厂。

②脉冲澄清池。脉冲澄清池的特点是通过脉冲发生器,使澄清池的上升流速发生周期性变化。当上升流速小时,泥渣悬浮层收缩、浓度增大而使颗粒排列紧密;当上升流速大时,泥渣悬浮层膨胀。悬浮层不断产生周期性的收缩和膨胀,不仅有利于微絮凝颗粒与活性泥渣进行接触絮凝,还可以使悬浮层的浓度分布在全池内趋于均匀,并防止颗粒在池底沉积。

脉冲发生器有多种形式。真空泵脉冲发生器(图2.45)的工作原理是:原水通过进水管4进入进水室1,真空泵2造成的真空使进水室1内的水位上升,此为充水过程;当水面达到进水室1的最高水位时,进气阀3自动开启,使进水室1与大气相通,这时进水室1内的水位迅速下降,向澄清池放水,此为放水过程;当水位下降到最低水位时,进气阀3又自动关闭,真空泵2则自动启动,再次使进水室1形成真空,进水室1内的水位又上升,如此反复进行脉冲工作,从而使悬浮层产生周期性的膨胀和收缩。

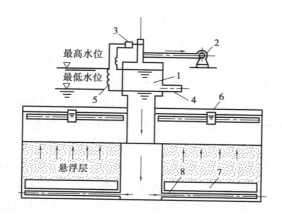

图 2.45 采用真空泵脉冲发生器的澄清池剖面图
1—进水室；2—真空泵；3—进气阀；4—进水管；5—水位电极；
6—集水槽；7—稳流板；8—配水管

泥渣悬浮型澄清池由于受原水水量、水质、水温等因素的变化影响比较明显，因此目前在设计中应用较少。

（2）泥渣循环型澄清池

如果促使泥渣在池内进行循环流动，可以充分发挥泥渣接触絮凝作用。泥渣循环可以借机械抽升或水力抽升的作用实现。

①机械搅拌澄清池。如图 2.46 所示，机械搅拌澄清池由第一絮凝室、第二絮凝室、导流室及分离室组成。整个池体上部是圆筒形，下部是截头圆锥形。加过药剂的原水由进水管 1 通过环形三角配水槽 2 的缝隙均匀流入第一絮凝室 I，由提升叶轮 6 提升至第二絮凝室 II。在第一、二絮凝室内与高浓度的回流泥渣相接触，达到较好的絮凝效果，结成大而重的絮凝体，经导流室 III 流入分离室 IV 沉淀分离。清水向上经集水槽 7 流至出水管 8，向下沉降的泥渣沿锥底的回流缝再进入第一絮凝室，重新参加絮凝，一部分泥渣则排入泥渣浓缩室 9 浓缩至适当浓度后经排泥管排除。

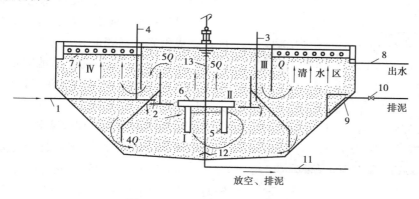

图 2.46 机械搅拌澄清池剖面图
1—进水管；2—三角配水槽；3—透气管；4—投药管；5—搅拌浆；6—提升叶轮；7—集水槽；
8—出水管；9—泥渣浓缩室；10—排泥阀；11—放空管；12—排泥罩；13—搅拌轴；
I —第一絮凝室；II—第二絮凝室；III—导流室；IV—分离室

根据实际情况和运转经验确定混凝剂加注点,可加在水泵吸水管内,亦可由投药管 4 加入澄清池进水管、三角配水槽等处,并可数处同时加注。透气管 3 的作用是排除三角配水槽中原水可能含有的气体,放空管进口处的排泥罩口,可使池底积泥沿罩的四周排出,使排泥彻底。

搅拌设备由提升叶轮和搅拌桨组成,提升叶轮装在第一和第二絮凝室的分隔处。一方面提升叶轮将回流水从第一絮凝室提升至第二絮凝室,使回流水中的泥渣不断地在池内循环;另一方面,搅拌桨使第一絮凝室内的水体和进水迅速混合,泥渣随水流处于悬浮和环流状态。因此,搅拌设备使接触絮凝过程在第一、二絮凝室内得到充分发挥。

第二絮凝室设有导流板,用以清除因叶轮提升时引起的水的旋转,使水流平稳地经导流室流入分离室。分离室下部为泥渣层,上部为清水层,清水向上经集水槽流至出水槽。清水层一般应有 1.5~2.0 m 的深度,以便在排泥不当而导致泥渣层厚度发生变化时,仍然可以保证出水水质。

机械搅拌澄清池的设计计算参数:

a.水在澄清池内总的停留时间为 1.2~1.5 h。

b.原水进水管流速一般在 1 m/s 左右。因为进水管进入环形配水槽后向两侧环流配水,所以三角配水槽断面按设计流量的一半计算,配水槽和缝隙流速为 0.5~1.0 m/s。

c.清水区上升流速一般为 0.8~1.1 mm/s,低温低浊水可采用 0.7~0.9 mm/s,清水区高度为 1.5~2.0 m。

d.叶轮提升流量一般为进水流量的 3~5 倍。叶轮直径为第二絮凝室内径的 70%~80%。

e.第一絮凝室、第二絮凝室(包括导流室)和分离室的容积比一般控制在 2∶1∶7 左右。第二絮凝室和导流室流速为 0.4~0.6 mm/s。

f.小池可用环形集水槽,池径较大时应增设辐射式水槽。池径小于 6 m 时可用 4~6 条辐射槽,直径大于 6 m 时可用 6~8 条。环形槽和辐射槽壁开孔,孔眼直径为 20~30 mm,流速为 0.5~0.6 m/s。集水槽计算流量应考虑 1.2~1.5 的超载系数,以适应今后流量的增大。

g.当池径较小,且进水悬浮物量经常性小于 1 000 mg/L 时,可采用人工排泥。池底锥角在 45°左右。当池径较大,或进水悬浮物含量较高时,须有机械刮泥装置。安装刮泥装置部分的池底可做成平底或球壳形。

h.污泥浓缩斗容积为澄清池容积的 1%~4%,根据池的大小设 1~4 个污泥斗。计算公式参见有关设计手册。

机械搅拌澄清池处理效率较高,对原水水质、水量的变化适应性强,操作运行较为方便,适用于大中型水厂,进水悬浮物浓度应小于 1 000 mg/L,短时允许在 3 000~5 000 mg/L。但能耗大,设备维修工作量大。

②水力循环澄清池。如图 2.47 所示为水力循环澄清池剖面图。水力循环澄清池的工作原理是:原水从池底进水管 1 经过喷嘴 2 高速喷入喉

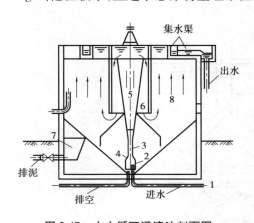

图 2.47 水力循环澄清池剖面图

1—进水管;2—喷嘴;3—喉管;
4—喇叭口;5—第一絮凝室;6—第二絮凝室;
7—泥渣浓缩室;8—分离室

管 3,在喉管下部喇叭口 4 附近形成真空而吸入回流泥渣;原水与回流泥渣在喉管 3 中剧烈混合后,被送入第一絮凝室 5 和第二絮凝室 6,从第二絮凝室流出的泥水混合液,在分离室中进行泥水分离,清水上升由集水渠收集经出水管排出,泥渣则一部分进入泥渣浓缩室 7,一部分被吸入喉管重新循环,如此周而复始工作。

水力循环澄清池结构简单,不需要机械设备,但泥渣回流量难以控制,由于絮凝室容积较小,絮凝时间较短,回流泥渣接触絮凝作用发挥不好。其处理效果较机械加速澄清池差,耗药量大,对原水水量、水质、水温的适应性差。并且池体直径和高度要有一定的比例,直径大,高度就大,故水力循环澄清池一般适用于中小型水厂。由于水力循环澄清池的局限性,目前已较少设计。

2.3 地表水的过滤处理

过滤是指以粒状材料(如石英砂等)组成具有一定孔隙率的滤料层来截留水中悬浮杂质,使水达到澄清的工艺过程。过滤工艺采用的构筑物称为滤池。滤池通常设在沉淀池或澄清池之后。

2.3.1 过滤原理

1)过滤的作用

①进一步降低了水的浊度,使滤后水浊度达到生活饮用水标准。在常规工艺中,原水经混凝沉淀后,沉淀(澄清)池的出水浊度通常在 10 度以下,为进一步降低沉淀(澄清)池出水的浊度,必须进行过滤处理。

②为滤后消毒创造良好条件。水中附着于悬浮物上的有机物、细菌乃至病毒等在过滤的同时随着水的浊度降低被部分去除,而残存于滤后水中的细菌、病毒等也因失去悬浮物的保护或依附,将在滤后消毒过程中被消毒剂杀灭。

在生活饮用水净化工艺中,过滤是极为重要的净化工序,有时沉淀池或澄清池可以省略,但过滤是不可缺少的,它是保证生活饮用水卫生安全的重要措施。

2)过滤机理

石英砂滤料粒径通常为 0.5~1.2 mm,滤料层厚度一般为 700 mm 左右。石英砂滤料新装入滤池后,经高速水流反洗,向上流动的水流使砂粒处于悬浮状态,从而使滤料粒径自上而下大致按由细到粗的顺序排列,称为滤料的水力分级。这种水力分级作用,使滤层中孔隙尺寸也因此由上而下逐渐增大。设表层滤料粒径为 0.5 mm,并假定以球体计,则表层细滤料颗粒之间的孔隙尺寸约为 80 μm。经过混凝沉淀后的悬浮颗粒尺寸大部分小于 30 μm,这些悬浮颗粒进入滤池后仍然能被滤层截留下来,且在孔隙尺寸大于 80 μm 的滤层深处也会被截留。过滤主要是悬浮颗粒与滤料颗粒之间黏附作用的结果。

悬浮颗粒与滤料颗粒之间黏附包括颗粒迁移和颗粒附着两个过程。过滤时,水在滤层孔隙中曲折流动,被水流挟带的悬浮颗粒依靠颗粒尺寸较大时产生的拦截作用、颗粒沉速较大时产生的沉淀作用、颗粒惯性较大时产生的惯性作用、较小颗粒的布朗运动产生的扩散作用及非球体颗粒由于速度梯度产生的水动力作用,脱离水流流线而向滤料颗粒表面靠近接触,此种过程称为颗粒迁移。当水中悬浮颗粒迁移到滤料表面上时,则在范德华引力、静电力、某些化学键和某些特殊的化学吸附力、絮凝颗粒的架桥作用下,附着在滤料颗粒表面上,或者附着在滤料颗粒表面原先黏附的杂质颗粒上,此种过程称为颗粒附着。

当水中的悬浮颗粒未经脱稳时,其过滤效果很差。因此,过滤效果主要取决于滤料颗粒和水中悬浮颗粒的表面物理化学性质,而无须增大水中悬浮颗粒的尺寸。相反,若水中悬浮颗粒尺寸过大时,会形成机械筛滤而造成表层滤料很快堵塞。在过滤过程中,特别是过滤后期,当滤层中孔隙尺寸逐渐减小时,表层滤料的筛滤作用也不能完全排除,在滤池运行中应尽量避免这种现象出现。

根据上述过滤机理,在水处理技术中出现了"直接过滤"工艺。直接过滤是指原水不经沉淀而直接进入滤池过滤。在生产中,直接过滤工艺的应用方式有两种:

①原水加药后不经任何絮凝设备直接进入滤池过滤的方式称为接触过滤。

②原水加药混合后先经过简易微絮凝池(絮凝时间通常在几分钟),待形成粒径在40~60 μm的微絮粒后即刻进入滤池过滤的方式称为微絮凝过滤。

采用直接过滤工艺时要求:

①原水浊度较低(一般要求常年原水浊度低于50度)、色度不高、水质较为稳定。

②滤料应选用双层、三层或均质滤料,且滤料粒径和厚度要适当增大,以提高滤层去污能力。

③需投加高分子助凝剂(如活化硅酸等)以提高微絮粒的强度和黏附力。

④滤速应根据原水水质决定,一般在5 m/h左右。

3)滤层内杂质分布规律

过滤过程中,水中悬浮颗粒在与滤料颗粒黏附的同时,还存在着因孔隙中水流剪力作用不断增大而导致颗粒从滤料表面上脱落的趋势。在过滤的初期阶段,滤料层比较干净,孔隙率较大,孔隙流速较小,水流剪力也较小,因而黏附作用占优势。由于滤料在反洗以后形成粒径上小下大的自然排列,滤层中孔隙尺寸由上而下逐渐增大,所以大量杂质将首先被表层的细滤料截留。随着过滤时间的延长,滤层中杂质逐渐增多,孔隙率逐渐减小,表层的细滤料中的水流剪力亦随之增大,脱落作用占优,最后被黏附上的颗粒将首先脱落下来,或者被水流挟带的后续颗粒不再有黏附现象,于是悬浮颗粒便向下层移动并被下层滤料截留,下层滤料的截留作用才逐渐得到发挥。但是下层滤料的截留作用还没有得到完全发挥时过滤就被迫停止,这是由于表层滤料粒径最小、黏附比表面积最大、截留悬浮颗粒量最多,而滤料颗粒间孔隙尺寸又最小,因此过滤到一定阶段后,表层滤料颗粒间的孔隙将逐渐被堵塞,严重时会产生筛滤作用而形成"泥膜",如图2.48(a)所示。其结果是:在一定过滤水头下,滤速急剧减小;或者在一定滤速下,水头损失达到极限值;或者因滤层表面受力不均匀而使泥膜产生裂缝,水流自裂缝中流出,造成短流而使出水水质恶化,如图2.48(b)所示。当上述情况其中一种出现时,过滤就将被迫停止,从而造成整个滤层的截留悬浮固体能力不能发挥出来,使滤池工作周期大大缩短。

过滤时,杂质在滤料层中的分布如图2.49所示,其分布不均匀的程度与进水水质、水温、滤料粒径、形状和级配、滤速、凝聚微粒强度等多种因素有关。衡量滤料层截留杂质能力的指标通常有滤层截污量和滤层含污能力等。单位体积滤层中所截留的杂质量称为滤层截污量。在一个过滤周期内,整个滤层单位体积滤料中的平均含污量称为滤层含污能力,单位为 g/cm^3 或 kg/m^3。图2.49中曲线与坐标轴所包围的面积除以滤层总厚度即为滤层含污能力。在一定滤层厚度下,此面积越大,滤层含污能力越大。

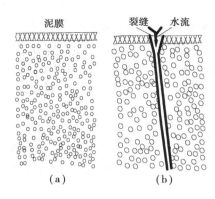

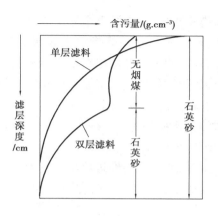

图 2.48　滤池"泥膜"示意图　　　　图 2.49　滤料层杂质分布图

提高滤层含污能力的根本途径是尽量使杂质在滤层中均匀分布。为此,出现了"反粒度"过滤,即沿过滤水流方向滤料粒径逐渐由大到小。具有代表性的有双层滤料、三层滤料及均质滤料等,如图 2.50 所示。

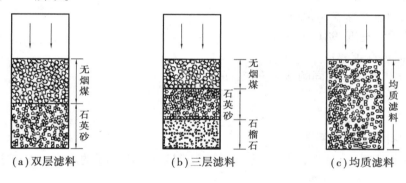

图 2.50　滤料组成示意

双层滤料的组成:上层采用密度较小、粒径较大的轻质滤料(如无烟煤,密度约为 1.5 g/cm³,粒径为 0.8～1.8 mm),下层采用密度较大、粒径较小的重质滤料(如石英砂,密度约为 2.65 g/cm³,粒径为 0.5～1.2 mm),如图 2.50(a)所示。由于两种滤料的密度差,在一定冲洗强度下,经冲洗水力分级后,粒径较大的轻质滤料(无烟煤)仍分布在滤层的上层,粒径较小的重质滤料(石英砂)则位于下层。虽然每层滤料粒径自上而下仍是由小到大,但对整个滤层来讲,上层滤料的平均粒径总是大于下层滤料的平均粒径。实践证明,双层滤料含污能力较单层滤料约高 1 倍以上。因此,在相同滤速下,可增长过滤周期;在相同过滤周期下,可提高滤速。

三层滤料的组成:上层采用小密度、大粒径的轻质滤料(如无烟煤,粒径为 0.8～1.6 mm),中层采用中等密度、中等粒径的滤料(如石英砂,粒径为 0.5～0.8 mm),下层采用小粒径、大密度的重质滤料(如石榴石、磁铁矿等,粒径为 0.25～0.5 mm),如图 2.50(b)所示。就整个滤层而言,各层滤料平均粒径由上而下递减。如果 3 种滤料经冲洗后在整个滤层中适当混杂,则称为混合滤料。尽管称之为混合滤料,每层仍以其原有滤料为主,掺有少量其他滤料。这种滤料组合不仅可以提高滤层的含污能力,而且因下层重质滤料粒径很小,对保证滤后水质有很大作用。

所谓均质滤料,是指沿整个滤层深度方向的任一横断面上滤料组成和平均粒径均匀一致,如图 2.50(c)所示。它并非指整个滤层的粒径完全相同,滤料粒径仍存在一定程度的差别。采用均质滤料,冲洗时要求滤料层不能膨胀,为此应采用气、水冲洗。

无论采用双层滤料、三层滤料或均质滤料都是对滤层组成的变动,但其滤池构造和工作过程和单层滤料滤池基本相同。

4)过滤的水头损失

(1)清洁滤层水头损失

过滤刚开始时,滤层经过反洗比较干净,此时产生的过滤水头损失较小,称为清洁滤层水头损失或起始水头损失,以 h_0 表示。滤速为 8~10 m/h 时,单层砂滤池的起始水损失为30~40 cm。

清洁滤层水头损失计算可采用卡曼-康采尼(Carman-Kozony)公式:

$$h_0 = 180 \frac{\mu}{g} \frac{(1 - m_0)^2}{m_0^3} \left(\frac{1}{\varphi \cdot d_0} \right)^2 l_0 v \qquad (2.24)$$

式中:h_0——清洁滤层水头损失,cm;

μ——水的运动黏度,cm²/s;

g——重力加速度,981 cm/s²;

m_0——滤料孔隙率;

d_0——与滤料体积相同的球体直径,cm;

l_0——滤层厚度,cm;

v——滤速,cm/s;

φ——滤料颗粒球度系数。

对于非均匀滤料,应分为若干层,分别按式(2.24)计算出各层的水头损失再求和。

(2)等速过滤与变速过滤

过滤开始以后,随着过滤时间的延续,滤层中截留的杂质越来越多,滤层的空隙率逐渐减少。根据式(2.24),当滤料形状、粒径、级配、厚度以及水温一定时,随着滤料孔隙率的减小,若水头损失保持不变,将引起滤速的逐渐减小。反之,在滤速保持不变时,将引起水头损失的增加。这样就产生了快滤池的两种基本过滤方式:等速过滤和变速过滤。

过滤过程中,滤池过滤速度保持不变,即滤池流量保持不变的过滤方式,称为等速过滤。在等速过滤状态下,滤层水头损失增加值与过滤时间一般呈直线关系。随着过滤水头损失逐渐增加,滤池内水位随之升高,当水位升高至最高允许水位时,过滤停止以待冲洗,故等速过滤又称为变水头等速过滤。虹吸滤池和无阀滤池即属于等速过滤的滤池。

过滤过程中,滤池过滤速度随过滤时间的延续而逐渐减小的过滤方式,称为变速过滤或减速过滤。在变速过滤状态下,过滤水头损失始终保持不变,由于滤层的孔隙率逐渐减小,必然使滤速也逐渐减小,故变速过滤又称为等水头变速过滤。移动罩滤池即属于变速过滤的滤池,普通快滤池可以设计成变速过滤,也可以设计成等速过滤。

(3)滤层中的负水头

过滤过程中,当滤层截留了大量杂质,以致砂面以下某一深度处的水头损失超过该处水深时,便出现负水头现象。滤层出现负水头后,由于压力减小,原来溶解在水中的气体会不断释放出来。释放出来的气体对过滤有两个破坏作用:一是增加滤层局部阻力,减少有效过滤面积,增加过滤时的水头损失,严重时会影响滤后水质;二是气体会穿过滤层,上升到滤池表面,有可能把部分细滤料或轻质滤料带上来,从而破坏滤层结构。在反洗时,气体更容易将滤料带出滤池,造成滤料流失。

过滤时,滤层中的压力变化如图 2.51 所示,由于大量杂质被上层细滤料所截留,故在上层滤料中往往出现负水头现象。由图 2.52 可知,在 a 处和 c 处之间(如砂面以下 b 处),水头损失大于其相应位置的水深,于是在 $a \sim c$ 范围内出现负水头现象。要避免出现负水头现象,一般有两种解决方法:一是增加滤层上的水深,二是使滤池出水水位等于或高于滤层表面。虹吸滤池和无阀滤池由于其出水水位高于滤层表面,因此不会出现负水头现象。

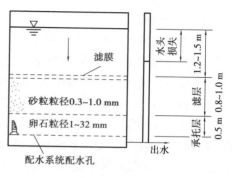

图 2.51 慢滤池示意图

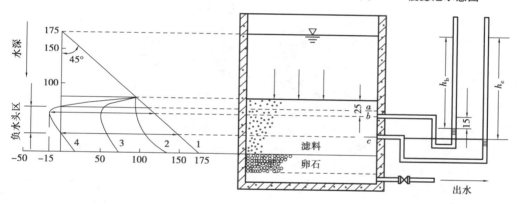

图 2.52 过滤时滤层压力变化

1—静水压强线;2—清洁滤料过滤时水压线;3—过滤时间为 t_1 时的水压线;
4—过滤时间为 $t_2(t_2 > t_1)$ 时的水压线

2.3.2 快滤池的构造和工作过程

1)快滤池的类型

人类早期使用的滤池称为慢滤池,主要是依靠滤层表面因藻类、原生动物和细菌等微生物生长而生成的滤膜去除水中的杂质。慢滤池能较为有效地去除水中的色度、嗅和味,但由于滤速太慢(滤速仅为 0.1~0.3 m/h)、占地面积太大而被淘汰。快滤池就是针对这一缺点而发展起来的,其中以石英砂作为滤料的普通快滤池的使用历史最久。在此基础上,为了增加滤层的含污能力以提高滤速和延长工作周期、减少滤池阀门以方便操作和实现自动化,人们从不同的工艺角度进行了改进和革新,出现了其他形式的快滤池,大致分类如下:

①按滤料层的组成可分为单层石英砂滤料、双层滤料、三层滤料、均质滤料、新型轻质滤料滤池等。

②按阀门的设置可分为普通快滤池、双阀滤池、单阀滤池、无阀滤池、虹吸滤池、移动冲洗

罩滤池等。

③按过滤的水流方向可分为下向流、上向流、双向流滤池等。

④按工作的方式可分为重力式滤池、压力式滤池。

⑤按滤池的冲洗方式可分为高速水流冲洗滤池,气、水冲洗滤池和表面助冲加高速水流冲洗滤池。

2)快滤池的工作过程

滤池形式各异,但其过滤原理基本一样,基本工作过程也相同,即过滤和冲洗交替进行。下面以普通快滤池为例,简要介绍快滤池的基本构造和工作过程。

普通快滤池又称为四阀滤池,其构造如图 2.53 所示。图 2.53 是小型水厂滤池的格数较少时,采用的单行排列的布置形式。而大中型水厂由于滤池的格数较多,宜采用双行对称排列,两排滤池中间布置管渠和阀门,称为管廊。普通快滤池本身包括浑水渠(进水渠)、冲洗排水槽、滤料层、承托层和配水系统 5 个部分。管廊内主要是进水、清水、冲洗来水、冲洗排水(或废水渠)等 5 种管渠及其相应的控制阀门。

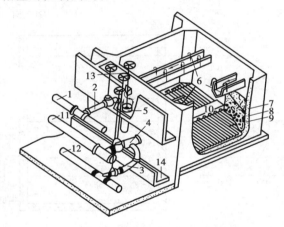

图 2.53　普通快滤池构造剖视图

1—进水总管;2—进水支管;3—清水支管;4—冲洗水支管;5—排水阀;
6—冲洗排水槽;7—滤料层;8—承托层;9—配水支管;10—配水干管;
11—冲洗水总管;12—清水总管;13—浑水渠;14—废水渠

过滤时,关闭冲洗水支管 4 上的阀门与排水阀 5,开启进水支管 2 与清水支管 3 上的阀门,原水经进水总管 1、进水支管 2 由浑水渠 13 流入冲洗排水槽 6 后从槽的两侧溢流进入滤池,经过滤料层 7、承托层 8 后,由底部配水系统的配水支管 9 汇集,再经配水系统的配水干管 10、清水支管 3 进入清水总管 12 流往清水池。原水流经滤料层时,水中杂质即被截留在滤料层中。随着过滤的进行,滤料层中截留的杂质越来越多,滤料颗粒间孔隙逐渐减少,滤料层中的水头损失也相应增加。当滤层中的水头损失增加到设计允许值(一般小于 2.0~2.5 m)以致滤池产水量减少,或水头损失不大但滤后水质不符合要求时,滤池必须停止过滤进行冲洗,从过滤开始到过滤结束所经历的时间称为过滤周期。

冲洗时,关闭进水支管 2 与清水支管 3 上的阀门,开启排水阀 5 与冲洗水支管 4 上的阀门,冲洗水(即滤后水)由冲洗水总管 11、冲洗水支管 4 经底部配水系统的配水干管 10、配水支管 9 及支管上均匀分布的孔眼中流出,均匀地分布在整个滤池平面上,自下而上穿过承托层 8 及滤料层 7。滤层在均匀分布的上升水流中处于悬浮状态,滤层中截留的杂质在水流剪力和滤料颗粒间的碰撞摩擦作用下从滤料颗粒表面剥离下来,随冲洗废水进入冲洗排水槽 6,再汇集入浑水渠 13,最后经排水管和废水渠 14 排入下水道或回收水池。冲洗一直进行到滤料基本洗干净为止。冲洗结束后,即可关闭冲洗水支管 4 上的阀门与排水阀 5,开启进水支管 2 与清水支管 3 上的阀门,过滤重新开始。

从过滤开始到冲洗结束所经历的时间称为快滤池工作周期。工作周期的长短涉及滤池的实际工作时间和冲洗耗水量,因而直接影响滤池的产水量。工作周期过短,滤池日产水量减少。快滤池工作周期一般为 12~24 h。

快滤池的产水量受诸多因素影响,其中最主要的是滤速。滤速相当于滤池负荷,是指单位时间、单位表面积滤池的过滤水量,单位为 $m^3/(m^2 \cdot h)$,通常化简为 m/h。根据《室外给水设计标准》(GB 50013—2018)规定:当滤池的进水浊度在 10 度以下时,单层石英砂滤料滤池的正常滤速可采用 8~10 m/h,双层滤料滤池的正常滤速宜采用 10~14 m/h,三层滤料滤池的正常滤速宜采用 18~20 m/h。

2.3.3　滤料

1)对滤料的基本要求

在水处理中,过滤是利用具有一定孔隙率的滤料层截留水中悬浮杂质的。地表水处理中所用的滤料必须符合以下要求:

①具有足够的机械强度,以免在冲洗过程中滤料出现磨损和破碎现象;

②具有足够的化学稳定性,以免滤料与水产生化学反应而恶化水质,尤其不能含有对人体健康和生产有害的物质;

③具有合适的粒径、良好的级配和适当的孔隙率;

④货源充足,价格低廉,应尽量就地取材。

迄今为止,生产中使用最为广泛的滤料仍然是石英砂。此外,随着双层和多层滤料的出现,常用的滤料还有无烟煤、磁铁矿、金刚砂、石榴石、钛铁矿、天然锰砂等。另外,还有聚苯乙烯及陶粒等轻质滤料。

2)滤料粒径级配

滤料颗粒都具有不规则的形状,其粒径是指正好可通过某一筛孔的孔径,如图 2.54 所示。

滤料粒径级配是指滤料中各种粒径颗粒所占的质量比例。生产中,滤料的粒径级配通常以最大粒径 d_{max}、最小粒径 d_{min} 和均匀系数 K_{80} 来表示。

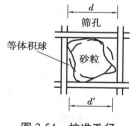

图 2.54　校准孔径示意图

$$K_{80} = \frac{d_{80}}{d_{10}} \qquad (2.25)$$

式中:d_{10}——通过滤料质量 10% 的筛孔孔径,mm;

　　　d_{80}——通过滤料质量 80% 的筛孔孔径,mm。

其中 d_{10} 又称为有效粒径,它反映滤料中细颗粒尺寸;d_{80} 反映滤料中粗颗粒尺寸。由此可见,K_{80} 的大小反映了滤料颗粒粗细均匀程度,K_{80} 越大,则粗细颗粒的尺寸相差越大,颗粒越不均匀,对过滤和冲洗都会产生非常不利的影响。因为 K_{80} 较大时,滤层的孔隙率小、含污能力低,从而导致过滤时滤池工作周期缩短;冲洗时,若满足细颗粒膨胀要求,粗颗粒将得不到很好地清洗,反之若为满足粗颗粒膨胀要求,细颗粒可能被冲出滤池。K_{80} 越接近于1,滤料越均匀,过滤和冲洗效果越好,但滤料价格很高。为了保证过滤和冲洗效果,通常要求 $K_{80}<2.0$。

滤料粒径级配除采用最大粒径、最小粒径和均匀系数表示以外,还可采用有效粒径 d_{10} 和均匀系数 K_{80} 来表示。

另外,在生产中也有用 $K_{60}(K_{60}=d_{60}/d_{10})$ 代替 K_{80} 来表示滤料均匀系数。d_{60} 的含义与 d_{10} 或 d_{80} 相同。

过去,我国一直采用不均匀系数来描述滤料颗粒粗细均匀程度,国外则采用均匀系数来描述。现行《室外给水设计标准》(GB 50013—2018)明确采用均匀系数来描述。

双层滤料经冲洗以后,有可能出现部分混杂(在煤-砂交界面上),这主要取决于煤、砂的密度差、粒径差及煤和砂的粒径级配、滤料形状、水温及冲洗强度等因素。生产经验表明,煤-砂交界面混杂厚度在 5 cm 左右,对过滤有益无害。三层滤料冲洗后,滤层中也存在适当混杂,但上层仍然以煤粒为主,中层以石英砂为主,下层以重质矿石为主。就整个滤层而言,滤层孔隙尺寸由上而下递减。

滤池滤速及滤料组成应根据进水水质、滤后水水质要求、滤池构造等因素,通过试验或参照相似条件下已有滤池的运行经验确定,并宜按表 2.3 的规定采用。

表 2.3　滤池滤速及滤料组成

滤料种类	滤料组成			正常滤速 /(m·h⁻¹)	强制滤速 /(m·h⁻¹)
	有效粒径 /mm	均匀系数	厚度 /mm		
单层细砂滤料	石英砂 $d_{10}=0.55$	$K_{80}<2.0$	700	6~9	9~12
双层滤料	无烟煤 $d_{10}=0.85$	$K_{80}<2.0$	300~400	8~12	12~16
	石英砂 $d_{10}=0.55$	$K_{80}<2.0$	400		
均匀级配 粗砂滤料	石英砂 $d_{10}=0.9~1.2$	$K_{60}<1.6$	1 200~1 500	6~10	10~13

注:滤料的相对密度(g/cm³)为:石英砂 2.50~2.70,无烟煤 1.40~1.60,实际采购的滤料粒径与设计粒径的允许
　　偏差为±0.05 mm。

3)滤料筛分

工程中,要求滤料必须在一定粒径范围内,并满足级配指标要求,故应对滤料进行筛选。以石英砂滤料为例,取某砂样 300 g,洗净后于 105 ℃恒温箱中烘干,待冷却后称取 100 g,放于一组筛子上过筛,筛毕称出留在各个筛子上的砂量,并计算出通过相应筛子的砂量,填入表2.4,然后据此表绘出筛分曲线,如图 2.55 所示。

表 2.4 筛分试验记录

筛孔/mm	留在筛上的砂量		通过该号筛的砂量	
	质量/g	百分比/%	质量/g	百分比/%
2.362	0.1	0.1	99.9	99.9
1.651	9.3	9.3	90.6	90.6
0.991	21.7	21.7	68.9	68.9
0.589	46.6	46.6	22.3	22.3
0.246	20.6	20.6	1.7	1.7
0.208	1.5	1.5	0.2	0.2
筛底盘	0.2	0.2	—	—
合 计	100.0	100.0		

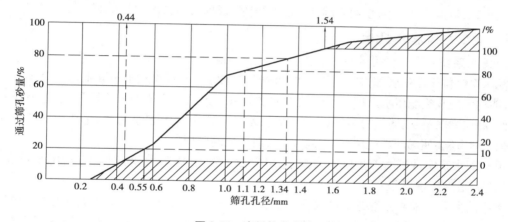

图 2.55 滤料筛分曲线

根据图 2.55 的筛分曲线,可求得 $d_{10} = 0.4$ mm, $d_{80} = 1.34$ mm,因此 $K_{80} = \dfrac{1.34}{0.4} = 3.35$。由于 $K_{80} > 2.0$,故该滤料不符合级配要求,必须进行筛选。假定设计要求: $d_{10} = 0.55$ mm, $K_{80} = 2.0$,则 $d_{80} = 2.0 \times 0.55 = 1.10$ mm。按此要求筛选滤料,步骤如下:

首先,自横坐标 0.55 mm 和 1.10 mm 两点分别作垂线与筛分曲线相交,自两交点作平行线与右边纵坐标轴相交。然后,以两交点分别作为 10% 和 80%,并将 10%~80% 分成 7 等份,以此向上下两端延伸,即得 0 和 100% 之点,重新建立新坐标,如图 2.55 右侧纵坐标所示。最后,再自新坐标原点和 100% 作平行线与筛分曲线相交,此两点以内即为所选滤料,其余部分应全部筛除(图中阴影部分)。由图 2.55 可知,粗颗粒($d > 1.54$ mm)约筛除 13%,细颗粒($d < 0.44$ mm)约筛除 13%,共计 26% 左右。

4)滤料层孔隙率的测定

滤料层孔隙率是指滤料层中的孔隙所占的体积与滤料层总体积之比,用 m 表示。滤料层孔隙率的测定方法与步骤如下:

①取一定量的滤料,在 105 ℃下烘干、称重。

②用比重瓶测出其密度。

③将滤料放入过滤筒中,用清水过滤一段时间,待其压实后量出滤层体积;

④按下式求出滤料层孔隙率:

$$m = 1 - \frac{G}{\rho V} \tag{2.26}$$

式中:G——滤料质量,kg;

ρ——滤料颗粒密度,kg/m³;

V——滤料层体积,m³。

滤料层孔隙率的大小影响快滤池的过滤效率,一般来讲,孔隙率越大,滤层的含污能力越强,滤池的工作周期就越长。滤料层孔隙率与滤料颗粒的形状、粒径、均匀程度以及滤料层的压实程度等因素有关。形状不规则和粒径均匀的滤料,孔隙率较大。一般石英砂滤料层的孔隙率在 0.42 左右。

在过滤和冲洗过程中,滤料由于碰撞、摩擦会出现破碎和磨蚀而变细,从而造成滤料层孔隙率减小,对过滤产生不利影响。因此,在生产中应根据具体情况更换滤料。

2.3.4 配水系统和承托层

1)配水系统

配水系统位于滤池底部,其作用:一是冲洗时,使冲洗水在整个滤池平面上均匀分布;二是过滤时,能均匀地收集滤后水。配水均匀性对冲洗效果至关重要。若配水不均匀,水量小处,冲洗强度低,滤层膨胀不足,滤料得不到足够的清洗;水量大处,因滤层膨胀过甚,造成滤料流失,冲洗流速很大时,还会使局部承托层发生移动,过滤时造成漏砂现象。

根据配水系统冲洗时产生的阻力大小,可分为大阻力、中阻力和小阻力 3 种配水系统。

（1）大阻力配水系统

常用的大阻力配水系统是穿孔管大阻力配水系统,如图 2.56 所示。它是由居中的配水干管(或渠)和干管两侧接出的若干根间距相等且彼此平行的支管构成。在支管下部开有两排与管中心铅垂线成 45°且交错排列的配水孔。冲洗时,水流从干管起端进入后流入各支管,由各支管孔口流出,再经承托层自下而上对滤料层进行冲洗,最后流入排水槽。

如图 2.56 所示的大阻力配水系统中,a 孔和 c 孔分别是距进口最近和最远的两孔,因此也是孔口内压力水头相差最大的两孔。在配水系统中,如果 a 孔和 c 孔的出流量近似相等,则其余各孔口的出流量更相近,即可认为在整个滤池平面上冲洗水是均匀分布的。大阻力配水系统的干管和支管均可近似看作沿程均匀泄流管路,若假定干管及支管的沿程水头损失忽略不计且各支管进口局部水头损失又基本相等,则由水力分析可得 a 孔与 c 孔内的压力水头关系为:

$$H_c = H_a + \frac{1}{2g}(v_1^2 + v_2^2) \tag{2.27}$$

式中:H_a——a 孔内的压力水头;

H_c——c 孔内的压力水头;

v_1——干管起端流速;

v_2——支管起端流速。

a 孔和 c 孔内的压力水头与孔口流出后的终点水头之差,即为水流经孔口、承托层和滤料

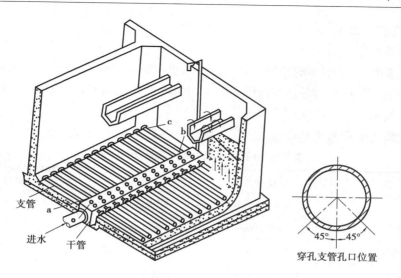

支管　a

进水　干管

c　b

穿孔支管孔口位置

45°　45°

图 2.56　穿孔管大阻力配水系统

层的总水头损失,分别以 H'_a 和 H'_c 表示。由于冲洗排水槽上缘水平,可以认为冲洗时自各孔口流出后的终点水头相同。式(2.27)中 H_a 和 H_c 均减去同一终点水头,可得:

$$H'_c = H'_a + \frac{1}{2g}(v_1^2 + v_2^2) \tag{2.28}$$

由于水头损失与流量的平方成反比,则有:

$$H'_a = (S_1 + S'_2)Q_a^2 \tag{2.29}$$

$$H'_c = (S_1 + S''_2)Q_c^2 \tag{2.30}$$

式中:Q_a——a 孔的出流量;

Q_c——c 孔的出流量;

S_1——孔口阻力系数,各孔口尺寸和加工精度相同时,其阻力系数均相同;

S'_2,S''_2——分别为 a 孔和 c 孔处承托层及滤料层阻力系数之和。

将式(2.29)、式(2.30)代入式(2.28),可得:

$$Q_c = \sqrt{\frac{S_1 + S'_2}{S_1 + S''_2}Q_a^2 + \frac{1}{S_1 + S''_2}\frac{v_1^2 + v_2^2}{2g}} \tag{2.31}$$

分析式(2.31)可知,两孔口出流量不可能相等。但如果减小孔口面积以增大孔口阻力系数 S_1,就可以削弱承托层和滤料层阻力系数 S'_2、S''_2 及配水系统压力不均匀的影响,从而使 Q_a 接近 Q_c,实现配水均匀。这就是大阻力配水系统的基本原理。

一般来讲,滤池冲洗时,承托层和滤料层对配水均匀性影响较小,当配水系统配水均匀性符合要求时,基本上可达到均匀冲洗目的。通常要求 $Q_a/Q_c \geq 0.95$,以保证配水系统中任意两孔口出流量之差不大于5%,由此得出大阻力配水系统构造尺寸应满足下式:

$$\left(\frac{f}{\omega_1}\right)^2 + \left(\frac{f}{n\omega_2}\right)^2 \leq 0.29 \tag{2.32}$$

式中:f——配水系统孔口总面积,m^2;

ω_1——干管截面积,m^2;

ω_2——支管截面积,m^2;

n——支管根数。

式(2.32)表明,冲洗配水的均匀性只与配水系统构造尺寸有关,而与冲洗强度和滤池面积无关。但实际上,当单池面积过大时,影响配水均匀性的其他因素也将对冲洗效果产生影响,故单池面积一般不宜大于 $100\ m^2$。

穿孔管大阻力配水系统的构造尺寸可根据设计参数来确定,见表2.5。

表2.5 穿孔管大阻力配水系统设计参数

类 别	设计参数	类 别	设计参数
干管起端流速	1.0~1.5 m/s	配水孔口直径	9~12 mm
支管起端流速	1.5~2.0 m/s	配水孔间距	75~300 mm
孔口流速	5.0~6.0 m/s	支管中心间距	0.2~0.3 m
开孔比(α)	0.2%~0.25%	支管长度与直径	<60

注:①开孔比(α)是指配水孔口总面积与滤池面积之比;

②当干管(渠)直径大于 300 mm 时,干管(渠)顶部也应开孔布水,并在孔口上方设置挡板;

③干管(渠)末端应设直径为 40~100 mm 的排气管,管上安装阀门。

大阻力配水系统的优点是配水均匀性较好,但系统结构较复杂、检修困难,而且水头损失很大(通常在 3.0 m 以上),冲洗时需要专用设备(如冲洗水泵),动力耗能多,故不能用于冲洗水头有限的虹吸滤池和无阀滤池。此时,应采用中、小阻力配水系统。

(2)中、小阻力配水系统

由式(2.31)可知,如果将干管起端流速 v_1 和支管起端流速 v_2 减至一定程度,配水系统压力不均匀的影响就会大大削弱,此时即使不增大孔口阻力系数 S_1,同样可以实现均匀配水,这就是小阻力配水系统的基本原理。

生产中,小阻力配水系统不再采用穿孔管系统,而通常采用较大的底部配水空间,其上铺设钢筋混凝土穿孔滤板,如图 2.57(a)、(c)所示。由于水流进口断面积大、流速较小,底部配水室内压力将趋于均匀,从而达到均匀配水的目的。

另外,滤池采用气、水冲洗时,还可以采用长柄滤头,如图 2.57(b)所示。

小阻力配水系统的配水均匀性取决于开孔比的大小,开孔比越大,则孔口阻力越小,配水均匀性越差。小阻力配水系统的开孔比通常都大于 1.0%,水头损失一般小于 0.5 m。由于其配水均匀性较大阻力配水系统差,故其使用有一定的局限性,一般多用于单格面积不大于 $20\ m^2$ 的无阀滤池、虹吸滤池等。

由于孔口阻力与孔口总面积或开孔比成反比,故开孔比越大,孔口阻力越小。大阻力配水系统如果增大开孔比到 0.60%~0.80%,就可以减小孔眼中的流速,从而减少配水系统的阻力。

所谓中阻力配水系统,就是指其开孔比介于大、小阻力配水系统之间,水头损失一般为 0.5~3.0 m。中阻力配水系统的配水均匀性优于小阻力配水系统。常见的中阻力配水系统有穿孔滤砖等,如图 2.58 所示。

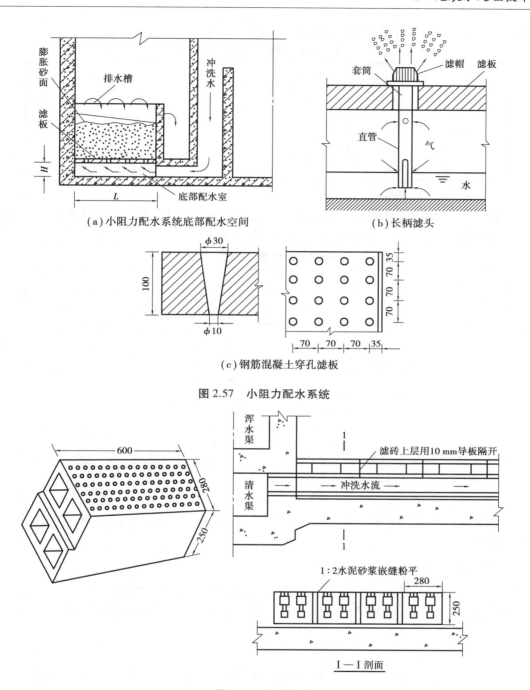

（a）小阻力配水系统底部配水空间　　（b）长柄滤头

（c）钢筋混凝土穿孔滤板

图 2.57　小阻力配水系统

图 2.58　穿孔滤砖

2）承托层

承托层设于滤料层和底部配水系统之间。其作用：一是支承滤料，防止过滤时滤料通过配水系统的孔眼流失，为此要求冲洗时承托层不能发生移动；二是冲洗时均匀地向滤料层分配冲洗水。滤池的承托层一般由一定级配天然卵石或砾石组成，铺装承托层时应严格控制好高程，分层清楚、厚薄均匀，且在铺装前应将黏土及其他杂质清除干净。采用大阻力配水系统时，单层或双层滤料滤池的承托层粒径和厚度见表2.6。

表2.6 单层或双层滤料滤池承托层粒径和厚度

层次(自上而下)	粒径/mm	厚度/mm
1	2~4	100
2	4~8	100
3	8~16	100
4	16~32	本层顶面高度至少应高出配水系统孔眼100

对于三层滤料滤池,考虑下层滤料粒径小、重度大,承托层上层应采用重质矿石,以免冲洗时承托层移动。三层滤料滤池的承托层材料、粒径和厚度见表2.7。

表2.7 三层滤料滤池承托层材料、粒径与厚度

层次 (自上而下)	材 料	粒径/mm	厚度/mm
1	重质矿石(如石榴石、磁铁矿等)	0.5~1.0	50
2	重质矿石(如石榴石、磁铁矿等)	1~2	50
3	重质矿石(如石榴石、磁铁矿等)	2~4	50
4	重质矿石(如石榴石、磁铁矿等)	4~8	50
5	砾 石	8~16	100
6	砾 石	16~32	本层顶面高度应至少高出配水系统孔眼100

注:配水系统如用滤砖且孔径为4 mm时,第6层可不设。

如果采用中、小阻力配水系统,承托层可以不设,或者适当铺设一些粗砂或细砾石,视配水系统具体情况而定。

2.3.5 滤池的冲洗

滤池过滤一段时间后,当水头损失增加到设计允许值或滤后水质不符合要求时,滤池须停止过滤并进行冲洗。冲洗的目的是清除截留在滤料层中的杂质,使滤池在短时间内恢复过滤能力。

1)滤池冲洗方法

快滤池的冲洗方法有3种:高速水流冲洗;气、水冲洗;表面辅助冲洗加高速水流冲洗。

滤池冲洗方式的选择应根据滤料层组成、配水配气系统形式,通过试验或参照相似条件下已有滤池的经验确定。单层细砂级配滤料或双层煤、砂级配滤料,宜采用水冲或气冲—水冲;单层粗砂均匀级配滤料宜采用气冲—气水同时冲—水冲。

(1)高速水流冲洗

高速水流冲洗是利用高速水流反向通过滤料层时产生的水流剪力和流态化滤层造成滤料颗粒间碰撞摩擦的双重作用,把截留在滤料层中的杂质从滤料表面剥落下来,然后被冲洗水带

出滤池。为了保证冲洗达到良好效果,要求必须有一定的冲洗强度、适宜的滤层膨胀度和足够的冲洗时间,称为冲洗三要素。生产中,单水冲洗滤池的冲洗强度、滤层膨胀率及冲洗时间应根据滤料层的类别来确定,见表2.8。

表2.8　单水冲洗滤池的冲洗强度、滤层膨胀率和冲洗时间(水温20 ℃时)

滤料组成	冲洗强度/$[L \cdot (m^2 \cdot s)^{-1}]$	膨胀率/%	冲洗时间/min
单层细砂级配滤料	12~15	45	7~5
双层煤、砂级配滤料	13~16	50	8~6

注:①当采用表面冲洗设备时,冲洗强度可取低值;

　　②应考虑由于全年水温、水质变化因素,有适当调整冲洗强度和历时的可能;

　　③选择冲洗强度应考虑所用混凝剂品种的因素;

　　④膨胀率数值仅作设计计算用;

　　⑤当增设表面冲洗设备时,表面冲洗设备冲洗强度宜采用2~3 L/(m²·s)(固定式)或0.50~0.75 L/(m²·s)

　　(旋转式),冲洗时间均为4~6 min。

①冲洗强度。冲洗强度是指单位面积滤层上通过的冲洗流量,以 L/(m²·s)计,也可换算成冲洗流速,以 cm/s 计,1 cm/s=10 L/(m²·s)。

冲洗效果决定于冲洗强度(即冲洗流速)。冲洗强度过小时,滤层膨胀率不够,滤层孔隙中水流剪力小,截留在滤层中的杂质难以被剥落,滤层冲洗不净;冲洗强度过大时,滤层膨胀率过大,由于滤料颗粒过于离散,滤层孔隙中水流剪力降低、滤料颗粒间相互碰撞摩擦的概率减小,滤层冲洗效果差,严重时还会造成滤料流失。故冲洗强度过大或过小,冲洗效果均会降低。

生产中,冲洗强度的确定还应考虑水温的影响,夏季水温较高,水的黏度较小,所需冲洗强度较大;冬季水温低,水的黏度大,所需冲洗强度较小。一般来说,水温增减 1 ℃,冲洗强度相应增减 1%。

②滤层膨胀率。滤层膨胀率是指冲洗时滤层膨胀后增加的厚度与滤层膨胀前厚度之比,用 e 表示:

$$e = \frac{L - L_0}{L_0} \times 100\% \tag{2.33}$$

式中:L_0——滤层膨胀前厚度,cm;

　　L——滤层膨胀后厚度,cm。

③冲洗时间。冲洗时间长短也影响滤池的冲洗效果。当冲洗强度和滤层膨胀率都满足要求但冲洗时间不足时,滤料颗粒表面的杂质因碰撞摩擦时间不够而得不到充分清除;同时,冲洗废水也因排除不彻底导致污物重返滤层,覆盖在滤层表面形成"泥膜"或进入滤层形成"泥球"。因此,足够的冲洗时间也是保证冲洗效果的关键。冲洗时间可按表2.8选用,也可根据冲洗废水的允许浊度决定。

对于非均匀滤料,在一定冲洗强度下,粒径小的滤料膨胀率大,粒径大的滤料膨胀率小。因此,要同时兼顾粗、细滤料膨胀率要求是不可能的。理想的膨胀率应该是截留杂质较多的上层滤料恰好完全膨胀起来而下层最大颗粒滤料刚刚开始膨胀,才能获得较好的冲洗效果。因此,在设计或操作中,可以最粗滤料刚开始膨胀作为确定冲洗强度的依据。如果由此而导致上层细滤料膨胀率过大甚至引起滤料流失,滤料级配应加以调整。

（2）气、水冲洗

高速水流冲洗虽然操作方便,池子和设备较简单,但冲洗耗水量大,水力分级现象明显,而且未被冲洗水流带走的大块絮体沉积于滤层表面极易形成"泥膜",妨碍滤池正常过滤。因此,为了改善冲洗效果,需要采取一些辅助冲洗措施,如气、水冲洗等。

气、水冲洗的原理:利用压缩空气进入滤池后,上升空气气泡产生的振动和擦洗作用,将附着于滤料表面杂质清除并使之悬浮于水中,然后再用水冲洗把杂质排出池外。空气由鼓风机或空气压缩机和储气罐组成的供气系统供给,冲洗水由冲洗水泵或冲洗水箱供应,配气、配水系统多采用长柄滤头。气、水冲洗操作方式有以下几种:

①先进入压缩空气擦洗,再进入水冲洗;

②先进入气水同时冲洗,再进入水冲洗;

③先进入压缩空气擦洗,再进入气水同时冲洗,最后进入水冲洗。

确定冲洗程序、冲洗时间和冲洗强度时,应考虑滤池构造、滤料种类、密度、粒径级配及水质水温等因素。气水冲洗滤池的冲洗强度及冲洗时间见表2.9。

表 2.9 气水冲洗滤池的冲洗强度及冲洗时间

滤料种类	先气冲洗		气水同时冲洗			后水冲洗		表面扫洗	
	强度 /[L·(m²·s)⁻¹]	时间 /min	气强度 /[L·(m²·s)⁻¹]	水强度 /[L·(m²·s)⁻¹]	时间 /min	强度 /[L·(m²·s)⁻¹]	时间 /min	强度 /[L·(m²·s)⁻¹]	时间 /min
单层细砂级配滤料	15~20	3~1	—	—	—	8~10	7~5	—	—
双层煤、砂级配滤料	15~20	3~1	—	—	—	6.5~10	6~5	—	—
单层粗砂均匀级配滤料	13~17 (13~17)	2~1 (2~1)	13~17 (13~17)	3~4 (1.5~2)	4~3 (5~4)	4~8 (3.5~4.5)	8~5 (8~5)	1.4~2.3	全程

注:①表中单层粗砂均匀级配滤料中,无括号的数值适用于无表面扫洗的滤池;括号内的数值适用于有表面扫洗的滤池;

②不适用于翻板滤池。

采用气、水冲洗有以下优点:空气气泡的擦洗能有效地使滤料表面污物破碎、脱落,故冲洗效果好,节省冲洗水量;冲洗时滤层不膨胀或微膨胀,不产生或不明显产生水力分级现象,从而提高滤层含污能力。但气、水冲洗需增加气冲设备（鼓风机或空气压缩机和储气罐）,池子结构及冲洗操作也较复杂。国外采用气、水冲洗比较普遍,我国近年来气、水冲洗也日益增多。

单水冲洗滤池的冲洗周期,当为单层细砂级配滤料时,宜采用12~24 h;气水冲洗滤池的冲洗周期,当为粗砂均匀级配滤料时,宜采用24~36 h。

2）冲洗水的供给

普通快滤池冲洗水供给方式有两种:冲洗水泵和冲洗水塔（箱）。水泵冲洗建设费用低,冲洗过程中冲洗水头变化较小,但由于冲洗水泵是间隙工作且设备功率大,在冲洗的短时间内

耗电量大,使电网负荷极不均匀;水塔(箱)冲洗操
作简单,补充冲洗水的水泵较小,并允许在较长的
时间内完成,耗电较均匀,但水塔造价较高。若有
地形时,采用水塔(箱)冲洗较好。

(1)冲洗水塔(箱)

水塔(箱)冲洗如图 2.59 所示,为避免冲洗过
程中冲洗水头相差太大,水塔(箱)内水深不宜超
过 3 m。水塔(箱)容积按单格滤池所需冲洗水量
的 1.5 倍计算:

$$W = \frac{1.5qFt \times 60}{1\ 000} = 0.09\ Fqt \quad (2.34)$$

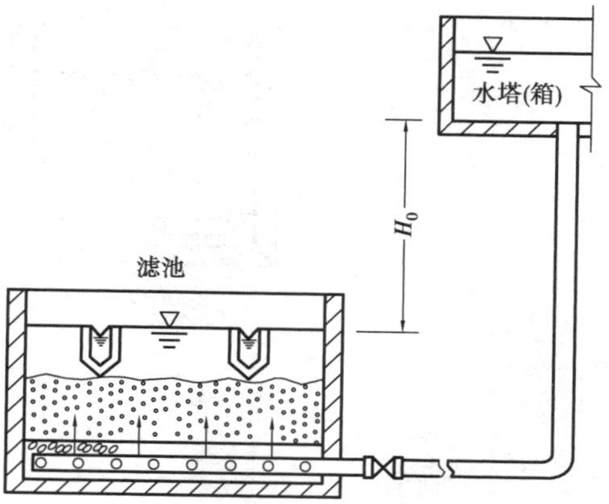

图 2.59　水塔(箱)冲洗

式中:W——水塔(箱)容积,m^3;

F——单格滤池面积,m^2;

t——冲洗历时,min;

q——冲洗强度,$L/(m^2 \cdot s)$。

水塔(箱)底高出滤池冲洗排水槽顶高度 H_0,可按下式计算:

$$H_0 = h_1 + h_2 + h_3 + h_4 + h_5 \quad (2.35)$$

式中:h_1——从水塔(箱)至滤池的管道中总水头损失,m;

h_2——滤池配水系统水头损失,m。

大阻力配水系统按孔口平均水头损失计算:

$$h_2 = \frac{1}{2g}\left(\frac{q}{10\alpha\mu}\right)^2 \quad (2.36)$$

α——配水系统开孔比;

μ——孔口流量系数;

h_3——承托层水头损失,m;

$$h_3 = 0.022qZ \quad (2.37)$$

q——冲洗强度,$L/(m^2 \cdot s)$;

Z——承托层厚度,m;

h_4——滤料层水头损失,m;

h_5——备用水头,一般取 1.5~2.0 m。

(2)水泵冲洗

水泵冲洗如图 2.60 所示。冲洗水泵要考虑备用,可单独设置冲洗泵房,也可设于二级泵
站内。水泵流量按冲洗强度和滤池面积计算:

$$Q = qF \quad (2.38)$$

式中:q——冲洗强度,$L/(m^2 \cdot s)$;

F——单格滤池面积,m^2。

水泵扬程为:

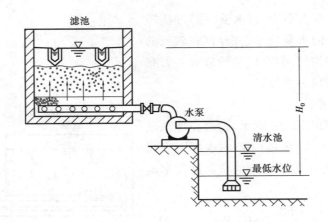

图 2.60 水泵冲洗

$$H = H_0 + h_1 + h_2 + h_3 + h_4 + h_5 \qquad (2.39)$$

式中：H_0——排水槽顶与清水池最低水位高差，m；

h_1——清水池至滤池的管道中总水头损失，m；

其余符号含义同式（2.35）。

快滤池冲洗水的供给除采用上述冲洗水泵和冲洗水塔（箱）两种方式外，虹吸滤池、移动罩滤池、无阀滤池等则是利用同组其他格滤池的出水及其水头进行冲洗，而无须设置冲洗水塔（箱）或冲洗水泵。

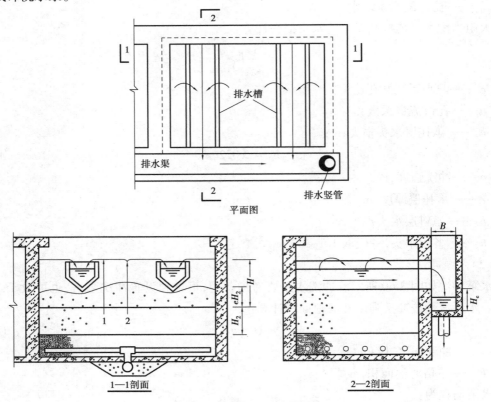

图 2.61 冲洗废水排除示意图

3）冲洗废水的排除

滤池冲洗废水的排除设施包括冲洗排水槽和废水渠。冲洗时，冲洗废水先溢流入冲洗排水槽再汇集到废水渠后排入下水道（或回收水池），如图2.61所示。

（1）冲洗排水槽

为了及时均匀地排除冲洗废水，冲洗排水槽设计应符合以下要求：

①冲洗废水应自由跌落进入冲洗排水槽，再由冲洗排水槽自由跌落进入废水渠，以避免形成壅水，使排水不畅而影响冲洗均匀。为此，要求冲洗排水槽内水面以上保持7 cm左右的超高，废水渠起端水面低于冲洗排水槽底20 cm。

②冲洗排水槽口应力求水平一致，以保证单位槽长的溢入流量相等。故施工时其误差应限制在2 mm以内。

③冲洗排水槽总平面面积一般应小于25%的滤池面积，以免影响上升水流的均匀性。

④相邻两槽中心距一般为1.5～2.0 m，间距过大会影响排水的均匀性。

⑤冲洗排水槽高度要适当。槽口太高，废水排除不净；槽口太低，会使滤料流失。

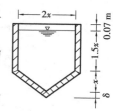

图2.62 冲洗排水槽断面

为避免冲走滤料，滤层膨胀面应控制在槽底以下。生产中常用的冲洗排水槽断面如图2.62所示，冲洗排水槽顶距未膨胀滤料表面的高度H为：

$$H = eH_2 + 2.5x + \delta + 0.07 \tag{2.40}$$

式中：e——冲洗时滤层膨胀率，%；

H_2——未膨胀滤料层厚度，m；

x——冲洗排水槽断面模数，m；

$$x = 0.45Q_1^{0.4} \tag{2.41}$$

$$Q_1 = \frac{1}{1\,000n}qF \tag{2.42}$$

Q_1——每条冲洗排水槽流量，m^3/s；

q——冲洗强度，$L/(m^2 \cdot s)$；

F——单个滤池面积，m^2；

n——单个滤池的冲洗排水槽条数；

δ——冲洗排水槽底厚度，m。

式中，0.07 m为冲洗排水槽超高。

冲洗排水槽底可以水平设置，也可以设置一定坡度。

（2）废水渠

废水渠为矩形断面，沿滤池池壁一侧布置。当滤池面积很大时，为使排水均匀，废水渠也可布置在滤池中间。废水渠底距冲洗排水槽底的高度可按下式计算：

$$H_c = 1.73\sqrt[3]{\frac{Q^2}{gB^2}} + 0.2 \tag{2.43}$$

式中:Q——滤池总冲洗流量,m³/s;

　　B——废水渠宽度,m;

　　g——重力加速度,9.81 m/s²;

　　0.2 m——废水渠起端水面低于冲洗排水槽底高度,m。

2.3.6　普通快滤池工艺设计

普通快滤池设有 4 个阀门,即进水阀、排水阀、冲洗阀、清水阀,故又称为四阀滤池,如图 2.63(a)、(b)、(c)所示。如果用虹吸管代替进水阀门和排水阀门,则又称为双阀滤池,如图 2.63(d)所示。双阀滤池与普通快滤池的构造和工艺过程完全相同,仅以排水虹吸管和进水虹吸管分别代替排水阀门和进水阀门。

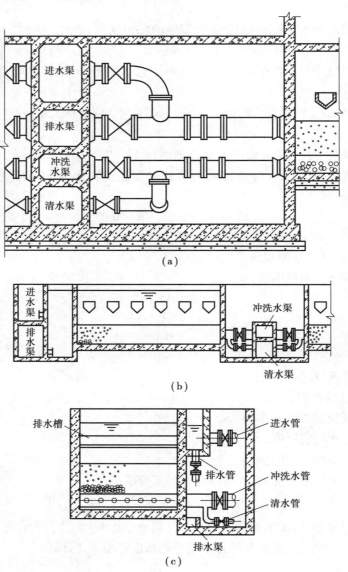

(a)

(b)

(c)

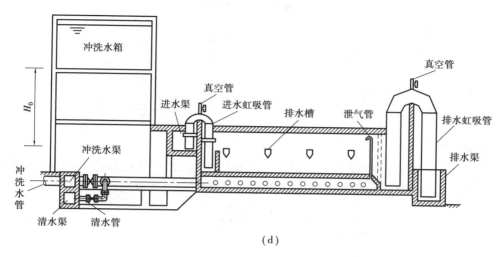

（d）

图 2.63　快滤池管廊布置

1）滤池总面积及单池面积

如前所述，滤速相当于滤池负荷，是指单位时间、单位表面积滤池的过滤水量。由此可得出滤池总面积 F 为：

$$F = \frac{Q}{v} \tag{2.44}$$

式中：Q——设计流量（水厂供水量与水厂自用水量之和），m^3/h；

　　　v——设计滤速，m/h。

在设计流量一定时，设计滤速越高，滤池面积越小，滤池造价越低，反之亦然。设计滤速的确定应以保证滤后水质为前提，同时考虑经济影响和运行管理。一般情况下，当水源水质较差、滤前处理效果难以保证及从总体规划考虑，需要适当保留滤池生产潜力时，设计滤速宜选用低一些。设计滤速范围见表 2.3。

单池面积可根据滤池总面积与滤池个数确定：

$$F' = \frac{F}{n} \tag{2.45}$$

式中：F'——单池面积，m^2；

　　　n——滤池个数。

滤池个数直接涉及滤池造价、冲洗效果和运行管理。滤池个数多时，单池面积小，冲洗效果好，运转灵活，强制滤速低（强制滤速是指 1 个或 2 个滤池停产检修时，其余滤池在超过正常负荷下的滤速，用 v_n 表示），但滤池总造价高，操作管理较麻烦。若滤池个数过少，一方面因单池面积过大，布水均匀性差，冲洗效果欠佳；另一方面当某个滤地冲洗或停产检修时，对水厂生产影响较大，且强制滤速高，安全性差。设计中，滤池个数应通过技术经济比较确定，但不得少于两个。单池面积与滤池总面积的关系参考表 2.10。

表 2.10　单池面积与滤池总面积

滤池总面积/m²	单池面积/m²	滤池总面积/m²	单池面积/m²
60	15~20	250	40~50
120	20~30	400	50~70
180	30~40	600	60~80

2）滤池长宽比

单个滤池平面可为正方形,也可为矩形。滤池长宽比取决于处理构筑物总体布置,同时与造价也有关系,应通过技术经济比较确定。单个滤池的长宽比可参考表 2.11。

表 2.11　单个滤池长宽比

单个滤池面积/m²	长：宽
≤30	1：1
>30	1.25：1~1.5：1
选用旋转式表面冲洗时	1：1,2：1,3：1

3）滤池总深度

滤池总深度包括:

①滤池保护高度:0.20~0.30 m;

②滤层表面以上水深:1.5~2.0 m;

③滤层厚度:单层砂滤料一般为 0.70 m,双层及多层滤料一般为 0.70~0.80 m;

④承托层厚度:见表 2.6 和表 2.7。

考虑配水系统的高度,滤池总深度一般为 3.0~3.5 m。

4）管(渠)设计流速

快滤池管(渠)断面应根据设计流速来确定,见表 2.12。

表 2.12　快滤池管(渠)设计流速

管　渠	设计流速/(m·s⁻¹)	管　渠	设计流速/(m·s⁻¹)
进　水	0.8~1.2	冲洗水	2.0~2.5
清　水	1.0~1.5	排　水	1.0~1.5

注:考虑处理水量有可能增大,流速不宜取上限值。

5）管廊布置

集中布置滤池的管(渠)、配件及闸阀的场所称为管廊。管廊中的管道一般采用金属材料,也可用钢筋混凝土渠道。

管廊布置应力求紧凑、简捷;要有良好的防水、排水、通风及照明设备;要留有设备及管配件安装、维修的必要空间;要便于与滤池操作室联系。设计中,往往根据具体情况提出几种布置方案进行比较后决定。当滤池个数少于 5 个时,宜采用单行排列,管廊设置于滤池一侧;超

过 5 个时,宜采用双行排列,管廊设置于两排滤池中间。常见的管廊布置形式有以下几种:

①进水、清水、冲洗水及排水 4 个总渠全部布置于管廊内,如图 2.63(a)所示。

②冲洗水和清水两个总渠布置于管廊内,进水渠和排水渠则布置于滤池的一侧,如图 2.63(b)所示。

③进水、冲洗水及清水管均采用金属管道,排水总渠单独设置,如图 2.63(c)所示。

④用排水虹吸管和进水虹吸管分别代替排水和进水支管,冲洗水和清水两个总渠布置于管廊内,冲洗水支管和清水支管仍用阀门控制,称为虹吸式双阀滤池,简称双阀滤池,如图 2.63(d)所示。

6)设计中注意的问题

①滤池底部应设排空管,其入口处设栅罩,池底应有一定的坡度,坡向排空管;

②每个滤池宜装设水头损失计及取样管;

③各种密封渠道上应设人孔,以便检修;

④滤池壁与砂层接触处应拉毛成锯齿状,以免过滤水在该处形成"短路"而影响水质;

⑤滤池清水管上应设置短管,管径一般采用 75~200 mm,以便排放初滤水。

2.3.7 其他形式滤池

1)虹吸滤池

(1)虹吸滤池的构造和工作过程

虹吸滤池是由 6~8 格单元滤池组成的一个过滤整体,称为"一组(座)滤池",其构造如图 2.64 所示。由于每格单元滤池的底部配水空间通过清水渠相互连通,故单元滤池之间存在着一种连锁的运行关系。一组(座)虹吸滤池的平面形状多为矩形,呈双排布置,两排中间为清水渠,在清水渠的一端设有清水出水堰以控制清水渠内水位。每格单元滤池都设有排水虹吸管和进水虹吸管,分别用来代替排水阀门和进水阀门,依靠这两个虹吸管可控制虹吸滤池的过滤和冲洗。排水虹吸管和进水虹吸管的虹吸形成与破坏均借用真空系统的作用。

①过滤过程。图 2.64(b)为虹吸滤池的过滤过程,待滤水由进水总管 1 借进水虹吸管 2 流入单元滤池进水槽 3,再经溢流堰 4 溢流入布水管 5 后进入滤池。溢流堰 4 起调节进水槽 3 中水位的作用。进入滤池的水自上而下通过滤料层 6 进行过滤,滤后水经承托层 7、小阻力配水系统 8、底部配水空间 9 进入清水室 10,由连通孔 11 进入清水渠 12,汇集后经清水出水堰溢流进入清水池。

在过滤过程中,随着滤料层中截留悬浮杂质的不断增加,过滤水头损失不断增大,由于清水出水堰上的水位不变,因此滤池内水位不断上升。当某一格单元滤池的水位上升到最高设计水位(或滤后水浊度不符合要求)时,该格单元滤池便需停止过滤,进行冲洗。此时,滤池内最高水位与清水出水堰堰顶高差,即为最大过滤水头(H_8),亦即期终允许水头损失值,一般采用 1.5 m。

②冲洗过程。图 2.64(a)为虹吸滤池的冲洗过程。冲洗时,应先破坏该格单元滤池的进水虹吸,使该格单元滤池停止进水,但过滤仍在进行,故滤池水位逐渐下降。当滤池内水位下降速度显著变慢时,利用真空系统抽出排水虹吸管 13 中的空气使之形成虹吸,滤池内剩余待滤水被排水虹吸管 13 迅速排入滤池底部排水渠 15,滤池内水位迅速下降。待池内水位低于清水渠 12 中的水位时,冲洗正式开始,滤池内水位继续下降。当滤池内水面降至冲洗排水槽

14 顶端时,冲洗水头达到最大值。在冲洗水头的作用下,其他 5(或 7)格单元滤池的滤后水源源不断地从清水渠 12 经连通孔 11、清水室 10 进入该格单元滤池的底部配水空间 9,清水经小阻力配水系统 8、承托层 7 沿着与过滤时相反的方向自下而上通过滤料层 6,对滤料层进行冲洗。冲洗废水经排水槽 14 收集后由排水虹吸管 13 排入滤池底部排水渠 15,经排水水封井溢流进入下水道。待冲洗废水变清(废水浊度 20 度左右)后,破坏排水虹吸管 13 的真空,冲洗停止。然后再用真空系统使进水虹吸管 2 恢复工作,过滤重新开始。运行中,6(或 8)格单元滤池将轮流进行冲洗,应避免 2 格以上单元滤池同时冲洗。

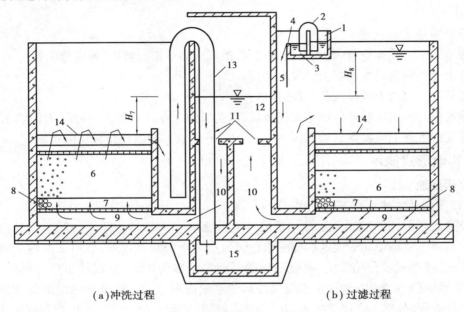

（a）冲洗过程　　　　　　　　　　　　　　　（b）过滤过程

图 2.64　虹吸滤池过滤冲洗过程

1—进水总管;2—进水虹吸管;3—进水槽;4—溢流堰;5—布水管;6—滤料层;
7—承托层;8—小阻力配水系统;9—底部配水空间;10—清水室;11—连通孔;
12—清水渠;13—排水虹吸管;14—排水槽;15—排水渠

冲洗时,清水出水堰堰顶与冲洗排水槽顶的高差即为最大冲洗水头(H_7),冲洗水头一般采用 1.0~1.2 m。由于冲洗水头的限制,虹吸滤池只能采用小阻力配水系统。冲洗强度和冲洗历时与普通快滤池相同。

为了适应滤前水水质的变化和调节冲洗水头,通常在清水渠出水堰上设置可调节堰板,以便根据运转的实际情况进行调节。

（2）虹吸滤池的水力自控系统

如图 2.65 所示是一种常见的虹吸滤池水力自控系统。

①水力自控运行。工作过程是:虹吸滤池的过滤后期,由于滤池内水位上升至最高水位,排水虹吸辅助管 3 的管口被淹没,水开始由排水虹吸辅助管 3 溢流进排水渠 19。此时,在水射器 4 处产生负压抽气作用,通过抽气管 5 使排水虹吸管 2 形成虹吸,滤池内水位快速下降,当降至滤池清水渠 22 的水位以下时,冲洗自动开始。由于进水虹吸破坏管 15 的管口与大气相通,空气进入进水虹吸管 1 后,进水虹吸被破坏,进水停止。池中水位继续下降,当水位下降

至计时水槽 6 缘口以下时,排水虹吸管 2 在排水的同时,通过排水虹吸破坏管 7 抽吸计时水槽 6 中的水,直至将水吸完(吸空时间可通过计时调节阀 16 控制),使排水虹吸破坏管 7 的管口露出,空气进入排水虹吸管,虹吸即被破坏,冲洗结束。由于各格单元滤池底部相通,池内水位回升,封住进水虹吸破坏管 15 的管口,并借进水虹吸辅助管 8、水射器 9 和抽气管 10 抽出进水虹吸管 1 内的空气,形成虹吸,进水重新开始。此时,滤池内水位继续上升,当超过清水渠内的水位时,过滤又自动重新开始,最终实现虹吸滤池的过滤与冲洗自动交替进行。

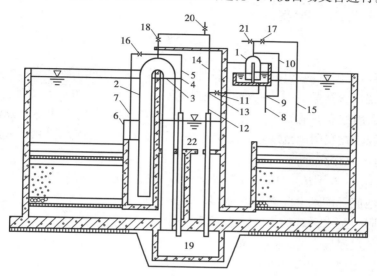

图 2.65　虹吸滤池水力自控示意图

1—进水虹吸管;2—排水虹吸管;3—排水虹吸辅助管;4—水射器;5—抽气管;6—计时水槽;
7—排水虹吸破坏管;8—进水虹吸辅助管;9—水射器;10—抽气管;11—强制虹吸辅助管阀门;
12—强制虹吸辅助管;13—水射器;14—抽气管;15—进水虹吸破坏管;16—计时调节阀;
17—破坏管封闭阀门;18—强制操作阀门;19—排水渠;20,21—强制破坏阀门;22—清水渠

②强制操作。

a.强制冲洗:打开强制虹吸辅助管 12 上的阀门 11 及抽气管 14 上的阀门 18,就可以依靠水力作用使排水虹吸管形成虹吸,进行冲洗。冲洗结束后,应关闭阀门 11 和 18。

b.强制破坏:打开阀门 21 以破坏进水虹吸;关闭阀门 11,打开阀门 18 和 20 可以破坏排水虹吸。

(3)虹吸滤池的设计要点

①单元滤池的格数。由于虹吸滤池的冲洗水是由同组其他格单元滤池的滤后水通过清水渠直接供给的,因此当一格单元滤池冲洗时,其所需的冲洗水量不能大于同组其他格单元滤池的过滤水量之和,即

$$3.6qF \leq (n-1)v_nF \tag{2.46}$$

式中:n——单元滤池的格数;

F——单元滤池的面积,m^2;

q——冲洗强度,$L/(m^2 \cdot s)$;

v_n——强制滤速,m/h。

强制滤速是指在进水量不变的条件下,一格单元滤池冲洗时同组其他格单元滤池的滤速。由于一格单元滤池冲洗时滤池总进水流量($Q = nvF$)保持不变,即

$$Q = nvF = (n - 1)v_n F \tag{2.47}$$

故

$$v_n = \frac{n}{n-1}v \tag{2.48}$$

式中:v——设计滤速,m/h。

将式(2.48)代入式(2.46)得:

$$n \geqslant \frac{3.6q}{v} \tag{2.49}$$

以单层石英砂滤料虹吸滤池为例,按设计规范,若选用的冲洗强度 $q = 15$ L/($m^2 \cdot s$),$v = 9$ m/h,则 $n \geqslant 6$ 格。分格数少时,一方面冲洗强度不能保证;另一方面在滤池总面积一定时则单元滤池面积大,因虹吸滤池采用的是小阻力配水系统,冲洗均匀性就差。分格数多,则滤池的造价增加。因此,在我国规范规定的滤速和冲洗强度下,虹吸滤池分格数一般为 6~8 格。

②虹吸滤池的总深度。

$$H = H_1 + H_2 + H_3 + H_4 + H_5 + H_6 + H_7 + H_8 + H_9 \tag{2.50}$$

式中:H_1——滤池底部配水空间高度,一般取 0.3 m;

H_2——小阻力配水系统的高度,0.1~0.2 m;

H_3——承托层厚度,一般取 0.2 m;

H_4——滤料层厚度,0.7~0.8 m;

H_5——冲洗时滤层的膨胀高度,$H_5 = H_4 \times e$(m);

H_6——冲洗排水槽高度,$H_6 = 2.5x + \delta + 0.07$(m);

H_7——清水出水堰堰顶与冲洗排水槽顶高差即为最大冲洗水头,采用 1.0~1.2 m;

H_8——滤池内最高水位与清水出水堰堰顶高差即为最大过滤水头,采用 1.5~2.0 m;

H_9——滤池保护高度,一般取 0.15~0.3 m。

虹吸滤池的总深度一般为 4.5~5.5 m。

③虹吸管。通常,排水虹吸管流速宜采用 1.4~1.6 m/s,进水虹吸管流速宜采用 0.6~1.0 m/s。为了防止排水虹吸管进口端形成涡旋挟带空气,影响排水虹吸管工作,可在该管进口端设置防涡栅。

虹吸滤池的主要优点:无须大型阀门及相应的开闭控制设备,不设管廊,操作管理方便,易于实现自动化;它利用同组其他单元滤池的出水及其水头进行冲洗,不需要设置冲洗水塔(箱)或冲洗水泵;出水水位高于滤料层,过滤时不会出现负水头现象。主要存在的问题:由于虹吸滤池的构造特点,池深比普通快滤池大且池体构造复杂;冲洗水头低,只能采用小阻力配水系统,冲洗均匀性较差;冲洗强度受其余几格滤池的过滤水量影响,故冲洗效果不像普通快滤池那样稳定。

2)重力式无阀滤池

(1)构造及工作过程

重力式无阀滤池的构造如图 2.66 所示。过滤时,待滤水经进水分配槽 1,由 U 形进水管 2 进入虹吸上升管 3,再经伞形顶盖 4 下面的配水挡板 5 整流和消能后,均匀地分布在滤料层 6

的上部,水流自上而下通过滤料层6、承托层7、小阻力配水系统8进入底部集水空间9,然后清水从底部集水空间经连通渠(管)10上升到冲洗水箱11,冲洗水箱水位开始逐渐上升,当水箱水位上升到出水渠12的溢流堰顶后,溢流入渠内,最后经滤池出水管进入清水池。冲洗水箱内储存的滤后水即为无阀滤池的冲洗水。

过滤开始时,虹吸上升管内水位与冲洗水箱中水位的高差 H_0 称为过滤起始水头损失,如图2.66所示,一般为0.2 m左右。

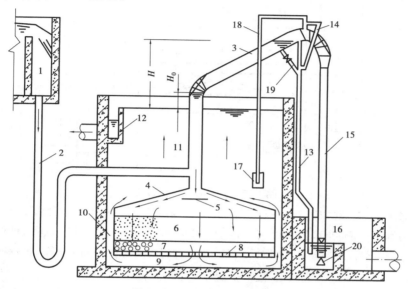

图2.66　无阀滤池过滤过程

1—进水分配槽;2—进水管;3—虹吸上升管;4—伞形顶盖;5—配水挡板;6—滤料层;7—承托层;
8—小阻力配水系统;9—底部集水空间;10—连通渠;11—冲洗水箱;12—出水渠;13—虹吸辅助管;14—抽气管;
15—虹吸下降管;16—水封井;17—虹吸破坏斗;18—虹吸破坏管;19—压力水管;20—锥形挡板

在过滤过程中,随着滤料层内截留杂质量的逐渐增多,过滤水头损失也逐渐增加,从而使虹吸上升管3内的水位逐渐升高。如图2.66所示,当水位上升到虹吸辅助管13的管口时(这时的虹吸上升管内水位与冲洗水箱中水位的高差 H 称为终期允许水头损失,一般采用1.5~2.0 m),水便从虹吸辅助管13中不断向下流入水封井16内,依靠下降水流在抽气管14中形成的负压和水流的挟气作用,抽气管14不断将虹吸管中空气抽出,使虹吸管中真空度逐渐增大。其结果是虹吸上升管3中水位和虹吸下降管15中水位都同时上升,当上升管中的水越过虹吸管顶端下落时,下落水流与下降管中上升水柱汇成一股冲出管口,把管中残留空气全部带走,形成虹吸。此时,由于伞形顶盖内的水被虹吸管排出池外,造成滤料层上部压力骤降,从而使冲洗水箱内的清水向着与过滤时相反的方向自下而上通过滤料层,对滤料层进行冲洗。冲洗后的废水经虹吸管进入水封井16排出。冲洗时水流方向如图2.67所示。

在冲洗过程中,冲洗水箱内水位逐渐下降。当水位下降到虹吸破坏斗17缘口以下时,虹吸管在排水的同时,通过虹吸破坏管18抽吸虹吸破坏斗中的水,直至将水吸完,使管口与大气相通,空气由虹吸破坏管进入虹吸管,虹吸即被破坏,冲洗结束,过滤自动重新开始。

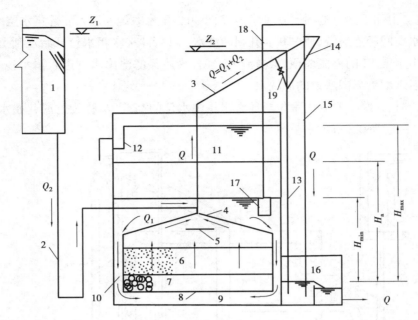

图 2.67　无阀滤池冲洗过程

1—进水分配槽;2—进水管;3—虹吸上升管;4—伞形顶盖;5—配水挡板;6—滤料层;7—承托层;
8—小阻力配水系统;9—底部集水空间;10—连通渠;11—冲洗水箱;12—出水渠;13—虹吸辅助管;14—抽气管;
15—虹吸下降管;16—水封井;17—虹吸破坏斗;18—虹吸破坏管;19—压力水管;20—锥形挡板

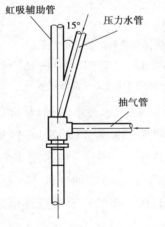

图 2.68　人工强制
冲洗装置

在正常情况下,无阀滤池冲洗是自动进行的。但是,当滤层水头损失还未达到最大允许值而因某种原因(如周期过长、出水水质恶化等)需要提前冲洗时,可进行人工强制冲洗。强制冲洗设备是在虹吸辅助管与抽气管相连接的三通上部,接一根压力水管,夹角为15°,并用阀门控制,如图2.68所示。当需要人工强制冲洗时,打开阀门,高速水流便在抽气管与虹吸辅助管连接三通处产生强烈的抽气作用,使虹吸很快形成,进行强制冲洗。

(2)重力式无阀滤池的设计要点

①冲洗水箱。重力式无阀滤池的冲洗水箱与滤池整体浇制,位于滤池上部。水箱容积按冲洗一次所需水量确定:

$$V = 0.06qFt \tag{2.51}$$

式中:q——冲洗强度,$L/(m^2 \cdot s)$;

　　　F——滤池面积,m^2;

　　　t——冲洗时间,min,一般取 $4 \sim 6$ min。

考虑冲洗时冲洗水箱内的水位是变化的,为减小冲洗强度的不均匀程度,应采用2格以上滤池合用一个冲洗水箱,以减小冲洗水箱的水深。

设 n 格滤池合用一个冲洗水箱,则水箱平面面积应等于单格滤池面积的 n 倍。水箱有效水深 ΔH 为:

$$\Delta H = \frac{V}{nF} = \frac{0.06qFt}{nF} = \frac{0.06}{n}qt \tag{2.52}$$

由此可见,合用一个冲洗水箱的滤池格数越多,所需冲洗水箱的深度便越小,滤池总高度可以降低。这样,不仅可以降低造价,还有利于与滤前处理构筑物在高程上的衔接,同时也可降低冲洗强度的不均匀程度。一般情况下,多以 2 格滤池合用一个冲洗水箱。实践证明,若合用水箱的滤池过多,当其中一格滤池的冲洗即将结束时,虹吸破坏管刚露出水面,由于其余数格滤池不断向冲洗水箱大量供水,管口很快又被水封,致使虹吸破坏不彻底,造成该格滤池时断时续地不停冲洗。

考虑一格滤池检修时不影响其他格滤池生产,通常在冲洗水箱内根据滤池分格情况设置隔墙,其间用连通管相连,管上设闸板,平时开启,以便冲洗时水经连通管冲洗另一格滤池。检修时关闭,以便将滤池放空。

②虹吸管计算。如图 2.69 所示,无阀滤池在冲洗过程中,因为冲洗水箱内水位不断下降,冲洗水头(水箱内水位与排水水封井堰口水位差)由大到小,所以冲洗强度也由高到低,一般初始冲洗强度为 12 L/($m^2 \cdot s$),终期冲洗强度为 8 L/($m^2 \cdot s$)。因此,在设计中通常以平均冲洗水头 H_a(即最大冲洗水头 H_{max} 与最小冲洗水头 H_{min} 的平均值)作为计算依据,来选定冲洗强度,称之为平均冲洗强度 q_a。由 q_a 计算所得的冲洗流量称为平均冲洗流量,以 Q_1 表示。冲洗时,若滤池继续进水(进水流量以 Q_2 表示),则虹吸管中的计算流量应为平均冲洗流量与进水流量之和(即 $Q = Q_1 + Q_2$)。其余部分(包括连通渠、配水系统、承托层、滤料层)所通过的计算流量仍为冲洗流量 Q_1。冲洗水头即为水流在整个流程中(包括连通渠、配水系统、承托层、滤料层、挡水板及虹吸管等)的水头损失之和,总水头损失为:

$$\sum h = h_1 + h_2 + h_3 + h_4 + h_5 + h_6 \tag{2.53}$$

式中:h_1——连通渠水头损失,m;

h_2——小阻力配水系统水头损失,m,视所选配水系统形式而定;

h_3——承托层水头损失,m;

h_4——滤料层水头损失,m;

h_5——挡板水头损失,一般取 0.05 m;

h_6——虹吸管沿程和局部水头损失之和,m。

按平均冲洗水头和计算流量即可求得虹吸管管径。管径一般采用试算法确定,即初步选定管径,算出总水头损失 $\sum h$,当 $\sum h$ 接近 H_a 时,所选管径适合,否则重新计算。

在有地形可利用的情况下(如丘陵、山地),降低排水水封井堰口标高以增加可以利用的冲洗水头,可以减小虹吸管管径以节省建设费用。无阀滤池在运行过程中,由于实际运行条件的改变或季节的变化,往往需要调整冲洗强度。为此,应在虹吸下降管管口处设置冲洗强度调节器,如图2.69 所示。冲洗强度调节器由锥形挡板和螺杆组成。后者可使锥形挡板上、下移动以控制出口开启度。当需要增大冲洗强度时,可降低锥形挡板高度,增大出口面积,减少出口阻力;当需要减小冲洗强度时,可升高锥形挡板高度,减小出口面积,增大出口阻力。

③进水分配槽。进水分配槽的作用是通过槽内堰顶溢流

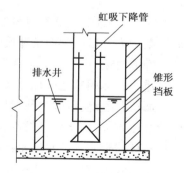

图 2.69 冲洗强度调节器

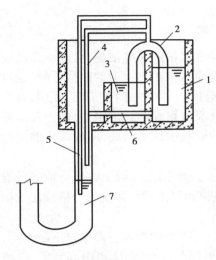

图 2.70　虹吸式自动停止进水装置
1—进水总渠；2—进水虹吸管；
3—进水虹吸水封；
4—虹吸抽气管；5—虹吸破坏管；
6—连通管；7—进水 U 形管

使各格滤池独立进水,并保持进水流量相等。分配槽堰顶标高应等于虹吸辅助管和虹吸上升管连接处的管口标高再加进水管水头损失,再加 10~15 cm 富余高度,以保证堰顶自由跌水。槽底标高应考虑气、水分离效果,若槽底标高较高,大量空气会随水流进入滤池,无法正常进行过滤或冲洗。通常,将槽底标高降至滤池出水渠堰顶以下约 0.5 m。

④冲洗时自动停止进水装置。无阀滤池因不设置进水阀门,往往造成冲洗时不能停止进水,既浪费水量,又使虹吸管管径增大。为此,应考虑设置冲洗时自动停止进水装置,如图 2.70 所示。

其工作原理是:过滤开始前,进水总渠 1 中的水由连通管 6 流出,借虹吸抽气管 4 抽吸进水虹吸管 2 中的空气,形成进水虹吸,滤池进水过滤。冲洗时,由于排水虹吸管的抽吸作用,U 形存水弯水面将迅速下降至冲洗水箱水面以下,故虹吸破坏管 5 的管口很快露出水面,空气进入,破坏虹吸,进水很快停止。冲洗完毕后,由于其他滤池的过滤没有停止,滤后水充满冲洗水箱,U 形存水弯中水面上升使虹吸破坏管管口重新被水封,进水虹吸管又形成虹吸,滤池进水恢复,过滤重新开始。

⑤U 形进水管。为防止滤池冲洗时空气经进水管进入虹吸管,造成虹吸被破坏,应在进水管上设置 U 形存水弯。为安装方便,也为了水封更加安全,常将存水弯底部置于水封井的水面以下。

（3）重力式无阀滤池的运行管理

①滤池初次运行应排除滤料层中的空气。

②滤池刚投入试运行时,应待冲洗水箱充满后连续进行多次人工强制冲洗,到滤料洗净为止,然后再用漂白粉溶液或液氯进行消毒处理。

③滤池在试运行期间,应对冲洗历时、虹吸形成时间、滤池冲洗周期、滤池工作周期等指标进行测定,并校核到正常状态。平时正常运转时,只需对进出水浊度及各种特殊情况进行记录。

④滤池初次冲洗前,应将冲洗强度调节器调整到相当于虹吸下降管管径 1/4 的开启度,然后逐渐加大开启度到额定冲洗强度为止。

⑤滤池运行后,每隔半年左右应打开人孔进行检查。

重力式无阀滤池的优点:运行全部自动,操作管理方便;节省大型阀门,造价较低;出水面高出滤层,在过滤过程中滤料层内不会出现负水头。主要缺点:冲洗水箱建于滤池上部,滤池的总高度较大;出水水位较高,相应抬高了滤前处理构筑物（如沉淀或澄清池）的标高,从而给水厂总体高程布置带来困难;滤料处于封闭结构中,装卸困难;池体结构较复杂。

重力式无阀滤池多用于 1×10^4 m³/d 以下的小型水厂。单池面积一般不大于 16 m²,少数也有达 25 m² 以上的。

3)移动罩滤池

移动罩滤池因设有可以移动的冲洗罩而命名,又称为移动冲洗罩滤池。它是由若干滤格(n>8)为一组构成的滤池,滤料层上部相互连通,滤池底部配水区也相互连通,故一座滤池仅有一个公用的进水和出水系统。运行中,移动罩滤池利用机电装置驱动和控制移动冲洗罩顺序对各滤格进行冲洗。考虑检修,滤池座数不得少于2座。

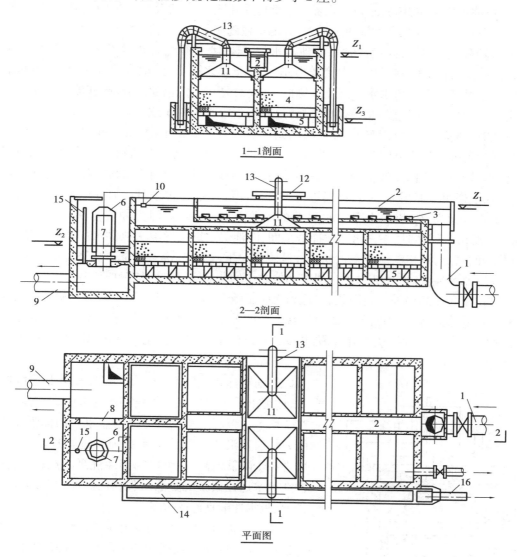

图 2.71　虹吸式移动罩滤池

1—进水管;2—中央配水渠;3—配水孔;4—滤料层;5—底部配水室;6—钟罩式虹吸管;
7—虹吸中心管;8—出水堰;9—出水管;10—水位恒定器;11—冲洗罩;12—桁车;
13—排水虹吸管;14—排水渠;15—气管;16—排水管

虹吸式移动罩滤池的构造如图2.71所示。过滤时,待滤水由进水管1经中央配水渠2及两侧渠壁上的配水孔3进入滤池,水流自上而下通过滤料层4进行过滤,滤后水由底部配水室

5 流入钟罩式虹吸管 6 的虹吸中心管 7。当虹吸中心管 7 内的水位上升到管顶且溢流时，带走钟罩式虹吸管和中心管间的空气，达到一定真空度时，形成虹吸，滤后水便从钟罩式虹吸管与中心管间的环形空间流出，经出水堰 8、出水管 9 进入清水池。滤池内水面标高 Z_1 和出水堰上水位标高 Z_2 之差即为过滤水头，一般取 1.2~1.5 m。

钟罩式虹吸管 6 上装有水位恒定器 10，它由浮筒和针形阀组成。当滤池出水流量低于进水流量时，滤池内水位升高，水位恒定器的浮筒随之上升并促使针形阀封闭进气口，使钟罩式虹吸管 6 中真空度增加，出水量随之增大，滤池水位随之下降。当滤池出水流量超过进水流量时（如滤池刚冲洗完毕投入运行时），滤池内水位下降，水位恒定器的浮筒随之下降使针形阀打开，空气进入钟罩式虹吸管，真空度减小，出水流量随之减小，滤池水位复又上升，防止清洁滤池内滤速过高而引起出水水质恶化。因此，浮筒总是在一定幅度内升降，使滤池水面基本保持一定。当滤格数多时，移动罩滤池的过滤过程接近等水头减速过滤。

冲洗时，冲洗罩 11 由桁车 12 带动移动到需要冲洗的滤格上面定位，并封住滤格顶部，同时用抽气设备抽出排水虹吸管 13 中的空气。当排水虹吸管真空度达到一定值时，形成虹吸，冲洗开始。冲洗水为同座滤池的其余滤格滤后水，经小阻力配水系统的底部配水室 5 进入滤池，自下而上通过滤料层 4，对滤料层进行冲洗。冲洗废水经排水虹吸管 13 排入排水渠 14。出水堰上水位标高 Z_2 和排水渠中水封井的水位标高 Z_3 之差即为冲洗水头，一般取 1.0~1.2 m。当滤格数较多时，在一格滤池冲洗期间，滤池仍可继续向清水池供水。冲洗完毕，破坏冲洗罩 11 的密封，该格滤池恢复过滤。冲洗罩移至下一滤格，准备对下一滤格进行冲洗。

移动罩滤池冲洗时，冲洗水来自同座其他滤格的滤后水，因此具有虹吸滤池的优点。移动冲洗罩的作用是使滤格处于封闭状态，这和无阀滤池伞形顶盖相同，又具有无阀滤池的某些特点。冲洗罩的移动、定位和密封是滤池正常运行的关键。移动速度、停车定位和定位后密封时间等，均根据设计要求用程序控制或机电控制。设计中务求罩体定位准确、密封良好、控制设备安全可靠。

移动罩滤池的冲洗排水装置除采用上述虹吸式外，还可以采用泵吸式，称为泵吸式移动罩滤池，如图 2.72 所示。泵吸式移动罩滤池是靠水泵的抽吸作用克服滤料层及沿程各部分的水头损失进行冲洗，不仅可以进一步降低池高，还可以利用冲洗泵的扬程，直接将冲洗废水送往絮凝沉淀池回收利用。冲洗泵多采用低扬程、吸水性能良好的水泵。

移动罩滤池的优点：无大型阀门、管件；能自动连续运行；无须冲洗水泵或水塔；采用泵吸式冲洗罩时，池深较浅，造价低；滤池分格多，单格面积小，配水均匀性好；一格滤池冲洗水量小，对整个滤池出水量无明显影响。缺点：移动罩滤池增加了机电及控制设备；自动控制和维修较复杂；与虹吸滤池一样无法排除初滤水。移动罩滤池一般较适用于大、中型水厂，以便充分发挥冲洗罩的使用效率。

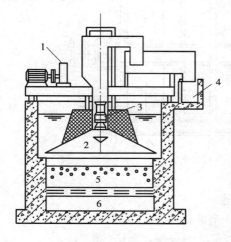

图 2.72 泵吸式移动罩滤池

1—传动装置；2—冲洗罩；3—冲洗水泵；

4—排水槽；5—滤料层；6—底部空间

4)V形滤池

V形滤池是由法国德格雷蒙公司设计的一种快滤池,因滤池两侧(或一侧也可)进水槽设计成V形而命名。

(1)V形滤池的特点

①采用较粗滤料、较厚滤料层以增加过滤周期或提高滤速。一般采用砂滤料,有效粒径$d_{10}=0.95\sim1.50$ mm,均匀系数$K_{60}=1.2\sim1.6$,滤层厚$0.95\sim1.35$ m。根据原水水质、滤料组成等,滤速可在$7\sim20$ m/h范围内选用。

②冲洗时滤层不膨胀,不发生水力分级现象,粒径在整个滤层的深度方向分布基本均匀,即所谓"均质滤料",从而提高了滤层的含污能力。

③采用气、水冲洗再加表面扫洗,冲洗效果好,冲洗耗水量大大减少。

④可根据滤池水位变化自动调节出水蝶阀开启度来实现等速过滤。

⑤滤池冲洗过程可按程序自动控制。

(2)V形滤池的构造

如图2.73所示为V形滤池构造简图。通常一组滤池由数只滤池组成。每只滤池中间设置双层中央渠道,将滤池分成左、右两格。渠道的上层为排水渠7,作用是排除冲洗废水;下层为气、水分配渠8,其作用一是过滤时收集滤后清水,二是冲洗时均匀分配气和水。在气、水分配渠8上部均匀布置一排配气小孔10,下部均匀布置一排配水方孔9。滤板上均匀布置长柄滤头19,每平方米布置$50\sim60$个,滤板下部是底部空间11。在V形进水槽底设有一排小孔6,既可在过滤时作为进水用,又可在冲洗时供横向扫洗布水用。

过滤时,打开进水气动隔膜阀1和清水阀16,待滤水由进水总渠经进水气动隔膜阀1和方孔2后,溢过堰口3,再经侧孔4进入V形进水槽5,然后待滤水通过V形进水槽底的小孔6和槽顶溢流均匀进入滤池。自上而下通过砂滤层进行过滤,滤后水经长柄滤头19流入底部空间11,再经配水方孔9汇入中央气、水分配渠8内,由清水支管流入管廊中的水封井12,最后经出水堰13、清水渠14流入清水池。

冲洗时,关闭进水气动隔膜阀1和清水阀16,但两侧方孔2常开,故仍有一部分水继续进入V形进水槽并经槽底小孔6进入滤池。而后开启排水阀15,滤池内浑水从中央渠道的上层排水渠7中排出,待滤池内浑水面与V形槽顶相平,开始冲洗操作。

(3)冲洗操作过程

①进气:启动鼓风机,打开进气阀17,空气经中央渠道下层的气、水分配渠8的上部配气小孔10均匀进入滤池底部,由长柄滤头19喷出,将滤料表面杂质擦洗下来并悬浮于水中。此时V形进水槽底小孔6继续进水,在滤池中产生横向水流的表面扫洗作用下,将杂质推向中央渠道上层的排水渠7。

②进气、水:启动冲洗水泵,打开冲洗水阀18,此时空气和水同时进入气、水分配渠8,再经配水方孔9(进水)、配气小孔10(进气)和长柄滤头19均匀进入滤池,使滤料得到进一步冲洗,同时表面扫洗仍继续进行。

③单独进水漂洗:关闭进气阀17停止气冲,单独用水再冲洗,加上表面扫洗,最后将悬浮于水中的杂质全部冲入排水渠7,冲洗结束。停泵,关闭冲洗水阀18,打开进水气动隔膜阀1和清水阀16,过滤重新开始。

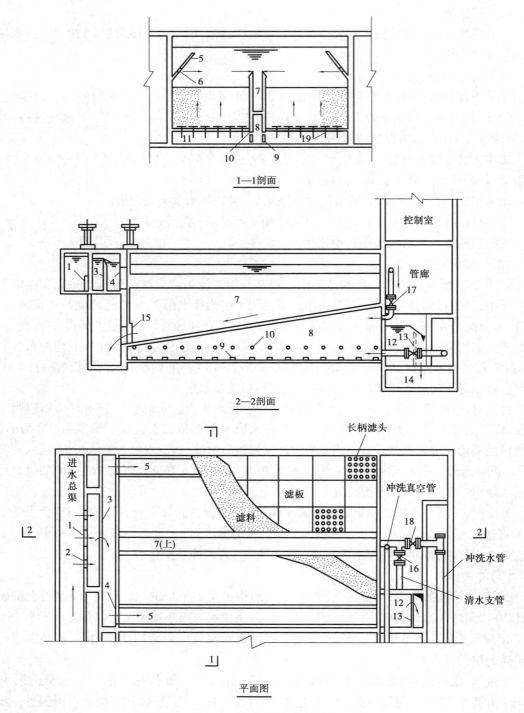

1—1剖面

2—2剖面

平面图

图2.73 V形滤池构造简图

1—进水气动隔膜阀;2—方孔;3—堰口;4—侧孔;5—V形进水槽;6—小孔;7—排水渠;
8—气、水分配渠;9—配水方孔;10—配气小孔;11—底部空间;12—水封井;13—出水堰;
14—清水渠;15—排水阀;16—清水阀;17—进气阀;18—冲洗水阀;19—长柄滤头

气冲强度一般在 $14\sim17$ L/$(m^2\cdot s)$,水冲强度约为 4 L/$(m^2\cdot s)$,表面扫洗强度为$1.4\sim2.0$ L/$(m^2\cdot s)$。因水流冲洗强度小,故滤料不会膨胀,总的冲洗时间为 $10\sim12$ min。V 形滤池冲洗过程全部由程序自动控制。

5)压力滤池

压力滤池是用钢制压力容器为外壳制成的快滤池,其构造如图 2.74 所示。压力滤池外形呈圆柱状,直径一般不超过 3 m。容器内装有滤料、进水和冲洗配水系统,容器外设置各种管道和阀门等。配水系统大多采用小阻力系统中的缝隙式滤头。滤层粒径、厚度都较大,粒径一般采用 $0.6\sim1.0$ mm,滤料层厚度一般为 $1.0\sim1.2$ m,滤速为 $8\sim10$ m/h。压力滤池的进水管和出水管上都安装有压力表,两表的压力差值即为过滤时的水头损失,其期终允许水头损失值一般可达 $5\sim6$ m。运行中,为提高冲洗效果和节省冲洗水量,可考虑用压缩空气辅助冲洗。

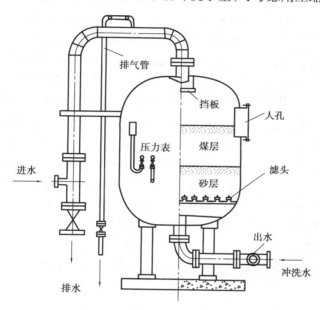

图 2.74　压力滤池

压力滤池的优点:运转管理方便;由于它是在压力作用下进行过滤,因此有较高余压的滤后水被直接送到用水点,可省去清水泵站。其缺点是耗用钢材多,滤料进出不方便。压力滤池常在工业给水处理中与离子交换器串联使用,也可作为临时性给水使用。

2.4　地表水的消毒处理

天然水受到生活污水和工业废水的污染,会含有各种微生物,包括能致病的细菌性病原微生物和病毒性病原微生物,它们大多黏附在悬浮颗粒上。水经混凝、沉淀、过滤处理后,可以去除绝大多数病原微生物,但难以达到生活饮用水的细菌学指标要求。

消毒是生活饮用水处理中必不可少的一个步骤,它对饮用水细菌学指标起保证作用。我国饮用水标准规定:细菌总数不超过 100 个/mL,大肠菌群不超过 3 个/L。消毒的目的就是杀死各种病原微生物,防止水致疾病的传播,保障人们身体健康。

给水处理中常用的是氯消毒法。氯消毒具有经济、有效、使用方便等优点,应用历史最久。但自从发现受污染水源经氯化消毒会产生三氯甲烷等小分子的卤代烃类和卤代酸类致癌物以后,氯消毒的副作用便引起广泛重视,其危害程度也存在争议。

2.4.1 氯消毒原理

氯在水中的消毒作用根据水质不同可分为两种情况。

1)原水中不含氨氮

易溶于水的氯溶解在水中,几乎瞬时发生下列反应:

$$Cl_2 + H_2O \longrightarrow HOCl + HCl \tag{2.54}$$

$$HOCl \longrightarrow H^+ + OCl^- \tag{2.55}$$

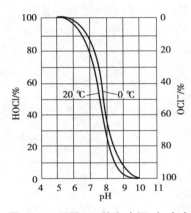

图 2.75 不同 pH 值和水温时,水中 HOCl 和 OCl⁻ 的比例

HOCl(次氯酸)和 OCl⁻(次氯酸根)都具有氧化能力,统称为有效氯,也称为自由氯。近代消毒作用观点认为:次氯酸 HOCl 由于是很小的中性分子,可以扩散到带负电的细菌表面,并渗入细菌内部,氧化破坏细菌体内的酶,而使细菌死亡;而次氯酸根 OCl⁻ 虽具有氧化作用,但因其带负电,难以靠近带负电的细菌,故较难起到消毒作用。

HOCl 和 OCl⁻ 的相对比例取决于温度和 pH 值。从图 2.75 可以看出:在相同水温下,水的 pH 值越低,所含 HOCl 越多,当 pH 值<6 时,HOCl 接近 100%;当 pH 值>9 时,OCl⁻ 接近 100%;当 pH 值为 7.54 时,HOCl 和 OCl⁻ 大致相等。生产实践表明,pH 值越低,相同条件下,消毒效果越好,也证明 HOCl 是消毒的主要因素。

2)原水中含有氨氮

原水中,由于受到有机污染而含有一定的氨氮。氯加入含有氨氮成分的水中,产生如下反应:

$$NH_3 + HOCl \longrightarrow NH_2Cl + H_2O \tag{2.56}$$

$$NH_2Cl + HOCl \longrightarrow NHCl_2 + H_2O \tag{2.57}$$

$$NHCl_2 + HOCl \longrightarrow NCl_3 + H_2O \tag{2.58}$$

NH_2Cl、$NHCl_2$ 和 NCl_3 分别称为一氯胺、二氯胺和三氯胺,统称为化合性氯或结合氯。它们在平衡状态下的含量比例决定于氯、氨的相对浓度、pH 值和温度。一般当 pH 值>9 时,一氯胺占优势;当 pH 值为 7.0 时,一氯胺和二氯胺同时存在,近似等量;当 pH 值<6.5 时,主要是二氯胺;当 pH 值<4.5 时,三氯胺才存在,自来水中一般不可能形成。

从消毒效果而言,水中有氯胺时,起消毒作用的仍然是 HOCl,这些 HOCl 由氯胺与水反应生成[见式(2.56)至式(2.58)],因此氯胺消毒比较缓慢。实验表明,用氯消毒 5 min 内可杀灭细菌达 99% 以上;在相同条件下,用氯胺消毒 5 min 内仅达 60%,要达到 99% 以上的灭菌效果,需要将水与氯胺的接触时间延长十几个小时。比较 3 种氯胺消毒效果,$NHCl_2$ 要胜过 NH_2Cl,但前者具有臭味。NCl_3 消毒效果最差,且具有恶臭味,因其在水中溶解度很低,不稳定且易气化,所以三氯胺的恶臭味并不引起严重问题。一般情况下,水的 pH 值较低时,$NHCl_2$ 所占比例大,消毒效果较好。

2.4.2　投氯量与余氯量

水中的投氯量可以分为两部分:需氯量和余氯量。需氯量指用于杀死细菌、氧化有机物和还原性物质所消耗的部分。余氯量是为抑制水中残存细菌的再繁殖而在消毒处理后水中维持的剩余氯量。我国《生活饮用水卫生标准》(GB 5749—2006)规定,投氯接触 30 min 后,游离性余氯不应低于 0.3 mg/L,集中式给水厂的出厂水除应符合上述要求外,管网末梢水的游离性氯不应低于0.05 mg/L。后者余氯量仍具有杀菌能力,但对再次污染的消毒尚嫌不够,可作为预示再次受到污染的信号,这对于管网较长、设备陈旧且间隙运行的水厂尤为重要。余氯量及余氯种类与投氯量、水中杂质种类及含量等有密切关系。

水中无细菌、有机物和还原性物质等,则需氯量为零,投氯量等于余氯量,如图 2.76 的虚线①,该虚线与坐标轴成 45°。

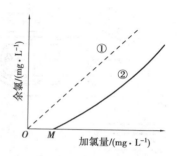

图 2.76　加氯量和余氯量的关系

事实上,天然水特别是地表水源多少已受到有机物和细菌污染,虽然经澄清过滤处理,但仍然有少量细菌和有机物残留水中,氧化有机物和杀死细菌要消耗一定的氯量,即需氯量。投氯量必须超过需氯量,才能保证一定的剩余氯。如果水中有机物较少,而且主要不是游离氨和含氮化合物时,需氯量 OM 满足以后就会出现余氯,如图 2.76 中的实线②所示。此曲线与横坐标交角小于 45°,其原因:一是水中有机物与氯作用的速度有快慢,在测定余氯时,有一部分有机物尚在继续与氯作用中;二是有一部分氯在水中某些杂质或光线的作用下会自行分解。

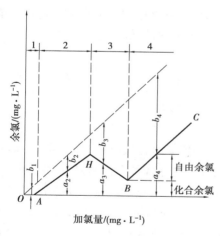

图 2.77　折点加氯

当水中的有机物主要是氨和氮化合物时,情况比较复杂。投氯量与余氯量之间的关系曲线如图 2.77 所示。当起始的需氯量 OA 满足以后,投氯量增加,剩余氯也增加(曲线 AH 段),但余氯增加得慢一些。超过 H 点投氯量后,虽然投氯量增加,但余氯量反而下降(HB 段),H 点称为峰点。此后随着投氯量的增加,剩余氯又上升(BC 段),B 点称为折点。

图 2.77 中,曲线 AHBC 与斜虚线间的纵坐标值 b 表示需氯量;曲线 AHBC 的纵坐标 a 表示余氯量。曲线可分为 4 区:在 1 区即 OA 段,余氯量为零,需氯量 b_1,1 区消毒效果不可靠;在 2 区即 AH 段,投氯后,氯与氨反应,有化合性余氯产生(主要为一氯胺),具有一定的消毒效果;在 3 区即 HB 段,仍然产生化合性余氯,随着投氯量增加,产生下列不具有消毒作用的化合物,余氯量反而减少,直至折点 B 为止,折点余氯量最少。

$$2NH_2Cl + HOCl \longrightarrow N_2 \uparrow + 3HCl + H_2O \qquad (2.59)$$

在 4 区即 BC 段,水中已没有消耗氯的物质,故随着投氯量的增加,水中余氯量也随之增加,而且是自由性余氯,此区消毒效果最好。

生产实践表明,当原水中游离氨在 0.3 mg/L 以下时,通常投氯量控制在折点后,称为折点加氯;原水游离氨在 0.5 mg/L 以上时,峰点以前的化合性余氯量已够消毒,控制在峰点前以节约投氯量;原水游离氨在 0.3~0.5 mg/L 的范围内,投氯量难以掌握。缺乏资料时,一般的地面水经混凝、沉淀和过滤后或清洁的地下水,投氯量可采用 1.0~1.5 mg/L;一般的地面水经混凝沉淀未经过滤时,投氯量可采用 1.5~2.5 mg/L。

2.4.3 投氯点

一般采用滤后投氯,即把氯投在滤池出水口或清水池进口处,或滤池至清水池的连接管(渠)上,称为滤后投氯消毒。滤后投氯消毒为饮用水处理的最后一步。这种方法一般适用于原水水质较好,经过滤处理后水中有机物和细菌已被大部分除去,投加少量氯即能满足余氯要求。如果以地下水作水源,无混凝沉淀过滤等净化设施,则需在泵前或泵后投加。如图2.78所示为自来水消毒的一般工艺流程。

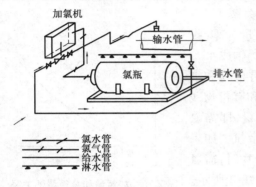

图 2.78 氯的投加

当处理含腐殖质的高色度原水时,在投加混凝剂的同时投氯,以氧化水中有机物,提高混凝效果。这种氯化法称为滤前氯化或预氯化。预氯化也可用于硫酸亚铁作为混凝剂时(将亚铁氯化为三价铁,促进硫酸亚铁的混凝效果)。预氯化还能防止水厂内各类构筑物中滋长青苔和延长氯胺消毒的接触时间,使投氯量维持在图 2.77 中的 *AH* 段,以节省投氯量。

当城市管网延伸很长,管网末梢的余氯难以保证时,需要在管网中途补充投氯。这样既能保证管网末梢的余氯,又不至于使水厂附近的余氯过高。管网中途投氯的位置一般都设在加压泵站及水库泵站中。

一般在投氯点后可安装静态混合器,使氯与水均匀混合,提高杀菌效果,并节省投氯量。同时应加强余氯的连续监测,有条件时,投氯地点宜设置余氯连续测定仪。

2.4.4 投氯设备、加氯间和氯库

人工操作的投氯设备主要包括加氯机(手动)、氯瓶和校核氯瓶重量(即校核氯重)的磅秤等。投氯设备除了加氯机(自动)和氯瓶外,还相应设置了自动检测(如余氯自动连续检测)和自动控制装置。加氯机是安全、准确地将来自氯瓶的氯输送到投氯点的设备。手动加氯机往往存在投氯量调节滞后、余氯不稳定等缺点,影响制水质量。自动加氯机配以相应的自动检测和自动控制设备,能随着流量、氯压等变化自动调节投氯量,保证制水质量。加氯机的形式有很多,可根据投氯量大小、操作要求等选用。氯瓶是一种储氯的钢制压力容器。干燥氯气或液态氯对钢瓶无腐蚀作用,但遇水或受潮则会严重腐蚀金属,故必须严格防止水或潮湿空气进入氯瓶。氯瓶内保持一定的余压也是为了防止潮气进入氯瓶。

加氯间是安置投氯设备的操作间,氯库是储备氯瓶的仓库。加氯间和氯库可以合建,也可分建。由于氯气是有毒气体,故加氯间和氯库位置除了靠近投氯点外,还应位于主导风向下方,且需与经常有人值班的工作间隔开。加氯间和氯库在建筑上的通风、照明、防火、保温等应特别注意,还应设置一系列安全报警、事故处理设施等。有关加氯间和氯库设计要求请参阅相

关设计规范和有关手册。

2.4.5　其他消毒法

1)二氧化氯消毒

二氧化氯(ClO_2)用于受污染水源消毒时,可减少氯化有机物的产生,故二氧化氯作为消毒剂日益受到重视。

二氧化氯气体有与氯相似的刺激性气味,易溶于水。它的溶解度是氯气的 5 倍。ClO_2 水溶液的颜色随浓度增加由黄色转成橙色。ClO_2 在水中是纯粹的溶解状态,不与水发生化学反应,故它的消毒作用受水的 pH 值影响极小,这是与氯消毒的区别之一。在较高 pH 值下,ClO_2 消毒能力比氯强。ClO_2 易挥发,稍一曝气即可从溶液中逸出。气态和液态 ClO_2 均易爆炸,温度升高、曝光、与有机质接触时也会发生爆炸,因此 ClO_2 通常在现场制备。

ClO_2 的制取方法主要是:

$$2NaClO_2 + Cl_2 \longrightarrow 2ClO_2 + 2NaCl \tag{2.60}$$

由于亚氯酸钠较贵,且 ClO_2 生产出来即须使用,不能贮存,所以只有水源污染严重且一般氯消毒有困难时,才采用 ClO_2 消毒。

ClO_2 对细胞壁的穿透能力和吸附能力都较强,能有效破坏细菌内含硫基的酶,它可控制微生物蛋白质的合成,因此 ClO_2 对细菌、病毒等有很强的灭活能力;ClO_2 消毒如制备过程中不产生自由氯,则对有机物污染的水也不会产生 THMs,ClO_2 仍可保持其全部杀菌能力。此外,ClO_2 还有很强的除酚能力,且消毒时不产生氯酚臭味。

2)漂白粉和漂白精消毒

漂白粉由氯气和石灰加工而成,其组成复杂,可简单表示为 $CaOCl_2$,有效氯约为 30%。漂白精分子式为 $Ca(OCl)_2$,有效氯约为 60%。二者均为白色粉末,有氯的气味,易受光、热和潮气作用而分解,从而使有效氯降低,故必须放在阴凉干燥和通风良好的地方。漂白粉加入水中反应如下:

$$2CaOCl_2 + 2H_2O \longrightarrow 2HOCl + Ca(OH)_2 + CaCl_2 \tag{2.61}$$

反应后生成 HOCl,因此消毒原理与氯气相同。

漂白粉需配制成溶液加注,溶解时先调成糊状物,然后再加水配成 1.0%~2.0%(以有效氯计)浓度的溶液。当投加在滤后水中时,溶液必须经过 4~24 h 澄清,以免杂质带进清水中;若加入浑水中,则配制后可立即使用。

3)次氯酸钠消毒

电解食盐水可得到次氯酸钠(NaOCl):

$$NaCl + H_2O \longrightarrow NaOCl + H_2 \uparrow \tag{2.62}$$

$$NaOCl + H_2O \Longleftrightarrow HOCl + NaOH \tag{2.63}$$

次氯酸钠的消毒作用依然靠 HOCl,但其消毒作用不及氯强。

因次氯酸钠易分解,通常采用次氯酸钠发生器现场制取,就地投加,不宜贮运,一般适用于小型水厂。

4)氯胺消毒

氯胺消毒的杀菌能力比自由氯弱,目前在我国应用较少,但氯胺消毒具有以下优点:当水中含有有机物和酚时,氯胺消毒不会产生氯臭和氯酚臭,可大大减少 THMs 产生的可能;能保持水中余氯较久,适用于供水管网较长的情况。

人工投加的氨可以是液氨、硫酸铵或氯化铵。液氨投加方法与液氯相似,化学反应式见式(2.56)至式(2.57)。硫酸铵和氯化铵应先配成溶液,然后投加到水中。氯和氨的投加量视水质不同而采用不同比例,一般采用氯:氨=3:1~6:1。当以防止氯臭为主要目的时,氯和氨之比小些;当以杀菌和维持余氯为主要目的时,氯和氨之比应大些。采用氯胺消毒时,一般先投氨,待其与水充分混合后再投氯,这样可减少氯臭,特别当水中含酚时,这种投加顺序可避免产生氯酚恶臭。但为了维持余氯持久时(当管网较长时),则对进厂水投氯消毒,出厂水投氨减臭并稳定余氯。

5)臭氧消毒

臭氧分子由 3 个氧原子组成,在常温常压下为无色气体,它是淡蓝色的具有强烈刺激性的气体。臭氧极不稳定,分解时放出新生态氧:

$$O_3 = O_3 + [O] \tag{2.64}$$

新生态氧[O]具有强氧化能力,对具有顽强抵抗力的微生物如病毒、芽孢等有强大的杀伤力;臭氧杀菌能力强,其原因除新生态氧[O]氧化能力强以外,还可能由于渗入细胞壁能力强,或臭氧破坏细菌有机体链状结构而导致细菌死亡。臭氧能氧化有机物,去除水中的色、嗅、味,还可去除水中溶解性的铁、锰盐类及酚等。

臭氧是空气中的氧通过高压放电产生的。制造臭氧的空气必须先行净化和干燥,以提高臭氧发生器效率并减少腐蚀。臭氧发生系统的前部为空气净化和干燥装置,后部为臭氧发生器。其系统布置如下:空压机将空气送至冷却器,然后经过滤加以净化,再经过 1~2 级硅胶或分子筛干燥器,将空气干燥至露点以下,最后经臭氧发生器,通过 15 000~17 500 V 高压电,在空气中放电后产生臭氧。如图 2.79 所示为臭氧消毒流程。

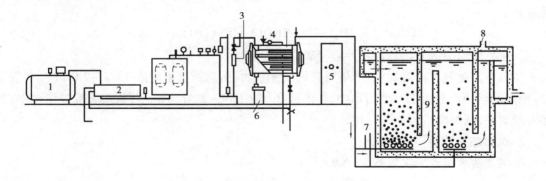

图 2.79 臭氧消毒流程

1—压缩机组;2—换热器;3—空气流量计;4—臭氧发生器;

5—电气柜;6—变压器;7—臭氧化空气进口;8—尾气管;9—接触池

目前臭氧消毒在我国用得较少。臭氧在水中不稳定,容易消失,不能在管网中继续保持杀菌能力,故在臭氧消毒后,往往需要投加少量氯,以维持水中一定的余氯量。

通过大量研究表明:含有机物污染的水经臭氧处理后,有可能将致突变物或 THMs 的前体物如腐殖酸等大分子有机物分解成分子较小的有可能致突变物;水中含有氨氮时,在臭氧投量有限的情况下,臭氧不可能去除氨氮,还有可能将有机氨氮氧化为氨氮,致使水中氨氮含量增高。因此,在使用臭氧消毒时,应注意解决可能产生的问题。

6)紫外线消毒

一般认为,紫外线杀菌机理是细菌受紫外光照射后,紫外光谱能量为细菌核酸所吸收,使核酸结构破坏。根据试验,波长在200~295 nm的紫外线具有杀菌能力,而波长为260 nm左右的紫外线其杀菌能力最强。同时,紫外线能破坏有机物。

紫外线光源由紫外灯管提供。不同型号、规格的紫外灯管所提供的紫外光主波长不同,应根据需要选用。消毒设备主要有两种形式:浸入式和水平式。浸入式将灯管置于水中,其特点是辐射能利用率高,杀菌效果好,但构造复杂。水平式构造简单,但杀菌效果不如前者。紫外线消毒的主要优点:不存在 THMs 之虑;处理后的水无味无色。主要缺点:消毒效力受水中悬浮物含量影响;消毒后不能保持持续杀菌能力,同时消毒费用高。紫外线消毒只用于少量水消毒处理。

常用的消毒剂性能及选择参见表 2.13。

表 2.13　消毒剂性能

性　　能	氯、漂白粉	氯胺	二氧化氯	臭　氧	紫外线辐射
消毒灭细菌	优良（HOCl）	适中,较氯差	优良	优良	良好
灭病毒	优良（HOCl）	差（接触时间长时效果好）	优良	优良	良好
灭活微生物效果	第三位	第四位	第二位	第一位	
pH 值的影响	消毒效果随 pH 值增大而下降,在 pH=7 左右时加氯较好	受 pH 值的影响小,pH ≤ 7 时主要为二氯胺,pH ≥ 7 时为一氯胺	受 pH 值的影响比较小,当 pH > 7 时效果稍好	受 pH 值的影响小,pH 值小时,剩余 O_3 残留较久	对 pH 值变化不敏感
在配水管网中的剩余消毒作用	有	可保持较长时间的余氯量	比氯有更长的剩余消毒时间	无补加氯	无补加氯
副产物生成THMs	可生成	不大可能	不大可能	不大可能	不大可能
其他中间产物	产生氯化和氧化中间产物,如氯胺、氯酚、氯化有机物等,某些会产生臭味	产生的中间产物不详,不会产生氯臭味	产生的中间产物为氯化芳香族化合物、氯酸盐、亚氯酸盐等	中间产物为醛、芳族羧酸、酞酸盐等	产生何种中间产物不详

续表

性　能	氯、漂白粉	氯胺	二氧化氯	臭　氧	紫外线辐射
国内应用情况	应用广泛	应用较少	尚未在城市水厂中应用	应用较少	应用不多,且只限于小水量处理
一般投加量/($mg \cdot L^{-1}$)	2~20	0.5~3.0	0.1~1.5	1~3	
接触时间	30 min	2 h		数秒至 10 min	
适用条件	大多数水厂用氯消毒,漂白粉只用于小水厂	原水中有机物较多和供水管线较长时,用氯胺消毒较宜	适用于有机物如酚污染严重时,需现场制备	制水成本高,适用于有机物污染严重时。因无持续消毒作用,在进入管网的水中还应投加少量氯消毒	在管网中没有持续消毒作用。适用于工矿企业等集中用户用水处理

2.5　地表水处理工艺系统

地表水处理的方法一般根据水源水质和用水对象对水质的要求确定。由于水源水质的差异以及要求达到的水质目标不同,所以采用的给水处理工艺也不相同。如果原水水质好,给水处理工艺流程就可以简化,水质要求的目的也可以达到。而现实情况是原水污染情况在加剧,影响人体健康的有机物和无机杂质不断增加,水处理工艺流程也趋于复杂。

地表水处理技术已形成了被普遍称为常规处理工艺的处理方法,即混凝、沉淀或澄清、过滤和消毒。这种常规处理工艺至今仍被世界大多数国家采用,是目前地表水处理的主要工艺。

2.5.1　地表水处理工艺系统的选择原则

地表水处理工艺选择的原则,主要是针对原水水质的特点,以最低的基建投资和经常运行费用,达到出水水质要求。给水处理工艺设计一般按初步设计、施工图设计两阶段进行。工程规模大的可分初步设计、扩大初步设计、施工图设计三阶段进行。在设计开始前,必须认真、全面地展开调查研究,掌握设计所需的全部原始资料。在采用新的处理工艺时,往往需要进行小型或中型试验,取得可靠的设计参数,做到适用、经济、安全。

1)水处理工艺选择时必需的基础资料

(1)原水水质分析

首先要确定采用哪一种水源,其供水保证率如何,它决定着水源的取舍;水质是否良好,它关系着处理的难易及费用。对确定的水源水质应有长期的观察资料,对于地表水,要认真分析比较丰水期和枯水期的水质、受潮汐影响河流的涨潮和落潮水质、表层与深层的水质等。对选定的水源进行水质分析,找出产生污染物的原因及其污染源,并对潜在的污染影响和今后的发展趋势做出正确的分析和判断。

（2）出水水质要求

供水对象不同，对出水水质的要求也不同。在确定出水水质目标的同时，还要考虑今后可能对水质标准要求的提高所采取的相应规划措施。

（3）当地或类似水源水处理工艺的应用情况

了解当地已建成投产运行的给水处理厂站水处理工艺的应用情况，分析所采用的处理工艺及其处理效果。

（4）操作人员的经验和管理水平

要对操作人员和管理人员进行严格培训，使其熟悉所选择的工艺流程，并能正确操作和管理，以达到工艺过程预期的处理目标。

（5）场地的建设条件

工艺不同，对场地面积和地基承载要求不尽相同。因此，在工艺选择时要有相关的自然资料，并留有今后扩建的可能。

（6）当地经济发展情况

当地经济发展情况决定了所选择的水处理工艺是否能够正常发挥作用。根据当地经济条件，选择合适的基建投资和运行费用，是水处理工艺选择的重要因素之一。

2）水处理工艺选择时必需的试验

为了准确确定设计参数和验证拟采用的工艺处理效果，要进行必要的试验。除了对水质指标进行全面检测和分析以外，常用的水处理试验有搅拌试验、多嘴沉降管沉淀试验、泥渣凝聚性能试验和滤柱试验等。

（1）搅拌试验

搅拌试验的目的是分析絮凝过程的效果，选择合适的混凝剂品种、投加量、投加次数及次序。

在定量的烧杯中，投加不同品种和剂量的混凝剂和絮凝剂，同时对 pH 值进行调整。在设定的 G 值条件下进行模拟混合和絮凝的机械搅拌，观察絮凝体的形成过程，测定沉淀水的浊度、色度、沉淀污泥百分比、污泥的沉降速度等，另外还可检测沉淀水的耗氧量等其他指标。

（2）多嘴沉降管沉淀试验

用沉降管模拟池子深度，在不同深度处设置取样管嘴，原水在沉降管中完成混合、絮凝，然后进行静止沉淀。在不同的沉淀时间和不同的深度，取样测定其剩余浊度。通过绘制沉降曲线，得出不同截留速度时的浊度去除率，现时分析不同沉速颗粒的组成百分比。对比不同深度处的沉降曲线，可以分析出颗粒在沉降过程中继续絮凝的情况。

（3）泥渣凝聚性能试验

进行泥渣凝聚性能试验，有助于分析泥渣接触型澄清池澄清分离性能及絮凝剂对澄清的影响。

在 250 mL 的量筒中放入搅拌试验的泥渣，泥渣可以在不同的烧杯中收集，但必须是同一混凝剂加注量形成的泥渣。注入泥渣后的量筒静置 10 min，用虹吸抽出过剩泥渣，在量筒中仅剩余 50 mL 泥渣。在量筒中放入带有延伸管的漏斗，延伸管伸至离量筒底约 10 mm，在漏斗中断续小量加入搅拌试验澄清的水，多余的水将从量筒顶端溢出。记录不同泥渣膨胀高度时的水流上升流速，上升流速可通过注入 100 mL 水的时间计算。上升流速与膨胀泥渣体积的关系呈线性。

(4)滤柱试验

采用模拟滤柱试验,可以对不同过滤介质的过滤性能进行比较,选择合适的滤料规格和厚度。对于活性炭等吸附介质的吸附效果,也可以采用类似方法进行试验。

对过滤水浊度和水头损失,可以在试验过程中分层检测,进行不同滤速的比较。通过滤柱试验,对冲洗效果进行分析,观察冲洗时滤料的膨胀情况、双层或多层滤料不同滤层间的掺混情况以及冲洗排水的浊度变化等。

为观察过滤和冲洗情况,滤柱采用有机玻璃制作。滤柱直径一般不小于 150 mm,以避免界壁对过滤效果的影响。为了防止过滤过程中滤层出现负压,滤柱应有足够的高度。在试验时,可以并行设置多个滤柱以便比较不同滤料、不同级配和厚度时的情况。

2.5.2 原始资料

1)有关设计任务的资料

①设计范围和设计项目。

②城镇发展现状和总体发展规划的资料。

③近期、远期的处理规模与水质标准。城镇发展有一个过程,投资也有一定限制,设计时需考虑分期建设,远期可适当提高处理规模与标准。

2)有关水量、水质的资料

水源水量情况,是否适合取水以及其供水保证率如何;水质情况,其处理过程难易以及程度大小。

3)有关自然条件的资料

①气象资料。历年最热月或最冷月的平均气温、多年土壤最大冰冻深度、多年平均风向玫瑰图、雨量资料等。

②水文资料。当地河流百年一遇的最大洪水量、洪水位,枯水期95%保证率的月平均最小流量、最低水位,各特征水位时的流速,水体水质及污染情况。

③水文地质资料。地下水的最高、最低水位,运动状态,流动方向及其综合利用资料。

④地质资料。厂区地质钻孔柱状图,地基的承载力,有无流沙,地震等级等。

⑤地形资料。厂区附近1∶5 000地形图,厂址和取水口附近1∶500地形图等。

4)有关编制概算和施工方面的资料

①当地建筑材料、设备的供应情况和价格。

②施工力量(技术水平、设备、劳动力)的资料。

③编制概算的定额资料,包括地区差价、间接费用定额、运输等。

④租地、征税、青苗补偿、拆迁补偿等规定和办法。

2.5.3 厂址选择

①厂址选择应在整个给水系统设计方案中全面规划、综合考虑,通过技术经济比较确定。在选择时要结合城市或工厂的总体规划、地形、管网布置、环保要求等因素,进行现场踏勘,并进行多方案比较。

②厂址应选择在地形及地质条件较好、不受洪水威胁的地方;有利于处理构筑物的平面与

高程布置和施工,如一般选择地下水位低、承载能力大、湿陷性等级不高、岩石较少的地层;同时,应考虑防洪措施。

③少占和尽可能不占良田。

④考虑周围环境卫生条件,给水厂应布置在城镇上游,并满足《生活饮用水卫生标准》(GB 5749—2006)中的卫生防护要求。

⑤尽量设置在靠近电源的地方,以方便施工和降低输电线路造价,并使管网的基建费用最省。当取水地点距用水区较近时,给水厂一般设置在取水构筑物附近;当距用水区较远时,给水厂选址应通过技术经济比较后确定;对于高浊度水,有时也可将预沉池与取水构筑物合建,而水厂其余部分设置在主要用水区附近。

⑥考虑交通和运输方便、防火距离、卫生防护距离、环保措施,应靠近主要用水点、远离污染源(大气、粉尘、噪声等)。

⑦考虑发展扩建的可能。

给水厂所需要的面积如表 2.14 所示,供选择厂址时参考。

表 2.14　给水厂所需要的面积

分　类	处理水量/$(m^3 \cdot d^{-1})$	用地/$[m^2 \cdot (m^3 \cdot d)^{-1}]$
地面水沉淀净化工程	20 万以上	0.1~0.2
	5 万~20 万	0.2~0.4
	2 万~5 万	0.5~0.7
	5 000~2 万	0.8~1.0
	5 000 以下	1.2~1.8
地面水过滤净化工程	20 万以上	0.2~0.4
	5 万~20 万	0.3~0.5
	2 万~5 万	0.8~1.2
	5 000~2 万	1.0~1.5
	5 000 以下	2~3
地下水除铁工程	5 万以下	0.3~0.6

2.5.4　工艺流程选择

处理方法和工艺流程的选择,应根据原水水质、用水水质要求等因素,通过调查研究、必要的试验,并参考相似条件下处理构筑物的运行经验,经技术经济比较后确定。另外,还要考虑当地的电力、地形、地质、场地面积等情况,以免影响处理工艺流程及处理构筑物类型的选择。如地下水位高、地质条件较差的地方,不宜选用深度大、施工难度高的处理构筑物。

1)原水水质不同时的工艺流程选择

①取用地面水水质较好时,一般经过混凝—沉淀—过滤—消毒常规处理,水质即可达到生活饮用水卫生标准。

②当原水浊度较低(如 150 mg/L 以下),可考虑省略沉淀构筑物,原水加药后直接经双层滤料接触过滤。

③取用湖泊、水库水时,水中含藻类较多,可考虑采用气浮代替沉淀或用微滤机预处理及多点加氯,以延长滤池工作周期。

④取用高浊度水,为了达到预期混凝沉淀效果,减少混凝剂用量,应增设预沉池。

2)用水对象不同时的工艺流程选择

用水对象不同,要求的工艺流程也不同,在选择时应根据具体情况合理确定。例如要求浊度在 1 000 mg/L 以下的热电站冷却水,由一次沉淀池处理供给;要求浊度为 20~50 mg/L 的化工厂冷却水,由混凝沉淀供给;生活饮用水由过滤消毒水供给;软化水由用水单位采用过滤消毒水自行软化。

如图 2.80 所示为某大型水厂的处理流程,综合反映了以地面水为水源,分别供水的典型处理流程,其中饮用水流程为地面水处理典型工艺流程。

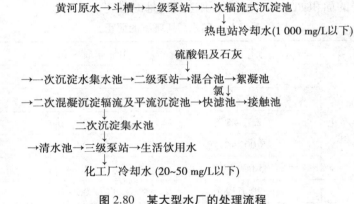

图 2.80　某大型水厂的处理流程

2.5.5　平面与高程布置

1)总体布置

地表水厂常称为给水厂或净水厂,其基本组成包括生产性构筑物和辅助性建筑物两部分。生产性构筑物包括处理构筑物、泵房、风机房、加药间、消毒间、变电所等;辅助建筑物,包括化验室、修理车间、仓库、车库、办公室、浴室、食堂、厕所等。

根据《室外给水设计标准》(GB 50013—2018)的规定,水厂总体布置应结合工程目标和建设条件,在确定的工艺组成和处理构筑物形式的基础上,兼顾水厂附属建筑和设施的实际设置需求进行。平面布置和竖向设计应满足各建(构)物的功能和流程要求;水厂附属建筑和附属设施应根据水厂规模、生产和管理体制,结合当地实际情况确定。

水厂生产构筑物的布置应符合下列要求:

①高程布置应充分利用原有地形条件,力求流程通畅、能耗降低、土方平衡。

②在满足各构筑物和管线施工要求以及方便生产管理的前提下,生产构筑物平面上应紧凑布置,且相互之间通行方便,有条件时宜合建。

③生产构筑物间连接管道的布置,宜流向顺直,避免迂回。构筑物之间宜根据工艺要求设置连通管、超越管。

　　附属生产建筑物(机修间、电修间、仓库等)应结合生产要求布置,并宜集中布置和适当合建。

　　生产管理建筑物和生活设施宜集中布置,力求位置和朝向合理,并与生产构筑物保持一定距离。采暖地区锅炉房宜布置在水厂最小频率风向的上风向。

　　生产构筑物和建筑物平面尺寸由设计计算确定,而附属建筑物使用面积应根据水厂规模、工艺流程、管理体制、人员编制及城镇给水厂附属建筑和附属设备设计标准的规定来合理选取,见表2.15。

表 2.15　水厂附属建筑物使用面积　　　　　　　　单位:m²

建筑物名称			水厂类别	水厂规模/(万 m³·d⁻¹)				
				0.5~2	2~5	5~10	10~20	20~25
生产管理			地表水水厂	100~150	150~210	210~300	300~350	350~400
			地下水水厂	80~120	120~150	150~180	180~250	250~300
化验室			地表水水厂	60~90	90~110	110~160	160~180	180~200
			地下水水厂	30~60	60~80	80~100	100~120	120~150
机修间	小修	车间面积	地表水水厂	50~70	70~100	100~120	120~150	150~190
			地下水水厂	40~60	60~90	90~100	100~130	130~160
		辅助面积	地表水水厂	25~35	35~45	45~60	60~70	70~90
			地下水水厂	20~30	30~40	40~50	50~60	60~80
	中修	车间面积	地表水水厂	70~80	80~110	110~130	130~160	160~200
			地下水水厂	60~70	70~100	100~120	120~140	140~180
		辅助面积	地表水水厂	25~35	35~45	45~60	60~70	70~90
			地下水水厂	20~30	30~40	40~50	50~60	60~70
电修间			地表水水厂	20~25	25~30	30~40	40~50	50~60
			地下水水厂	20~30	30~40	40~50	50~60	60~70
泥木工间			地表水水厂	—	20~35	35~45	45~60	60~80
			地下水水厂	—	20~25	25~30	30~40	40~60
仓　库			地表水水厂	50~100	100~150	150~200	200~250	250~300
			地下水水厂	40~80	80~100	100~150	150~200	200~350
男女浴室			地表水水厂	20~40	40~50	50~60	60~70	70~80
			地下水水厂	15~25	25~35	35~45	45~55	55~60
水表修理间				—	20~30	30~40	40~50	—	—
管配件堆棚				—	30~50	50~80	80~100	100~200	200~250
传达室				—	15~20	15~20	20~25	25~35	25~35
食堂就餐人员面积定额/(m²·人⁻¹)				2.6~2.4	2.4~2.2	2.2~2.0	2.0~1.9	1.9~1.8

2)平面布置

　　当构筑物和建筑物的个数及面积确定后,根据工艺流程和功能要求,综合考虑各类管线、道路等,结合厂内地形和地质条件进行平面布置。

（1）基本要求

地表水厂平面布置时，一般要考虑以下要求：

①布置紧凑，以减少占地面积和连接管渠的长度，并便于管理。生产关系密切的应互相靠近，其至组合在一起。各构筑物的间距一般可取 5~10 m，主要考虑它们中间的道路或铺建管线所需要的宽度以及施工要求，施工时地基的相互影响等。厂内车行道路面宽 3~4 m，转弯半径 6 m，人行道宽 1.5~2.0 m。处理厂平面图可根据处理规模采用 1:200~1:500 比例尺绘制。

②各处理构筑物之间连接管渠简捷，应尽量避免立体交叉；水流路线简短，避免不必要的拐弯，并尽量避免把管线埋在构筑物下面。

③充分利用地形，以节省挖填方的工程量，使处理水或排放水能自流输送。有时地形条件会要求对构筑物的形状和布置做某些调整，使地面得到最大限度地利用。

④考虑构筑物的放空及跨越，以便检修，最好做到自流放空。

⑤考虑环境卫生及安全。例如把氯库、锅炉房布置在主导风向的下风位置；化验室、办公室远离风机房、泵房，以保证良好的工作条件。在大型处理厂，最好把生产区和生活区分开，尽量避免非生产人员在生产区通行和逗留，以确保生产安全。

⑥设备一般按水处理流程的先后次序，按设备的不同性质分门别类进行布置，使整个站房分区明确，设备布置整齐合理，操作维修方便；考虑留有适当通道及不同设备的吊装、组装净空和净距；水泵机组应尽可能集中布置，以便于管理维护和采取隔声、减振措施；酸、碱、盐等的贮存和制备设备也应集中布置，并考虑贮药间的防水、防腐、通风、除尘、冲洗、装卸、运输等；考虑地面排水明渠布置，保证运行场地干燥、整洁。

⑦一种处理构筑物有多座池子时，要注意配水均匀性，为此在平面布置时常为每组构筑物设置配水井；在适当位置设置计量设备。

⑧考虑扩建可能，留有适当的扩建余地。

（2）平面布置的内容

①构筑物及建筑物的平面定位；

②工艺管道（包括原水管、加药管、沉淀水管、清水管、加氯管、排泥管、放空管等）的布置；

③厂区内给排水、供暖系统的管道、阀门及配件布置；

④道路、围墙、绿化及供电线路的布置。

（3）给水处理厂平面布置形式

给水处理厂的厂址确定后，要依据地形特征及进出水管的走向，布置处理构筑物单元，之后进行附属建筑物的布置。其平面布置形式可分为直线式、折角式、回转式及组合式。

①直线式。净水处理构筑物根据流程布置成直线形式，该形式是采用较广泛的形式之一，大中型水厂采用较多。其优点是工艺流程合理，各构筑物间的水头损失小，易于远期扩建。但此种形式要求厂区有足够的长度，一般需超过 300 m，如图 2.81(a)、(b)所示。

②折角式。若受厂址等因素限制，不能采用直线式布置各构筑物时，可采用折角式布置。即将沉淀池和滤池布置成直线，将清水池和二级泵房向另一个方向布置。虽然此种布置形式能够充分利用地形，但会对厂区的扩建带来困难，对远期发展的适应性也相对较差，如图 2.81(c)、(d)所示。

③回转式。该形式适用于进出水在同一方向的水厂。虽形式多样,但布置时近远期结合较困难,适用于小型水厂,如图 2.81(e)所示。

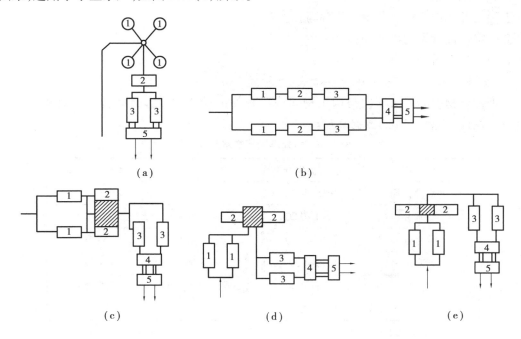

图 2.81　水厂工艺流程布置形式

1—沉淀池;2—滤池;3—清水池;4—吸水井;5—二级泵房

水厂的布置通常需要提出多个方案进行比较,以确定最经济合理的方案。

如图 2.82 所示为水厂平面布置的案例。

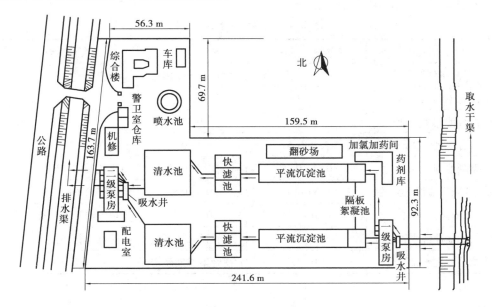

图 2.82　水厂平面布置图

3)高程布置

（1）给水处理厂高程布置的任务

①确定各处理构筑物和泵房的标高；

②确定连接管渠的尺寸和标高；

③确定是否需提升及提升水泵扬程。

（2）处理构筑物与连接管的水头损失

处理构筑物中的水头损失与构筑物和构造有关，一般需要经计算确定，并应适当留有余地，估算时可采用表2.16的数据确定。

表 2.16 水处理构筑物水头损失值

名　称	水头损失/m	名　称	水头损失/m
进水井格栅	0.15~0.30	接触滤池	2.5~3.0
配水井	0.10~0.20	普通快滤池	2.0~2.5
混合池	0.40~0.50	压力滤池	5~10
絮凝池	0.40~0.50	慢滤池	1.5~2.0
沉淀池	0.15~0.30	无阀滤池,虹吸滤池	1.5~2.0
澄清池	0.60~0.80		

各构筑物间的连接管的断面尺寸由流速决定。当地形有适当坡度可利用时,可选择较大流速,以减小管道直径及相应配件和阀门尺寸;当地形平坦时,宜采用较小流速,可避免增加填、挖土方量及构筑物等。连接管的水头损失(包括沿程和高程)应通过水力计算确定,估算时可采用表2.17的数据确定。

表 2.17 连接管的水头损失值

连接管段	允许流速/(m·s^{-1})	水头损失/m	附　注
一级泵房到混合池	1.0~1.2	视管道长度而定	
混合池到絮凝池	1.0~1.5	0.10	
混合池到沉淀池	1.0~1.5	0.30	
混合池到澄清池	1.0~1.5	0.2~0.3	
絮凝池到沉淀池	0.15~0.20	0.05~0.10	防止絮凝体破碎
沉淀池或澄清池到滤池	0.60~1.0	0.3~0.5	流速宜取下限
滤池到清水池	1.0~1.5	0.3~0.5	流速宜取下限留有余地
快滤池冲洗水管	2.0~2.5	视管道长度而定	因间歇运行,流速可取大些
快滤池冲洗水排水管	1.0~1.5	视管道长度而定	

（3）高程布置

各项水头损失确定后,可进行构筑物高程布置。高程布置与厂区地形、地质条件及采用的构筑物形式有关。布置时应尽量利用地形坡度,既要避免清水池埋设过深,又要避免混合絮凝池、沉淀池或澄清池在地面上抬高而增加造价。

应进行整个流程的标高计算来确定各构筑物、管渠及泵房的标高。计算时要选择距离最长、损失最大的一条流程,并按最大流量进行计算。

如图 2.83 所示为某给水处理厂高程布置图,各构筑物之间的水面高差由计算确定。

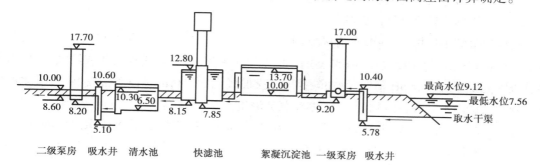

图 2.83   水厂高程布置图

2.5.6   一般地表水处理系统

一般地表水处理工艺流程的选择应根据原水水质与用水水质要求的差距、处理规模、原水水质相似的城市或工厂的水处理经验、水处理试验资料、处理厂地区有关的具体条件等因素综合分析,进行合理的流程组合。

一般地表水处理系统指的是常规水处理,即被处理原水在水温、浊度(含砂量)以及污染物含量方面均在常见的范围内。因此,一般地表水处理系统是指对一般浊度的原水采用混凝、沉淀、过滤、消毒的净水过程,以去除浊度、色度、细菌和病毒为主的处理工艺,在水处理系统中是最常用、最基本的方法。

根据原水水质的不同,一般地表水处理系统可以分为以下几种工艺流程。

1)简单消毒处理工艺

没有受到污染、水质优良的原水,如果除细菌以外各项指标均符合出水水质要求时,采用简单的消毒处理工艺即可满足净水水质要求的标准。这种方法在一般地表水系统中很难被应用,而更多地被用于处理优质地下水。

2)直接过滤处理工艺

当原水浊度较低,经常在 15 NTU 以下,最高不超过 25 NTU,色度不超过 20 度时,一般在过滤前可以省去沉淀工艺,而直接采用过滤工艺。

直接过滤工艺又可以分为在过滤前设置絮凝设施和不设置两种情况。过滤前设置絮凝设施,是在原水加注混凝剂后,经快速混合而流入絮凝池,在池中形成一定大小的絮凝体,之后进入快滤池。不设置絮凝设施,是采用煤、砂双层滤料,原水加注混凝剂并经快速混合后直接进入滤池。这种情况下絮凝过程是在滤层中进行的。加注混凝剂的原水悬浮物在煤层中一方面完成絮凝过程,同时也被部分截除,而在砂层中被充分去除掉。

直接过滤形成的絮体并不需要太大,故药耗相对较少,又被称为微絮凝过滤。由于直接过滤截留的悬浮物数量比一般滤池多,所以在滤层选择上应注意有较高的含污能力,一般采用双层滤料。

3) 混凝、沉淀、过滤、消毒处理工艺

由于人类对环境的影响,一般地表水浊度均超过了直接过滤所允许的范围,所以要求在过滤前设置混凝反应池、沉淀池,以去除大部分悬浮物质。

原水在投加混凝剂并经快速混合后进入絮凝反应池,在絮凝反应池中形成分离沉降所需要的絮状体。为有效提高絮状体的沉降性能,在快速混合后可以再投加高分子絮凝剂,通过架桥和吸附作用形成较易沉降的絮状体。

根据原水的水质情况,在混合前可投加 pH 调整剂和氧化剂。当原水碱度不能满足混凝要求的最佳 pH 值时,需要投加 pH 调整剂。例如原水碱度较低时,投加石灰或氢氧化物,为去除有机物需要形成较低 pH 值时,则加酸处理。投加氧化剂的目的是改善混凝性能,氧化部分有机物和保持净水处理构筑物的清洁,避免藻类滋生。

经过混凝、沉淀、过滤、消毒处理后,如果出水水质 pH 值不能满足水质稳定要求,则应在最后投加 pH 调整剂,使出水水质达到稳定。

2.5.7 高浊度水处理系统

1) 高浊度水工艺选择因素

高浊度水是指浊度较高的含砂水体,并且具有清晰的界面分选沉降。通常情况下是指以粒径不大于 0.025 mm 为主的含砂量较高的水体。在我国,以黄河流域和长江上游各江河采用的处理工艺较为典型。

在工艺流程选择时一般要考虑以下几个方面的因素。

(1)水文和泥砂

①水砂典型年和多年最大断面平均含砂量。水砂典型年作为重要的设计依据,要求对取水河流的年际和年内的水砂分配情况、最大断面平均含砂量、洪水流量、枯水流量、砂量等进行研究。水砂典型年的选择要符合规范对取水保证率和供水保证率的要求。如果处理能力不能满足要求时,要求采取相应的措施,例如在流程中增加调蓄水库,以达到要求的供水保证率。

②砂峰延续时间和间隔时间。通过分析砂峰延续时间和间隔时间,确定避砂峰调蓄水库的容积和允许补充调蓄水库的时间,为增大取水和净化能力补充调节器蓄水库水量来保证安全供水。

③泥砂粒径。泥砂粒径的组成直接决定着高浊度水液面沉速大小,因此需要确定稳定泥砂粒径的最大数值,来选择取水和净水能力。可以通过多年最大断面平均含砂量系列,选择分析最大或较大的各项有关泥砂粒径资料。在缺乏粒径分析资料时,也可以采用类似工程经验。

对于非稳定泥砂的粒径研究同样也很重要。例如在中下游粗砂较多的河段,泥砂对水泵的磨损较为严重,排泥水量的电耗较大。因此需要排除粒径大于 0.03 mm 泥砂。

④脱流和断流。调蓄水库的容积确定与取水口的脱流、断流关系密切。一些游荡性河段沙洲出没无常,主流变化不定,故需要研究取水口的脱流情况以及从脱流到归槽的时间间隔。河道断流的情况时有发生,有些河道受沿河取水的影响,河水流量在枯水期已经出现减少趋势,故需要设计较大的调蓄水库来满足要求的供水保证率。

⑤冰凌。同一河道,其冰凌情况也有差异。一般采取有效排冰措施即可正常供水。对于

河道封冻和淌凌期停止引水的工程,需要增大调蓄水库以满足供水要求。

（2）药剂使用情况

高浊度水处理需要投加的混凝剂,要求有较高的有效范围,而一般混凝剂的有效范围均较低,目前在水处理工艺中使用较多的是聚丙烯酰胺。

当沉淀构筑物设计浑液面沉速为常数时,稳定泥砂含量越大,聚丙烯酰胺的投加量越大,因此处理最大含砂量一般采用小于 $100~kg/m^3$ 的使用量。

（3）排泥

高浊度水处理厂一般采用刮泥机械进行排泥,供水量特别小的水厂也有采用斗底排泥的。在下游段大型预沉池中,多采用挖泥船来排泥,有些工程采用水力冲洗排泥。

为了减轻下游河床的淤积,保证洪水期两岸堤坝安全,不准将未经处置的排泥水直接排入河道。对于泥砂处置可以采取相应措施来合理利用,如盖淤还耕、生产砖瓦、加固大堤、改造低洼的盐碱地等。

另外,还需要考虑取水口、调蓄水库、净水厂的地形地质条件综合选择。

2）高浊度水处理的工艺流程选择

与一般水处理工艺流程不同,高浊度水处理工艺受河道泥砂影响大,一般设有调蓄水库。在沉淀过程中,往往采用二次沉淀。

（1）不设调蓄水库时的处理工艺

多砂高浊度水一般见于长江上游各江河中,稳定泥砂以及含砂量的比例较小,砂粒比较容易下沉,并且取水可以保证,故一般不设置调蓄水库,采用的工艺流程为二级或三级絮凝沉淀,如图 2.84 所示。

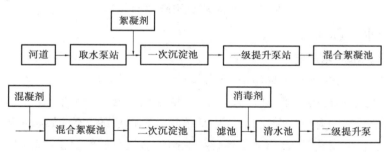

图 2.84 不设调蓄水库时的二次沉淀处理工艺

（2）设浑水调蓄水库时的处理工艺

浑水调蓄水库用于一次沉淀池的泥砂沉淀,一般将沉淀部分和蓄水部分分别设置,其工艺流程如图 1.7 所示。

（3）设清水调蓄水库的处理工艺

受地形、地质条件的限制,以及供水安全方面的考虑,在高浊度水处理工艺上采用清水调蓄水库,如图 2.85 所示。清水调蓄水库的库容根据避砂峰、取水口脱流、河道断流和取水口冰害等因素确定。水厂不能取水运行时,则要消耗清水调蓄水库的水量。一旦水厂恢复取水运行,要及时补充清水调蓄水库所消耗的水量。

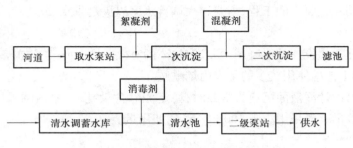

图 2.85 设清水调蓄水库自然沉淀处理工艺

（4）一次沉淀（澄清）处理工艺

一次沉淀（澄清）处理工艺主要用于一些中小型工程,其工艺流程如图2.86所示。

一次沉淀（澄清）处理构筑物多采用水旋絮凝混凝澄清池一类的新型处理构筑物。这类构筑物在砂峰时,为减少出水浊度,除投加絮凝剂外,同时也投加混凝剂,河水较清时则仅投加混凝剂。由于这类池型采用絮凝混凝沉淀和沉淀泥渣的二次分离技术,故占地小、效率高。

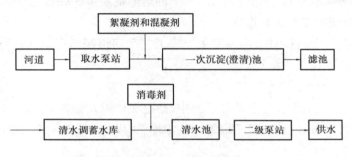

图 2.86 一次沉淀（澄清）处理工艺

2.5.8 微污染水处理系统

1）微污染水源水的水质特点

微污染水源水是指受到有机物污染,部分指标超过饮用水源卫生标准的地表饮用水水源。这类水中所含的污染物种类较多、性质较复杂,但浓度比较低。微污染水源水中主要是有机污染物,一部分属于天然的有机化合物,如水中动植物分解形成的产物（如腐殖酸）等,再就是人工合成的有机物,包括农药、重金属离子、氨氮、亚硝酸盐氮及放射性物质等有害污染物。微污染水源水的水质特点表现在以下几个方面:

①水源受排放污水影响,使水质发生不良变化,水质波动。微污染水源水的水质主要受排入的工业废水和生活污水影响,在江河水源上表现为氨氮、总磷、色度、有机物等指标超出生活饮用水源卫生标准;在湖泊水库水源上,表现为水库和湖泊水体的富营养化,并在一定时期藻类滋生造成水质恶化,腐烂时腥臭逼人。

②有机物含量高导致生产过程中的氯消毒副产物明显。水中溶解性有机物大量增加,特别是自来水出厂水、管网水经常于春末夏初、夏秋之交出现明显异味,氯耗季节性猛增。水中有机物多带负电,增大了混凝剂和消毒剂投量,腐蚀管壁,降低管网寿命。

③水质标准提高,有害微生物较难去除。《生活饮用水卫生标准》（GB 5749—2006）提出了更高的水质标准,而目前发现的一些有害微生物较难去除,如贾第氏鞭毛虫、隐孢子虫、军团

细菌、病毒等。

④内分泌干扰物质的去除效率不高。内分泌干扰物质又称为环境荷尔蒙,指某些化学品不仅具有"三致"作用,还会严重干扰人类和动物的生殖功能。

2）微污染水源水处理技术

针对微污染水源水的水质特点,国内外进行了大量的研究和应用。按照作用原理,可以分为物理、化学、生物净水工艺;按照处理工艺的流程,可以分为预处理、常规处理、深度处理;按照工艺特点,可以分为传统工艺强化技术、新型组合工艺处理技术。现就处理工艺的流程和特点不同,对微污染水源水处理技术研究现状加以综述。

（1）预处理技术

预处理技术是指附加在传统净化工艺之前的处理工序,可分为氧化法和吸附法,氧化法又可分为化学氧化法和生物氧化法。

（2）深度处理技术

一般把附加在传统净化工艺之后的处理工序称为深度处理技术。在采用常规处理工艺之后,再采用适当的处理方法,将常规处理工艺不能有效去除的污染物或消毒副产物的前驱物加以去除,以提高和保证饮用水水质,应用较广泛的有生物活性炭、臭氧-活性炭联用和膜技术等。

（3）传统工艺强化处理技术

改进和强化传统净水处理工艺是目前控制水厂出水有机物含量最经济、最具实效的手段,包括强化混凝、强化沉淀和强化过滤等。对传统净化工艺进行改造、强化,可以进一步提高处理效率,降低出水浊度,提高水质。

（4）新型组合工艺处理技术

采用新型组合工艺可以有效去除水质标准要求的各种物质,如生物接触氧化-气浮工艺、臭氧-砂滤联用技术、生物活性炭-砂滤联用技术、臭氧-生物活性炭联合工艺、生物预处理-常规处理-深度处理组合工艺。利用生物陶粒预处理能有效去除氨氮、亚硝酸盐氮、锰和藻类,并能降低耗氧量、浊度和色度;强化混凝处理能提高有机物与藻类的去除率,降低出厂水的铝含量;活性炭处理对有机污染物有显著的去除效果,使 Ames 卫生毒理学试验结果由阳性转为阴性。

各种微污染水源水预处理和深度处理工艺技术有着广阔的发展前景,由于这些技术目前的投资或运行操作费用较大,在我国经济还欠发达、居民生活水平和消费能力还不高的情况下,较难普遍地使用这些技术。结合当前我国的经济状况,要求普遍增加深度处理也是不现实的。因此改造已有常规的给水处理工艺、强化混凝处理过程、联系实际地充分挖掘已有设备的潜力,是适合我国国情的微污染水源水处理技术的一个重要发展方向。

2.5.9　优质饮用水处理系统

1）优质饮用水的概念

优质饮用水是最大限度地去除原水中的有毒有害物质,同时又保留原水中对人体有益的微量元素和矿物质的饮用水。优质饮用水应局限于供人们直接饮用和做饭等那一部分直接入口的专门饮用水。城市供水中只有 2%～5%的水用于生活饮用,其余 95%～98%的水适用于生产、绿化和消防等方面。

优质饮用水包括 3 个方面的意义:

①去除了水中的病毒、病原菌、病原原生动物（如寄生虫）的卫生安全的饮用水。

②去除了水中的多种多样的污染物,特别是重金属和微量有机污染物等对人体有慢性、急

性危害作用的污染物质。这样可保证饮用水的化学安全性。

③在上述基础上尽可能地保持一定浓度的人体健康所必需的各种矿物质和微量元素。

优质饮用水是安全性、合格性、健康性三者的有机统一。在3个层次上相互递进、相互统一,构成了优质饮用水的实际意义,其中安全性是第一位的。

2)优质饮用水的水质

饮用水水质指标是一定发展阶段的产物,它与一定的水处理水平和分析检测水平是相互适应的,是随着人们生活水平和科学技术水平的提高而发生变化的。优质饮用水的指标体系应该不同于目前的《生活饮用水卫生标准》。

由于水的浊度一定程度上反映了水质的优劣和安全程度,我国供水规划要求一类自来水浊度达到1 NTU,作为优质饮用水水质对浊度指标要求应更高,《饮用净水水质标准》(CJ 94—2005)规定为0.5 NTU。Ames致突变试验是综合检验水中污染物导致基因突变的一种遗传毒理学方法,在美、日、法等国较普遍地用于水质处理的评价,所以Ames试验应作为评价优质饮用水的水质指标。

我国饮用水水质标准中常规的综合指标或少数几种有毒物的最高允许浓度,已不能反映众多有机物对人体健康的危害,也不能反映多种毒物同时存在所产生的协同效应。国外先进的饮用水水质标准已经将水质指标除感官性指标和微生物指标外,向农药、消毒副产物、微量有机污染物、病毒等指标发展。这应该是饮用水水质指标体系的发展方向。

3)优质饮用水处理工艺

(1)活性炭吸附深度处理工艺

以活性炭为代表的吸附工艺是目前治理有机污染物的首选工艺,其他吸附剂如多孔合成树脂、活性炭纤维等也正在推广应用中。活性炭来源广泛,比表面积大,对色、嗅、味、农药、消毒副产物、微量有机污染物等都具有一定的吸附能力,还可以有效去除铁、锰、汞、铬、砷等重金属,因此在研究和应用中使用广泛、效果较好。

(2)臭氧-生物活性炭(O$_3$-BAC)处理技术

臭氧-生物活性炭(O$_3$-BAC)处理技术具有优异的去除有机污染物性能。该工艺将臭氧氧化、活性炭吸附、微生物降解统为一体,其中适量的臭氧氧化所产生的中间产物有利于活性炭的吸附去除,臭氧自降解产物氧气导致活性炭中的好氧微生物活性提高和生物再生。

由于O$_3$无持续消毒能力,而Cl$_2$消毒会增加水中的消毒副产物THMs,因此作为优质饮用水供水系统,在出厂前可采用ClO$_2$消毒,以维持管网中的杀菌能力。

(3)精密过滤处理技术

精密过滤是使用精密过滤器对水进行过滤,其能去除杂质的颗粒范围视精密过滤器的种类而不同。精密过滤器在水处理中常用的有滤芯过滤器和预涂膜过滤器。滤芯过滤器的滤芯元件常用的是多孔陶瓷和聚丙烯纤维,能去除2~5 μm以上的颗粒。预涂膜过滤器常用的有硅藻土过滤,它是在过滤前先对滤元预涂硅藻土形成2~3 mm厚的过滤膜,能够去除胶体颗粒、细菌和部分病毒及大分子有机物。精密过滤在优质饮用水处理中应用时一般应与活性炭吸附相结合。

(4)膜分离处理技术

反渗透膜、超滤膜、微滤膜和纳滤膜最初应用于工业用水、海水、苦咸水等的淡化和脱盐处理等,现已被广泛应用于去除水中的浊度、色度、嗅味、消毒副产物前驱物质、微生物、溶解性有机物等。选择合适的膜技术或膜技术组合,可以对饮用水进行深度净化处理,甚至可以将原水处理到所希望的任何水质水平。

膜处理技术是水经过滤膜后将水中杂质截留。膜分离分为微滤、超滤和反渗透。微滤是水通过由中空聚丙烯纤维等组成的微滤膜(孔径在 $0.1 \sim 0.26$ μm),能截留水中 $0.1 \sim 0.2$ μm 以上的杂质,可去除浊度、臭味、色度及较大的病毒和部分有机物,其工作压力在 $0.15 \sim 0.2$ MPa;超滤是水通过 $2.0 \sim 20$ μm 孔径的超滤膜,能去除大部分有机物,并能将病毒全部去除,其工作压力为 0.5 MPa;反渗透是水通过半透膜,能截留水中的小分子、离子,其工作压力达 $5 \sim 10$ MPa。

(5)生物预处理

生物预处理可部分去除水中的有机污染物、氨氮、亚硝酸盐以及三氯甲烷前驱物质(如富里酸、苯酚、苯胺等),减轻后续工艺的有机负荷,提高整体处理流程的处理效果。强化加氯点的选择和加氯量的控制,尽量选用二氧化氯或其他消毒剂,使用臭氧、Cl_2、$KMnO_4$ 等进行预氧化,是控制出水有机物尤其是消毒副产物的有效途径。

(6)氧化工艺

氧化工艺是饮用水深度净化的常用工艺之一。它包括臭氧、二氧化氯、双氧水、高锰酸钾氧化、光催化氧化以及紫外线和臭氧、双氧水相结合的高级氧化技术。单纯的氧化工艺相对来说需要的能量和费用较高,不太适合大规模的优质饮用水的制取。它只是有选择地将危害性较大的有毒有害物质变为危害性较小的物质或与其他处理单元如活性炭吸附等作适当的结合,才有可能广泛地应用于实践。

本章小结

本章内容以地表水处理经典工艺为主线,形成混凝、沉淀、过滤、消毒 4 个重要组成部分。每一部分详细介绍了其单元构筑物工作原理、构筑物及设备组成、基本技术参数,并着重强调了针对各种不同水源水水质的地表水处理系统与工艺选择。要求学生能够掌握地表水处理经典工艺过程和原理,并能进行传统地表水厂的平面布置和高程设计;通过现场实训,能熟悉地表水厂的运行管理基本知识、岗位要求、职责、安全操作维护等。

习 题

1.胶体有哪些特性?

2.影响混凝效果的主要因素有哪些?

3.沉淀的 4 种基本类型是什么?

4.理想沉淀池的 3 个假定的内容是什么?

5.根据水流方向不同,沉淀池可分为哪几种类型?

6.滤料的基本要求有哪些?

7.试述快滤池的工作原理及其基本组成。

8.地表水处理工艺系统的选择原则是什么?

9.水处理工艺选择时必需的试验有哪些?

10.根据原水水质的不同,一般地表水处理系统可以分为哪几种工艺流程?

3

地下水及特殊用水处理技术

教学要求

通过本章学习,掌握地下水除铁、除锰、除氟的方法,熟悉水的软化与除盐概念、处理方法,了解冷却理论、冷却构筑物,熟悉冷却水水质特点、处理要求与处理方法。

知识点

除铁;除锰;除氟;循环冷却水;离子交换法;膜分离技术

3.1 地下水除铁除锰

含铁、含锰地下水在我国分布很广,地壳中的铁质多半分散在各种晶质岩和沉积岩中,它们都是难溶性的化合物。我国地下水中铁的含量一般为 5~15 mg/L,锰的含量一般为 0.5~2.0 mg/L。地下水中铁、锰含量高时,会使水产生色、嗅、味,使用不便;作为造纸、纺织、化工、食品、制革等生产用水,会影响其产品的质量。

地表水中由于含有丰富的溶解氧,水中铁、锰主要以不溶解的 $Fe(OH)_3$ 和 MnO_2 存在,故铁、锰含量不高,一般无须进行除铁除锰处理。

我国《生活饮用水卫生标准》(GB 5749—2006)中规定,铁的含量不得超过 0.3 mg/L、锰的含量不得超过 0.1 mg/L,这主要是为了防止水的腥臭或沾污生活用具或衣物,并没有毒理学的意义。原水的铁锰含量超过标准规定时,须经除铁除锰处理。

3.1.1 地下水除铁

1)空气自然氧化法除铁

含铁地下水,经曝气向水中充氧后,空气中的 O_2 将二价铁氧化为三价铁,与水中的氢氧根作用形成 $Fe(OH)_3$,沉淀物析出而被排除,习惯上称为曝气自然氧化法除铁。该法不需要投加药剂,滤池负荷率低,运行稳定,原水铁含量高时仍可采用,但不适用于溶解性硅酸含量较高及高色度地下水。

含铁地下水经曝气充氧后,水中的二价铁离子发生如下反应:

$$4Fe^{2+} + O_2 + 10H_2O \Longrightarrow 4Fe(OH)_3 + 8H^+ \tag{3.1}$$

经研究表明,二价铁的氧化速率与水中二价铁、氧、氢氧根离子的摩尔浓度有关,可表示为:

$$-\frac{\mathrm{d}[\mathrm{Fe}^{2+}]}{\mathrm{d}t} = K[\mathrm{Fe}^{2+}][\mathrm{OH}^-]^2 P_{\mathrm{O}_2} \qquad (3.2)$$

式中:K——反应速率常数;

P_{O_2}——氧在气相中分压;

$[\mathrm{OH}^-]$——氢氧根离子浓度,mol/L;

$[\mathrm{Fe}^{2+}]$——二价铁离子浓度,mol/L。

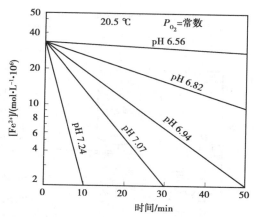

图3.1 二价铁氧化速率与 pH 值关系

从式(3.2)可知,二价铁的氧化速率与$[\mathrm{OH}^-]^2$成正比,即与$[\mathrm{H}^+]^2$成反比,可见 pH 值对氧化除铁过程有很大影响。实践证明,提高 pH 值可使二价铁的氧化速率提高;如果 pH 值降低,二价铁的氧化速率则明显变慢。二价铁的氧化速率与 pH 值的关系如图3.1 所示。

对于含有较多CO_2而 pH 值较低的水,曝气除了提供氧气以外,还可以起到吹脱散除水中CO_2提高水的 pH 值作用,以及加速氧化反应的作用。

空气自然氧化法除铁一般采用的工艺如图3.2 所示。此法适用于原水含铁量较高的情况,曝气的作用主要是向水中充氧。曝气装置有跌水、淋水、喷水、射流曝气、压缩空气、板条式曝气塔、接触式曝气塔和轮式表面曝气装置。为提高Fe^{2+}的氧化速度,通常采用在曝气充氧时散除部分CO_2,以提高水的 pH 值的曝气装置,如曝气塔等。

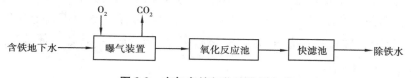

图3.2 空气自然氧化法除铁工艺

曝气后的水进入氧化反应池停留时间一般在 1 h 左右,以便充分氧化二价铁为三价铁,发挥$\mathrm{Fe}(\mathrm{OH})_3$絮凝体的沉淀作用,减轻后续快滤池的负荷。

除铁工艺中的快滤池主要用来截留三价铁絮凝体,与一般澄清用的快滤池相比基本相同,只是滤层厚度根据除铁要求稍有增加,可取 800~1 200 mm。对于原水含铁量大于6 mg/L时,可采用天然锰砂或石英砂滤料的二级过滤工艺。

滤池滤速一般为 5~7 m/h,含铁量高或需除锰的采用较低滤速。冲洗参数与普通给水过滤相同,石英砂滤料除铁滤池的冲洗强度为 10~15 L/($m^2 \cdot$ s),冲洗时间大于 7 min。

2)接触催化氧化法除铁

在自然氧化除铁过程中,由于二价铁的氧化速率比较缓慢,需要一定的时间才能完成氧化作用,但如果有催化剂存在时,可因催化作用大大缩短氧化时间。接触催化氧化除铁法就是使含铁地下水经过曝气后不经自然氧化的反应和沉淀设备,立即进入滤池中过滤,利用滤料颗粒表面形成的铁质活性滤膜的接触催化作用,将二价铁氧化成三价铁,并附着在滤料表面上。其特点是催化氧化和截留去除在滤池中一次完成。接触催化氧化除铁法不适用于高色度原水。

曝气接触催化氧化法除铁工艺如图3.3 所示。

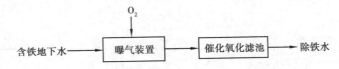

图 3.3　曝气接触催化氧化法除铁工艺

接触催化氧化法除铁包括曝气和过滤两个单元。

（1）曝气

曝气的目的就是向水中充氧。根据二价铁的氧化反应式(3.1)可计算出除铁所需理论氧量,即每氧化 1 mg/L 的二价铁需氧 0.14 mg/L。但考虑水中其他杂质也会消耗氧及氧在水中扩散等因素,实际所需的溶解氧量通常为理论需氧量的 3~5 倍。

曝气装置有多种形式,常用的有跌水曝气、喷淋曝气、射流曝气、莲蓬头曝气、曝气塔曝气等。

如图 3.4 所示为射流曝气装置,利用压力滤池出水回流的高压水流通过水射器时的抽吸作用吸入空气,

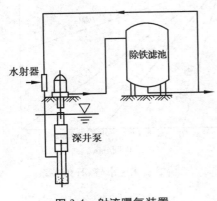

图 3.4　射流曝气装置

进入深井泵吸水管中。该曝气装置具有曝气效果好、构造简单、管理方便等优点,适合于地下水中铁、锰含量不高且无须散除水中 CO_2 以提高 pH 值的小型除铁锰装置。

如图 3.5 所示为莲蓬头曝气装置,每个莲蓬头的服务面积宜为 1.0~1.5 m^2,莲蓬头距滤池水面 1.5~2.5 m,莲蓬头上的孔口直径为 4~8 mm,孔口与中垂线夹角不大于 45°,孔眼流速为 1.5~2.5 m/s。该曝气装置具有曝气效果好、运行可靠、构造简单、管理方便等优点,但莲蓬头因堵塞需更换。

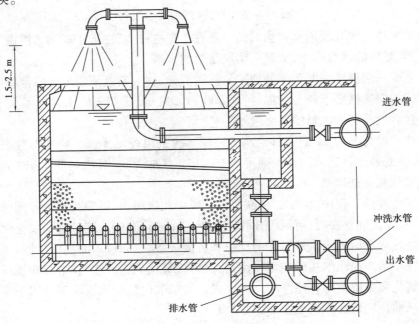

图 3.5　莲蓬头曝气装置

如图3.6所示为曝气塔曝气装置,它是利用含铁锰的水在以水滴或水膜形式自塔顶的穿孔管喷淋而下通过填料层时溶入氧。在曝气塔中填有多层板条或1~3层厚度为300~400 mm的焦炭或矿渣填料层。该曝气装置的特点是水与空气接触时间长,充氧效果好。但当水中含铁锰量较高时,易使填料堵塞。

（2）过滤

普通快滤池和压力滤池因其性能稳定、滤层厚度及冲洗强度选择灵活,是除铁锰工艺常用的滤池池形。滤速一般为5~7 m/h。滤料可以采用石英砂、无烟煤或锰砂等。滤料粒径:石英砂为0.5~1.2 mm,锰砂为0.6~2.0 mm。滤层厚度宜为800~1 200 mm。

滤池刚投入使用时,初期出水含铁量较高,一般不能达到饮用水水质标准。随着过滤的进行,在滤料表面覆盖有棕黄色或黄褐色的铁质氧化物,即具有催化作用的铁质活性滤膜时,除铁效果才显现出来,一段时间后即可将水中含铁量降到饮用水标准,这一

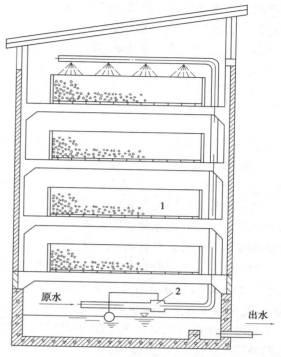

图3.6　曝气塔曝气装置
1—焦炭层;2—浮球阀

现象称为滤料的"成熟"。从过滤开始到出水达到处理要求的这段时间,称为滤料的成熟期。无论采用石英砂或锰砂为滤料,都存在滤料"成熟"这样一个过程,只是石英砂的成熟期较锰砂要长,但成熟后的滤料层都会有稳定的除铁效果。滤料的成熟期与滤料本身、原水水质及滤池运行参数等因素有关,一般为4~20 d。

3）氧化剂氧化法除铁

在天然地下水的pH条件下,氯和高锰酸钾都能迅速将二价铁氧化为三价铁。当采用常规方法处理地表水铁锰有所超标或者用空气中的自然氧化除铁有困难时,可以在水中投加强氧化剂,如氯、高锰酸钾。

药剂氧化时可以获得比空气自然氧化法更为彻底的氧化反应。从经济实用角度来说,目前用作地下水除铁的氧化药剂主要是氯。氯是比氧更强的氧化剂,当pH值>5时,即可将二价铁迅速氧化为三价铁,反应方程式为:

$$2Fe^{2+} + HOCl \longrightarrow 2Fe^{3+} + Cl^- + OH^- \tag{3.3}$$

按此理论反应式计算,每氧化1 mg/L的Fe^{2+},理论上需要$2\times35.5/(2\times55.8) = 0.64$ mg/L的Cl_2。由于水中含有其他能与氯反应的还原性物质,实际上所需投氯量要比理论值高一些。

3.1.2　地下水除锰

1）催化氧化除锰

含锰地下水曝气后,进入滤池过滤,高价锰的氢氧化物逐渐附着在滤料表面,形成黑色或暗褐色的锰质活性滤膜(称为锰质熟砂),在锰质活性滤膜的催化作用下,水中溶解氧在滤料

表面将二价锰氧化成四价锰,并附着在滤料表面。这种在熟砂接触催化作用下进行的氧化除锰过程称为催化氧化除锰工艺。

地下水的含铁量和含锰量均较低时,除锰时所采用的工艺流程如图 3.7 所示。

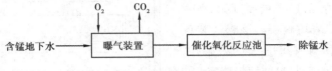

图 3.7　催化氧化法除锰工艺

二价锰氧化反应如下:

$$2Mn^{2+} + O_2 + 2H_2O = 2MnO_2 + 4H^+ \tag{3.4}$$

在接触氧化法除锰工艺中,滤料也同样存在一个成熟期,但成熟期比除铁的要长得多。其成熟期的长短首先与水的含锰量有关:高含锰量的水质,成熟期需 60~70 d,而低含锰量的水质则需 90~120 d,甚至更长;其次与滤料有关,石英砂的成熟期最长,无烟煤次之,锰砂最短。

根据二价锰的氧化反应式(3.4)可计算出除锰所需理论氧量,即每氧化 1 mg/L 的二价锰需氧 0.29 mg/L,实际所需溶解氧量须比理论值高。除锰滤池的滤料可用石英砂或锰砂,滤料粒径、滤层厚度和除铁时相同。滤速为 5~7 m/h。

当地下水的含铁量和含锰量均较低时,一般可采用单级曝气、过滤工艺,铁、锰可在同一滤池的滤层中去除,上部滤层为除铁层,下部滤层为除锰层。若水中含铁量较高或滤速较高时,除铁层会向滤层下部延伸,压缩下部的除锰层,剩余的滤层不能有效截留水中的锰,因而部分泄漏,滤后水不符合水质标准。为此,当水中含铁量、含锰量较高时,为了防止锰的泄漏,可采用两级曝气、过滤处理工艺,即第一级除铁,第二级除锰。其工艺流程如图 3.8 所示。

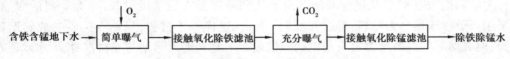

图 3.8　两级曝气、两级过滤除铁除锰工艺系统

除铁、除锰过程中,随着滤料的成熟,滤料上不但有高价铁锰混合氧化物形成的催化活性滤膜,而且还可以观测到滤层中有大量的铁细菌群体。由于微生物的生化反应速率远大于溶解氧氧化 Mn^{2+} 的速度,所以铁细菌的存在对于长成活性滤膜有促进作用。

2)生物法除锰

在自然曝气除铁除锰滤池中,因生存条件适宜,不可避免会滋生一些微生物,其中就有一些能够氧化二价铁、锰的铁细菌,具有加速水中溶解氧氧化二价铁、锰的作用。在自然氧化除铁过程中,铁细菌的作用不甚明显。而在中性 pH 条件下自然氧化除锰困难时,生物作用可以发挥较好的除锰效果。该方法又称为生物法除锰。

生物法除锰也是在滤池中进行的,称为生物除铁除锰滤池,如图 3.9 所示。曝气后的含铁含锰水进入滤池过滤,铁细菌氧化水中 Fe^{2+}、Mn^{2+} 并进行繁殖。经数十日,便有良好的除铁除锰效果,即认为生物除锰滤层已经成熟。如果用成熟滤池中的铁泥对新的滤层微生物接种、培养、驯化,则可以加快滤层成熟速度。一般认为,生物除铁除锰原理是:铁、锰氧化细菌胞内酶促反应以及铁、锰氧化细菌分泌物的催化反应,使 Fe^{2+} 氧化成 Fe^{3+},Mn^{2+} 氧化成 Mn^{4+}。

生物除铁除锰工艺简单,如图 3.10 所示。

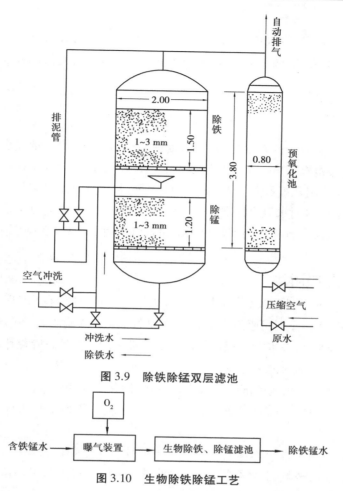

图 3.9　除铁除锰双层滤池

图 3.10　生物除铁除锰工艺

生物除铁除锰需氧量较少,只要简单曝气即可(如铁水曝气),曝气装置简单。滤池中滤料仅起微生物载体作用,可以是石英砂、无烟煤和锰砂等。目前,生物除铁除锰在我国已有生产应用,在 pH 值为 6~9 条件下,允许含锰量 2~3 mg/L,含铁量高达 8 mg/L。该工艺的原理、适用铁锰比例以及 pH 值范围,尚需不断研究和积累经验。

3)化学氧化除锰

和化学氧化除铁相似,氯、二氧化氯、臭氧、高锰酸钾强氧化剂能把二价锰氧化成四价锰沉淀析出,具有除锰作用,容易发生化学反应的反应式为:

$$HOCl + Mn^{2+} + H_2O \longrightarrow MnO_2 + HCl + 2H^+ \tag{3.5}$$

理论上,每氧化 1 mg/L 的 Mn^{2+} 需要 $2 \times 35.5/54.9 = 1.29$ mg/L 的氯。

$$2ClO_2 + 5Mn^{2+} + 6H_2O \longrightarrow 5MnO_2 + 2HCl + 10H^+ \tag{3.6}$$

$$O_3 + Mn^{2+} + H_2O \longrightarrow MnO_2 + O_2 + 2H^+ \tag{3.7}$$

其中,二氧化氯、臭氧生产工序复杂。用氯氧化水中二价锰需要在 pH 值 ≥ 9.5 时才有足够快的氧化速度,在工程上不便应用。如果通过滤料表面的 $MnO_2 \cdot H_2O$ 膜催化作用,氯在 pH 值为 8.5 的条件下,可以将二价锰氧化为四价锰,是工程上能够接受的除锰方法。

高锰酸钾是比氯更强的氧化剂,可以在中性或微酸性条件下将水中的二价锰迅速氧化成四价锰。

$$3Mn^{2+} + 2KMnO_4 + 2H_2O \longrightarrow 5MnO_2\downarrow + 2K^+ + 4H^+ \tag{3.8}$$

理论上,每氧化 1 mg/L 的 Mn^{2+} 需要 $2\times158.04/(3\times54.9)=1.92$ mg/L 的高锰酸钾。

3.2　地下水除氟

氟是自然界中广泛分布的元素之一,在卤素中,它在地壳中的含量仅次于氯。在我国,地下水含氟地区的分布范围很广。氟又是机体生命活动所必需的微量元素之一,但过量的氟将产生毒性作用,长期饮用含氟量高于 1.5 mg/L 的水可引起氟斑牙,表现为牙釉质损坏、牙齿过早脱落等。我国《生活饮用水卫生标准》(GB 5749—2006)中规定氟的含量不超过 1.0 mg/L,超过标准规定的原水需进行除氟处理。饮用水除氟可采用活性氧化铝吸附法、混凝沉淀法、反渗透法等。

3.2.1　活性氧化铝吸附法

活性氧化铝是一种两性物质,其等电点约为 9.5,当水的 pH 值在 9.5 以上时可吸附水中阳离子,水的 pH 值在 9.5 以下时可吸附水中阴离子,活性氧化铝吸附阴离子的顺序为 $OH^->PO_4^{3-}>F^->SO_3^->CrO_4^{2-}>SO_4^{2-}>NO_2^->Cl^->NO_3^-$,对吸附氟离子具有极大的选择性。除氟用的活性氧化铝为白色颗粒状多孔吸附剂,有较大的表面积。

活性氧化铝在使用前须用硫酸铝溶液进行活化,活化反应为:

$$(Al_2O_3)_n \cdot 2H_2O + SO_4^{2-} \longrightarrow (Al_2O_3)_n \cdot H_2SO_4 + 2OH^- \tag{3.9}$$

除氟时的反应为:

$$(Al_2O_3)_n \cdot H_2SO_4 + 2F^- \longrightarrow (Al_2O_3)_n \cdot 2HF + SO_4^{2-} \tag{3.10}$$

当活性氧化铝失去除氟能力后,需停止运行,进行再生。再生时可用浓度为 1%~2% 的硫酸铝溶液,再生反应为:

$$(Al_2O_3)_n \cdot 2HF + SO_4^{2-} \longrightarrow (Al_2O_3)_n \cdot H_2SO_4 + 2F^- \tag{3.11}$$

活性氧化铝对水中氟吸附能力的大小取决于其吸附容量。吸附容量是指 1 g 活性氧化铝所能吸附氟的质量,一般为 $1.2\sim4.5$ mgF^{-1}/g Al_2O_3。它主要与原水的含氟量、pH 值、活性氧化铝的粒度等因素有关。原水的含氟量高时,由于对活性氧化铝颗粒能形成较高的浓度梯度,有利于氟离子进入颗粒内,从而能获得较高的吸附容量;原水的 pH 值在 5~8 时,活性氧化铝的吸附量较大,pH 值等于 5.5 可获得最佳的吸附容量,我国多将 pH 值控制在 6.5~7.0;活性氧化铝的粒度小时,吸附容量大且再生容易,但冲洗时小颗粒易流失,一般选用粒径宜为 0.5~1.5 mm。

使用活性氧化铝吸附时,根据原水中含氟量,当原水含氟量小于 4 mg/L 时,滤料厚度宜大于 1.5 m;当原水含氧量大于等于 4 mg/L 时,滤料厚度宜大于 1.8 m。连续运行时,滤速宜为 2~3 m/h;间歇运行时,滤速宜为 6~8 m/h。当活性氧化铝滤层失效后(即出水含氟量超过标准时),需停止运行,进行再生。再生时,为去除滤层中的悬浮物,应先用原水对滤层进行冲洗(膨胀率为 30%~50%)。再生剂可用 1%~2% 硫酸铝或 1.0%NaOH 溶液,其浓度和用量应通过试验确定。再生后须用除氟水冲洗,最后可用 1% 的硫酸溶液调节进水 pH 值降至 3 左右,再进水除氟至出水合格为正式运行开始。再生时间一般为 1~3 h。

3.2.2 混凝沉淀法

混凝沉淀法除氟是在含氟水中投加混凝剂,通过生成的絮凝体来吸附水中的氟离子,然后经沉淀和过滤将其去除。该法适用于去除含氟量小于 4 mg/L 的原水。

主要的混凝剂为铝盐,投加量(以 Al^{3+})应通过实验来确定,宜为原水含氟量的 $10 \sim 15$ 倍。药剂投加后,水的 pH 值应控制在 $6.5 \sim 7.5$。处理工艺为:原水—混合—絮凝—沉淀—过滤。在没有条件进行沉淀试验的条件下,控制在 4 h 为宜。

3.3 水的软化与除盐

硬度是水质的一个重要指标,通常以水中 Ca^{2+}、Mg^{2+} 的总含量称为水的总硬度(H_t)。硬度又可分为碳酸盐硬度(H_c)和非碳酸盐硬度(H_n),前者称为暂时硬度,后者称为永久硬度。

水的硬度过高,对生活和生产都有危害,特别是锅炉用水。为了消除或减小水中硬度引起的危害,需对含有 Ca^{2+}、Mg^{2+} 的原水进行处理。降低水中 Ca^{2+}、Mg^{2+} 含量的处理过程称为水的软化。水的软化程度应根据用户对水质的要求确定,作为饮用水,应符合《生活饮用水卫生标准》(GB 5749—2006)对 Ca^{2+}、Mg^{2+} 含量的规定。对于低压锅炉,一般要进行水的软化处理;对于中、高压锅炉,则要求进行水的软化与脱盐处理,应符合《工业用水软化除盐设计规范》(GB/T 50109—2014)的规定。

目前水的软化处理主要有以下两种方法:

①水的药剂软化法。基于溶度积原理,向原水中加入一定量的某些化学药剂(如石灰、苏打等),使之与水中的 Ca^{2+}、Mg^{2+} 反应生成难溶化合物 $CaCO_3$ 和 $Mg(OH)_2$ 沉淀析出,以达到去除水中大部分 Ca^{2+}、Mg^{2+} 的目的。工艺所需设备与常规净化工艺过程基本相同,也要经过混凝、沉淀、过滤等工序。

②水的离子交换软化法。基于离子交换原理,利用某些离子交换剂所具有的可交换阳离子(Na^+ 或 H^+)与水中 Ca^{2+}、Mg^{2+} 进行离子交换反应,去除水中的 Ca^{2+}、Mg^{2+},以达到水的软化目的。

3.3.1 水的药剂软化

常用的化学药剂有石灰(CaO)、苏打(Na_2CO_3)等。

1)石灰软化法

石灰软化法反应如下:

$$CaO + H_2O \longrightarrow Ca(OH)_2 \tag{3.12}$$

$$CO_2 + Ca(OH)_2 \longrightarrow CaCO_3 \downarrow + H_2O \tag{3.13}$$

$$Ca(HCO_3) + Ca(OH)_2 \longrightarrow 2CaCO_3 \downarrow + 2H_2O \tag{3.14}$$

$$Mg(HCO_3)_2 + 2Ca(OH)_2 \longrightarrow 2CaCO_3 \downarrow + Mg(OH)_2 \downarrow + 2H_2O \tag{3.15}$$

熟石灰 $Ca(OH)_2$ 与水中非碳酸盐的镁硬度起反应生成 $Mg(OH)_2$,但同时又产生了等当量的非碳酸盐的钙硬度,其反应如下:

$$MgSO_4 + Ca(OH)_2 \longrightarrow Mg(OH)_2 \downarrow + CaSO_4 \tag{3.16}$$

$$MgCl_2 + Ca(OH)_2 \longrightarrow Mg(OH)_2 \downarrow + CaCl_2 \tag{3.17}$$

因此,石灰软化法不能降低水的非碳酸盐硬度。但通过石灰处理,在软化的同时还可以去除水中部分铁和硅的化合物。

在水的药剂软化中,由于石灰价格低、来源广,所以是最常用的软化药剂。其主要适用于原水的非碳酸盐硬度较低、碳酸盐硬度较高且不要求深度软化的场合。处理时,原水宜加热至30~40 ℃,宜用铁盐作为混凝剂。石灰也可以与离子交换法联合使用,作为深度软化的预处理。石灰实际投加量应在生产实践中加以调试。

2)石灰-苏打软化法

石灰软化法只能降低水的碳酸盐硬度,而不能降低水的非碳酸盐硬度。石灰-苏打软化法就是向水中同时投加石灰和苏打,以苏打来降低水的非碳酸盐硬度。反应如下:

$$CaSO_4 + Na_2CO_3 \longrightarrow CaCO_3 \downarrow + NaSO_4 \tag{3.18}$$

$$CaCl_2 + Na_2CO_3 \longrightarrow CaCO_2 \downarrow + 2NaCl \tag{3.19}$$

$$MgSO_4 + Na_2CO_3 \longrightarrow MgCO_3 + Na_2SO_4 \tag{3.20}$$

$$MgCl_2 + NaCO_3 \longrightarrow MgCO_3 + 2NaCl \tag{3.21}$$

$$MgCO_3 + Ca(OH)_2 \longrightarrow CaCO_3 \downarrow + Mg(OH)_2 \downarrow \tag{3.22}$$

3.3.2　水的离子交换软化法

离子交换是指利用离子交换剂,使其与水中待去除离子之间发生等物质量规则的可逆性交换,从而使待去除离子从水中被去除的处理方法。离子交换技术在水处理领域中有广泛的应用。

1)离子交换的基本原理

(1)离子交换树脂

离子交换树脂是水处理中最常用的离子交换剂,它是由交联结构的高分子骨架(称为母体)与附属在骨架上的许多活性基团构成的不溶性高分子电解质。活性基团遇水后电离成两部分:固定离子,仍与骨架牢固结合,不能自由移动;交换离子,能在一定范围内自由移动,并与其周围溶液中的其他同性离子进行交换反应。以强酸性阳离子交换树脂为例,可写成 R—SO_3H,其中 R 代表树脂母体即网状结构部分,—SO_3^- 为活性基团的固定离子,H^+ 为活性基团的交换离子。有时可简化写成 RH,R 表示树脂母体和牢固结合在其上面的固定离子。

离子交换树脂包括阳离子交换树脂和阴离子交换树脂。阳离子交换树脂带有酸性活性基团,按其酸性强弱可分为强酸性和弱酸性两种;阴离子交换树脂带有碱性活性基团,按其碱性强弱可分为强碱性和弱碱性两种,其交换离子是 OH^-,故可简化写成 ROH。前者常用于水的软化或脱碱软化,二者配合可用于水的除盐。

(2)离子交换树脂的基本性能

①密度。离子交换树脂的密度有湿真密度和湿视密度两种表示方法。

湿真密度是指树脂溶胀后的质量与其本身所占体积(不包括树脂颗粒之间的空隙)之比,即

$$湿真密度 = \frac{湿树脂质量}{湿树脂颗粒本身体积} \tag{3.23}$$

树脂的湿真密度对树脂层的冲洗强度、膨胀率以及混合床再生前树脂的分层影响很大。强酸树脂的湿真密度约为 1.3 g/mL,强碱树脂约为 1.1 g/mL。

湿视密度是指树脂溶胀后的质量与其堆积体积(包括树脂颗粒之间的空隙)之比,即

$$湿视密度 = \frac{湿树脂质量}{湿树脂堆积体积} \tag{3.24}$$

树脂的湿视密度常用来计算交换器所需装填湿树脂的数量,一般为 0.6~0.85 g/mL。

②有效 pH 值范围。强酸、强碱树脂的活性基团电离能力强,其交换容量基本与水的 pH 值无关。而弱酸、弱碱树脂由于活性基团的电离能力弱,其交换容量与水的 pH 值有关。弱酸树脂在水的 pH 值低时不电离或仅部分电离,因而只能在碱性溶液中才会有较高的交换能力,其有效 pH 值范围一般为 5~14;弱碱树脂则相反,只能在酸性溶液中才会有较高的交换能力,有效 pH 值范围一般为 1~7。

③交换容量。树脂交换容量是定量表示树脂交换能力大小的一项重要指标,单位为 mmol/L(湿树脂)或 mmol/g(干树脂)。交换容量又可分为全交换容量与工作交换容量。全交换容量是指一定量树脂中含有的全部可交换离子的数量,树脂全交换容量可由滴定法测定;工作交换容量是指一定量的树脂在给定工作条件下实际的交换容量,树脂工作交换容量与再生方式、原水含盐量及其组成、树脂层厚度、水流速度、再生剂用量等运行条件有关。一般情况下,采用逆流再生方式可获得较高的工作交换容量。在实际中,树脂工作交换容量可由模拟试验确定,亦可参考有关数据选用。

④选择性。树脂对水中不同离子进行交换反应时,由于树脂和各种离子之间亲合力的大小不同,交换树脂存在着对各种离子交换的选择顺序。它与树脂类型、水中离子的种类、浓度及温度等因素有关。在常温、低浓度水溶液中,各种离子交换树脂对水中常见离子的选择顺序为:

- 强酸性阳离子交换树脂 $Fe^{3+} > Al^{3+} > Ca^{2+} > Mg^{2+} > K^+ > NH_4^+ > Na^+ > H^+ > Li^+$
- 弱酸性阳离子交换树脂 $H^+ > Fe^{3+} > Al^{3+} > Ca^{2+} > Mg^{2+} > K^+ > NH_4^+ > Na^+ > Li^+$
- 强碱性阴离子交换树脂 $SO_4^{2-} > NO_3^- > Cl^- > OH^- > F^- > HCO_3^- > HSiO_3^-$
- 弱碱性阴离子交换树脂 $OH^- > SO_4^{2-} > NO_3^- > Cl^- > F^- > HCO_3^- > HSiO_3^-$

应着重指出,在高浓度溶液中,浓度的高低成为决定离子交换反应方向的关键因素。

离子交换的实质就是树脂的可交换离子与溶液中其他同性离子进行的交换反应。例如,水的离子交换软化法就是利用阳离子交换树脂交换去除水中的 Ca^{2+}、Mg^{2+},其交换反应如下:

$$2RH + Ca^{2+} \Longrightarrow R_2Ca + 2H^+ \tag{3.25}$$

$$2RH + Mg^{2+} \Longrightarrow R_2Mg + 2H^+ \tag{3.26}$$

$$2RNa + Ca^{2+} \Longrightarrow R_2Ca + 2Na^+ \tag{3.27}$$

$$2RNa + Mg^{2+} \Longrightarrow R_2Mg + 2Na^+ \tag{3.28}$$

离子交换反应为可逆反应,当树脂失效以后,利用高浓度再生液(Na^+ 或 H^+)使交换反应逆向进行,Na^+ 和 H^+ 把树脂上吸附的 Ca^{2+}、Mg^{2+} 置换出来,从而使树脂重新恢复交换能力,这个过程称为树脂再生。

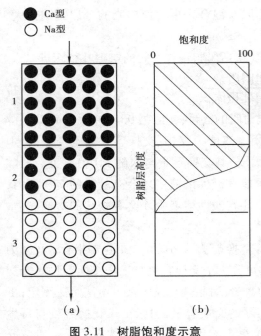

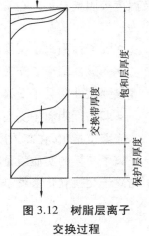

（3）离子交换过程

以离子交换柱中装填 Na 型树脂，从上而下通过含有一定浓度钙离子的硬水为例。

图 3.11 所示为树脂饱和度示意（图中白点表示钠型树脂，黑点表示钙型树脂），树脂饱和度是指单位体积树脂所吸附的 Ca^{2+}、Mg^{2+} 的含量与其全交换容量之比。若把整个树脂层各点的饱和程度连成曲线，可绘得某一时刻的饱和度曲线，如图 3.11（b）所示。

就整个离子交换过程而言，可分成两个阶段：一是交换带形成阶段，发生在交换开始的一段不长时间内，在此阶段内，树脂的饱和度曲线不断发生变化，直至形成一定形状的曲线；二是交换带推移阶段，即交换带以一定速度沿着水流方向向下推移的过程。交换带为交换柱中正在进行离子交换反应的区域，称为树脂交换工作层。交换带推移阶段实际上就是树脂交换工作层沿水流方向不断向下

图 3.11　树脂饱和度示意

移动的过程，当交换带（即树脂交换工作层）下端推移到达整个树脂层底部时，Ca^{2+}、Mg^{2+} 开始泄漏，应立即停止交换，进行再生。此时整个树脂层可分成饱和层和保护层两部分，前者树脂交换容量得到充分利用，后者树脂交换容量只是部分被利用。可见，交换带厚度相当于此时的保护层厚度，如图 3.12 所示。

树脂交换带厚度的大小取决于水流通过树脂层的速度，Ca^{2+}、Mg^{2+} 浓度及树脂再生程度等因素。

2）离子交换软化方法

（1）Na 离子交换软化法

它是最常用的一种软化法，交换反应如下：

对于碳酸盐硬度：

$$2RNa + Ca(HCO_3)_2 \Longrightarrow R_2Ca + 2NaHCO_3 \tag{3.29}$$

$$2RNa + Mg(HCO_3)_2 \Longrightarrow R_2Mg + 2NaHCO_3 \tag{3.30}$$

对于非碳酸盐硬度：

$$2RNa + CaSO_4 \Longrightarrow R_2Ca + NaSO_4 \tag{3.31}$$

$$2RNa + CaCl_2 \Longrightarrow R_2Ca + 2NaCl \tag{3.32}$$

$$2RNa + MgSO_4 \Longrightarrow R_2Mg + NaSO_4 \tag{3.33}$$

$$2RNa + MgCl_2 \Longrightarrow R_2Mg + 2NaCl \tag{3.34}$$

图 3.12　树脂层离子
交换过程

树脂 RNa 经交换后变成 R_2Ca、R_2Mg，树脂的再生剂为食盐。

$$R_2Ca + 2NaCl \Longrightarrow 2RNa + CaCl_2 \tag{3.35}$$

$$R_2Mg + 2NaCl \Longrightarrow 2RNa + MgCl_2 \tag{3.36}$$

该法的特点是在软化过程中不产生酸性水，设备和管道防腐设施简单，但只能去除硬度，

不能脱碱。该法适用于原水碱度较低只须进行软化的场合,可用作低压锅炉的给水处理系统。

(2)H 离子交换软化法

其交换反应如下:

对于碳酸盐硬度:

$$2RH + Ca(HCO_3)_2 \Longrightarrow R_2Ca + 2CO_2 + 2H_2 \tag{3.37}$$

$$2RH + Mg(HCO_3)_2 \Longrightarrow R_2Mg + 2CO_2 + 2H_2O \tag{3.38}$$

对于非碳酸盐硬度:

$$2RH + CaSO_4 \Longrightarrow R_2Ca + H_2SO_4 \tag{3.39}$$

$$2RH + CaCa_2 \Longrightarrow R_2Ca + 2HCl \tag{3.40}$$

$$2RH + MgSO_4 \Longrightarrow R_2Mg + H_2SO_4 \tag{3.41}$$

$$2RH + MgCl_2 \Longrightarrow R_2Mg + 2HCl \tag{3.42}$$

$$RH + NaCl \Longrightarrow RNa + HCl \tag{3.43}$$

树脂 RH 经交换后变成 R_2Ca、R_2Mg、RNa,树脂的再生剂为硫酸或盐酸。

$$R_2Ca + H_2SO_4 \Longrightarrow 2RH + CaSO_4 \tag{3.44}$$

$$R_2Ca + 2HCl \Longrightarrow 2RH + CaCl_2 \tag{3.45}$$

$$RNa + HCl \Longrightarrow RH + NaCl \tag{3.46}$$

该法的特点是在软化过程中硬度及碱度均被去除,但出水呈酸性,故该软化法不能单独使用,通常和钠离子交换软化法联合使用。

(3)H—Na 联合离子交换脱碱软化法

同时应用 H 和 Na 离子交换进行脱碱软化的方法,可分为 H—Na 并联离子交换系统和 H—Na 串联离子交换系统两种。

图 3.13 所示为 H—Na 并联离子交换系统。原水分配成两部分,一部分进入 Na 离子交换器(出水呈碱性),其余部分进入 H 离子交换器(出水呈酸性),然后两者出水流入混合器进行中和反应,最后出水进入除二氧化碳器脱除 CO_2 气体后流出。中和反应如下:

$$H_2SO_4 + 2NaHCO_3 \longrightarrow Na_2SO_4 + 2CO_2 \uparrow + 2H_2O \tag{3.47}$$

$$HCl + NaHCO_3 \longrightarrow NaCl + CO_2 \uparrow + H_2O \tag{3.48}$$

考虑混合后的软化水应含有少量剩余碱度,原水流量分配可按下式计算:

$$Q_{Na} = \frac{c\left(\frac{1}{2}SO_4^{2-} + Cl^-\right) + A_r}{c(HCO_3^-) + c\left(\frac{1}{2}SO_4^{2-} + Cl^-\right)}Q \tag{3.49}$$

$$Q_H = \frac{c(HCO_3^-) - A_r}{c(HCO_3^-) + c\left(\frac{1}{2}SO_4^{2-} + Cl^-\right)}Q \tag{3.50}$$

式中:Q——处理水总流量,m^3/h;

Q_H——进入氢离子交换器的流量,m^3/h;

Q_{Na}——进入钠离子交换器的流量,m^3/h;

$c\left(\frac{1}{2}SO_4^{2-} + Cl^-\right)$——原水中硫酸根和氯根离子的含量,$mmol/L$;

$c(HCO_3^-)$——原水的碱度,mmol/L;

A_r——混合后软化水的剩余碱度,约为0.5 mmol/L。

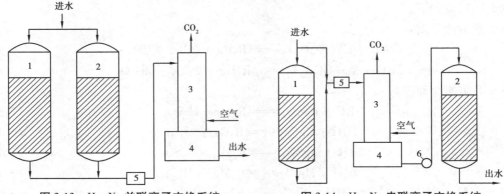

图 3.13 H—Na 并联离子交换系统

1—Na 离子交换器;2—H 离子交换器;

3—除 CO_2 器;4—水箱;5—混合器

图 3.14 H—Na 串联离子交换系统

1—H 离子交换器;2—Na 离子交换器;3—除 CO_2 器;

4—中间水箱;5—混合器;6—水泵

图 3.14 所示为 H—Na 串联离子交换系统。原水一部分(Q_H)流入 H 离子交换器,出水与另一部分原水混合,然后进入除二氧化碳器脱气流入中间水箱,最后由水泵打入钠离子交换器进一步软化。原水流量分配计算方法与 H—Na 并联离子交换系统完全一样。

综上所述,H—Na 并联和 H—Na 串联系统均能达到脱碱软化的目的,但 H—Na 并联系统只是一部分流量经过 Na 离子交换器,H—Na 串联系统则是全部流量经过 Na 离子交换器。因此,从运行来看,串联系统较安全可靠,更适合于处理高硬度水,能满足低压锅炉对水质的要求。

(4)弱酸性 H 离子交换软化法

弱酸性 H 离子交换树脂的活性基团是羧酸(—COOH),可表示为 RCOOH,实际参与离子交换反应的可交换离子为 H^+。交换反应如下:

$$2RCOOH + Ca(HCO_3)_2 \Longrightarrow (RCOO)_2Ca + 2CO_2 + 2H_2O \tag{3.51}$$

$$2RCOOH + Mg(HCO_3)_2 \Longrightarrow (RCOO)_2Mg + 2CO_2 + 2H_2O \tag{3.52}$$

由于弱酸性树脂交换基团的特性,它只能去除碳酸盐硬度,而不能去除非碳酸盐硬度。该法适用于原水中碳酸盐硬度很高而非碳酸盐硬度较低的场合。其优点是交换设备体积小,再生非常容易且酸耗低,运行费用低。若需深度脱碱软化时,可与 Na 型强酸树脂联合使用组成 H—Na 串联系统或在同一交换器中填装 H 型弱酸和 Na 型强酸树脂,构成 H—Na 离子交换双层床。

3)离子交换软化设备

常用的离子交换软化设备为离子交换器,装有 Na 型树脂的称为 Na 离子交换器,装有 H 型树脂的称为 H 离子交换器。离子交换器为能承受 400~600 kPa 压力的钢罐,内部结构分为上部配水管系、树脂层、下部配水管系 3 个部分。在交换器内装有树脂层,树脂层的厚度应通过计算确定,不宜低于 1.0 m。为保证树脂层冲洗时有足够的膨胀空间,树脂层表面到上部配水管系之间的高度为树脂层厚度的 40%~80%。

根据运行方式的不同,离子交换软化设备可分为固定床和连续床两大类型。固定床是最基本的一种类型,其特点是交换与再生两个过程均在同一交换器中进行,树脂不向外输送。连续床是在固定床的基础上发展起来的,包括移动床和流动床两种类型。固定床根据原水与再生液的流动方向,又可分为顺流再生固定床和逆流再生固定床两种,前者原水与再生液分别从上而下以同一方向流经树脂层,后者原水与再生液流动方向相反。

(1)顺流再生固定床

顺流再生固定床的运行操作包括交换、反洗、再生、清洗 4 个步骤,其中反洗、再生、清洗 3 个步骤属于再生工序。

①交换:交换过程就是软化过程。原水由上部配水系统进入交换器,通过树脂层交换后,软化水经下部配水系统流出。当出水硬度刚刚出现泄漏时,交换立即结束,进入再生工序。

②反洗:反洗水(一般用原水)由下部配水系统自下而上通过树脂层进行反洗,目的是使树脂层产生膨胀以清除树脂层内的杂质。

③再生:再生是交换器运行操作中的重要环节。为保持再生液的浓度,再生前应先排水,然后进再生液。再生液浓度:食盐一般为 5%～10%,盐酸为 4%～6%,硫酸不应大于 2%。

④清洗:清除树脂层中残存的再生残液,再生完毕后,应使用软化水对树脂层进行正向清洗。清洗完毕,即转入交换过程。

顺流再生固定床的优点是构造简单、运行操作简便。缺点主要表现在:树脂层上、下部再生效果相差悬殊,即使再生剂耗量是理论值的 2～3 倍,再生效果仍然不理想;出水剩余硬度较高,特别是工作后期,由于再生时树脂层下半部再生程度低,出水提前超标,导致交换器工作周期大大缩短。顺流再生固定床只适用于处理规模较小、原水硬度较低的场合。

(2)逆流再生固定床

逆流再生固定床与顺流再生固定床的区别是再生时再生液流动方向与交换时水流流向相反。其操作方式有两种:一种是水流向下流、再生液向上流,应用比较成功的有气顶压法、水顶压法等;另一种是水流向上流、再生液向下流,应用比较成功的有浮动床法。生产中,常见的是气顶压逆流再生固定床。

图 3.15 为气顶压逆流再生固定床的再生操作过程示意图,与顺流再生设备的不同之处是在树脂层表面处安装有中间排水装置。另外,在中间排水装置上面,装填一层厚约15 cm的树脂或容重轻于树脂而略重于水的惰性树脂(称为压脂层),它一方面使压缩空气比较均匀而缓慢地从中间排水装置逸出,另一方面在交换时起一定预过滤作用。进再生液之前,在交换器顶部进入压强 30～50 kPa 的压缩空气压住树脂层,称为气顶压,其作用:一方面是在正常再生流速(5 m/h 左右)情况下,保证树脂层次不乱;另一方面是借助上部压缩空气的压力,在排出向上流的再生液与清洗水时,防止树脂乱层。

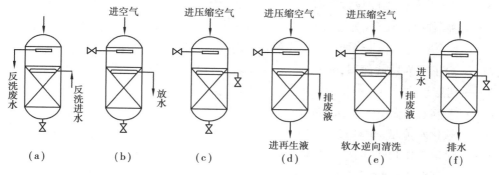

图 3.15 气顶压逆流再生固定床的再生操作过程示意图

逆流再生固定床的再生操作步骤如下：

①小反洗：反洗水从中间排水装置进入，松动压脂层并清除其中的悬浮固体，反洗流速为 5~10 m/h，历时 10~15 min。

②放水：放掉中间排水装置上部的水。

③顶压：从交换器顶部进入压缩空气，使气压维持在 30~50 kPa 范围内。

④进再生液：在有顶压的情况下，从交换器底部进再生液，上升流速约为 5 m/h。

⑤逆流清洗：在有顶压的情况下，以流速为 5~7 m/h 的软化水进行逆流清洗，直到排出水符合要求。

⑥正洗：以流速为 10~15 m/h 的水流自上而下清洗，直到出水水质合格，即可投入交换运行。

逆流再生固定床运行若干周期后要进行一次大反洗，以去除树脂层中的杂质和碎粒。大反洗后的第一次再生时，应适当增加再生剂用量。

与顺流再生比较，逆流再生具有如下优点：再生废液中再生剂有效浓度明显降低（一般不超过 1%），再生液得到充分利用，再生剂耗量可降低 20% 以上；出水质量显著提高；原水水质适用范围扩大，对于硬度较高的水，仍能保证出水水质；再生程度较高，树脂工作交换容量有所提高。

水顶压法与气顶压法基本相同，仅是用带有一定压力的水替代压缩空气以保持树脂层不乱。水压一般为 50 kPa，水量为再生液用量的 1~1.5 倍。

无顶压逆流再生工艺是我国近年发展起来的一种很有发展前途的再生方法。其原理是：增加中间排水装置的开孔面积（使小孔流速低于 0.1~0.2 m/h），在压脂层厚 20 cm、再生流速小于 7 m/h 的情况下，不需任何顶压手段，即可保持树脂层固定密实，而再生效果完全相同。无顶压法逆流再生工艺的应用简化了逆流再生操作，标志着逆流再生技术在实际应用方面又进展了一步。

浮动床装置的特点是由底部进入的高速水流将整个树脂层托起，软化水由上部引出。再生操作时，再生液自上而下流经树脂层，同样具有逆流再生的特性。浮动床内由于树脂填充较满，难以在交换器内进行清洗，因此必须定期将树脂移出交换器外擦洗。对于直径较小的设备，亦可采用体内抽气擦洗方式。在成床和落床过程中，保持层床不乱是浮动床能否具有逆流再生效果的重要因素。此外，在处理水量不稳定或需经常间歇运行的场合，不宜采用浮动床。

（3）固定床软化设备的设计计算

离子交换器的计算公式为：

$$Fhq = QTH_t \tag{3.53}$$

式中：F——离子交换器截面积，m^2；

　　　h——树脂层高度，m；

　　　q——树脂工作交换容量，mmol/L；

　　　Q——软化水流量，m^3/h；

　　　T——软化工作时间，h；

　　　H_t——进水硬度，mmol/L。

式(3.53)左边表示离子交换器在给定工作条件下具有的实际交换能力,右边表示在软化工作时间树脂去除水中硬度的总量。树脂的交换工作容量应由试验确定,或参照有关资料提供的数据确定。

离子交换器有系列定型产品,它的主要尺寸和树脂装填高度已定,只需按式(3.53)计算所需离子交换器的台数或软化工作时间。离子交换器的台数在实际生产中应不少于两台。

3.3.3 水的除盐

1)复床除盐

所谓复床是指阳、阴离子交换器串联使用。复床除盐最常用的系统有:

(1)强酸-脱气-强碱系统

如图 3.16 所示,该系统由强酸阳床、除二氧化碳器和强碱阴床组成。原水先通过强酸阳床除去水中的阳离子,出水呈酸性,再通过除二氧化碳器脱去 CO_2,最后进入强碱阴床除去水中的阴离子。

该系统是一级复床除盐中最基本的系统,多用于制取脱盐水。在运行过程中,有时由于阳床泄漏 Na^+ 过量,造成出水的 pH 和电导率都偏高。再生时,可采用逆流再生以提高出水水质。另外,为有利于除硅,强碱阴床应采用热碱液再生。

(2)强酸-弱碱-脱气系统

如图 3.17 所示,该系统由强酸阳床、弱碱阴床、除二氧化碳器组成。弱碱树脂用 Na_2CO_3 或 $NaHCO_3$ 再生时,由于经弱碱阴床后,水中会增加大量的碳酸,因此脱气应在最后进行。若用 NaOH 再生,除二氧化碳器设置在弱碱阴床之前或之后均可。该系统正常运行时,出水的 pH 值为 6~6.5,电阻率在 0.5×10^5 $\Omega \cdot cm$ 左右。该脱盐系统由于弱碱树脂的应用,不仅交换容量有所提高,而且再生比耗显著降低,多适用于无除硅要求的场合。

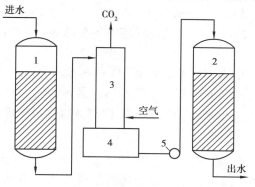

图 3.16 强酸-脱气-强碱系统
1—强酸阳床;2—强碱阴床;3—除二氧化碳器;
4—中间水箱;5—水泵

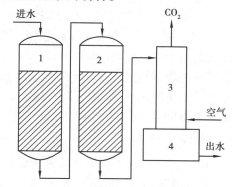

图 3.17 强酸-弱碱-脱气系统
1—强酸阳床;2—弱碱阴床;
3—除二氧化碳器;4—中间水箱

(3)强酸-脱气-弱碱-强碱系统

如图 3.18 所示,该系统由强酸阳床、除二氧化碳器、弱碱阴床、强碱阴床组成。其适用于原水有机物含量较高、强酸阴离子含量较大的情况。阴离子交换树脂的再生剂以 NaOH 为主,再生时,采用串联再生方式,全部再生液先用来再生强碱树脂,然后再再生弱碱树脂。再生剂得到充分利用,再生比耗降低。该系统出水水质与强酸-脱气-强碱系统大致相同,但运行费用略低。

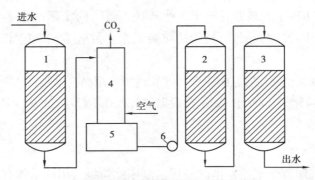

图 3.18　强酸-脱气-强碱-强碱系统
1—强酸阳床;2—弱碱阴床;3—强碱阴床;4—除 CO_2 器;5—中间水箱;6—水泵

2)混合床除盐

按一定比例将阴、阳树脂均匀混合在一起的离子交换器称为混合床。混合床中阴树脂的体积一般是阳树脂的 2 倍,再生时阴、阳树脂分层再生,使用时先将其均匀混合。当原水通过此交换器时,由于混合床中阴、阳树脂交替紧密接触,好像由无数微型的复床除盐系统串联而成,反复进行多次脱盐,因而具有出水纯度高、出水水质稳定、间断运行对出水水质影响小、交换终点分明易于实现自动控制等优点。

混合床再生方式分体内再生与体外再生两种。体内再生又区分为酸、碱分步再生和同步再生。以体内酸、碱分步再生为例,其再生操作步骤为:

①反洗分层:反洗流速为 10 m/h 左右。

②进碱阴树脂再生:再生液 NaOH 浓度为 4%,流速为 5 m/h。

③第一次正洗:脱盐水以 12~15 m/h 的流速通过阴树脂层。

④进酸阳树脂再生:浓度 5%盐酸或 1.5%硫酸。

⑤第二次正洗:用脱盐水以 12~15 m/h 的流速通过阳树脂层。

⑥阳、阴树脂混合:先放水至树脂层上 10~20 cm 处,然后进压缩空气 2~3 min,使阴、阳树脂搅拌均匀混合后,立即快速排水。

⑦最后正洗:流速 15~20 m/h,正洗到出水电阻率大于 $5.0×10^5$ $\Omega \cdot cm$,即可投入运行。

混合床再生时由于阴、阳树脂分层不彻底,易形成所谓的交叉污染。另外,考虑混合床对有机物污染很敏感,因此在水进入混合床之前,应进行必要的预处理,以防有机物污染树脂。

3.3.4　膜分离技术

利用膜将水中的物质(微粒或分子或离子)分离出去的方法称为水的膜析处理法(或称膜分离法、膜处理法)。在膜处理中,以水中的物质透过膜来达到处理目的时称为渗析,以水透过膜来达到处理目的时称为渗透。膜处理法有渗析、电渗析、反渗透、扩散渗析、纳滤、超滤、微孔过滤等。由于膜分离法具有在分离过程中不发生相变化,能量的转化效率高;一般不需要投加其他物质,可节省原材料和化学药品;在常温下可进行;适应性强,操作及维护方便,易实现自动化控制等优点,因此在工业用水处理中被广泛应用,尤其是在纯水生产方面。同时,膜分离法还具有分离和浓缩同时进行,可回收有价值的物质;根据膜的选择透过性和膜孔径的大小,可将不同粒径的物质分开而使物质得到纯化而又不改变其原有属性的优点,因此在工业废水处理中也被广泛应用。近年来膜制造技术发展较快,已开始在生活供水领域应用,表 3.1 所示为水处理中主要膜分离法的技术特征。

1）电渗析

（1）离子交换膜

离子交换膜实质上是膜状的离子交换树脂,与离子交换树脂的化学组成和化学结构一致,其区别在于离子交换膜外形薄膜片状,其作用机理是选择透过性,因此又称选择透过性膜;离子交换树脂外形是圆形粒状,其作用机理是选择吸附性。

表 3.1　主要膜分离法的技术特征

		微滤(MF)	超滤(UF)	纳滤(NF)	反渗透(RO)	电渗析(ED)
推动力		压力差	压力差	压力差	压力差	电位差
膜孔径/μm		0.02~10	0.001~0.02	0.000 5~0.01	0.000 1~0.01	
透过膜的物质		水、分子	水、小分子	水、部分离子	水	离子
去除对象		微粒	微粒、大分子	部分离子、小分子	离子、小分子	离子
膜类型		多孔膜	非对称性膜	非对称性膜或复合膜	非对称性膜或复合膜	离子交换
膜材料		醋酸纤维素、复合膜、醋酸硝酸纤维素混合膜、聚碳酸酯膜	醋酸纤维素、聚砜、聚酰胺、聚丙烯腈	氯甲基化/季胺化聚砜膜(荷电膜)、醋酸纤维素、磺化聚砜、磺化聚醚砜、芳香族聚酰胺复合材料	醋酸纤维素、聚酰胺复合膜	
膜组件常用形式		板式、折叠筒式	卷式、中空纤维	卷式	卷式、中空纤维	
进水水质指标	浊度(NTU)				卷式<0.5 中空纤维<0.3	1~3
	污染指数(FI)				卷式<3~5 中空纤维<3	
	化学耗氧量/(mg·L⁻¹)				<1.5	<3
	游离氯/(mg·L⁻¹)				卷式<0.2~1.0 中空纤维<0	<0.1
	水温/℃	5~35	10~35	15~35	15~35	5~40
	总 Fe/(mg·L⁻¹)				<0.05	<0.3
	Mn/(mg·L⁻¹)					<0.1
	操作压力/MPa	0.01~0.2	0.1~0.5	0.5~1,一般为 0.7,最低为 0.3	卷式:5.5 中空纤维 2.8	<0.3

离子交换膜按其选择透过性能主要分为阳膜与阴膜;按其膜体结构可区分为异相膜、均相膜、半均相膜 3 种。异相膜的优点是机械强度好、价格低;缺点是膜电阻大、耐热差、透水件大。

均相膜则相反。国产部分离子交换膜主要性能见表3.2。

表3.2 国产部分离子交换膜主要性能

膜的种类	厚度/mm	交换容量/(mmol·g⁻¹)	含水率/%	膜电阻/Ω	选择透过率/%
聚乙烯异相阳膜	0.38~0.5	≥2.8	≥40	8~12	≥90
聚乙烯异相阴膜	0.38~0.5	≥1.8	≥35	8~15	≥90
聚乙烯半均相阳膜	0.25~0.45	2.4	38~40	5~6	>95
聚乙烯半均相阴膜	0.25~0.45	2.5	32~35	8~10	95
聚乙烯均相阳膜	0.3	2.0	35	<5	≥95
氯醇橡胶均相阴膜	0.28~0.32	0.8~1.2	25~45	<6	≥85

（2）原理

电渗析是在外加直流电场作用下,利用离子交换膜的选择透过性（即阳膜只允许阳离子透过,阴膜只允许阴离子透过）,使水中阴、阳离子作定向迁移,从而达到离子从水中分离的一种物理化学过程。

电渗析原理如图3.19所示。在阴极与阳极之间放置着若干交替排列的阳膜与阴膜,让水通过两膜及两膜与两极之间所形成的隔室,在两端电极接通直流电源后,水中阴、阳离子分别向阳极、阴极方向迁移,由于阳膜、阴膜的选择透过性,就形成了交替排列的离子浓度减少的淡室和离子浓度增加的浓室。与此同时,在两电极上也发生着氧化还原反应,即电极反应,其结果是使阴极室因溶液呈碱性而结垢,阳极室因溶液呈酸性而腐蚀。因此,在电渗析过程中,电能的消耗主要用来克服电流通过溶液、膜时所受到的阻力以及电极反应。

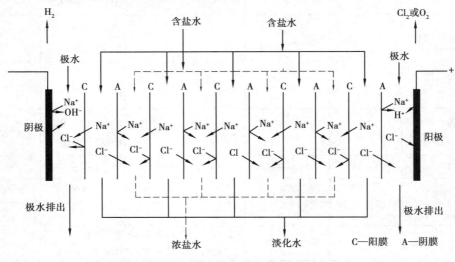

图3.19 电渗析原理示意图

（3）电渗析器

电渗析器的构造包括压板、电极托板、电极、极框、阴膜、阳膜、浓水隔板、淡水隔板等部件。将这些部件按一定顺序组装并压紧,组成一定形式的电渗析器。其中,隔板是用于隔开阴、阳膜的,并与阴、阳膜一起形成浓、淡室的水流通道,其材料有聚氯乙烯、聚丙烯、合成橡胶等。常用的有鱼鳞网、编织网、冲膜式网等。隔板按水流形式可分有回路式和无回路式两种。有回路式隔板流程长、流速高、电流效率高、一次处理效果好,适用于流量较小且处理要求较高的场合。无回路隔板流程短、流速低,要求隔板搅动作用强,水流分布均匀,适用于流量较大而处理要求不高的场合。常用电极材料有石墨、钛涂钌、铅、不锈钢等。另外,电渗析器的配套设备还包括控制箱、水泵、转子流量计等。

（4）电渗析器组装

一对阴、阳膜和一对浓、淡水隔板交替排列,组成最基本的脱盐单元,称为膜对。电极(包括中间电极)之间由若干组膜对叠一起即为膜堆。一对电极之间的膜堆称为一级,具有同向水流的并联膜堆称为一段。电渗析器的组装方式有一级一段、多级一段、一级多段和多级多段等,如图3.20所示。

（5）极化现象

电渗析工作中电流的传导是靠水中阴、阳离子的迁移来完成的,当电流增大到一定数值时,如若再提高电流,由于离子扩散不及,在膜界面处将引起水的离解,使氢离子透过阳膜、氢氧根离子透过阴膜,这种现象称为极化。此时的电流密度称为极限电流密度。极化发生后阳膜淡室的一侧富集着过量的氢氧根离子,阳膜浓室的一侧富集着过量的氢离子;而在阴膜淡室的一侧富集着过量的氢离子,阴膜浓室的一侧富集着过量的氢氧根离子。由于浓室中离子浓度高,则在浓室阴膜的一侧发生碳酸钙、氢氧化镁沉淀(图3.21),从而增加膜电阻,加大电能消耗,减小膜的有效面积,降低出水水质,影响正常运行。

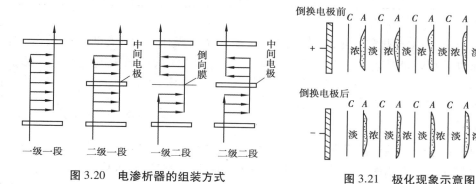

图3.20　电渗析器的组装方式　　　　图3.21　极化现象示意图

（6）电渗析器工艺设计

目前电渗析器有系列产品规格,可根据淡水产量与处理要求确定合理设计参数,选用所需电渗析器的台数以及并联或串联的组装方式。

①脱盐率。脱盐率主要取决于隔板厚度、流程长度、流速以及实际操作电流密度。对于常用的无回路网式聚丙烯隔板(流速6 cm/s,进水含盐2 000 mg/L NaCl,温度25 ℃),其单段脱盐率可按表3.3进行初步计算。

表3.3　电渗析器系列产品规格

网格主要规格/mm	单段脱盐率/%	网格主要规格/mm	单段脱盐率/%
400×800×0.9	30	400×800×0.5	50

续表

网格主要规格/mm	单段脱盐率/%	网格主要规格/mm	单段脱盐率/%
400×1 600×0.9	50	400×1 600×0.5	75
800×1 600×0.9	50	800×1 600×0.5	70

②操作压力。根据当前制造水平,无回路网式电渗析器的操作压力一般选用 0.2 MPa 为宜,超过 0.3 MPa 难以保证安全运行。

③流速。对于无回路网式隔板,流速取 4~10 cm。

④每段膜对数。每段膜对数应不超过 200 对,每台电渗析器的膜总对数在 400 对以下较为合适。

在隔板主要规格为 400 mm×1 600 mm× 0.9 mm、膜对数为 200 对的情况下,单段电渗析器有关设计参数见表 3.4,该数值可供初步计算时参考。

表 3.4　单段电渗析器设计参数参考值

流速/$(cm \cdot s^{-1})$	4	5	6	7	8	9	10
单段脱盐率/%	56	53	50	46	43	41	38
操作压力/MPa	0.04	0.05	0.06	0.065	0.075	0.08	0.09
产水量/$(m^3 \cdot h^{-1})$	9.1	11.3	13.6	15.9	18.1	20.4	22.6

由表可知,在隔板主要规格给定的情况下,单段脱盐率与操作压力主要取决于流速,而产水量则与流速以及每段膜对数成正比。另外,实际脱盐率相当于表中极限电流工况下脱盐率的 90%左右。

2)反渗透

(1)反渗透原理

用一种只能让水分子透过而不允许溶质透过的半透膜将纯水与咸水分开,则水分子将从纯水一侧通过膜向咸水一侧透过,结果使咸水一侧的液面上升,直到到达某一高度,此即所谓渗透过程,如图 3.22(a)所示。当渗透达到动平衡状态时,半透膜两侧存在一定的水位差或压力差,如图 3.22(b)所示,此即为指定温度下的溶液(咸水)渗透压。如图 3.22(c)所示,在咸水

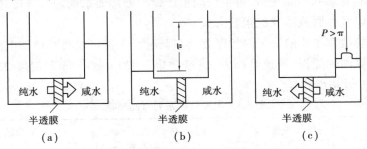

图 3.22　渗透和反渗透现象

一侧施加的压力大于该溶液的渗透压,可迫使渗透反向,即水分子从咸水一侧反向地通过膜透过到纯水一侧,实现反渗透过程。

（2）反渗透膜

目前用于水处理的反渗透膜主要有醋酸纤维素（CA）膜和芳香族聚酰胺膜两大类。一般是表面与内部具有不对称的结构,如图 3.23 所示为 CA 膜的结构示意图,其表皮层结构致密,孔径为 0.8~1.0 nm,厚约 0.25 μm,起脱盐的关键作用。表皮层下面为结构疏松、孔径为 100~400 nm 的多孔支撑层。在其间还夹有一层孔径约20 μm的过渡层。膜总厚度为 100 μm,含水率占 60%左右。

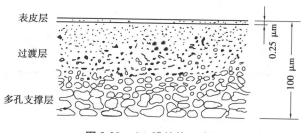

图 3.23　CA 膜结构示意图

（3）反渗透装置

目前反渗透装置有板框式、管式、卷式和中空纤维式 4 种类型。

板框式装置由一定数量的多孔隔板组合而成,每块隔板两面装有反渗透膜,在压力作用下,透过膜的淡化水在隔板内汇集并引出。管式装置分为内压管式和外压管式两种。前者将膜镶在管的内壁[图 3.24（a）],含盐水在压力作用下在管内流动,透过膜的淡化水通过管壁上的小孔流出;后者将膜铸在管的外壁,透过膜的淡化水通过管壁上的小孔由管内流出。卷式装置如图 3.24（b）所示,把导流隔网、膜和多孔支撑材料依次迭合,用黏合剂沿三边把两层膜黏

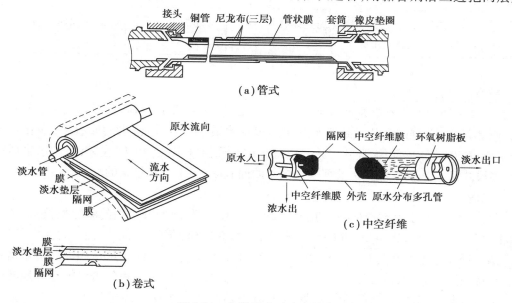

图 3.24　各种形式反渗透装置

结密封,另一开放边与中间淡水集水管连接,再卷绕一起;含盐水由一端流入导流隔网,从另一端流出,透过膜的淡化水沿多孔支撑材料流动,由中间集水管引出。中空纤维装置如图 3.24(c)所示,把一束外径 $50\sim100\ \mu m$、壁厚 $12\sim25\ \mu m$ 的中空纤维装于耐压管内,纤维开口端固定在环氧树脂管板中,并露出管板。通过纤维管壁的淡化,沿空心通道从开口端引出。各种型式反渗透装置的主要性能见表 3.5,其优缺点见表 3.6。

表 3.5　各种型式反渗透装置的主要性能

性能指标	板框式	管　式	卷　式	中空纤维
膜装填密度/($m^2 \cdot m^{-3}$)	492	328	9 180	656
操作压力/MPa	5.5	5.5	2.8	5.5
透水率/[$m^3 \cdot (m^2 \cdot d)^{-1}$]	1.02	1.02	0.073	1.02
单位体积透水量/[$m^3 \cdot (m^3 \cdot d)^{-1}$]	501	334	668	668

表 3.6　各种型式反渗透装置的优缺点

类　型	优　点	缺　点
板框式	结构紧凑牢固,能承受高压,性能稳定,工艺成熟,换膜方便	液流状态较差,容易造成浓差极化,成本高
管式	液流流速可调范围大,浓差极化较易控制,流道通畅,压力损失小,易安装、清洗、拆换,工艺成熟,可用于处理含悬浮固体水	单位体积膜面积小,设备体积大,装置成本高
卷式	结构紧凑,单位体积膜面积大,较成熟,设备费用低	浓差极化不易控制,易堵塞,不易清洗,换膜困难
中空纤维	单位体积膜面积大,不需外加支撑材料,设备结构紧凑,设备费用低	膜易堵塞,不易清洗,预处理要求高,换膜费用高

(4)反渗透法处理工艺

反渗透法处理工艺根据原水水质和处理要求的不同,主要有单程式、循环式和多段式 3 种工艺(图 3.25)。单程式工艺只是原水一次经过反渗透器装置处理,水的回收率(淡化水流量与进水流量的比值)较低;循环式工艺是以部分浓水回流来提高水的回收率,但淡水水质有所降低;多段式工艺是以浓水多次处理来提高水的回收率,用于产水量大的场合。

3)纳滤

纳滤(NF)是介于反渗透(RO)和超滤(UF)之间的一种新型分子级的膜分离技术,适宜于分离相对分子质量在 200 g/mol 以上、分子大小为 1 nm 的溶解组分的膜工艺,故被命名为"纳滤"。纳滤操作压力通常为 $0.5\sim1.0$ MPa,一般为 0.7 MPa 左右,最低为 0.3 MPa。由于这种特性,有时将纳滤称为"低压反渗透"或"疏松反渗透"。根据操作压力和分离界限定性地将纳滤置于 RO 和 UF 之间,它们之间的关系如图 3.26 所示。压力驱动膜孔径分布与操作压力如图 3.27 所示。

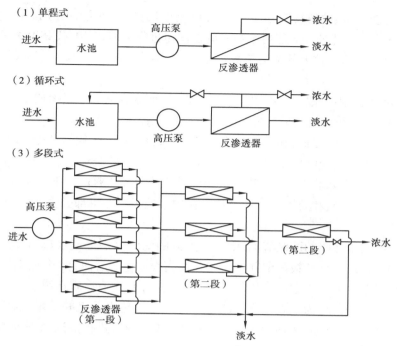

图 3.25　反渗透处理工艺

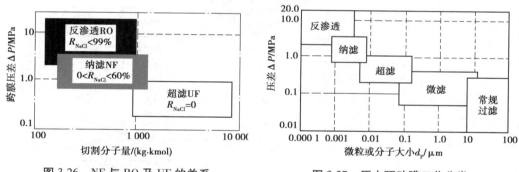

图 3.26　NF 与 RO 及 UF 的关系　　　图 3.27　压力驱动膜工艺分类

纳滤膜的一个特点是具有离子选择性:具有一价阴离子的盐可以大量地渗过膜(但并非无阻挡),然而膜对具有多价阴离子的盐(例如硫酸盐、碳酸盐)的截留率则高得多。因此,盐的渗透性主要由阴离子的价态决定。

对阴离子来说,截留率按以下顺序上升:NO_3^-、Cl^-、OH^-、SO_4^{2-}、CO_3^{2-}。

对阳离子来说,截留率按以下顺序上升:H^+、Na^+、K^+、Ca^{2+}、Mg^{2+}、Cu^{2+}。

纳滤过程之所以具有离子选择性,是由于在膜上或者膜中有负的带电基团,它们通过静电作用,阻碍多价阴离子的渗透。荷电性的不同,如有的荷正电有的荷负电,及荷点密度的不同等,都会产生明显的影响。

纳滤膜的传质机理与 RO 膜相似,属于溶解-扩散模型,但由于大部分 NF 膜为荷电型,其对无机盐的分离行为不仅受化学势控制,也受电势梯度的影响,其传质机理还在研究,至今尚难定论。

由于无机盐能透过纳滤膜,使其渗透压比 RO 低,因此,在通量一定时,NF 过程所需的外界压力比 RO 低得多。此外,NF 能使浓缩和脱盐同步进行。所以 NF 代替 RO 时,浓缩过程可有效、快速地进行,并达到较大的浓缩倍数。

4）超滤

超滤又称超过滤,用于截留水中胶体大小的颗粒,而水和低分子量溶质则允许透过膜。其机理是筛孔分离,因此可根据去除对象选择超滤膜的孔径。

超滤与反渗透的工作方式相同,装置相似。由于孔径较大、无脱盐性能,仅操作压力低、设备简单,因此在纯水终处理中用于部分去除水中的细菌、病毒、胶体、大分子等微粒相,尤其是对产生浊度的物质的去除非常有效,其出水浊度甚至可达 0.1NTU 以下。工业废水处理中用于去除或回收高分子物质和胶体大小的微粒。在中水处理中亦可部分去除细菌、病毒、有机物和悬浮物等。

在超滤过程中,水在膜的两侧流动,则在膜附近的两侧分别形成水流边界层,在高压侧由于水和小分子的透过,大分子被截留并不断累积在膜表面边界层内,使其浓度高于主体水流中的浓度,从而形成浓度差。当浓度差增加到一定程度时,大分子物质在膜表面生成凝胶,影响水的透过通量,这种现象称为浓差极化。此时,增大压力,透水通量并不增大,因此,在超滤操作中应合理地控制操作压力、浓液流速、水温、操作时间(及时进行清洗),对原水进行预处理。各种处理方法的适用范围如图 3.28 所示。

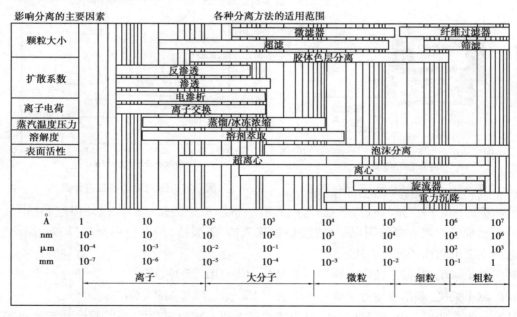

图 3.28　各种分离方法的适用范围

5）微孔过滤

前面介绍的膜处理法均是水在膜的两侧流动中得到净化,一侧是浓水,一侧是处理水,而微孔过滤是将全部进水挤压滤过,小于膜孔的粒子通过膜,大于膜孔的粒子被截流在膜表面,其作用相当于"过滤",因此又称为膜过滤或精密过滤。微孔过滤在水处理中用于去除水中细小悬浮物、微生物、微粒、细菌、胶体等杂质。其优点是设备简单、操作方便、效率高、工作压力低等;缺点是由于截留杂质不能被及时冲走,因而膜孔容易被堵塞,需更换。

3.3.5 水的除砷

砷是自然界中广泛存在的微量元素,主要以二硫化砷、三硫化砷和硫砷化铁等砷的硫化物形式存在。砷对人体和水生物都有毒害作用,环境水砷污染分为地质原因造成的自然污染和人类活动造成的人为污染。我国生活饮用水卫生标准(新标)中允许饮用水砷含量上限值为10 μg/L,超过此标准就必须对原水进行除砷处理。

除砷的常用方法有铁盐混凝沉淀法、离子交换法、吸附法、反渗透和纳滤等。在用以上方去除砷前,需使用氯、臭氧、高锰酸钾等氧化剂把三价砷氧化为五价砷。

3.4 循环冷却水处理

工业生产过程中,往往会产生大量热量,通常使用水来冷却设备或产品。冷却用水水量很大,如一座年产3 500 t聚丙烯的化工设备,冷却用水量就达300 t/h左右。为了重复利用吸热后的水以节约水资源,同时从经济及环境保护方面考虑,冷却水都应实现循环利用。

循环利用的冷却水称为循环水。循环水在长期使用过程中,由于盐类浓缩或散失、尘土积累、微生物滋长等,造成设备内垢物沉积或者对金属设备产生腐蚀作用。为了保证循环冷却水系统的可靠运行,要使已经升高了的水温降低(即循环水的冷却),以保持较好的冷却效果;进行水质处理以控制结垢、污垢、腐蚀和淤塞(即循环水的处理)。循环冷却水处理应符合《工业循环冷却水处理设计规范》(GB/T 50050—2017)的规定。

循环冷却水系统是指以水作为冷却介质,并循环运行的一种给水系统,由换热设备、冷却设备、处理设施、水泵、管道及其他有关设施组成。

3.4.1 循环水冷却构筑物

1)冷却构筑物的类型

冷却构筑物大体分为水面冷却池、喷水冷却池和冷却塔3类。水面冷却池利用天然池塘或水库,冷却过程在水面上进行,效率低。喷水冷却池是在天然或人工池塘上加装喷水设备,以增大水和空气间的接触面。冷却塔是人工建造的,水通过塔内的淋水装置时,可形成小水滴或水膜,以增大水和空气的接触面积,提高冷却效果。

冷却塔形式较多,构造也较复杂。按循环冷却水与大气是否直接接触散热,分为开式系统、闭式系统;按循环冷却水与被冷却介质之间传热的形式,分为直接冷却(直冷)、间接冷却(间冷)。

开式系统是间冷开式系统和直冷系统的统称。

间冷开式循环冷却水系统是指循环冷却水与被冷却介质间接传热且循环冷却水与大气直接接触散热的循环冷却水系统,简称间冷开式系统,又称为干湿式(混合式)系统,如图3.30(b)所示。

直冷开式循环冷却水系统是指循环冷却水与被冷却介质直接接触换热且循环冷却水与大气直接接触散热的循环冷却水系统,简称直冷系统,又称为湿式(敞开式)系统,如图3.29所示。

闭式系统是间冷闭式循环冷却水系统的简称,指循环冷却水与被冷却介质间接传热且循环冷却水不与大气接触的循环冷却水系统,又称为干式(密闭式)系统,如图3.30(a)所示。

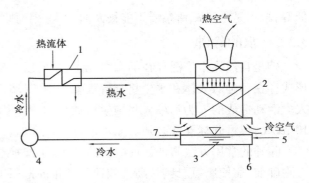

图3.29 直冷开式循环冷却水系统
1—换热器;2—冷却塔;3—集水池;4—循环水泵;
5—补充水;6—排污水;7—投加处理药剂

2)冷却构筑物的选择

选择冷却构筑物时,应考虑工厂对冷却水温的要求、当地气象条件、地形特点、补充水的水质及价格、建筑材料等因素,结合各种构筑物的优缺点及适用条件进行技术经济比较选择。

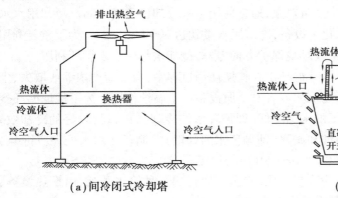
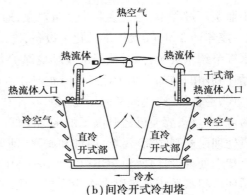

(a)间冷闭式冷却塔　　　　　　　　(b)间冷开式冷却塔

图3.30 间冷闭式和间冷开式冷却塔(循环冷却水系统)

3.4.2 循环冷却水水质特点与处理要求

循环冷却水在使用过程中,由于水质变化会产生不利的影响,包括结垢、污垢和腐蚀。

结垢指水中碳酸盐等溶解盐类在热交换器及管道表面形成沉积物。

污垢指由补充水带来的或在循环使用过程中产生的各种微生物、其他有机物及无机杂质,在热交换器及管道沉积而形成污垢。在污垢中,由微生物繁殖所形成的污垢具有黏性,故又把微生物形成的垢称为黏垢。结垢和污垢统称为沉积物或积垢。积垢在管道中积累,会造成堵塞,增加水的阻力,降低传热效率。

循环水可能使热交换器等设备及管道系统腐蚀,其中包括CO_2腐蚀、电化学腐蚀和微生物腐蚀。腐蚀使设备的使用寿命降低,维修费用增加,甚至造成事故,影响生产。

循环水处理的任务:防止或减轻结垢或污垢的产生或沉积;防止或减轻水对设备及系统的腐蚀。应当指出,积垢和腐蚀之间是相互影响且可以相互转化的。沉积物可以引起腐蚀,腐蚀又必然产生沉积物。因此,在循环水处理中应综合考虑。

1)循环水基本水质要求

循环水水质标准通常将循环冷却水水质按腐蚀和沉积物控制要求作为基本水质指标。它是一种反映水质要求的间接指标。表3.7为直冷开式系统循环冷却水水质指标。

表 3.7　直冷开式循环冷却水水质指标

项　目	单　位	适用对象		许用值
pH 值（25 ℃）	—	高炉煤气清洗水		6.5～8.5
		合成氨厂造气洗涤水		7.5～8.5
		炼钢真空处理、轧钢、轧钢层流水、轧钢除鳞给水及连铸二次冷却水		7.0～9.0
		转炉煤气清洗水		9.0～12.0
悬浮物	mg/L	连铸二次冷却水及轧钢直接冷却水、挥发窑窑体表面清洗水		≤30
		炼钢真空处理冷却水		≤50
		高炉转炉煤气清洗水 合成氨厂造气洗涤水		≤100
碳酸盐硬度 （以 CaCO₃ 计）	mg/L	转炉煤气清洗水		≤100
		合成氨厂造气洗涤水		≤200
		连铸二次冷却水		≤400
		炼钢真空处理、轧钢、轧钢层流水及轧钢除鳞给水		≤500
Cl⁻	mg/L	轧钢层流水		≤300
		轧钢、轧钢除鳞给水及连铸二次冷却水、挥发窑窑体表面清洗水		≤500
油类	mg/L	轧钢层流水		≤5
		轧钢、轧钢除鳞给水及连铸二次冷却水		≤10

（1）腐蚀速率

腐蚀速率是以金属腐蚀失重而算得的每年的平均腐蚀深度表示，单位为 mm/a。一般用失重法测定，即将金属材料试件挂于热交换器冷却水中一定部位，经过一段时间，由试验前、后试片质量差计算出每年平均腐蚀深度，即腐蚀速率 C_L：

$$C_L = 8.76 \frac{P_0 - P}{\rho g F t} \tag{3.54}$$

式中：P_0，P——分别为腐蚀前、后的金属质量，g；

　　　ρ——金属密度，g/cm³；

　　　g——重力加速度，m/s²；

　　　F—— 金属与水接触面积，m²；

　　　t——腐蚀作用时间，h。

对于局部腐蚀，如点蚀（或坑蚀），通常以"点蚀系数"反映点蚀危害程度。点蚀系数是金属最大腐蚀深度与平均腐蚀程度之比。点蚀系数越大，对金属危害越大。

经水质处理后腐蚀速率降低的效果称为缓蚀率，以 η 表示：

$$\eta = \frac{C_0 - C_L}{C_0} \times 100\% \tag{3.55}$$

式中：C_0，C_L——冷却水未处理时及水处理后的腐蚀速率。

（2）污垢热阻值

热阻为传热系数的倒数。污垢热阻值是换热设备传热面上因沉积物而导致传热效率下降程度的数值，单位为$(m^2 \cdot K)/W$。此处污垢热阻指由结垢和污垢沉积而引起的热阻。

热交换器的热阻在不同时刻由于垢层不同而有不同的污垢热阻值。在某一时刻测得的称为即时污垢热阻，为经 t 小时后的传热系数的倒数和开始时（热交换器表面未积垢时）的传热系数的倒数之差：

$$R_t = \frac{1}{K_t} - \frac{1}{K_0} = \frac{1}{K_0}(\psi_t - 1) \tag{3.56}$$

式中：R_t——即时污垢热阻，$W/(m^2 \cdot K)$；

K_0——开始时，传热表面未结垢时测得的总传热系数，$W/(m^2 \cdot K)$；

K_t——循环水在传热面积垢经 t 时间后测得的总传热系数，$W/(m^2 \cdot K)$；

ψ_t——积垢后传热效率降低的百分数。

即时污垢热阻 R_t 在不同时间 t 有不同的值，应作出 R_t 对时间 t 的变化曲线，推算出年污垢热阻作为控制指标。

2）影响循环水水质的因素

循环水之所以产生结垢、腐蚀和污垢，其主要原因有以下几个方面：

（1）循环冷却水水质污染

补充水中的溶解盐、溶解气体、微生物及有机物，在生产过程和冷却过程中由外界进入冷却构筑物的污染物，如尘土、泥沙、杂草、设备油、人工加入稳定剂、塔体腐蚀及剥落产物等，都会污染冷却水。系统内部产生的污染主要是微生物的生长及腐蚀产物。

（2）循环水的脱 CO_2 作用

天然水中，重碳酸盐类和游离 CO_2 存在平衡关系，即

$$Ca(HCO_3)_2 \Longrightarrow CaCO_3\downarrow + CO_2\uparrow + H_2O \tag{3.57}$$

当它们的浓度符合上述平衡条件时，水质呈稳定状态，大气中游离 CO_2 含量很少，其分压力低。循环水在冷却时，造成 CO_2 大量损失，破坏了上述平衡，使反应向右移动，产生了 $CaCO_3$。

（3）循环水的浓缩

循环水系统中有 4 种水量损失：

$$P = P_1 + P_2 + P_3 + P_4 \tag{3.58}$$

式中，P_1、P_2、P_3、P_4 及 P 分别是蒸发损失、风吹损失、渗漏损失、排污损失及总损失，均以循环水流量的百分数计。

循环水在蒸发时，水分损失，盐分仍留在水中。

风吹、渗漏与排污所带走的盐量为：

$$S(P_2 + P_3 + P_4) \tag{3.59}$$

补充水带进的盐量为：

$$S_B P = S_B(P_1 + P_2 + P_3 + P_4) \tag{3.60}$$

式中：S——循环水含盐量；

S_B——补充水含盐量。

当系统投入运行时，系统中的水质为新鲜补充水水质，即 $S = S_1 = S_B$，因此可写成：

$$S_B(P_1 + P_2 + P_3 + P_4) > S_1(P_2 + P_3 + P_4) \tag{3.61}$$

式中：S_1——投入运行时循环水的含盐量；

其余符号含义同前。

初期进入系统的盐量大于从系统排出的盐量，随着系统的运行，循环冷却水中盐量逐步提高，引起浓缩作用。如果系统中既不沉淀，又不腐蚀，也不加入引起盐量变化的药剂，则由于水量损失和补充新鲜水的结果，在系统中引起盐量积累，使循环冷却水中含盐浓度不断增大，即 S 不断增大，也使排出的盐量相应增加。这样，式的右端在运行的最初一段时间里不断增大，而运行一定时间以后，当 S 由初期的 S_1 增加到某一数值 S_2 时，从系统排出的盐量即接近于进入系统的盐量，此时达到浓缩平衡，即

$$S_B(P_1 + P_2 + P_3 + P_4) \approx S_2(P_2 + P_3 + P_4) \tag{3.62}$$

这时，由于进、出盐量为一稳定值，如以 S_p 表示，则继续运行不再升高。

$$S_B(P_1 + P_2 + P_3 + P_4) = S_p(P_2 + P_3 + P_4) \tag{3.63}$$

令 $K = \dfrac{S_p}{S_B}$，则：

$$K = \frac{S_p}{S_B} = \frac{P}{P - P_1} = 1 + \frac{P_1}{P_2 + P_3 + P_4} = 1 + \frac{P_1}{P - P_1} \tag{3.64}$$

式中，K 为浓缩倍数，其值>1，即循环冷却水中的含盐量 S 总是大于补充新鲜水的含盐量 S_B。它是循环水的重要指标。提高 K 值，可节约排污水量，K 值的选用需看水质是否稳定。K 值在实际应用中有时用氯离子浓度表示，即

$$K = \frac{[Cl^-]_Z}{[Cl^-]_B} \tag{3.65}$$

式中：$[Cl^-]_Z$——循环水中氯离子的含量；

$[Cl^-]_B$——补充水中氯离子的含量。

（4）水温变化的影响

水在生产过程中，水温升高，钙、镁盐类的溶解度反而降低，水中 CO_2 又部分逸出，用于平衡 $CaCO_3$ 所需的 CO_2 减少，提高了 CO_2 的需要量。水温升高，会使水失去稳定性而产生结垢；反之，冷却过程中，水温降低，水中平衡需要量降低，如果低于水中 CO_2 含量，则此时水具有侵蚀性，使水失去稳定性而产生腐蚀。因此，在循环水系统中，高温区产生结垢，低温区产生腐蚀。

（5）电化学腐蚀

在敞开式冷却水系统中，水与空气充分接触，因此水中溶解氧接近饱和。当碳钢与有溶解氧的水接触时，由于金属表面的不均匀性和冷却水的导电性，在碳钢表面形成许多微电池，在阴、阳极上分别发生氧化还原的共轭反应。

阳极上：$\qquad\qquad Fe \longrightarrow Fe^{2+} + 2e \tag{3.66}$

阴极上：$\qquad\qquad O_2 + 2H_2O + 4e \longrightarrow 4OH^- \tag{3.67}$

在水中：$\qquad 2Fe(OH)_2 + O_2 + H_2O \longrightarrow 2Fe(OH)_3 \tag{3.68}$

$$Fe^{2+} + 2OH^- \longrightarrow Fe(OH)_2 \tag{3.69}$$

因此，在金属设备上，阳极上不断溶解造成腐蚀，阴极上堆积腐蚀的产物，即铁锈，如图3.31 所示。

（6）微生物腐蚀

微生物腐蚀可分为厌氧和好氧腐蚀。

厌氧腐蚀，硫酸盐还原可把水中的硫酸根离子转换为腐蚀性硫化物 FeS。

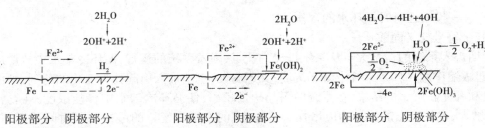

图 3.31 铁的电化学腐蚀过程

$$8H^+ + SO_4^{2-} + 8e \xrightarrow{\text{还原菌}} S^{2-} + 4H_2O + 能量 \tag{3.70}$$

$$S^{2-} + Fe^{2+} \longrightarrow FeS \tag{3.71}$$

好氧腐蚀,铁细菌吸收水中的铁离子,分泌出 $Fe(OH)_3$,形成铁锈。代谢过程中,往往产生有机酸,也会引起腐蚀。

3.4.3 循环冷却水水质处理

循环水处理包括对结垢、污垢(含黏垢)和腐蚀的控制。由于三者之间相互影响,故应采用综合处理方法。

1)防结垢处理

(1)排污法减小浓缩倍数

在循环水系统中,由式(3.64)知,提高排污量 P_4 可减小 K,即排除部分盐浓度高的循环水,补充含盐量少的新鲜水,可降低循环水中盐的浓度,使其不超过允许值。

由式(3.64)可推出排污量为:

$$P_4 = \frac{S_B P_1}{S - S_B} - (P_2 + P_3) \tag{3.72}$$

由上式可知,补充水含盐量 S_B 越大,排放量 P_4 越大。如果 P_4 太大则不经济,一般 $P_4 \leqslant$ 3%~5%。排污法适用于 S_B 远小于 S 且新鲜补充水水源充足的条件下。

(2)降低补充水碳酸盐硬度

通过水的软化法可使水的硬度降低,从而降低 S_B。此法只适用于补充水质很差或必须提高浓缩倍数的情况。

酸化法是在水中加入硫酸或盐酸,使碳酸盐硬度转化为非碳酸盐硬度。

$$Ca(HCO_3)_2 + H_2SO_4 \longrightarrow CaSO_4 + 2CO_2 \uparrow + 2H_2O \tag{3.73}$$

$$Ca(HCO_3)_2 + 2HCl \longrightarrow CaCl_2 + 2CO_2 \uparrow + 2H_2O \tag{3.74}$$

$CaSO_4$ 和 $CaCl_2$ 的溶解度远大于 $CaCO_3$,故加酸处理有助防垢。经加酸处理后应满足下列条件:

$$KH'_B \leqslant H' \tag{3.75}$$

式中:H'_B,H'——分别为酸化后的补充水碳酸盐硬度及循环水碳酸盐硬度。

酸化法适用于补充水的碳酸盐硬度较大时。采用酸化法时,应注意设备及管道的防腐。

(3)提高循环水中允许的极限碳酸盐硬度

提高循环水的极限碳酸盐硬度的常用方法是向水中投加阻垢剂。常用的阻垢剂有聚磷酸盐、聚丙烯酸盐等。

聚磷酸盐常用的有六偏磷酸钠和三聚磷酸钠,既有阻垢作用,也有缓蚀作用。可以与 Ca^{2+}、Mg^{2+} 络合,将之掩蔽起来,阻止生成碳酸盐或非碳酸盐垢,从而提高水中允许的极限碳酸盐硬度。磷酸盐还是一种分散剂,具有表面活性,可以吸附在碳酸钙微小晶坯的表面,使碳酸盐以微小的晶坯形式存在于水中,从而避免结垢。

聚丙烯酸钠是阳离子型分散剂,可增大 $Ca_3(PO_4)_2$ 的溶解度,并且使 $CaCO_3$ 形成微小结晶核形式絮状物,容易被冷却水带走。

有机磷酸盐具有良好的热稳定性,有抗氧化性;在较高 pH 值时(7~8.5),仍有阻垢作用,而且还有缓蚀作用。

（4）加 CO_2

通入 CO_2 气体,使循环水中含量达到平衡的需要量。CO_2 的来源可利用废烟道气。

2）防污垢处理及微生物控制

微生物产生黏垢,是污垢的一种。生物膜是腐蚀、污垢和结垢出现的原因之一。循环水中的微生物与污垢的处理及防治方法很多,例如:对补充水进行处理;冷却构筑物及其周围环境的保护;循环系统工艺及管道的完善以及循环水的处理;去除水中悬浮杂质和防止循环冷却水中生物滋长。

（1）旁滤

设旁滤池是防止悬浮物在循环水中积累的有效方法。循环水的一部分连续经过旁滤池过滤后返回循环系统。一般情况下,旁滤池过滤流量占循环水量的 1%~5%。其构造与常用的滤池相同。为了简化流程,可采用压力滤池。旁滤出水浊度应小于 3.0 NTV。

（2）化学药剂处理

常用的化学药剂有氧化型杀菌剂、非氧化型杀菌剂及表面活性剂杀菌剂等,其作用主要是防止水中微生物的滋长。氧化型杀菌剂主要采用液氯、次氯酸钠、次氯酸钙等。由于氯在冷却塔中易于流失,不能持续杀菌,故可与非氧化型杀菌剂联合使用。开式系统宜采用氧化型杀菌剂,控制余氯量为 0.1~1.0 mg/L;闭式系统宜定期投加非氯化型杀菌剂。

3）防腐蚀处理

利用缓蚀剂,使它在金属表面形成一层薄膜,将金属表面覆盖起来,与腐蚀介质隔绝,防止金属腐蚀。它是防止循环水系统腐蚀的主要方法。根据缓蚀剂成膜的类型,可以将其分为氧化膜、沉淀物膜和吸附膜型 3 种。根据缓蚀剂对电化学腐蚀的控制部位不同,可分为阳极缓蚀剂和阴极缓蚀剂。

（1）氧化膜型缓蚀剂

氧化膜型缓蚀剂形成的防蚀膜表面致密,与基体金属黏附性强,能阻碍溶解氧的扩散,使腐蚀反应速度降低,而且当保护膜达到一定厚度时,膜的厚度几乎不再增长,因此防腐效果较好。此类缓蚀剂都是重金属含氧酸盐,污染环境。亚硝酸盐类借助水中的溶解氧在金属表面形成氧化膜面成阳极型缓蚀剂,长期使用会导致系统内硝化细菌繁殖,氧化亚硝酸盐为硝酸盐,防腐效果降低。

（2）水中离子沉淀膜型缓蚀剂

水中离子沉淀膜型缓蚀剂与溶解于水中的离子生成难溶盐或溶合物,在金属表面析出沉淀,形成防腐蚀膜。所形成的膜多孔、较厚、较松散,且基体密合性差。同时,药剂投量过多,垢层加厚,影响传热。此类缓蚀剂有聚磷酸盐和锌盐。聚磷酸盐是生物的营养物质,必须采取措施控制微生物；锌盐由于对环境污染严重，使用上应加以限制。

（3）金属离子沉淀膜型缓蚀剂

这种缓蚀剂是使金属活化溶解，并在金属离子浓度高的部位与缓蚀剂形成沉积，产生致密的薄膜，缓蚀效果良好，在防蚀膜形成之后，即使在缓蚀剂过剩时，薄膜也停止增厚。如巯基苯并噻唑（简称 MBT）是铜的很好的阳极缓蚀剂，剂量仅为 $1\sim2$ mg/L。因为它在铜的表面进行整合反应，形成一层沉淀薄膜，抑制腐蚀。巯基苯并噻唑与磷酸盐共向使用，对防止金属的点蚀有良好效果。这类缓蚀剂还有其他杂环硫醇。

（4）吸附膜型缓蚀剂

吸附膜型缓蚀剂的分子具有亲水基和疏水基。亲水基即极性基，能有效地吸附在洁净的金属表面，而将疏水基团朝向水侧，阻碍水和溶解氧向金属扩散，以抑制腐蚀。防蚀效果与金属表面的洁净程度有关。这种缓蚀剂主要有胺类化合物及其他表面活性剂类有机化合物。这种缓蚀剂的缺点在于分析方法复杂，因而难于控制浓度。

缓蚀剂类型及其性质、应用于各种冷却水系统的代表性缓蚀剂，见表3.8、表3.9。

表 3.8　缓蚀剂类型及其性质

缓蚀剂类型		缓蚀剂	膜的特性
钝化膜型		铬酸盐 钼酸盐 钨酸盐 亚硝酸盐	致密，膜薄（30～300）Å，与金属结合紧密
沉淀膜型	水中离子型	聚磷酸盐 锌盐	多孔、膜厚，与金属接合不太紧密
	金属离子型	苯并三氮唑 巯基苯并噻唑	较致密，膜较薄
吸附膜型		有机胺 硫醇类 表面活性剂 木质素 葡萄糖酸盐	在非清洁表面上吸附性差

表 3.9　应用于各种冷却水系统的代表性缓蚀剂

冷却水系统分类	代表性缓蚀剂
敞开式循环水系统	铬酸盐-聚磷酸盐系 铬酸盐-金属盐系（锌盐） 铬酸盐-有机物系（有机磷） 聚磷酸盐-金属盐系（锌盐） 聚磷酸盐-有机物系（有机磷） 有机物系-金属盐系（钼、钨）
密闭式循环水系统	铬酸盐系 亚硝酸盐-有机物系 可溶性油

4）循环冷却水的综合处理

（1）循环水系统的预处理——清洁和预膜

循环水在运行之初,根据缓蚀原理,要在金属表面形成一层保护膜,起抑制腐蚀作用。保护膜的形成过程称为预膜。为了有效地预膜,必须对金属表面进行清洁处理。

循环水系统的预处理包括:化学清洗剂清洗→冲洗干净→预膜,然后转入正常运行。

常用的化学清洗剂有很多,根据所清除的污垢成分选用:以黏垢为主的,应选用以杀菌为主的清垢剂;以泥垢为主的,应选用以混凝剂或分散剂为主的清垢剂;以结垢为主的,应选用以螯合剂、渗透剂、分散剂为主的清垢剂;以腐蚀产物为主的,应采用渗透剂、分散剂等表面活性剂。化学清洗后应立即进行预膜处理。

预膜的好坏往往决定缓蚀效果的好坏。预膜在循环水系统运行之前,每次大修、小修之后,设备酸洗之后,系统产生特低 pH 值之后等情况下必须进行。预膜可以采用缓蚀剂配方,也可以用专门的预膜剂配方,请参考有关资料。

（2）综合处理与复方稳定剂

在循环冷却水处理中,一般都不采用单一的方法或单一的药剂。即不仅是对某种处理提出多种方法或复方药剂的要求,而且要对腐蚀、水垢及污垢各方面同时进行综合处理,以保证高质量的循环冷却水,使系统运行高效可靠。

我国采用复合缓蚀剂的配方主要有聚磷酸盐、有机磷酸盐、聚羧酸盐成分。聚磷酸盐主要有六偏磷酸钠、聚磷酸钠;有机磷酸盐主要有 EDTMP 或 HEDP;聚羧酸盐主要为聚丙烯酸钠。此外,有的还添加巯基苯并噻唑。

其他相关知识参见《工业循环冷却水处理设计规范》（GB 50050—2017）。

本章小结

本章内容以地下水及特殊用水对水质要求不同进行分类处理,以除铁、除锰、除氟、软化、除盐、除砷冷却水处理为知识单元,分别介绍了不同去除对象的去除原理、工艺流程、设计和运行参数,要求学生能够利用所学知识,解决实际工作中对地下水及特殊用水的水质处理问题。

习 题

1.水中含铁、锰、氟等会有什么危害?

2.目前应用最广的除氟方法是什么? 原理是什么?

3.什么是水的软化? 水软化处理工艺一般应用于哪些场合?

4.说明离子交换树脂结构的组成及其主要功能。

5.试举例说明强酸型离子交换树脂对水中硬度离子的交换过程。

6.保证循环冷却水系统的可靠运行,必须解决哪两个问题?

7.冷却构筑物大体分为哪几类?

8.结垢、污垢和黏垢有何区别?

4

城镇污水处理技术

教学要求

通过本章学习,理解城镇污水处理工艺各构筑单元的处理原理、分类、结构以及设计、运行技术参数,掌握活性污泥法、生物膜法常规好氧处理工艺,熟悉脱氮除磷的原理和工艺,熟悉初次沉淀池、二次沉淀池的功用及结构特点,了解厌氧处理、自然生物处理的原理及分类,掌握城镇污水处理厂平面布置与高程设计,能够对典型污水工艺进行运行调试和故障排除。

知识点

活性污泥法;生物膜法;好氧生物处理;厌氧生物处理;自然生物处理;污泥处理;脱氮除磷

4.1 城镇污水的物理处理

水的物理处理是借助于物理作用分离和去除水中不溶性悬浮物或固体,又称为机械处理法,在城镇污水处理流程中常用在主体处理构筑物之前,又被称为预处理或前处理。

格栅一般由互相平行的格栅条、格栅框和清渣耙3个部分组成,倾斜或直立在污水处理厂前端进水渠道中或泵房集水井进口处,用以拦截水中的漂浮物和粗大的悬浮物,以保证后续处理设备的正常工作,可减少待处理水的有机负荷。

沉淀池是依靠重力作用进行固液分离的设施,可根据沉淀对象的不同分为两类。通常将用于沉淀有机固体为主的装置称为沉淀池,其沉淀物称为污泥(与水的密度差相对较小);而以沉淀无机固体为主的装置称为沉砂池,其沉淀物主要是砂粒、煤渣等密度较大的无机颗粒。

4.1.1 格栅

1)格栅的构造与类型

格栅的分类方法比较多,按不同的方法可将格栅分为各种不同的类型,常见格栅类型见表4.1。

表 4.1　格栅的类型

格栅分类特征	格栅名称	说　　明
按格栅间距分	粗格栅	栅条间隙 50~100 mm
	中格栅	栅条间隙 10~40 mm
	细格栅	栅条间隙 3~10 mm

续表

格栅分类特征	格栅名称	说 明
按清渣方式分	人工清渣格栅	主要用于小型水处理厂的粗格栅或每日栅渣量<0.2 m³/d 的情况
	机械清渣格栅(图4.1)	用于每日栅渣量>0.2 m³/d 的情况
按构造形状特点分	平板式格栅(图4.1)	栅条格栅,垂直或倾斜安装
	曲面格栅(图4.3)	栅条格栅,迎水面为曲面
	回转式格栅	栅条由数排循环运动的钩齿组成,倾斜安装
	阶梯式格栅(图4.2)	栅条由数排格子状循环运动的薄金属片组成

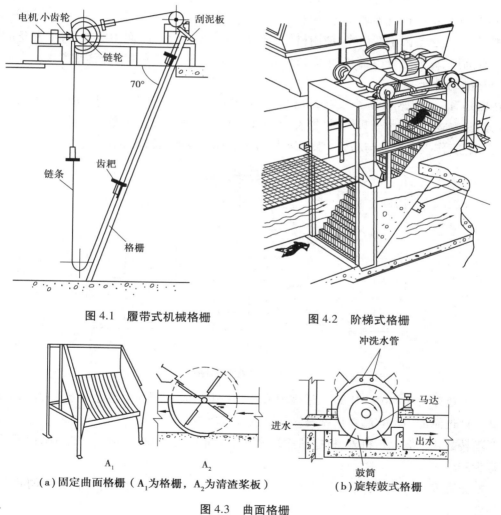

图 4.1 履带式机械格栅

图 4.2 阶梯式格栅

(a)固定曲面格栅(A₁为格栅,A₂为清渣桨板)

(b)旋转鼓式格栅

图 4.3 曲面格栅

2)格栅的选择

为提高处理效率,在水处理中一般选取粗细两道格栅配合使用。《室外排水设计标准》

（GB 50014—2021）规定污水处理系统或水泵前必须设置格栅，格栅栅条间隙宽度应符合下列要求：

①粗格栅：机械清除时宜为 16～25 mm，人工清除时宜为 25～40 mm。特殊情况下，最大间隙可为 100 mm。

②细格栅：宜为 1.5～10 mm。

③超细格栅：不宜大于 1 mm。

④选用水泵前，应根据水泵要求确定。

不同类型的格栅有不同的特点，应根据其特点，结合实际情况选择。一般来说，人工清渣格栅劳动强度较大，但是有设备比较便宜、操作简单的优势，主要用于小型水处理厂的粗格栅或每日栅渣量<0.2 m³/d 的情况，其余情况一般都用粗格栅；平面栅条格栅结构比较简单，价格相对比较便宜；回转式格栅在清除细小的毛发、纤维、塑料袋等方面有一定优势；阶梯式格栅没有污物卡阻、耙齿打齿等现象，传动及动力机械在水面以上，便于维修。另外，即使同一类型的格栅，其性能也会因生产厂家、使用材质、细节结构、参数的不同而用所差别，如栅条的断面形状就有圆形、方形之分，它们的水力条件和刚度就有差异。在选择时应详细考察。

3）格栅的设计

格栅是有一定规格的标准设备，可根据需要选择（包括格栅类型、栅条断面、栅条间隙和栅渣的清除方式）。在水处理中，格栅设计的内容主要是计算所需格栅的尺寸，并进一步确定栅室、栅槽、工作平台尺寸与布置。图 4.4 是格栅设计计算图，设计的基本数据如下：

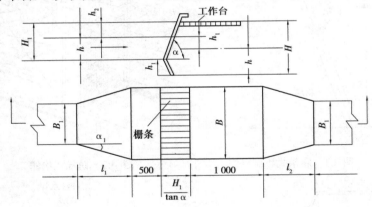

图 4.4　格栅计算图

①污水过栅流速 0.6～1.0 m/s，栅槽内流速 0.4～0.8 m/s，栅前渠道超高 h_2 一般取 0.3 m。

②设计过流能力不宜超过厂家提供的最大过流能力的 80%。

③除转鼓式格栅除污机外，机械清除格栅的安装角度宜为 60°～90°，人工清除格栅的安装角度宜为 30°～60°。

④格栅宽 B、水头损失 h_1 按表 4.2 中对应公式计算，为避免栅前壅水，将栅后槽底下降 h_1 作为补偿。

⑤进水渠渐开角 α_1 一般取 20°，栅前渐扩部分长度 l_1 根据进水渠宽 B_1、格栅宽 B 和进水渠渐开角 α_1 由下式计算：

$$l_1 = \frac{B - B_1}{2\tan \alpha_1} \tag{4.1}$$

栅后渐缩部分长度 l_2 取栅前渐扩部分长度 l_1 的一半。

表 4.2　栅室宽及过栅水头损失计算公式

格栅形式	平板格条式格栅	回转式格栅	阶梯式格栅
格栅宽	$B = s(n-1) + bn$ $$n = \frac{Q_{max}\sqrt{\sin \alpha}}{bhv}$$	按设备过流能力确度,选用时,Q_{max} 应为厂家标注过流能力的 80% 左右	$$B = \frac{278Q}{v(h-60)\left(\frac{b}{b+s}\right) + 10}$$
过栅水头损失计算式	$$h_1 = k\xi \frac{v^2}{2g}\sin \alpha$$ $$\xi = \beta\left(\frac{s}{b}\right)^{4/3}$$	$$h_1 = Ckv^2$$ $$v = \frac{Q}{B_1 h}$$	当 $b = 1 \sim 6$ mm 时, $v = 0.8 \sim 1.5$ m/s, h_1 为 $50 \sim 200$ mm
符号说明	B——格栅槽宽,m; s——栅条宽度,m; b——格条间隙宽度,m; n——格条间隙数,个; Q_{max}——过栅最大流量,m³/s; α——格栅设置倾角,(°); h——栅前水深,m; v——过栅流速,m/s; h_1——实际计算水头损失值,m,小型污水厂也可按 $0.01 \sim 0.15$ m 估算; k——格栅水头损失增大系数,一般取 $2 \sim 3$; β——栅条形状系数,一般圆截面栅条为 1.79,矩形截面栅条为 2.42; ξ——格栅阻力系数	B_1——格栅净宽,m; Q——过栅流量,m³/s; h——栅前水深,m; v——过栅流速,m/s; C——格栅设置倾角系数, 45°、60°、75° 和 90° 时,C 值分别为 1.0、1.118、1.235 和 1.354; h_1——过栅水流系数,与栅速间隙和形状有关。 间隙/mm　　h 1　　0.91~1.17 3　　0.40~0.55 6　　0.32~0.41 10　　0.50~0.60 15　　0.31 30　　0.29	Q——格栅流量,m³/h; v——过栅流速,m/s; h——栅前水深,mm; b——间隙宽度,mm; s——栅片厚度,mm; h_1——过栅水头损失,mm

⑥栅渣量 W_1 一般为 $0.03 \sim 0.1$ m³/10^3m³ 污水(与水源、栅间距有关),含水率 80% 左右,密度 $700 \sim 960$ kg/m³,每日栅渣量 W 按下式计算:

$$W = \frac{3\,600 \times 24Q_{max}W_1}{1\,000\,K} \tag{4.2}$$

式中的 K 是污水流量总变化系数,生活污水可参考表 4.3。

表 4.3　生活污水流量总变化系数表

平均日流量/ (L·s⁻¹)	4	6	10	15	25	40	70	120	200	400	750	1 600
K	2.3	2.2	2.1	2.0	1.89	1.80	1.69	1.59	1.51	1.40	1.30	1.20

每日栅渣量 W 大于 $0.2\ \mathrm{m^3/d}$ 或污水量大于 1 万 $\mathrm{m^3/d}$ 的大型污水厂,一般采用机械清渣。

⑦工作台面高于栅前最高设计水位 $0.5\ \mathrm{m}$,两侧工作台 $0.7\ \mathrm{m}$,正面过道宽 $1.2\ \mathrm{m}$(人工清渣)或 $1.5\ \mathrm{m}$(机械清渣)。

【例 4.1】 已知某城市污水厂的最大设计流量 $Q_{\max} = 0.2\ \mathrm{m^3/s}$,污水流量总变化系数 $K = 1.5$,试设计一平板式格栅。

【解】 根据经验,设栅前进水渠宽 $B_1 = 0.65\ \mathrm{m}$,水深 $h = 0.4\ \mathrm{m}$,有关设计参数选取如下:过栅流速 $v = 0.9\ \mathrm{m/s}$,栅条间隙宽度 $b = 20\ \mathrm{mm}$,栅条宽度 $s = 10\ \mathrm{mm}$,栅堵塞的水头损失增大系数 $k = 3$,迎水面为半圆的矩形格栅($\beta = 1.83$),格栅倾角 $\alpha = 60°$,栅渣量 $W_1 = 0.06\ \mathrm{m^3/10^3 m^3}$。

①栅条数目:

$$n = \frac{Q_{\max}\sqrt{\sin \alpha}}{bhv} = \frac{0.2\sqrt{\sin 60°}}{0.02 \times 0.4 \times 0.9} = 26$$

②格栅宽度:

$$B = s(n-1) + bn = 0.01 \times (26-1) + 0.02 \times 26 = 0.77(\mathrm{m})$$

③过栅水头损失:

$$h_1 = k\xi \frac{v^2}{2g}\sin \alpha = k\beta \left(\frac{s}{b}\right)^{4/3} \frac{v^2}{2g}\sin \alpha$$

$$= 3 \times 1.83 \times \left(\frac{0.01}{0.02}\right)^{4/3} \times \frac{0.9^2}{2 \times 9.81} \times \sin 60° = 0.08(\mathrm{m})$$

④栅后槽总高度:

$$H = h + h_1 + h_2 = 0.4 + 0.08 + 0.3 = 0.78(\mathrm{m})$$

⑤栅槽的总长度:

$$l_1 = \frac{B - B_1}{2\tan \alpha_1} = \frac{0.77 - 0.65}{2\tan 20°} = 0.16(\mathrm{m})$$

$$l_2 = \frac{l_1}{2} = \frac{0.16}{2} = 0.08(\mathrm{m})$$

$$L = l_1 + l_2 + 1.0 + 0.5 + \frac{H_1}{\tan \alpha} = 0.16 + 0.08 + 1.0 + 0.5 + \frac{0.7}{\tan 60°} = 2.15(\mathrm{m})$$

⑥每日栅渣量:

$$W = \frac{Q_{\max}W_1 \times 3\ 600 \times 24}{K \times 1\ 000} = \frac{0.2 \times 0.06 \times 86\ 400}{1.5 \times 1\ 000} = 0.69(\mathrm{m^3/d})$$

每日栅渣量大于 $0.2\ \mathrm{m^3/d}$,故采用机械清渣。

4.1.2 沉砂池

沉砂池的功能是从污水中分离相对密度较大的无机颗粒,如砂、炉灰渣等。它一般设在泵站、沉淀池之前,用于保护机件和管道免受磨损,还能使沉淀池中的污泥具有良好的流动性,能防止排放与输送管道被堵塞,且能使无机颗粒和有机颗粒分别分离,便于分别处理和处置。

根据沉砂池的功能,应注意控制沉砂池内的水流速度,只让密度约为 $2.65\ \mathrm{g/cm^3}$、粒径大于 $0.2\ \mathrm{mm}$ 的无机颗粒沉淀下来,而有机颗粒应随水流出进入下一处理单元。

沉砂池的设计流量应按分期建设考虑,如果污水自流进入,按每期的最大设计流量计算;

如果是提升进入,按每期工作水泵的最大组合流量计算;合流制处理系统,按合流设计流量计算。

城市污水的沉砂量按 0.03 L/m³ 计算,生活污水的沉砂量按 0.01~0.02 L/(人·d) 计算,沉砂的含水率约为 60%,密度为 1 500 kg/m³。沉砂池的砂斗容积不应大于 2 d 的沉砂量,采用重力排砂时,砂斗的斗壁与水平面的夹角不应小于 55°。沉砂池一般采用机械排砂的方法,并经砂水分离后贮存或外运;采用人工时,排砂管直径不应小于 200 mm。砂的流动性不如污泥,排砂管应考虑防堵塞措施。

常用的沉砂池有平流沉砂池、曝气沉砂池和钟式沉砂池。

1)平流沉砂池

(1)基本构造

平流沉砂池结构简单、截留效果好,是沉砂池中常用的一种。平流沉砂池由入流渠、出流渠、闸板、水流部分、沉砂斗和排砂管组成,一般设为一池两渠的形式,如图 4.5 所示。平流沉砂池的水流部分实际上是一个加宽加深的明渠,两端设有闸板,以控制水流,池底设 1~2 个贮砂斗,利用重力排砂,也可用射流泵或螺旋泵排砂。

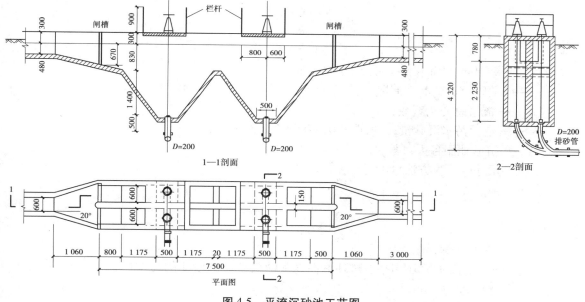

图 4.5　平流沉砂池工艺图

(2)设计参数

平流沉砂池的设计思路是:根据最大水平流速、最大水力停留时间和有效水深计算出沉砂池的尺寸,然后用最小流速核算,以免过多的污泥随砂粒一起沉淀下来。主要参数如下:

①池内最大流速应为 0.3 m/s,最小流速应为 0.15 m/s;

②停留时间不应小于 45 s;

③有效水深不应大于 1.5 m,每格宽度不宜小于 0.6 m;

④贮砂斗容积一般按 2 d 内沉砂量考虑;

⑤沉砂池超高不宜小于 0.3 m;

⑥沉砂池座数或分格数不应少于 2 个,按并联设计,当污水量较少时,可考虑一格工作,一格备用。

（3）计算公式

①沉砂池水流部分（沉砂池两闸板之间的区域）的长度 L：

$$L = vt \tag{4.3}$$

式中：v——最大流速，m/s；

t——最大设计流量的停留时间，s。

②水流断面面积 A：

$$A = \frac{Q_{max}}{v} \tag{4.4}$$

式中：Q_{max}——最大设计流量，m^3/s。

③池总宽度 B：

$$B = \frac{A}{h_2} \tag{4.5}$$

式中：h_2——设计有效水深，m。

④沉砂斗容积 V：

$$V = \frac{Q_{max} x_1 T \times 86\ 400}{K_z \times 10^3} \tag{4.6}$$

或

$$V = N x_2 T \tag{4.7}$$

式中：x_1——城市污水沉砂量，一般取 0.03 L/m^3；

T——清除沉砂的时间间隔，d；

K_z——流量总变化系数；

x_2——生活污水沉砂量，一般取 0.01~0.02 L/（人·d）；

N——沉砂池服务人口数。

沉砂斗尺寸的计算方法可参考平流沉淀池。

⑤沉砂池总高度：

$$H = h_1 + h_2 + h_3 \tag{4.8}$$

式中：h_1——超高，m；

h_2——有效水深，m；

h_3——贮砂室的高度，包括沉砂斗的高度和池底坡向沉砂斗的高度（计算方法可参考平流沉淀池），m。

⑥验算：

最小流量 Q_{min} 时，池内的流速 v_{min} 为：

$$v_{min} = \frac{Q_{min}}{n\omega} \tag{4.9}$$

式中：n——最小流量时工作的沉砂池数；

ω——工作沉砂池的水流断面面积，m^2。

若 $v_{min} \geqslant 0.15$ m/s，则设计合格。

2）曝气沉砂池

（1）基本构造

普通沉砂池截留的沉砂中夹杂有 15% 的有机物，使沉砂的后续处理难度增加，采用曝气沉砂池可在一定程度上克服此缺点。曝气沉砂池是一长形渠道，沿池壁一侧的整个长度距池底 60~

90 cm 的高度处安设曝气装置,而在其下部设有集砂槽,在池底的另一侧有 0.1~0.5 的坡度坡向集砂槽(以保证砂粒滑入集砂槽),如图 4.6 所示。

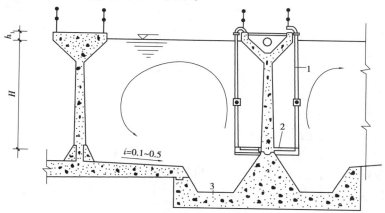

图 4.6 曝气沉砂池断面图
1—压缩空气管;2—空气扩散组件;3—集砂槽

在水流从进水端流向出水端的过程中,由于曝气的作用,使池内水流产生与主流垂直的横向旋流,因此水流在池内呈螺旋状前进。水的旋流运动增加了无机颗粒相互碰撞和摩擦的机会,把砂粒表面有机物擦掉,获得较纯净的砂粒。在旋流的离心力作用下,这些密度较大的砂粒被甩向外部沉入集砂槽,而密度较小的有机物随水流向前流动被带到下一处理单元。另外,在水中曝气可脱臭,改善水质,有利于后续处理,还可起到预曝气作用。

(2)设计参数

①水平流速不宜大于 0.1 m/s;

②停留时间宜大于 5 min;

③有效水深宜为 2~3 m,宽深比宜为 1.0~1.5;

④曝气量宜为 5.0~12.0 L/(m·s)空气;

⑤为防止水流短路,进水方向应和池中旋流方向一致,出水方向应和进水方向垂直,并宜设置挡板;

⑥宜设置除砂和撇油除渣两个功能区,并配套设置除渣和撇油设备。

(3)计算公式

①沉砂池总有效容积 V:

$$V = Q_{max} T \times 60 \tag{4.10}$$

式中:Q_{max}——最大设计流量,m³/s;

T——最大设计流量的停留时间,min。

②池断面积 A:

$$A = \frac{Q_{max}}{v} \tag{4.11}$$

式中:v——最大设计流量时水平前进流速,m/s。

③池总宽度 B:

$$B = \frac{A}{H} \tag{4.12}$$

式中:H——设计有效水深,m。

④池的长度 L：

$$L = \frac{V}{A} \tag{4.13}$$

式中：L——池的长度，m。

⑤每小时所需空气量 q：

$$q = DQ_{\max} \times 3\,600 \tag{4.14}$$

式中：D——处理 $1\ \mathrm{m}^3$ 污水所需曝气量，$\mathrm{m}^3/\mathrm{m}^3$。

3）钟式沉砂池

钟式沉砂池在结构上为圆形，水流状态是旋流的沉砂池，如图4.7所示。污水从切线方向进入，池中设有可调速的转盘和叶片，使池内水流保持螺旋状环流。在离心力的作用下，污水中密度较大的砂粒被甩向池壁，掉入砂斗；有机物则被留在污水中，随水排走进入下一处理单元。通过调整转速，可以达到最佳沉砂效果。沉砂可用砂泵或空气提升器排除，清洗水回流至沉砂区。

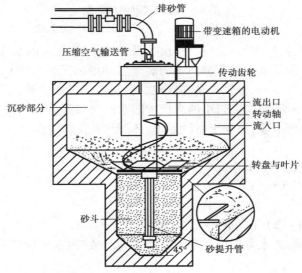

图 4.7　钟式沉砂池

钟式沉砂池已有定型产品可供选用，不用自己单独设计。不同型号钟式沉砂池的处理流量及各部分尺寸见表4.4和图4.8。

表 4.4　钟式沉砂池各部分尺寸

流量/($\mathrm{L} \cdot \mathrm{s}^{-1}$)	A	B	C	D	E	F	G	H	J	K	L
50	1.83	1.0	0.305	0.61	0.30	1.40	0.30	0.30	0.20	0.80	1.10
110	2.13	1.0	0.308	0.76	0.30	1.40	0.30	0.30	0.30	0.80	1.10
180	2.43	1.0	0.405	0.90	0.30	1.55	0.40	0.30	0.40	0.80	1.15
310	3.05	1.0	0.610	1.20	0.30	1.55	0.45	0.30	0.45	0.80	1.35
530	3.06	1.5	0.750	1.50	0.40	1.70	0.60	0.51	0.58	0.80	1.45
880	4.87	1.5	1.00	2.00	0.40	2.20	1.00	0.51	0.60	0.80	1.85
1 320	5.48	1.5	1.10	2.20	0.40	2.20	1.00	0.61	0.63	0.80	1.85
1 750	5.80	1.5	1.20	2.40	0.40	2.50	1.30	0.75	0.70	0.80	1.95
2 200	6.10	1.5	1.20	2.40	0.40	2.50	1.30	0.89	0.75	0.80	1.95

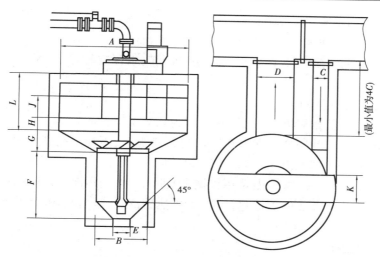

图 4.8　钟式沉砂池各部分尺寸

4.1.3　沉淀池

1)沉淀池的类型

在污水处理中,按沉淀池的用途和工艺布置不同,可分为初次沉淀池、二次沉淀池、污泥浓缩池等。按沉淀池内水流方向不同,可分为平流式沉淀池、竖流式沉淀池、辐流式沉淀池。

初次沉淀池设置在沉砂池之后,作为化学处理与生物处理的预处理,可降低污水的有机负荷。二次沉淀池用于化学处理或生物处理后,分离化学沉淀物、活性污泥或生物膜。污泥浓缩池设在污泥处理段,用于剩余污泥的浓缩脱水。

2)平流式沉淀池

（1)基本构造

平流式沉淀池的构造与理想沉淀池最为相似,为一长方形水池,水在池内水平流动,从一端流入,从另一端流出。平流式沉淀池由进水装置、出水装置、沉淀区、缓冲层、污泥区及排泥装置等组成。

（2)沉淀池设计

平流式沉淀池的设计应符合《室外排水设计标准》(GB 50014—2021)的要求。除构造部分已介绍的数据外,还应熟悉以下设计参数。

①城市污水沉淀池的设计参数应参考表 4.5。

表 4.5　城市污水沉淀池设计数据

沉淀池类型		沉淀时间 /h	表面水力负荷 /[m³·(m²·h)⁻¹]	每人每日污泥量 /[g·(人·d)⁻¹]	污泥含水率 /%	固体负荷 /[kg·(m²·d)⁻¹]
初次沉淀池		0.5~2.0	1.5~4.5	16~36	95~97	—
二次沉淀池	生物膜法后	1.5~4.0	1.0~2.0	10~26	96~98	≤150
	活性污泥法后	1.5~4.0	0.6~1.5	12~32	99.2~99.6	≤150

注:当二次沉淀池采用周边进水周边出水辐流沉淀池时,固体负荷不宜超过 200 kg/(m²·d)。

②沉淀池的超高不应小于 0.3 m。

③沉淀式的有效水深宜采用 2.0~4.0 m。

④每格长度和宽度之比不宜小于 4,长度和有效水深之比不宜小于 8,池长不宜大于 60 m。

⑤池底纵坡不宜小于 0.01。

⑥宜采用机械排泥,排泥机械的行进速度宜为 0.3~1.2 m/min。

⑦非机械排泥时,缓冲层高度宜为 0.5 m;机械排泥时,缓冲层高度应根据刮泥板高度确定,且缓冲层上缘宜高出刮泥板 0.3 m。

污泥区(包括污泥斗)的总容积:采用机械排泥时按 4 h 的污泥量计算;采用静水压力排泥时,初次沉淀池按不大于 2 d 的污泥量计算,生化池后的二次沉淀池按不大于 2 h 的污泥量计算。

主要的设计参数有:

①沉淀区有效水深 h_2:

$$h_2 = qt \tag{4.15}$$

式中:q ——表面水力负荷,$\text{m}^3/(\text{m}^2 \cdot \text{h})$;

t——停留时间,h。

②沉淀区总面积 A:

$$A = \frac{Q_{max} \times 3\,600}{q} \tag{4.16}$$

式中:Q_{max}——最大设计流量,m^3/s。

③沉淀区有效容积 V_1:

$$V_1 = Ah_2 \tag{4.17}$$

或

$$V_1 = Q_{max}t \tag{4.18}$$

④沉淀区长度 L:

$$L = 3.6\,vt \tag{4.19}$$

式中:v——最大设计流量时的水平流速,mm/s。

⑤沉淀区总宽 B:

$$B = \frac{A}{L} \tag{4.20}$$

⑥沉淀池座数或分格数 n:

$$n = \frac{B}{b} \tag{4.21}$$

式中:b——每座或每格沉淀池的宽度,m。

⑦污泥区容积 W。污泥区容积应根据每日沉下的污泥量和污泥储存周期确定,计算公式为:

$$W = \frac{Q(C_0 - C_1) \times 100}{\gamma(100 - P)}T \tag{4.22}$$

或

$$W = \frac{SNT}{1\,000} \tag{4.23}$$

式中:Q——设计流量,m^3/d;

C_0,C_1——进、出水中的悬浮物浓度,kg/m^3;

γ——污泥密度,污泥主要为有机物且含水率大于 95% 时,取 1 000 kg/m^3;

P——污泥含水率,一般取 95%~97%;

T——两次排泥的时间间隔;

S——每人每天产生的污泥量,$L/(人·d)$;

N——设计人口数。

根据污泥区容积进一步确定、核算污泥斗的尺寸。

⑧沉淀池总高度 H:

$$H = h_1 + h_2 + h_3 + h_4 \tag{4.24}$$

式中:h_1——沉淀池超高,采用 0.3 m;

h_2——沉淀区高度,m;

h_3——缓冲层高度,m;

h_4——污泥区高度,包括池底沉积污泥的梯形部分的高度和污泥斗的高度,m。

3)辐流式沉淀池

(1)基本构造

辐流式沉淀池是一种圆形的、直径较大而有效水深则相应较浅的沉淀池(也有将池子做成方形的)。通常采用中心进水周边出水,污水自进水管流入中心管,经穿孔挡板均匀分配向四周辐射流向周边的出水堰。下沉的污泥由刮泥机刮至池中心,经排泥管排出,如图 4.9 所示。有少量的辐流式沉淀池采用周边进水中心出水或周边进水周边出水的方式,其构造示意图如图 4.10 所示。

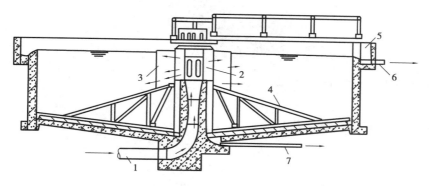

图 4.9　中心进水的辐流式沉淀池

1—进水管;2—中心管;3—穿孔挡板;4—刮泥机;5—出槽;6—出水管;7—排泥管

辐流式沉淀池的直径一般在 20~30 m 以上,最大可达 100 m,池子的直径与有效水深的比宜为 6~12,坡向泥斗的底坡坡度不宜小于 0.05。穿孔挡板开孔面积为过水断面积的 6%~20%。沉淀的污泥一般采用机械排泥,大多采用周边传动的刮泥机,其驱动装置设在桁架的外缘,刮泥机桁架的一侧装有刮渣板,可将浮渣刮入设于池边的浮渣箱。池径小于 20 m 时,一般用中心传动的刮泥机,其驱动装置设在池子中心走道板上。刮泥机的旋转速度一般为 1~3 r/h,刮泥板的外缘线速度不宜大于 3 m/min。如果池的直径较小,不想采用机械排泥,也可采用多斗

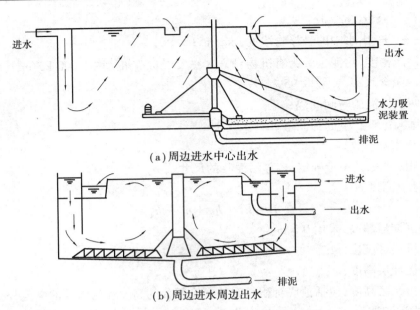

(a)周边进水中心出水

(b)周边进水周边出水

图4.10　周边进水的辐流式沉淀池示意图

排泥,但管理比较麻烦。

(2)设计计算

辐流式沉淀池的设计内容主要包括:各部分尺寸的确定、进出水方式,以及排泥装置的选择,除构造部分已介绍的特征数据外,其余设计参数可参考平流沉淀池设计部分内容。

①沉淀池表面积 A 和池径 D:

$$A = \frac{Q}{nq} \tag{4.25}$$

$$D = \sqrt{\frac{4A}{\pi}} \tag{4.26}$$

式中:Q——设计流量,m^3/h;

　　n——池数;

　　q——表面水力负荷,参考表4.5。

②有效水深 h_2:

$$h_2 = qt \tag{4.27}$$

式中:t——沉淀时间,参考表4.5。

③沉淀池高度 H:

$$H = h_1 + h_2 + h_3 + h_4 + h_5 \tag{4.28}$$

式中:h_1——沉淀池超高,同前取0.3 m;

　　h_2——有效水深,m;

　　h_3——缓冲层高度,取值同平流沉淀池,m;

　　h_4——沉淀池底坡落差,m;

　　h_5——污泥斗高度,m。

4)竖流式沉淀池

（1）基本构造

竖流式沉淀池在平面图形上一般呈圆形或正方形，污水通常由设在池中央的中心管流入，在中心管的下端经反射板拦阻，均匀散开折向上流，水中沉速超过上升流速的悬浮颗粒则向下沉降到污泥斗中，清水从池的顶部周边流出，如图4.11所示。由于水流在沉降区的流动方向是由池的下面向上作竖向流动，故称为竖流池。

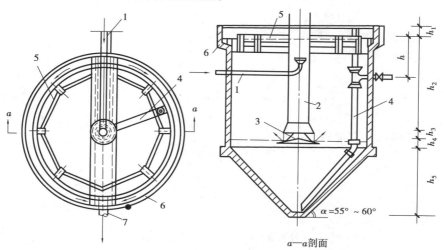

图4.11　圆形竖流式沉淀池

1—进水管；2—中心管；3—反射板；4—排泥管；5—出水挡板；6—出水槽；7—出水管

为了达到池内水流均匀分布的目的，直径或边长不能太大，一般为4~7 m，不大于10 m。池径或边长与有效水深的比值不大于3。中心管内的流速不宜大于30 mm/s，中心管下口应设有喇叭口及反射板，具体尺寸如图4.12所示。反射板板底距泥面至少0.3 m。如果池子直径大于7 m，为使池内水流分布均匀，可增设辐射方向的流出槽，流出槽前设挡板以隔除浮渣。污泥依靠静水压力将污泥从排泥管中排出，排泥管直径、污泥斗尺寸、排泥静水压力等参数同前。

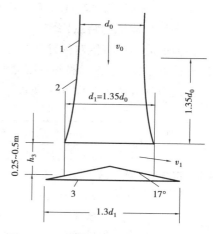

图4.12　中心管及反射板的结构尺寸

1—中心管；2—喇叭口；3—反射板

（2）设计计算

①中心管面积f_1与直径d_0：

$$f_1 = \frac{q_{max}}{v_0} \qquad (4.29)$$

$$d_0 = \sqrt{\frac{4f_1}{\pi}} \qquad (4.30)$$

式中：q_{max}——每个池的最大设计流量，m^3/s；

v_0——中心管内流速，m/s。

②有效沉淀高度,即中心管高度 h_2:

$$h_2 = vt \times 3\ 600 \tag{4.31}$$

式中:v——水在沉淀区的上升流速等于表面负荷 q,参考表 4.5,mm/s;

t——沉淀时间,参考表 4.5,h。

③中心管喇叭口到反射板之间的间隙高度 h_3:

$$h_3 = \frac{q_{max}}{v_1 d_1 \pi} \tag{4.32}$$

式中:v_1——间隙流出速度,一般不大于 40 mm/s;

d_1——喇叭口直径,m。

④沉淀区面积 f_2:

$$f_2 = \frac{q_{max}}{v} \tag{4.33}$$

⑤沉淀池总面积 A 和池径 D:

$$A = f_1 + f_2 \tag{4.34}$$

$$D = \sqrt{\frac{4A}{\pi}} \tag{4.35}$$

⑥沉淀池总高度 H:

$$H = h_1 + h_2 + h_3 + h_4 + h_5 \tag{4.36}$$

式中:h_1——沉淀池超高,同前取 0.3 m;

h_4——缓冲层高度,一般取 0.3 m;

h_5——污泥斗高度,m。其计算方法以及污泥斗容积计算参见平流式沉淀池。

5)各种沉淀池的特点比较

各种沉淀池没有绝对的好坏之分,它们在各自的适用条件下都能获得最佳效益。因此,在水处理设计中,首先要了解各种沉淀池的特点和适用条件,选取适合具体情况的沉淀池,然后再按上述设计方法进行设计。现将各种沉淀池的特点及适用条件列表对比,见表 4.6。

表 4.6 各种沉淀池的优缺点及适用条件

池 型	主要优缺点	适用条件
平流式沉淀池	沉淀效果好,对冲击负荷和温度变化的适应能力较强,施工简易,造价较低。但配水不易均匀,多斗排泥操作量大,链带式刮泥机长期浸于水中,容易锈蚀	地下水位高及地质较差地区,大、中、小型水厂
辐流式沉淀池	多为机械排泥,其设备已趋定型,运行较好,管理较简单。但机械排泥设备复杂,对施工质量要求高	地下水位较高地区,大、中型水厂
竖流式沉淀池	排泥方便,管理简单,占地面积小。但池深大,造价高,对冲击负荷和温度变化的适应能力较差,池径不宜过大,否则布水不均匀	小型水厂
斜板(管)式沉淀池	停留时间短,水力条件好,沉淀效率高,占地省。但斜管费用较高,且 5~10 年后须更换,斜板(管)内可能滋生藻类和积泥,要求絮凝池有良好的絮凝效果	大、中、小型水厂

4.2 城镇污水的活性污泥法处理

4.2.1 污水生物处理理论

1）微生物的新陈代谢及规律

（1）微生物的分类

微生物是指所有形体微小、单细胞的或个体结构较为简单的多细胞，甚至无细胞的，必须借助光学显微镜或电子显微镜才能观察到的低等生物的通称。微生物类群庞杂、种类繁多，且繁殖快，易变异，适应能力极强，在环境中分布极广。水中常见的微生物见表4.7。

表4.7　水中常见的微生物

		非细胞结构微生物—病毒界		
水中常见的微生物	具细胞结构微生物	原核微生物—原核生物界	蓝细菌（蓝藻）	
			细菌	
		真核微生物	真菌界	酵母菌
				霉菌
			原生生物界	藻类
				原生动物
			后生动物	

水中微生物对水体的自净有重要作用，也是污水生物化学处理的工作主体。与自然水体中的同类微生物相比，生活在污水中的微生物，其形态结构、生理特性、遗传变异等方面都有某些特异性改变，水中污染物浓度和种类等因素影响着微生物的生长规律和类群分布。

细菌是在自然界分布最广、数量最多、与人类关系最密切的微生物类群之一。其个体微小，种类繁多，对环境的适应性强，增长速度快。根据细菌对营养物质需求的不同，可将其分为自养菌和异养菌两大类。自养菌以 CO_2 为主要碳源，利用光能或通过氧化某些无机物释放能量，合成自身细胞物质。异养菌以有机物作为碳源，并利用分解这些有机物过程中产生的能量作为能源，合成细胞物质。在污水生物化学处理设施中参与净化作用的微生物主要是异养菌。

真菌包括霉菌和酵母菌，与污水生化处理有关的是多细胞的霉菌和单细胞的酵母菌。真菌是好氧菌，以有机物为碳源，常出现在低 pH 值、分子氧较少环境中。

在污水生化处理设施中，真菌的种类和数目一般没有细菌和原生动物多，其菌丝常能用肉眼看到。在生物滤池的生物膜内，真菌形成广大的网状物，具有结合生物膜的作用。在活性污泥中，如繁殖了大量霉菌，也会引起污泥膨胀。在活性污泥中的酵母菌，具有较强的氧化能力。

藻类细胞内含叶绿素及其他辅助色素，能进行光合作用。在有光线照射时，能利用光能吸收 CO_2 合成细胞物质，同时放出 O_2。在夜间无阳光时，则通过呼吸作用获取能量，吸收 O_2 同时放出 CO_2。氮、磷的存在会引起藻类的大量繁殖。

原生动物是最原始、最低等的单细胞动物，个体很小，但却是一个完整的有机体，它具备了动物所必需的营养、呼吸、排泄和生殖等机能。在污水生化处理中，原生动物虽不如细菌那样重要，但原生动物除具有吞食污水中有机物颗粒和游离细菌的能力外，还能在一定程度上反映污水水质和净化处理的效果。在不同的水质环境中会出现不同种类的原生动物，因此原生动物可作为指示生物，指示污水水质和净化处理效果。例如，钟虫在水中溶解氧充足时会大量出现，并且很活跃；而在溶解氧较低时则较少出现，也不活跃或发生虫体变形等现象。

后生动物是多细胞动物，在污水生化处理中常见的有轮虫和线虫等。轮虫以细菌、小的原生动物及有机颗粒等为食，对污水有一定的净化作用。轮虫也可以作为指示生物，当活性污泥中出现轮虫时，往往表明处理效果良好。

(2)微生物的代谢

在生命细胞中发生的物质化学转变过程称为代谢。代谢是生命活动的基本特征之一，生命活动的任何过程都离不开代谢，代谢一旦停止，生命随之结束。在微生物的代谢过程中，细胞不断从外部环境中摄取生长需要的能源和营养物质，同时不断将代谢产物(废物)排泄到外部环境中去，因此代谢又称为新陈代谢。微生物要靠代谢维持其生命活动，诸如生长、繁殖、运动等。代谢被分为两大类，即分解代谢和合成代谢。

①分解代谢。分解代谢也称异化作用，是指微生物将自身或外来的各种物质分解以获取能量的过程，产生的能量用以维持各项生命活动需要，部分以热能的形式与代谢废物一起排出体外。根据分解代谢过程对氧的需求，又可分为好氧分解代谢和厌氧分解代谢。

好氧分解代谢过程中，有机物的分解比较彻底，最终产物是含能量最低的 CO_2 和 H_2O，故释放能量多、代谢速度快、代谢产物稳定。从污水处理的角度来说，希望保持这样一种代谢形式，在较短时间内将污水中的有机物稳定化。

厌氧分解代谢中有机物氧化不彻底，用于处理污水时，不能达到排放要求，还需要进一步处理。厌氧分解代谢可生产沼气，回收甲烷。

②合成代谢。合成代谢亦称同化作用，是指微生物不断由外界取得营养物质合成为自身细胞物质并贮存能量的过程，是微生物机体自身物质制造的过程。在此过程中，微生物合成所需要的能量和物质由分解代谢提供。

分解代谢与合成代谢是一个协同的、一体化的过程，它们是密不可分的。微生物的生命过程是营养物质不断被利用，细胞物质不断合成又不断消耗的过程。在这一过程中伴随着新生命的诞生、旧生命的死亡和营养物质的转化。污水的生物化学处理就是利用微生物对污染物(营养物质)的代谢作用实现的。

(3)微生物的生长条件

水的生物化学处理是利用微生物的作用来完成的，微生物的代谢对环境因素有一定的要求。因此，需要给微生物创造适宜生长繁殖的环境条件，使微生物大量生长繁殖，才能获得良好的污水处理效果。影响微生物生长繁殖的主要因素有水温、营养物质、pH 值、溶解氧和有毒物质等。

(4)微生物的生长规律

在水的生物处理过程中，微生物是以活性污泥或生物膜形式存在的混合群体，可以看作是一种微生物的连续培养过程，即不断给微生物补充食物，使微生物数量不断增加。将活性污泥微生物在污水中接种，并在温度适宜、溶解氧充足的条件下培养，按时取样计量，即可得出具有一定规律的微生物的生长曲线,反映微生物群体在不同培养环境下的生长情况及微生物群体的生长过程。按微生物生长速度不同,生长曲线可划分为 4 个生长时期,如图 4.13 所示。

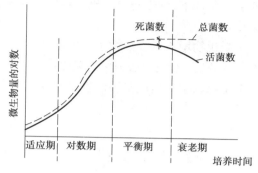

图 4.13　活性污泥生物生长曲线

①适应期(停滞期)。这是微生物培养的最初阶段,由于微生物刚接入新鲜培养基中,对新的环境还处在适应阶段,所以在此时期微生物的数量基本不增加,生长速度接近于零。这一时期一般在活性污泥的培养驯化时或处理水质突然发生变化后出现,能适应的微生物则能够生存,不能适应的微生物则被淘汰,此时微生物的数量有可能减少。

②对数增长期。微生物经历了适应期后,已适应了新的培养环境,在营养物质(基质)较丰富的条件下,微生物的生长繁殖不受基质的限制,开始大量生长繁殖,菌体数量以几何级数增加,菌体数量的对数值与培养时间呈直线关系,因此对数期也被称为指数增长期或等速生长期。增长速度的大小取决于微生物本身的世代时间及利用基质的能力,即取决于微生物自身的生理机能。

在这一时期微生物具有繁殖快、活性大、对基质分解速度快的特点。如果要维持微生物在对数期生长,必须提供充分的食物,使微生物处于食物过剩的环境中。在这种情况下,微生物体内能量高,絮凝和沉降性能较差,势必导致活性污泥处理系统出水中的有机物浓度过高。也就是说,如果控制微生物处于对数增长期,虽然反应速度快,但取得稳定的出水是比较困难的。

③平衡期。微生物经过对数增长期大量繁殖后,培养基中的基质逐渐被消耗,再加上代谢产物的不断积累,使环境条件变得不利于微生物的生长繁殖,致使微生物的增长速度逐渐减慢,死亡速度逐渐加快,微生物数量趋于稳定,因此平衡期又称减速增长期或稳定期。微生物处于减速增长期时,污染物浓度低,絮凝沉降性能好。将生化处理设施的运行状态控制在平衡期,可以获得较好的出水水质。

④内源呼吸期。在减速增长期后,培养基中的基质消耗殆尽,微生物只能利用体内贮存的物质或以死亡的菌体作为养料,进行内源呼吸,维持生命。在此时期,由内源代谢造成的菌体细胞死亡速度超过新细胞的增长速度,使微生物数量急剧减少,生长曲线呈现明显下降趋势,故内源呼吸期亦称衰亡期。在这个时期有些细菌往往产生芽孢,絮凝体形成速度增高,吸附基质的能力显著,游离细菌被原生动物所捕食,因此处于内源呼吸期运行的生化处理系统的出水水质最好。

在污水生化处理过程中,通过控制基质量(F)与微生物量(M)的比值 F/M,使微生物处于不同的生长时期,从而控制微生物的活性和处理效果。一般常将 F/M 控制在较低范围内,利用平衡期或内源代谢初期的微生物的生长活动,使污水中的有机物稳定化,以取得较好的处理效果。

2)污染物的降解及可生化性

(1)生物化学反应动力学

在水的生物处理过程中,其生物化学反应是指在环境因素,如水温、溶解氧、pH 值等都满足要求的条件下,微生物对有机污染物的代谢、微生物本身的增长及微生物对溶解氧的利用等生物化学反应。

①微生物增长速度。微生物的增长速度不仅与微生物量有关,而且与基质浓度(限制性营养物质浓度)有关。法国学者莫诺(Monod)在研究微生物生长的大量实验数据的基础上,提出了微生物的增长速度与限制性营养物质浓度之间的关系式,即莫诺方程式:

$$\mu = \mu_{max} \frac{S}{K_s + S} \tag{4.37}$$

式中:μ——微生物比增长速度,$\mu = \dfrac{dx/dt}{x}$,d^{-1},x 为微生物浓度,mg/L;

μ_{max}——微生物最大比增长速度,d^{-1};

S——基质浓度,mg/L;

K_s——饱和常数,即当 $\mu = \mu_{max}/2$ 时的基质浓度,又称为半速度常数,mg/L。

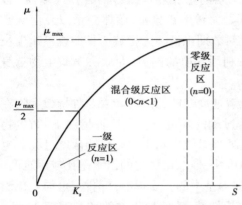

图 4.14　微生物比增长速度与基质浓度的关系

莫诺方程式表示的关系如图 4.14 所示。当基质浓度 S 较小时,$S \ll K_s$,$\mu = \dfrac{\mu_{max}}{K_s}$,是一级反应,即微生物的增长速度与基质浓度成正比,微生物的增长处于平衡期;当基质浓度 S 很大时,$S \gg K_s$,$\mu = \mu_{max}$,达到最大,是零级反应,此时再增加基质浓度,对微生物的增长也无影响,微生物的增长处于对数期;当 S 与 K_s 相差不大时,反应级数为 $0 \sim 1$,是混合级反应,增大基质浓度,微生物增长速度加快,但与基质浓度不成正比。

在使用莫诺方程式时,S 项必须是限制微生物增长的营养物质浓度。在污水生物处理过程中,一般认为有机物是限制微生物增长的营养物质,通常以生化需氧量(BOD)或化学需氧量(COD)计。

②基质降解速度。在微生物的代谢过程中,一部分基质被降解为低能化合物,微生物从中获得能量;一部分基质用于合成新的细胞物质,使微生物体不断增加,因此微生物的增长是基质降解的结果。

在微生物代谢过程中,不同的基质用于合成微生物细胞的比例不同,但微生物的增长速度与基质的降解速度之间有一定的关系:

$$\mu = Yq \tag{4.38}$$

式中:μ——微生物比增长速度,d^{-1};

q——基质比降解速度,d^{-1};

Y——微生物产率系数,又称为微生物增长系数。

由式(4.38)定义 $\mu_{max} = Yq_{max}$,代入式(4.37),可得:

$$q = q_{max} \frac{S}{K_s + S} \tag{4.39}$$

式中:q_{max}——最大基质比降解速度,d^{-1};

K_s——饱和常数,即当 $q = \dfrac{q_{max}}{2}$ 时的基质浓度,又称为半速度常数,mg/L。

式(4.39)是莫诺方程式的另一种形式,它表示了基质降解速度与基质浓度之间的关系。

③微生物净增长速度。一般在污水的生物化学处理过程中,为了获得较好的处理效果,通常控制微生物的生长处于平衡期或内源呼吸期初期,这样在新细胞合成的同时,部分微生物也存在内源呼吸而导致微生物细胞物质的减少,使得微生物的净增长量小于细胞合成量。因此,微生物净增长速度可表达为:

$$\left(\frac{dx}{dt}\right)_g = Y\left(\frac{dS}{dt}\right)_u - K_d x \tag{4.40}$$

式中: $\left(\dfrac{dx}{dt}\right)_g$ ——微生物净增长速度;

$Y\left(\dfrac{dS}{dt}\right)_u$ —— 微生物细胞合成速度;

Y——微生物产率系数,又称为微生物增长系数;

$K_d x$ —— 微生物因内源呼吸消耗的速度;

K_d —— 微生物的衰减系数,表示单位时间内,单位微生物量由于内源呼吸而自身消耗的量,d^{-1}。

式(4.40)两边同除以 x,得:

$$\mu' = Yq - K_d \tag{4.41}$$

式中: μ' ——微生物比净增长速度。

在生产实践中,产率系数 Y 常以实测的表观产率系数 Y_{obs} 代替。表观产率系数 Y_{obs} 没有包括由于内源呼吸作用而减少的那部分微生物质量,因此又称微生物净增长系数。这样式(4.40)和式(4.41)可分别改写为:

$$\left(\frac{dx}{dt}\right)_g = Y_{obs}\left(\frac{dS}{dt}\right)_u \tag{4.42}$$

$$\mu' = Y_{obs}q \tag{4.43}$$

式(4.40)至式(4.43)表达了微生物净增长和基质降解之间的基本关系。在污水生化处理的工程实践中,式(4.37)、式(4.39)、式(4.40)和式(4.42)等是常用的基本动力学方程式。式中的 μ_{max}、K_s、q_{max}、Y、Y_{obs} 和 K_d 等动力学参数与微生物种类和浓度、基质种类、温度和 pH 值等有关。不同的生化处理系统有着不同的动力学参数,一般可通过试验测得。

(2)污水的可生化性

污水的可生化性是指污水中所含的有机污染物在微生物的代谢作用下改变化学结构,从复杂的大分子物质转变为简单的小分子物质,从而改变化学和物理性能所能达到的生物降解程度。研究有机物的可生化性的目的是了解其分子结构能否在微生物作用下分解到环境所允许的结构形态,以及是否有足够快的分解速度。如果污水中的有机物不能被微生物降解,生物处理则不能获得良好的效果。因此,评价污水的可生化性是设计污水生物处理工程的前提条件。

3)生物处理方法的分类

从微生物的代谢形式出发,生物处理方法主要分为好氧生物处理和厌氧生物处理两大类;按照微生物的生长方式,可分为悬浮生长和固着生长两类,即活性污泥法和生物膜法。此外,按照系统的运行方式,可分为连续式和间歇式;按照主体设备的水流状态,可分为推流式和完全混合式等类型。常用的生化处理方法见表4.8。

好氧生物处理与厌氧生物处理的区别如下:

①起作用的微生物群不同。好氧生物处理是好氧微生物和兼性厌氧微生物群体起作用;而厌氧生物处理先是厌氧产酸菌和兼性厌氧菌作用,然后是另一类专性厌氧菌,即产甲烷菌进一步消化。

表4.8 常用的生物处理方法

生物处理	好氧生物处理	自然条件下	水体自净	天然水体、氧化塘
			土壤自净	污水灌溉、渗滤等
		人工条件下	悬浮生长	活性污泥法及其变法、氧化沟、氧化塘
			固着生长	生物滤池、生物转盘、生物接触氧化、好氧生物流化床
	厌氧生物处理	自然条件下	高温堆肥	
			厌氧塘	
		人工条件下	悬浮生长	厌氧消化池、上流式厌氧污泥床、化粪池等
			固着生长	厌氧滤池、厌氧生物流化床等

②反应速度不同。好氧生物处理由于有氧作受氢体,有机物转化速度快,需要时间短;厌氧生物处理反应速度慢,需要时间长。

③产物不同。在好氧生物处理过程中,有机物被转化为 CO_2、H_2O、NH_3、PO_4^{3-} 和 SO_4^{2-} 等;在厌氧生物处理中,有机物先被转化为中间有机物,如有机酸、醇类和 CO_2、H_2O 等,其中有机酸又被甲烷菌继续分解。由于能量限制,其最终产物主要是 CH_4,而不是 CO_2,硫被转化为 H_2S,而不是 SO_4^{2-} 等,产物复杂,有异臭,其中 CH_4 可用作能源。

④对环境要求不同。好氧生物处理要求充分供氧,对环境要求不太严格;厌氧生物处理要求绝对厌氧环境,对 pH 值、温度等环境条件要求甚严。

4.2.2 活性污泥与活性污泥法

1)活性污泥

(1)活性污泥的形态和组成

活性污泥通常为黄褐色絮绒状颗粒,也称为"菌胶团"或"生物絮凝体",其直径一般为 $0.02 \sim 0.2$ mm;含水率一般为 $99.2\% \sim 99.8\%$;密度因含水率不同而异,一般为 $1.002 \sim 1.006$ g/cm³;活性污泥具有较大的比表面积,一般为 $20 \sim 100$ cm²/mL。

活性污泥由有机物和无机物两部分组成,其组成比例因污泥性质的不同而异。例如,城市污水处理系统中的活性污泥,其有机成分占 $75\% \sim 85\%$,无机成分仅占 $15\% \sim 25\%$。活性污泥中的有机成分主要由生长在活性污泥中的微生物组成,这些微生物群体构成了一个相对稳定的生态系统和食物链,其中以各种细菌和原生动物为主,也存在着真菌、放线菌、酵母菌以及轮虫等后生动物。在活性污泥上还吸附着被处理的废水中所含有的有机和无机固体物质,在有机固体物质中包含某些惰性的难以被微生物降解的物质。

（2）活性污泥的微生物及其功能

活性污泥中的微生物是由各种细菌、真菌类、原生动物和以轮虫为主的后生动物组成的混合培养体。原生动物以细菌为食物，后生动物以细菌和原生动物为食物。在活性污泥中的有机物、细菌、原生动物和后生动物构成了一个相对稳定的小生态系统食物链。

活性污泥中的微生物可分为形成活性污泥絮体的微生物、腐生生物、捕食者及有害生物等多种类型。活性污泥微生物集合体的食物链如图4.15所示。

腐生生物是降解有机物的生物，以细菌为主。显然，这些细菌中包括形成絮体的大多数细菌，也可能包括不絮凝的细菌，但它们被包裹在由细菌形成的絮体颗粒中。腐生生物可分为初级和二级腐生生物，前者用于降解原始基质，后者则以前者的代谢产物为食。

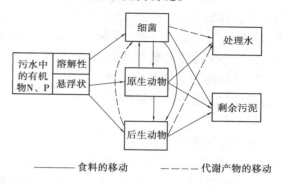

图 4.15 活性污泥微生物集合体的食物链

有研究认为，腐生细菌大多数为革兰氏阴性的杆菌，主要菌种有动胶杆菌属、假单胞菌属、芽孢杆菌属、产碱杆菌属、无色杆菌属等。

在活性污泥的群落中主要的捕食者是以细菌为食的原生动物和后生动物，其中纤毛虫几乎都捕食细菌，通常为占优势的原生动物。由于原生动物和后生动物的数量会随着污水处理的运行条件及处理水质的变化而变化，所以可以通过显微镜观察活性污泥中的原生动物和后生动物的种类来判断处理水质的好坏。因此，一般将原、后生动物作为活性污泥系统中的指示生物。

所谓的有害生物指的是那些达到一定数目时就会干扰活性污泥处理系统正常运行的生物。一般认为，丝状菌和真菌对活性污泥沉降效果有影响。即使丝状菌的数量在整个生物群落中所占的百分比很小，污泥絮体的实际密度也会降低很多，以至于污泥很难用重力沉淀法进行有效分离，从而最终影响出水水质，这种情况通常被称为污泥膨胀。

活性污泥中存在大量的细菌，其主要功能是降解有机物，是有机物净化功能的中心。同时，活性污泥中还存在硝化细菌与反硝化细菌，在生物脱氮中起着十分重要的作用。

2）**活性污泥法**

活性污泥法处理工艺主要由曝气池、二次沉淀池、曝气与空气扩散系统和污泥回流系统等组成，如图4.16所示。

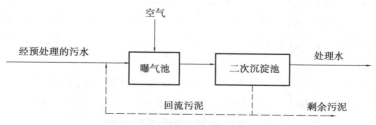

图 4.16 活性污泥法的基本流程

经适当预处理后的污水与二次沉淀池回流的活性污泥同时进入曝气池，由曝气与空气扩散系统送出的空气以小气泡的形式进入污水中,其作用是除向污水充氧外,还使曝气池内的污水、污泥处于剧烈的搅拌状态,活性污泥与污水互相混合、充分接触,使活性污泥反应得以正常进行。

活性污泥反应的结果是污水中有机污染物得到降解和去除,污水得到净化,同时由于微生物的生长和繁殖,活性污泥也得到增长。曝气池中混合液(活性污泥和污水、空气的混合液体)进入二次沉淀池进行沉淀分离,上层出水排放,分离后的污泥一部分返回曝气池,使曝气池内保持一定浓度的活性污泥,其余为剩余污泥,由系统排出。

3)活性污泥法的净化过程

活性污泥能够连续从污水中去除有机污染物,是由以下几个净化阶段完成的:

(1)初期吸附去除

在活性污泥系统内,污水与活性污泥微生物充分接触,形成混合液,在很短的时间(5~10 min)内就会出现很高的有机物(BOD)去除率。这种初期高速去除现象是由吸附作用引起的。由于活性污泥表面积很大(为 2 000~10 000 m^2/m^3 混合液),且表面具有多糖类黏质层,因此污水中悬浮和胶体物质被絮凝和吸附去除。吸附在微生物细胞表面的 BOD,经过几小时的曝气后,才会相继摄入代谢。在初期,被污泥去除的有机物数量是有一定限度的,它取决于污水的类型以及与污水接触时的污泥性能。例如,污水中呈悬浮的和胶体的有机物多,则初期去除率大;反之,如溶解性有机物多,则初期去除率小。又如,回流污泥未经足够曝气,预先贮存在污泥里的有机物将代谢不充分,污泥未得到再生,不能很好恢复活性,因而必将降低初期去除率;但是,如回流污泥经过长时间的曝气,则会使污泥长期处于内源呼吸阶段,由于过分自身氧化失去活性,同样降低初期去除率。

(2)微生物的代谢

进入细胞体内的有机污染物通过微生物的代谢反应而被降解,或被彻底氧化为 CO_2 和 H_2O 等,或转化为新的有机体,使细胞增殖。一般来说,自然界中的有机物都可以被某些微生物所分解,多数合成有机物也可以被经过驯化的微生物分解。活性污泥法是多基质多菌种的混合培养系统,其中存在错综复杂的代谢方式和途径,它们相互联系、相互影响。

(3)絮凝体的形成与凝聚沉淀

絮凝体是活性污泥的基本结构,它能够防止微型动物对游离细菌的吞噬,并承受曝气等外界不利因素的影响,更有利于与处理水分离。水中能形成絮凝体的微生物有很多,动胶菌属、埃希氏大肠杆菌、产碱杆菌属、假单胞菌属、芽孢杆菌属、黄杆菌属等都具有凝聚性能,可形成大块菌胶团。凝聚的原因主要是微生物摄食过程释放的黏性物质促进凝聚。另外,在不同的条件下,细菌内部的能量不同,当外界营养不足时,细菌内部能量降低,表面电荷减少,细菌颗粒间的结合力大于排斥力,形成颗粒;而当营养物充足时,细菌内部能量大,表面电荷增大,形成的颗粒重新分散。

沉淀是混合液中固相活性污泥颗粒同处理水分离的过程。固液分离的好坏直接影响出水水质。如果处理水挟带生物体,出水 BOD 和 SS 将增大。因此,活性污泥法的处理效率同其他生物处理方法一样,应包括二次沉淀池的效率,即用曝气池及二次沉淀池的总效率表示。

4)活性污泥的性能指标及设计运行参数

活性污泥法处理技术是通过采取一系列人工强化、控制的技术措施,使活性污泥微生物所具有的氧化、分解有机物的生理功能得到充分发挥,以达到污水净化目的的生物工程技术。

在活性污泥系统中,人工强化、控制技术的措施是在认真考虑活性污泥微生物净化反应的各项影响因素,并切实实施的基础上制定的控制指标,这些指标也是对活性污泥的评价,在工程上就是活性污泥处理系统的设计与运行参数。

(1)活性污泥性能指标

为了增加活性污泥与污水的接触面积,提高处理效率,活性污泥应具有颗粒松散、易于吸附氧化有机物的能力。但是经过曝气池之后,在澄清时,又希望活性污泥与水迅速分离,因此又要求活性污泥具有良好的凝聚沉降性能。活性污泥是否具有良好的凝聚沉降性能,将关系到沉淀后出水水质、回流污泥量的多少、二次沉淀池的大小和剩余污泥后处理的难易程度。

评价活性污泥性能的指标主要有以下几项:

①污泥浓度(MLSS、MLVSS)。污泥浓度是指曝气池中单位体积混合液内所含的悬浮固体(MLSS)或挥发性悬浮固体(MLVSS)的质量,单位为 g/L 或 mg/L。显然,污泥浓度的大小可以间接地反映混合液中所含微生物量的多少。

用悬浮固体浓度表示微生物量是不准确的,因为它包括了活性污泥吸附的无机惰性物质,这部分物质没有生物活性。采用挥发性悬浮固体浓度表示,也不能排除非生物有机物和已死亡微生物的惰性部分。然而,在正常的运行状态下,一定的活性污泥法处理系统,MLSS 和 MLVSS 之间以及 MLSS 和活性污泥微生物之间具有相对稳定的相互关系。因此,用 MLSS 或 MLVSS 间接代表微生物浓度是可行的。目前,在工作中应用最多的是 MLSS。

一般认为,在活性污泥曝气池内常保持 MLSS 浓度在 2~4 g/L 为宜。

②污泥沉降比(SV)。污泥沉降比是指一定量的曝气池混合液静置 30 min 后,沉淀污泥与原混合液体积的百分数,以百分数表示,即:

污泥沉降比(SV)= 混合液经 30 min 静置沉淀后的污泥体积/混合液体积

活性污泥混合液经 30 min 沉淀后,沉淀污泥可接近最大密度,因此以 30 min 作为测定活性污泥沉淀性能的依据。由于 SV 测定方法简便、迅速,所以常用 SV 来指导活性污泥系统的运行。

如果活性污泥的凝聚、沉降性能良好,SV 的大小可以反映曝气池正常运行的污泥量,因此在污水处理厂往往用 SV 来控制污泥排放量。当 SV 超过某个数值时,就应该排泥,使曝气池中维持所需的浓度范围。如果 SV 出现突变,就要查找原因看是否出现故障。

工作中常用 SV 作为活性污泥的重要指标,对于一般城市污水,其正常范围为 15%~30%。

③污泥容积指数(SVI)。污泥容积指数简称污泥指数,是指曝气池混合液经 30 min 沉淀后,1 g 干污泥所形成的沉淀污泥的体积,单位为 mL/g,一般不标注。SVI 的计算式为:

$$SVI = \frac{1\ L\ 混合液经\ 30\ min\ 静沉后的活性污泥容积(mL)}{1\ L\ 混合液中悬浮固体干重(g)} = \frac{SV(mL/L)}{MLSS(g/L)} \quad (4.44)$$

SVI 比 SV 更能准确地评价活性污泥的凝聚和沉降性能。一般来说,如 SVI 低,则表明活性污泥沉降性能好;SVI 高,则活性污泥沉降性能差。但是,如果 SVI 过低,则污泥颗粒细小而密实,无机化程度高,这时污泥活性和吸附性都较差;如果 SVI 过高,则污泥可能要发生膨胀,这时污泥往往是丝状菌占了优势。

通常认为,SVI<100 时,污泥具有良好的沉降性能;当 SVI 为 100~200 时,污泥沉淀性能一

般;而当 SVI>200 时,则说明活性污泥的沉淀性能较差,已有产生膨胀现象的可能。

对于生活污水和城市污水,一般常控制 SVI 在 70~100 为宜,但根据污水性质不同,这个指标也有差异。如污水中溶解性有机物含量高时,正常的 SVI 可能较高;相反,污水中含无机性悬浮物较多时,正常的 SVI 可能较低。

(2)活性污泥法的设计运行参数

①污泥负荷。在活性污泥法中,一般将有机污染物量与活性污泥量的比值(F/M),也就是曝气池内单位质量(kg)的活性污泥在单位时间(1 d)内,能够接受并将其降解到预定程度的有机污染物(BOD_5)的量,称为污泥负荷,常用 N_s 表示,即:

$$\frac{F}{M} = N_s = \frac{QS_a}{VX} \quad [\text{kgBOD}_5/(\text{kgMLSS} \cdot \text{d})] \tag{4.45}$$

式中:Q——污水流量,m^3/d;

S_a——原污水中有机污染物(BOD_5)浓度,mg/L;

V——曝气池容积,m^3;

X——混合液悬浮固体(MLSS)浓度,mg/L。

在活性污泥处理系统的设计与运行中,还使用另一种负荷,即容积负荷(N_v),其表示式为:

$$N_v = \frac{QS_a}{V} \quad [\text{kgBOD}_5/(\text{m}^3 \text{ 曝气池} \cdot \text{d})] \tag{4.46}$$

即单位曝气池容积(m^3)在单位时间(1 d)内,能够接受并将其降解到预定程度的有机污染物(BOD_5)的量。

N_s 值与 N_v 值之间的关系为:

$$N_v = N_s X \tag{4.47}$$

污泥负荷与污水处理效率、活性污泥特性、污泥生成量、氧的消耗量等有很大关系,污水温度对污泥负荷的选择也有一定影响。在活性污泥的不同增长阶段,污泥负荷各不相同,净化效果也不一样,因此污泥负荷是活性污泥法设计和运行的主要参数。

一般来说,对于城市污水,污泥负荷在 0.3~0.5 kgBOD$_5$/(kgMLSS · d)范围内,BOD$_5$ 去除率可达 90%以上,SVI 为 80~150,污泥吸附和沉降性能都较好。

②污泥龄(θ_c)。污泥龄表示曝气池内活性污泥平均增长 1 倍所需的时间,一般用 θ_c 表示。它反映了活性污泥吸附了有机物后进行稳定氧化的时间长短。污泥龄长,有机物氧化得越彻底,处理效果越好,剩余污泥量越少。但污泥龄也不能太长,否则污泥会老化,影响沉淀效果。污泥龄不应短于活性污泥中微生物的世代时间,否则曝气池中的污泥会流失。

在实际运行时,用污泥龄作为控制参数,只要求调节每日的排污量。一般城市污水的普通活性污泥法的污泥龄采用 3~15 d。

③有机污染物降解与活性污泥增长。在活性污泥微生物的代谢作用下,曝气池内污水中的有机污染物得到降解、去除,与此同步产生的则是活性污泥本身的增殖和随之而来的活性污泥的增长。在微生物细胞合成的同时,还存在着微生物的内源呼吸,即进行自身氧化过程。因此,活性污泥每日在曝气池内的净增殖量应为微生物细胞的产生量与内源呼吸消耗量的差值,即:

$$\Delta X = aQS_r - bVX \tag{4.48}$$

式中:ΔX——曝气池每日增长的污泥量,即剩余污泥每日排放量,kg/d;

Q——污水流量,m^3/d;

S_r——污水中被降解、去除的有机污染物(BOD_5)的量,kg/m^3;

$$S_r = S_a - S_e \tag{4.49}$$

S_a——进入曝气池污水中含有的有机污染物(BOD_5)量,kg/m^3;

S_e——经活性污泥处理系统处理后,处理水中含有的有机污染物(BOD_5)量,kg/m^3;

V——曝气池有效容积,m^3;

X——曝气池内混合液悬浮固体浓度,kg/m^3;

a——污泥增长系数,即去除每千克 BOD_5 所产生的活性污泥千克数;

b——污泥自身氧化率,即曝气池内每日每千克活性污泥由于内源呼吸所消耗的千克数。

活性污泥增长系数因有机污染物的组成不同而异,生活污水一般为 0.49~0.73,而自身氧化率为 0.07~0.075。工业废水的污泥增长系数与自身氧化率宜通过试验确定。

④有机污染物降解与需氧量。在曝气池内,微生物对有机物的氧化分解和其本身氧化自身细胞的内源代谢都是耗氧过程。这两部分所需的氧量一般由下列公式求得:

$$O_2 = a'QS_r + b'VX_v \tag{4.50}$$

式中:O_2——曝气池混合液需氧量,kg/d;

a'——微生物氧化分解有机物过程中的需氧率,即活性污泥微生物每代谢 1 kgBOD 所需的氧量,kg;

S_r——有机污染物降解量,kg/m^3;

b'——微生物内源代谢氧化自身细胞过程中的需氧率,即 1 kg 活性污泥(MLVSS)每日自身氧化所需氧量,kg。

X_v—— 曝气池内混合液挥发性悬浮固体浓度,kg/m^3。

城市污水的 a'、b'、ΔO_2 值见表4.9。

表 4.9 城市污水的 a'、b'、ΔO_2 值

运行方式	a'	b'	ΔO_2
完全混合法	0.42	0.11	0.7~1.1
生物吸附法	↓	↓	0.7~1.1
传统曝气法			0.8~1.1
延时曝气法	0.53	0.118	1.4~1.8

注:表中 $\Delta O_2 = O_2/QS_r$,为去除 1 kgBOD 的需氧量,$kg/(kg \cdot d)$。

⑤污泥回流比。污泥回流比是指回流污泥量与污水流量之比,常用百分数表示。曝气池内混合液污泥浓度与污泥回流比及回流污泥浓度之间的关系是:

$$X = \frac{R}{1 + R}X_r \tag{4.51}$$

式中:X——曝气池混合液污泥浓度,mg/L;

R——污泥回流比;

X_r——回流污泥浓度,mg/L。

X_r 值取决于二次沉淀池的污泥浓缩程度,正常条件下,其与污泥容积指数有密切关系。污泥容积指数高,则回流污泥浓度低,含水率大。

为保持曝气池中混合液污泥浓度为一定值,可通过污泥回流比来进行调节。

4.2.3 曝气系统

1)曝气原理

曝气是采用相应的设备和技术措施,使空气中的氧转移到混合液中而被微生物利用的过程。曝气的主要作用除供氧外,还起搅拌混合作用,使曝气池内的活性污泥保持悬浮状态,与污水充分接触混合,从而提高传质效率,保证曝气池的处理效果。

空气中的氧通过曝气传递到混合液中,氧由气相向液相中转移,最后被微生物利用。这种转移通常以双膜理论为理论基础。双膜理论认为,在气-水界面上存在着气膜和液膜,当气液两相做相对运动时,气膜和液膜间属层流状态,而在其外的两相体系中均为紊流,氧的转移是通过气、液膜间进行的分子扩散和在膜外进行的对流扩散完成的。对于难溶于水的氧来说,分子扩散的阻力大于对流扩散,传递的阻力主要集中在液膜上。因此,采用曝气搅拌是快速变换气-水界面克服液膜阻力的最有效方法。

2)曝气装置

曝气装置又名空气扩散装置,是活性污泥系统的重要设备,按曝气方式可将其分为鼓风曝气和机械曝气两大类。

衡量曝气装置的主要技术性能指标有动力效率(E_P)、氧的利用效率(E_A)和氧的转移效率(E_L)。动力效率是每消耗 1 kW 电能转移到混合液中的氧量[kg/(kW·h)];氧的利用效率是通过鼓风曝气转移到混合液中的氧量占总供氧量的百分比(%);氧的转移效率也称充氧能力,是通过机械曝气装置,在单位时间内转移到混合液中的氧量(kg/h)。

3)鼓风曝气装置

鼓风曝气系统由鼓风机、曝气装置和空气输送管道组成。鼓风机将空气通过一系列管道输送到安装于曝气池底部的曝气装置,经过曝气装置将空气中的氧转移到混合液中去。

鼓风曝气系统的曝气装置主要分为微气泡、中气泡、水力剪切、水力冲击等类型。

(1)微气泡曝气器

微气泡曝气器也称为多孔性空气扩散装置,采用多孔材料如陶粒、粗瓷等掺以适当的如酚醛树脂一类的黏合剂,在高温下烧结成为扩散板、扩散管和扩散罩的形式。这一类扩散装置的优点是产生微小气泡,气、液接触面积大,氧利用率高;缺点是气压损失大,易堵塞,送入的空气应预先通过过滤处理。

①固定式平板型微孔曝气器。其主要组成包括扩散板、布气底盘、通气螺栓、配气管、三通短管、橡胶密封圈、压盖和连接池底的配件等,如图 4.17 所示。

常见的平板型微孔曝气器有钛板微孔曝气器、微孔陶板、青刚玉和绿刚玉为骨料烧结成的曝气板。其主要技术参数:平均孔径为 $100 \sim 200 \ \mu m$,服务面积为 $0.3 \sim 0.75 \ m^2$/个,动力效率为 $4 \sim 6 \ kgO_2/(kW \cdot h)$,氧利用率为 $20\% \sim 25\%$。

②固定式钟罩型微孔曝气器。有微孔陶瓷钟罩型盘、青刚玉骨料烧结成的钟罩型盘,如图4.18所示。技术参数与平板型微孔曝气器基本相同。

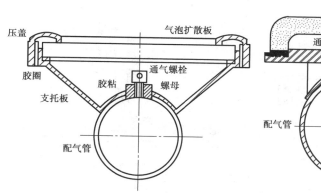

图4.17 固定式平板型微孔曝气器

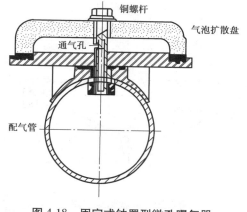

图4.18 固定式钟罩型微孔曝气器

③膜片式微孔曝气器。如图4.19所示,该曝气器的底部为聚丙烯制作的底座,底座上覆盖着合成橡胶制成的微孔膜片,膜片被金属丝箍固定在底座上。在膜片上开有按同心圆形式布置的孔眼。鼓风时,空气通过底座上的通气孔进入膜片和底座之间,使膜片微微鼓起,孔眼张开,空气从孔眼逸出,达到布气扩散的目的。供气停止,压力消失,在膜片的弹性作用下孔眼自动闭合,在水压的作用下膜片压实在底座之上。曝气池内的混合液不能倒流,因此不会堵塞膜片孔眼。这种曝气器可扩散出直径为 1.5~3.0 mm 的气泡,即使空气中含有少量尘埃,也可以通过孔眼,不会堵塞,也不需要设除尘设备。

（2）中气泡曝气器

这种装置产生的气泡直径为 2~6 mm,在过去主要是穿孔管。穿孔管由钢管或塑料管制成,直径为 25~50 mm,在管壁两侧下部开直径为 3~5 mm 的孔眼,间距为 50~100 mm。穿孔管不易堵塞,构造简单阻力小;但氧的利用率低,动力效率低。因此,目前在活性污泥曝气池中较少采用。

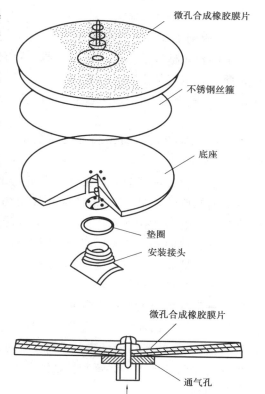

图4.19 膜片式微孔曝气器

网状膜曝气器是近年来开发出的具有代表性的中气泡曝气器,如图4.20所示。其特点是不易堵塞,布气均匀,构造简单,便于维护管理,氧的利用率较高。该曝气器由主体、螺盖、网状膜、分配器和密封圈组成;空气由曝气器底部进入,经分配器第一次切割并均匀分配到气室,然后通过网状膜进行二次切割,形成微小气泡扩散到混合液中。

每个网状膜曝气器的服务面积为 $0.5 m^2$,动力效率为 $2.7 \sim 3.7 kgO_2/(kW \cdot h)$,氧利用率为 $12\% \sim 15\%$。

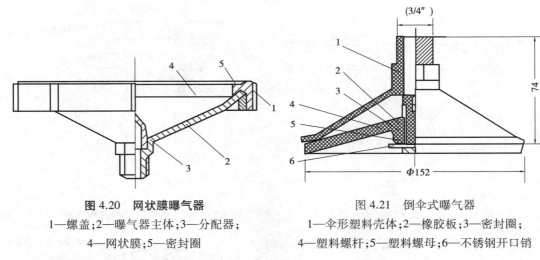

图 4.20　网状膜曝气器
1—螺盖;2—曝气器主体;3—分配器;
4—网状膜;5—密封圈

图 4.21　倒伞式曝气器
1—伞形塑料壳体;2—橡胶板;3—密封圈;
4—塑料螺杆;5—塑料螺母;6—不锈钢开口销

（3）水力剪切式空气曝气器

①倒伞式曝气器。倒伞式曝气器由伞形塑料壳体、橡胶板、塑料螺杆和压盖等组成,如图 4.21 所示。空气从上部进气管进入,由伞形壳体和橡胶板间的缝隙向周边喷出,在水力剪切的作用下,空气泡被剪切成小气泡。停止供气,借助橡胶板的回弹力,使缝隙自行封口,防止混合液倒灌。

该曝气器的服务面积为 $6 \times 2 m^2$,动力效率为 $1.75 \sim 2.88 kgO_2/(kW \cdot h)$,氧利用率为 $6.5\% \sim 8.5\%$。

②固定螺旋曝气器。该曝气器由直径 300 或 400 mm、高 1 500 mm 的圆形外壳和固定在壳体内部的螺旋叶片组成,每个螺旋叶片扭曲 180°,两个相邻叶片的螺旋方向相反。空气由布气管从底部的布气孔进入装置内,向上流动,由于壳体内外混合液的密度差产生提升作用,使混合液在壳体内外不断循环流动。空气泡在上升过程中,被螺旋叶片反复切割,形成小气泡。

该曝气器有固定单螺旋、固定双螺旋和固定三螺旋 3 种形式。

（4）水力冲击式曝气器

该种曝气器以射流式空气扩散装置为主,利用水泵打入的泥、水混合液的高速水流的动能,吸入大量空气,泥、水、气混合液在喉管中强烈混合搅动,将气泡粉碎为雾状,使氧迅速转移至混合液中,氧的转移率可高达 20%,但动力效率不高。近年来,由于泵的防水性能的改进,该种曝气器已实现动力装置和扩散装置的一体化。

4）机械曝气装置

机械曝气装置安装在曝气池水面上、下,在动力的驱动下进行转动,通过下述 3 个方面的作用使空气中的氧转移到污水中去:曝气装置转动时,表面的混合液不断地从曝气装置周边抛向四周,形成水跃,液面剧烈搅动,卷入空气;曝气装置转动,具有提升液体的作用,使池内混合液连续上下循环流动,气液接触界面不断更新,不断使空气中的氧向液体内转移;曝气装置转动,在其后侧形成负压区,吸入空气。

按转动轴的安装方向,机械曝气装置可分为竖轴式和卧轴式两类。

（1）竖轴式曝气装置

这种装置又称为竖轴叶轮曝气机,常用的曝气叶轮有泵型叶轮、倒伞型叶轮、平板型叶轮等,如图 4.22 所示。

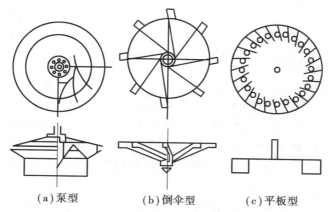

（a）泵型　　　（b）倒伞型　　　（c）平板型

图 4.22　几种表面曝气叶轮

曝气叶轮的充氧能力和提升能力与叶轮直径、叶轮旋转速度和浸液深度等因素有关。叶轮直径一定,叶轮旋转的线速度大,充氧能力也强,但线速度过大时,会打碎活性污泥颗粒,影响沉淀效率。一般叶轮周边线速度以 2~5 m/s 为宜。叶轮浸液深度适当时,充氧效率高,浸液深度过大,没有水跃产生,叶轮只起搅拌作用,充氧量极小,甚至没有空气吸入;浸液深度过小,则提水和输水作用减小,池内水流缓慢,甚至存在死区,造成表面水充氧好,而底层充氧不足。因此,常将叶轮旋转的线速度和浸液深度设计成可调的,以便运行中随时调整。一般竖轴叶轮曝气机的氧转移率为 15%~25%,动力效率为 2.5~3.5 kgO$_2$/(kW·h)。

（2）卧轴式曝气装置

卧轴式曝气装置主要是转刷曝气器。如图 4.23 所示为一种应用较多的转刷曝气器,由水平转轴和固定在轴上的叶片组成,转轴带动叶片转动,搅动水面溅成水花,空气中的氧通过气液界面转移到水中。

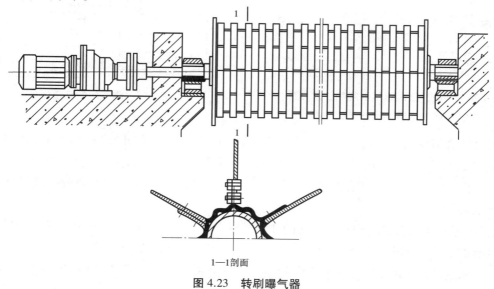

1—1剖面

图 4.23　转刷曝气器

转刷曝气器主要用于氧化沟,它具有负荷调节方便、维护管理容易、动力效率高等优点。

5)曝气池池型

活性污泥法处理污水的主要构筑物是曝气池。按混合液在曝气池中的流态可分为推流式、完全混合式和循环混合式3种池型;按平面几何形状可分为长方形、廊道形、圆形、方形和环形跑道形4种;按所采用的曝气方法可分为鼓风曝气池、机械曝气池和两种方法联合使用的机械-鼓风曝气池;按曝气池和二次沉淀池的关系可分为曝气-沉淀合建式和分建式两种。

(1)推流式曝气池

推流式曝气池多为长方廊道形,常采用鼓风曝气。传统的做法是将空气扩散装置安装在曝气池廊道底部的一侧[图 4.24(a)],这样布置可使水流在池中呈螺旋状流动,提高气泡和混合液的接触时间。如果曝气池的宽度较大,则应考虑将空气扩散装置安装在曝气池廊道底部的两侧,如图 4.24(b)所示。也可按一定的形式,如互相垂直的正交形式或呈梅花形交错式均衡地布置在整个曝气池池底。

曝气池的数目随污水处理厂的规模而定,一般在结构上分成若干单元,每个单元包括一座或几座曝气池,每座曝气池常由 1 个或 2~5 个廊道组成,如图 4.25 所示。当廊道数为单数时,污水的进、出口在曝气池的两端;当廊道数为双数时,则位于廊道的同一端。

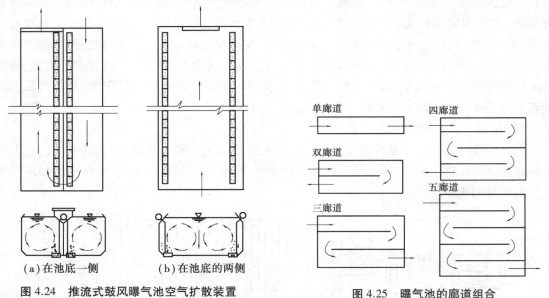

图 4.24 推流式鼓风曝气池空气扩散装置 　　　　　图 4.25 曝气池的廊道组合
布置形式与水流在横断面的流态

(a)在池底一侧　　(b)在池底的两侧

曝气池廊道的长度可达 100 m,一般以50~70 m为宜。为了防止短流,廊道的长度和宽度之比应大于 5,甚至大于 10。曝气池的宽深比常在 1.5~2。池深与造价和动力费用密切相关。池深大,有利于氧的利用,但造价和动力费用将有所提高;反之,造价和动力费用降低,但氧的利用率也将降低。

此外,还应考虑土建结构和曝气池的功能要求、允许占用的土地面积、能够购置到的鼓风机所具有的压力等因素。目前我国对推流式曝气池采用的深度多为 3~5 m。

为了减少混合液在曝气池内的旋转流动阻力,并避免形成死区,将廊道横剖面池壁两墙的墙顶和墙脚做成 45°斜面。为了节约空气管道,相邻廊道的空气扩散装置常沿公共隔墙布置。

曝气池的进水口和进泥口均设于水面以下,采用淹没出流方式,以免形成短流,并设闸门以调节流量;出水一般采用溢流堰的方式,处理水流过堰顶,溢流入排水渠道。

在曝气池底部设直径为 80~100 mm 放空管,用于维修或池子清洗时放空。考虑在活性污泥培养、驯化周期排放上清液的要求,根据具体情况,在距池底一定距离处设 2~3 根排水管,直径也是 80~100 mm。

(2)完全混合曝气池

完全混合曝气池常采用表面机械曝气装置供氧,其表面多呈圆形、方形或多边形。使用较多的是合建式完全混合曝气沉淀池,简称曝气沉淀池,由曝气区、导流区和沉淀区 3 个部分组成,如图 4.26 所示。

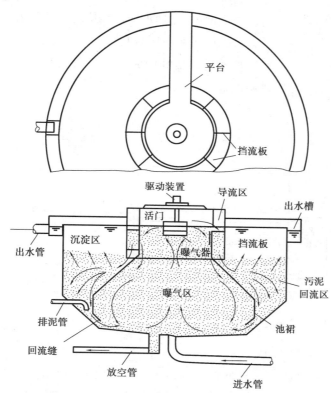

图 4.26 圆形曝气沉淀池剖面示意图

①曝气区。曝气装置设于池顶部中央,并深入水下某一深度。污水从池底部进入,并立即与池内原有混合液完全混合,并与从沉淀区回流缝回流的活性污泥充分混合、接触。经过曝气反应后的污水从位于顶部四周的回流窗流出并导入导流区。回流窗设有活门,可以通过调节窗孔大小控制回流污泥量。

②导流区。位于曝气区和沉淀区之间,宽度一般在 0.6 m 左右,高约 1.5 m。内设竖向挡流板,起缓冲水流作用,并在此释放混合液中挟带的气泡,使水流平稳进入沉淀区,为固液分离创造良好条件。

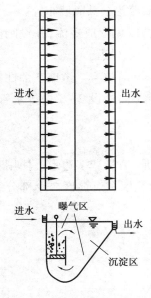

图 4.27 长方形曝气沉淀池

③沉淀区。位于导流区和曝气区的外侧,其作用是泥水分离,上部为澄清区,下部为污泥区。澄清区的深度不宜小于1.5 m,污泥区的容积应不小于 2 h 的存泥量。澄清的处理水沿设于池四周的出流堰进入排水槽,出流堰常采用锯齿状的三角堰。

污泥通过回流缝回流到曝气区,回流缝一般宽 0.15 ~ 0.20 m,在回流缝上侧设池裙,以避免死角。在污泥区的一定深度设排泥管,以排出剩余污泥。

如图 4.27 所示为长方形的曝气沉淀池,一侧为曝气区,另一侧为沉淀区,采用鼓风曝气系统。原污水从曝气区的一侧均匀地进入池内,处理水均匀地从沉淀区溢出。

在生产实践中还有与沉淀池分建的完全混合曝气池,如图4.28 所示。污水和回流污泥沿曝气池池长均匀引入,并均匀地排出混合液,进入二次沉淀池。

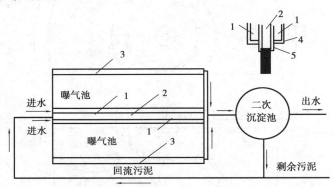

图 4.28 分建式完全混合曝气池

1—进水槽;2—进泥槽;3—出水槽;4—进水孔口;5—进泥孔口

4.2.4 活性污泥法运行方式

活性污泥法自从开创以来已有近百年的历史,在长期的工程实践过程中,根据水质的变化、微生物代谢活动的特点、运行管理、技术经济和排放要求等方面的情况,又发展成多种行之有效的运行方式和工艺流程。

1)传统活性污泥法

传统活性污泥法又称为普通活性污泥法,是早期开始使用并沿用至今的运行方式,其工艺流程如图 4.16 所示。污水与回流污泥从长方形曝气池的首端同步流入,污水与回流污泥形成的混合液在池内呈推流形式由池末端流出池外,进入二次沉淀池,处理后的污水与活性污泥在二次沉淀池内分离,部分污泥回流曝气池,剩余污泥被排除系统。

在曝气池内,有机污染物的降解经历了第一阶段的吸附和第二阶段的微生物代谢的完整过程。有机污染物浓度沿池长逐渐降低,需氧速度也沿池长逐渐降低(图 4.29),活性污泥也经历了一个从池首端的对数增长,经减速增长到池末端的内源呼吸的完整生长周期。

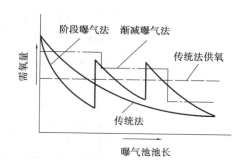

图 4.29 曝气池内需氧量的变化示意图

　　传统活性污泥法系统处理效果好,BOD$_5$ 去除率可达 90% 以上,适用于处理净化程度高而水质较稳定的污水。传统活性污泥法系统存在下列各项问题:

　　①曝气池首端有机污染物负荷高,需氧量也高,为了避免池首端由于缺氧而引起厌氧状态,进水有机物负荷不宜过高,因此,曝气池容积大、占地面积大、基建投资高。

　　②需氧量沿池长变化,而供氧速度难以与其吻合、适应,在池前段可能出现供氧不足、后段溶解氧过剩的现象,对此采用渐减供氧方式(图 4.30),可在一定程度上解决这一问题。

　　③对进水水质、水量变化的适应性较低,运行效果易受水质、水量变化的影响。

　　2)渐减曝气活性污泥法

　　渐减曝气活性污泥法是针对传统活性污泥法有机物浓度和需氧量沿池长减小的特点而改进的。通过合理布置曝气装置,使供气量沿池长逐渐减小,与池内有机污染物浓度变化相对应。这种曝气方式比均匀供气的曝气方式更为经济。其工艺流程如图 4.30 所示。

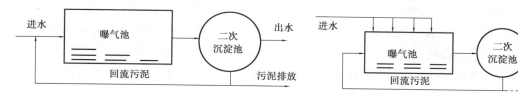

图 4.30　渐减曝气活性污泥法　　　　　图 4.31　阶段曝气活性污泥法

　　3)阶段曝气活性污泥法

　　阶段曝气活性污泥法又称为分段进水活性污泥法或多段进水活性污泥法,其工艺流程如图 4.31 所示。

　　阶段曝气活性污泥法处理系统是针对传统活性污泥法系统存在的问题而改进的。污水沿曝气池长分多点进入,以均衡池内有机负荷,克服传统活性污泥法系统供氧弊病(图 4.29),有助于能耗的降低,活性污泥的降解功能也得以充分发挥。此外,由于分散进水,污水在池内稀释程度较高,混合液活性污泥浓度也沿池长降低,从而有利于二次沉淀池的泥水分离。与传统活性污泥法系统相比,处理相同的污水时,所需池容积可减小 30%,BOD$_5$ 去除率一般可达 90%。

　　4)吸附-再生活性污泥法

　　吸附-再生活性污泥法又称生物吸附活性污泥法或接触稳定法。这种运行方式是将活性污泥降解有机污染物的吸附和代谢过程分别在各自的反应池中进行,其工艺流程如图 4.32 所示。

　　污水和经过在再生池中充分再生,活性很强的活性污泥同步进入吸附池,两者在吸附池中充分接触,污水中有机污染物被活性污泥所吸附,污水得到净化。由二次沉淀池分离出的污泥进入再生池,活性污泥微生物在这里将所吸附的有机物代谢,并进入内源呼吸期,使其活性和吸附功能得到充分恢复,然后再与污水一起进入吸附池。

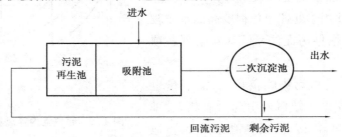

图 4.32　吸附-再生活性污泥法

在吸附-再生活性污泥法系统中,污水与活性污泥在吸附池的接触时间较短,吸附池容积较小,由于再生池接纳的仅是浓度较高的回流污泥,再生池的容积亦小,因此吸附池与再生池容积之和仍低于传统活性污泥法曝气池容积。本方法能够承受一定的冲击负荷,当吸附池的活性污泥遭到破坏时,可由再生池的污泥予以补救。

本方法的处理效率低于传统活性污泥法。此外,对溶解性有机物高的污水,处理效果差。

5）延时曝气活性污泥法

本工艺又称为完全氧化活性污泥法,其主要特点是有机负荷低,污泥持续处于内源呼吸状态,剩余污泥少且稳定,不需要再进行消化处理,这种工艺可称为污水、污泥综合处理工艺。本工艺还具有处理水质稳定性高,对污水冲击负荷有较强适应性和不需设初次沉淀池等优点。其主要缺点是曝气时间长、池容大、建设费和运行费都较高,而且占地面积大。

延时曝气活性污泥法一般都采用流态为完全混合式的曝气池,适用于处理水质要求高,又不宜采用活性污泥处理技术的小型城镇污水和工业废水。

6）完全混合活性污泥法

在完全混合活性污泥法系统内,污水与回流污泥进入曝气池后,立即与池内混合液充分混合。可以认为池内混合液是已经处理而未经泥水分离的处理水。因此,池内混合液的组成、F/M、微生物群体和数量是完全均匀一致的。整个处理过程在污泥增长曲线上的位置仅是一个点,这意味着在曝气池内各部位有机污染物降解的生化反应是相同的,氧吸收率也都相同。其工艺流程如图 4.33 所示。

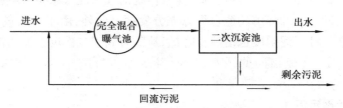

图 4.33　完全混合活性污泥法

完全混合曝气池内混合液对污水起稀释作用,能较好地承受冲击负荷;由于全池需氧要求相同,能节省动力;曝气池和沉淀池也可合建,不单独设置污泥回流系统,便于运行管理。

本工艺的主要缺点是连续进出水,可能产生短流,出水水质不如传统活性污泥法,易发生污泥膨胀。

7)AB 法污水处理工艺

AB 法污水处理工艺是吸附—生物降解的工艺的简称。工艺系统共分三段,即预处理段、A 段和 B 段,如图 4.34 所示。

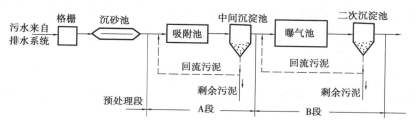

图 4.34　AB 法污水处理工艺流程

在预处理段只设格栅、沉砂池等简易设备,不设沉淀池;A 段由吸附池和中间沉淀池组成,B 段则由曝气池和二次沉淀池组成;A 段和 B 段串联运行,污泥独立回流,形成两种各自与其水质和运行条件相适应的完全不同的微生物群落。

由于不设初次沉淀池,A 段在直接接受城市排水系统中的污水的同时,也接受和充分利用了经排水系统优选的适应原污水的微生物种群;由于 A 段负荷高,能够成活的微生物种群只能是抗冲击负荷能力强的原核细菌,而原生动物和后生动物不能存活;A 段对污染物的去除主要依靠活性污泥的吸附作用,这样某些重金属、难降解有机物和氮、磷等都能通过 A 段得到一定程度的去除。A 段的污泥负荷一般为 $2 \sim 6$ kgBOD$_5$/(kgMLSS·d),污泥龄为 $0.3 \sim 0.5$ d,水力停留时间为 30 min,池内溶解氧浓度为 $0.2 \sim 0.7$ mg/L,BOD$_5$ 去除率大致为 $40\% \sim 70\%$。经 A 段处理后的污水,可生化性得到改善,有利于后续 B 段的生物降解作用。

B 段接受 A 段的处理水,负荷较低,水质、水量也较稳定,许多原生动物可以很好地生长繁殖,由于不受冲击负荷影响,其净化功能得以充分发挥,较传统活性污泥处理系统,曝气池的容积可减少 40% 左右。B 段的污泥负荷一般为 $0.15 \sim 0.3$ kgBOD$_5$/(kgMLSS·d),污泥龄为 $15 \sim 20$ d,水力停留时间为 $2 \sim 3$ h,池内溶解氧浓度为 $1 \sim 2$ mg/L。

8)氧化沟

氧化沟是一种改良的活性污泥法,其曝气池呈封闭环形沟渠状,污水和活性污泥混合液在其中循环流动,又称为环形曝气池。

(1)氧化沟的工作原理与特征

①构造方面有如下特征:

a.氧化沟一般呈环形沟渠状,平面多为环形或椭圆形,总长可达几十米,甚至百米以上。沟深取决于曝气装置,一般为 $2 \sim 6$ m。

b.单池进水装置比较简单,采用管道进水即可,如双池以上工作时,则应设配水井,采用交替工作系统时,配水井内还应设自动控制装置,以变换水流方向。

c.出水一般宜采用可升降式溢流堰,以调节池内水深。采用交替工作系统时,溢流堰应能自动启闭,并与进水装置相呼应,以控制池内水流方向。

②在水流混合方面有以下特征:

在流态上,氧化沟介于完全混合与推流之间。

污水在沟内的平均流速一般为 0.4 m/s,如氧化沟的总长为 100~500 m 时,污水完成一个循环所需的时间为 4~20 min,如水力停留时间定为 24 h,则在整个停留时间内要做 72~360 个循环。因此,可以认为氧化沟内混合液的水质是一致的,氧化沟内的流态是完全混合式。但又有某些推流式的特征,如曝气装置的下游溶解氧沿池长从高向低变动,甚至可能出现缺氧段。

氧化沟的这种水流状态有利于活性污泥的生物凝聚作用,而且可以形成好氧区、缺氧区,通过对系统的合理设计与控制,能够取得良好的脱氮效果。

③在工艺方面有以下特征:

a.由于氧化沟水力停留时间长、污泥负荷低、污泥龄长,在氧化沟内的有机性悬浮物和溶解性有机物能够得到较彻底的降解,排出的剩余污泥已得到高度稳定,因此,氧化沟不设初次沉淀池,污泥不需要厌氧消化;

b.通过采用一定形式的氧化沟系统,将氧化沟和二次沉淀池合建,以及近年来开发的交替工作的氧化沟,可不用二次沉淀池和污泥回流系统,从而使处理流程更为简化;

c.污泥龄一般为 15~30 d,可以存活、繁殖世代时间长、增殖速度慢的微生物,如硝化菌在氧化沟内产生硝化反应;

d.对水温、水质、水量的变动有较强的适应性,能够承受冲击负荷,而不致影响处理性能。

(2)常用的氧化沟系统

①卡鲁塞尔(Carrousel)氧化沟。卡鲁塞尔氧化沟系统是 20 世纪 60 年代由荷兰某公司开发的,它是由多沟串联氧化沟和二次沉淀池、污泥回流系统所组成,如图 4.35 所示。

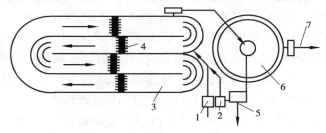

图 4.35　卡鲁塞尔氧化沟系统(一)

1—污水泵站;2—回流污泥泵站;3—氧化沟;4—转刷曝气器;

5—剩余污泥排放;6—二次沉淀池;7—处理水排放

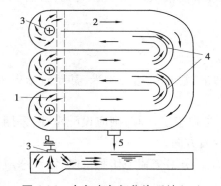

图 4.36　卡鲁塞尔氧化沟系统(二)

1—原污水;2—氧化沟;3—表面机械曝气器;

4—导向隔墙;5—处理水去往二次沉淀池

图 4.36 所示为六廊道并采用垂直安装的低速表面曝气器的卡鲁塞尔氧化沟,每组沟渠的转弯处安装一台表面曝气器,靠近曝气器下游为富氧区,而曝气器上游则为低氧区,外环还可能成为缺氧区,这样在氧化沟内能够形成生物脱氮的环境条件。

卡鲁塞尔氧化沟系统在世界各地广泛应用,规模大小不等,从 200 m³/d 到 650 000 m³/d,BOD₅ 去除率可达 95%~99%,脱氮效率约为 90%,除磷效率约为 50%。

卡鲁塞尔氧化沟的表面曝气机单机功率大,平均传氧效率达到 2.1 kg/(kW·h),其水深可达 5 m

以上,使氧化沟占地面积减少,土建费用降低。因此,卡鲁塞尔氧化沟具有极强的混合搅拌与耐冲击负荷能力。当有机负荷较低时,可以停止某些曝气器的运行,在保证水流搅拌混合循环流动的前提下,节约能量消耗。

②交替工作氧化沟。交替工作氧化沟系统是由丹麦 Kruger 公司创建的,主要有 2 池和 3 池交替工作氧化沟系统,如图 4.37 和图 4.38 所示。

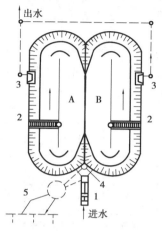

图 4.37　2 池交替工作氧化沟

1—沉砂池;2—曝气转刷;3—出水堰;
4—排泥井;5—污泥井

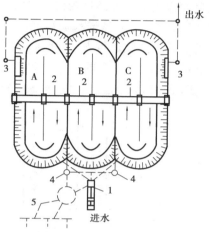

图 4.38　3 池交替工作氧化沟

1—沉砂池;2—曝气转刷;3—出水堰;
4—排泥井;5—污泥井

2 池交替氧化沟由容积相同的 A、B 两池组成,串联运行,交替地作为曝气池和沉淀池,不需设置污泥回流系统。该系统可获得优良的处理水和稳定的污泥。

3 池交替工作氧化沟两侧的 A 池和 C 池交替地作为曝气池和沉淀池,中间的 B 池则一直作为曝气池,原污水交替进入 A 池或 C 池,处理水则相应地从作为沉淀池的 A 池或 C 池流出。

氧化沟内的曝气转刷具有混合器和曝气器的双重功能,氧化沟的好氧和缺氧过程完全可由转刷转速的改变进行自动控制。经过适当运行,3 池交替工作氧化沟能够完成 BOD 去除和硝化、反硝化过程,取得优异的 BOD 去除和脱氮效果,同样不需要污泥回流系统。

交替工作的氧化沟系统需要安装控制进、出水方向,溢流堰的启闭和曝气转刷的开动与停止的自动控制系统。上述各工作阶段的时间则根据水质情况确定。

③奥贝尔(Orbal)氧化沟。奥贝尔氧化沟由多个呈椭圆形的同心沟渠组成,沟渠中安装有水平旋转的曝气转盘,用来充氧和混合。污水首先进入最外环的沟渠,在其中不断循环的同时,依次进入下一个沟渠,最后从中心沟渠流出进入二次沉淀池,如图 4.39 所示。

奥贝尔氧化沟多采用三层沟渠,最外层的容积最大,占总容积的 60% ~ 70%,第二渠占20% ~ 30%,第三渠则仅占 10% 左右。

在运行时,应保持外、中、内三层沟渠混合液

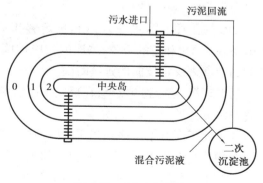

图 4.39　Orbal 氧化沟

的溶解氧分别为 0,1,2 mg/L,即三沟溶解氧的 0—1—2 梯度分布,这样既有利于提高充氧效果,又可能使沟渠具有脱氮除磷的功能。

9)序批式活性污泥法

这种方法又称为间歇式活性污泥法工艺,简称 SBR 工艺。由于这项工艺在技术上具有某些独特的优越性以及曝气池混合液溶解氧浓度(DO)、pH 值、电导率、氧化还原电位(ORP)等都能通过自动检测仪表做到自控操作,从而使本工艺在污水处理领域得到了较为广泛的应用。

(1)SBR 工艺的工作原理和运行操作

SBR 工艺采用间歇运行方式,污水间歇进入系统并间歇排出。系统内只设一个处理单元,该单元在不同的时间发挥不同的作用,污水进入该单元后,按顺序进行不同的处理。SBR 工艺的一个运行周期是由流入、反应、沉淀、排放、待机(闲置)5 个工序组成,如图 4.40 所示。

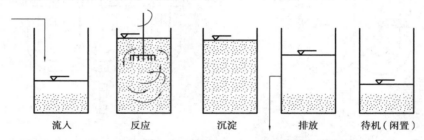

流入　　　反应　　　沉淀　　　排放　　　待机(闲置)

图 4.40　间歇式活性污泥法曝气池运行操作 5 个工序示意图

①流入工序。流入工序是反应池接纳污水的过程。在污水流入之前是前一周期的排水或待机状态,反应池内剩有高浓度的活性污泥混合液,相当于传统活性污泥法的回流污泥,此时反应池水位最低。

由于流入工序只流入污水,不排放处理水,反应池起调节作用,因此反应池对水质、水量的变动有一定的适应性。

污水流入,水位上升,可以根据其他工艺上的要求,配合进行其他的操作过程,如曝气可取得预曝气的效果,又可使活性污泥再生恢复活性;也可以根据要求,如脱氮、释放磷等,进行缓速搅拌;又如根据限制曝气的要求,不进行其他技术措施,而单纯注水。不论采取哪种方式,都是根据工艺要求和污水的性质作为整体的处理目标来决定的,这是 SBR 工艺最大的特点。

本工序所用时间根据实际排水情况和设备条件确定,从工艺效果上要求,一般污水注入时间以短促为宜,瞬间最好。

②反应工序。污水注入达到预定容积后,即开始反应操作。根据污水处理的目的,如 BOD 去除、硝化和磷的吸收,采取的相应措施为曝气,反硝化脱氮则为缓速搅拌,并根据需要达到的程度来决定反应的延续时间。

为保证沉淀工序的效果,在反应工序后期,沉淀工序之前,还需进行短暂的微量曝气,吹脱附着在污泥上的氮气。

③沉淀工序。本工序相当于传统活性污泥法的二次沉淀池,停止曝气和搅拌,使活性污泥与水在静止状态分离,因而具有更高的沉淀效率。

沉淀工序采取的时间与二次沉淀池相同,一般为 1.5~2.0 h。

④排放工序。经过沉淀后产生的上清液,作为处理水排放至最低水位,反应池底部沉淀的

活性污泥大部分作为下个处理周期的回流污泥使用,排出剩余污泥。

⑤待机工序。也称为闲置工序,即在处理水排放后,等待下一个工作周期的阶段。此工序时间根据现场具体情况确定。

(2)SBR 工艺的特点

在实际工程中,根据需要可分别采用不同形式的 SBR 工艺系统。无论采用哪种形式,SBR 工艺作为污水处理方法都有其共同的特征。

①处理构筑物的构成简单,设备费、运行管理费较连续式少。

②SVI 较低,污泥易于沉淀,一般情况下不产生污泥膨胀现象。

③大多数情况下,不需要流量调节池,曝气池容积较连续式小。

④通过对运行方式的调节,在单一的曝气池内能够进行脱氮和除磷反应。

⑤运行管理得当,可获得比连续式更好的处理水水质。

(3)SBR 工艺的形式

SBR 工艺仍属于发展中的污水处理技术。在基本 SBR 工艺基础上,通过工程应用实践,逐渐开发出了各具特色的新的工艺形式。

①间歇式循环曝气活性污泥工艺(ICEAS)。本工艺的进水方式为连续进水(沉淀工序和排水工序仍保持进水)、间歇排水,在反应池的进水端增加了一个预反应区。在反应阶段,污水多次反复地经受"曝气好氧"和"闲置缺氧"状态,从而产生有机物降解、硝化、反硝化、吸收磷、释放磷等反应,能够取得比较彻底的 BOD 去除、脱氮和除磷的效果。本工艺无污泥回流和混合液的内循环,能耗低,污泥龄长,沉降性能好,剩余污泥少。

②循环式活性污泥工艺(CAST)。本工艺在进水区设置一生物选择器,即一个容积较小的污水和污泥的接触区。活性污泥由反应池回流,在生物选择器内与进入的污水混合、接触,创造微生物种群在高负荷、高浓度环境下的竞争生存条件,从而选择出适应该系统生存的独特微生物菌群,并有效地抑制丝状菌的过分增殖,避免污泥膨胀,提高系统的稳定性。

活性污泥从反应池的回流率一般取 20%,混合液在生物选择器内的水力停留时间为 1 h。经生物选择器后,混合液进入反应池反应,并按顺序经过沉淀、排放等工序。本工艺沉淀工序不进水,使污泥沉降无水力干扰,保证系统有良好的分离效果。如需要脱氮、除磷,则将反应阶段设计成缺氧-好氧-厌氧环境,污泥得到再生并取得脱氮、除磷的效果。

③DAT-IAT 工艺。DAT-IAT 工艺主体构筑物由需氧池(DAT)和间歇式曝气池(IAT)组成。

在 DAT,污水与从 IAT 回流的活性污泥同时连续流入,通过高强度的连续曝气,强化活性污泥的生物吸附作用,充分发挥活性污泥的初期降解功能,去除大部分有机物。

在 IAT,由于 DAT 的初步生化、调节、均衡作用,进水水质稳定、负荷低,提高了对水质变化的适应性。由于 C/N 较低,能够发生硝化反应。又由于进行间歇曝气和搅拌,能够形成缺氧-好氧-厌氧-好氧的交替环境,在去除 BOD 的同时,获得脱氮、除磷的效果。

本工艺的沉淀和排放工序也连续进水。与 CAST 和 ICEAS 相比,DAT-IAT 能够保持较长的污泥龄和很高的混合液浓度,对有机负荷及毒物有较强的抗冲击能力。

除以上各工艺外,开发出的新型工艺还有 IDAL、IDEA、CASS、CAPS、UNITANK 等,并已得到工程化应用。

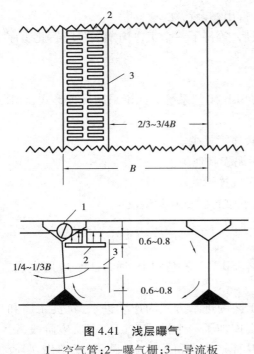

图4.41 浅层曝气

1—空气管;2—曝气栅;3—导流板

10)浅层曝气活性污泥法

浅层曝气活性污泥法又称为殷卡曝气法,由瑞典Inka公司开发。其原理基于气泡只有在形成和破碎的一瞬间氧的转移率最高。曝气池的空气扩散装置多为穿孔管制成的曝气栅,设置在曝气池的一侧,距水面0.6~0.8 m。为了在池内形成环流,在池中间设置导流板,如图4.41所示。

浅层曝气池可采用低压鼓风机,有利于节省电耗,充氧能力可达1.8~2.6 kgO$_2$/(kW·h)。

11)深水曝气活性污泥法系统

采用深度在7 m以上的深水曝气池,由于水压增大,氧的转移速率加快,可以提高混合液的饱和溶解氧浓度,有利于活性污泥微生物的增殖和有机物的降解。同时,曝气池向竖向扩展,可以减少土地占用面积。本工艺主要有下列两种形式:

(1)深水中层曝气池

水深在10 m左右,空气扩散装置设在4 m左右处,为使混合液在池内形成环流和减少底部水层的死区,一般在池内设导流板或导流筒,如图4.42所示。

(2)深水底层曝气池

水深仍在10 m左右,空气扩散装置设在池底部,使用高压风机,不需要设导流装置,池内自然形成环流,如图4.43所示。

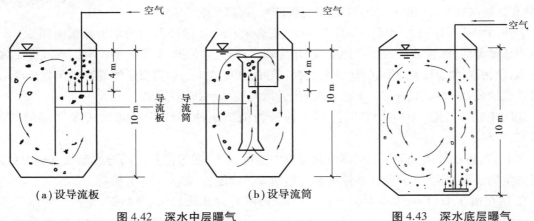

(a)设导流板   (b)设导流筒

图4.42 深水中层曝气   图4.43 深水底层曝气

12)深井曝气活性污泥法

深井曝气开创于20世纪70年代中期,具有充氧能力强、动力效率高、设备简单、易于操作、不受气候影响和占地少等优点。在大多数情况下可不设初次沉淀池,适用于处理高浓度有机废水。

深井曝气池一般呈圆形,直径为1~6 m,深度为50~100 m,井中间设隔墙将井一分为二或在井中心设内井筒,将井分为内外两部分,在井身内,通过空压机的作用,使混合液形成升流和降流的流动,如图 4.44 所示。由于水深度大,氧的利用率高,有机物降解速率快,处理效果良好。

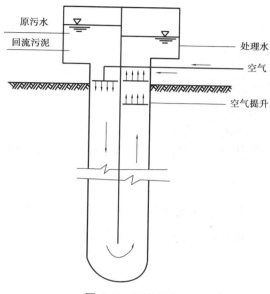

图 4.44　深井曝气

13)纯氧曝气活性污泥法

纯氧曝气活性污泥法又称为富氧曝气活性污泥法,该法用纯氧或富氧空气作氧源曝气,可以显著提高氧在混合液中的溶解度和传递速度,从而使池内高浓度活性污泥处于好氧状态,在污泥负荷相同时,曝气池容积负荷可大大提高。

随着池内溶解氧浓度的提高,可以加大氧在污泥絮体颗粒内的渗透深度,使絮体中好氧微生物所占比例增大,污泥活性保持在较高水平上,因而净化功能良好;不会发生由于缺氧而引起的丝状菌污泥膨胀,活性污泥颗粒较结实,SVI 一般为 30~50;硝化菌的生长不会受到溶解氧不足的限制,有利于生物脱氮过程。此外,由于溶解氧和活性污泥的浓度高,曝气池系统耐冲击负荷和工作稳定性都好。

纯氧曝气法的缺点是装置复杂,运转管理较麻烦,密闭池子结构和施工要求高等。

4.2.5　活性污泥法工艺系统

1)曝气池设计

在进行曝气池容积计算时,应在一定范围内合理地确定污泥负荷(N_s)和污泥浓度(X)值。此外,还应同时考虑处理效率、污泥容积指数(SVI)和污泥龄等参数。

设计参数的来源主要有两个途径:一是经验数据,另一个是通过试验获得。以生活污水为主体的城市污水,主要设计参数已比较成熟,可以直接用于设计,但是对于工业废水,则应通过试验和现场实测以确定其各项设计参数。在工程实践中,由于受试验条件的限制,一般也可根据经验选取。

(1)曝气池容积的设计计算

曝气池容积设计计算常用的是有机负荷计算法。负荷有两种表示方法,即污泥负荷和容

积负荷。一般采用污泥负荷,根据污泥负荷的定义 $N_s = \dfrac{QS_a}{XV}$,可以求得曝气池的容积:

$$V = \frac{QS_a}{XN_s} \tag{4.52}$$

式中:V——曝气池容积,m^3;

    Q——污水流量,m^3/d;

    S_a——原污水中 BOD_5 浓度,mg/L 或 kg/m^3;

    X——混合液悬浮固体(MLSS)浓度,mg/L 或 kg/m^3;

    N_s——污泥负荷,$kgBOD_5/(kgMLSS \cdot d)$。

由上式可见,正确、合理和适度地确定污泥负荷值(N_s)和混合液污泥浓度(X)是正确确定曝气池容积的关键。

(2)污泥负荷的确定

污泥负荷一般根据经验确定,对于城市污水多取值为 $0.3 \sim 0.5\ kgBOD_5/(kgMLSS \cdot d)$,也可参考表 4.10 所列数值。但为稳妥计,需加以校核,校核公式如下:

$$N_s = \frac{K_2 S_e f}{\eta} \tag{4.53}$$

式中:S_e——处理水中 BOD_5 浓度,mg/L 或 kg/m^3;

    f——曝气池混合液挥发性悬浮固体与混合液悬浮固体比值,即 MLVSS/MLSS,对于城市污水一般在 $0.75 \sim 0.85$;

    η——原污水 BOD_5 去除率,%,即 $(S_a - S_e)/S_a$;

    K_2——系数,对于城市污水一般在 $0.016\ 8 \sim 0.028\ 1$。

(3)混合液污泥浓度的确定

混合液中的污泥来自二次沉淀池的回流污泥,而回流污泥的浓度(X_r)与污泥沉淀性能及其在二次沉淀池中浓缩的时间有关。一般回流污泥的浓度可近似地按下式计算:

$$X_r = \frac{10^6}{SVI} r \tag{4.54}$$

式中:r——二次沉淀池中污泥综合系数,一般取为 1.2。

混合液污泥浓度(X)和污泥回流比(R)以及回流污泥的浓度(X_r)的关系为:

$$X = \frac{R}{1+R} X_r \tag{4.55}$$

将式(4.54)代入式(4.55),可得出估算混合液污泥浓度的公式:

$$X = \frac{R}{1+R} \cdot \frac{10^6}{SVI} r \tag{4.56}$$

表 4.10 所列举的不同运行方式活性污泥处理系统常采用的混合液污泥浓度(X)数值,也可作为设计参考。

2)需氧量和供气量的计算

(1)需氧量

活性污泥法处理系统的需氧量一般可由下列公式求得:

$$Q_2 = a'QS_r + b'VX_v \tag{4.57}$$

污水的 a'、b' 可以从表4.9中选取。

（2）供气量

①影响氧转移的因素。

a.氧的饱和浓度（C_s）。氧转移效率与氧的饱和浓度成正比,不同温度下饱和溶解氧的浓度也不同,见表4.10。

表 4.10　氧在蒸馏水中的溶解度（即饱和度）

水温/℃	1	2	3	4	5	6	7	8	9	10
溶解度/（mg·L^{-1}）	14.23	13.84	13.48	13.13	12.80	12.48	12.17	11.87	11.59	11.33
水温/℃	11	12	13	14	15	16	17	18	19	20
溶解度/（mg·L^{-1}）	11.08	10.83	10.60	10.37	10.15	9.95	9.74	9.54	9.35	9.17
水温/℃	21	22	23	24	25	26	27	28	29	30
溶解度/（mg·L^{-1}）	8.99	8.83	8.63	8.53	8.38	8.22	8.07	7.92	7.77	7.63

b.水温。在相同的气压下,温度对氧总转移系数（K_{La}）和 C_s 也有影响。温度升高,有利于氧分子的转移,K_{La} 随着上升,而 C_s 则下降。温度对 K_{La} 的影响,一般可通过下式校正:

$$K_{La(T)} = K_{La(20\,℃)}\theta^{(T-20)} \tag{4.58}$$

式中:$K_{La(20\,℃)}$——20℃时的 K_{La};

$K_{La(T)}$——T ℃时的 K_{La};

θ——温度修正系数,其值介于 1.016~1.047,一般取 1.024。

c.污水性质。污水中含有的各种杂质对氧的转移产生一定影响,将适用于清水的 K_{La} 用于污水时,需要用系数 α 进行修正。

$$污水的 K_{La} = \alpha \cdot 清水的 K_{La} \tag{4.59}$$

修正系数 α 可通过试验确定。一般 α 为 0.8~0.85。

污水中的盐类也影响氧在水中的饱和度（C_s）,污水 C_s 用清水 C_s 乘以 β 来修正,β 一般介于 0.9~0.97。

大气压影响氧气的分压,因此影响氧的传递,进而影响 C_s。气压增高,C_s 升高。对于大气压不是 1.013×10^5 Pa 的地区,C_s 应乘以压力修正系数 ρ,ρ = 所在地区的实际气压/（1.013×10^5 Pa）。

对于鼓风曝气池,空气压力还与池水深度有关。安装在池底的空气扩散装置出口处的氧分压最大,C_s 也最大。但随着气泡的上升,气压逐渐降低,在水面时,气压为 1.013×10^5 Pa（即1大气压）,气泡上升过程中一部分氧已转移到液体中。鼓风曝气池内的 C_s 应是扩散装置出口和混合液表面两处溶解氧饱和浓度的平均值,按下式计算:

$$C_{sb} = C_s\left(\frac{p_b}{2.026 \times 10^5} + \frac{O_t}{42}\right) \tag{4.60}$$

式中:C_{sb}——鼓风曝气池内混合液溶解氧饱和浓度的平均值,mg/L;

C_s——在 1.013×10^5 Pa 条件下氧的饱和浓度,mg/L;

p_b——空气扩散装置出口处的绝对压力,Pa,$p_b = p + 9.8 \times 10^3 H$;

p——标准大气压,$p = 1.013 \times 10^5$ Pa;

H——空气扩散装置的安装深度,m;

O_t——曝气池逸出气体中的含氧百分率,无量纲,$O_t = \dfrac{21 \times (1 - E_A)}{79 + 21 \times (1 - E_A)} \times 100\%$;

E_A——空气扩散装置的氧转移效率,一般为 6% ~ 12%。

另外,氧的转移还和气泡的大小、液体的紊动程度、气泡与液体的接触时间有关。空气扩散装置的性能决定气泡直径的大小。气泡越小,接触面积越大,将提高 K_{La},有利于氧的转移;但不利于紊动,从而不利于氧的转移。气泡与液体的接触时间越长,越利于氧的转移。

氧从气泡中转移到液体中,逐渐使气泡周围液膜的含氧量饱和,因而,氧的转移效率又取决于液膜的更新速度。紊流和气泡的形成、上升、破裂,都有助于气泡液膜的更新和氧的转移。

从上述分析可见,氧的转移效率取决于气相中氧分压梯度、液相中氧的浓度梯度、气液之间的接触面积和接触时间、水温、污水的性质和水流的紊动程度等因素。

②供气量的计算。在标准条件下,转移到曝气池混合液的总氧量(R_0)为:

$$R_0 = K_{La(20℃)} C_{s(20℃)} V \tag{4.61a}$$

生产厂家提供空气扩散装置的氧转移系数是在标准状态下测定的。所谓标准状态是指水温为 20 ℃,大气压为 1.013×10^5 Pa,测定用水是脱氧清水。因此,必须根据实际条件对厂商提供的氧转移速度等数值加以修正。在式(4.61a)中引入各项修正系数,可得在实际条件下转移到曝气池混合液的总氧量(R):

$$R = \alpha K_{La(20℃)} [\beta \rho C_{sb(T)} - C] 1.024^{(T-20)} V \tag{4.61b}$$

式中:C——混合液中含有的溶解氧浓度,mg/L。

联立式(4.61a)和式(4.61b)可得:

$$R_0 = \frac{R C_{s(20)}}{\alpha [\beta \rho C_{sb(T)} - C] 1.024^{(T-20)}} \tag{4.61c}$$

R 可以根据公式 $O_2 = a' Q S_r + b' V X_v$ 求定。因此,R_0 可以由式(4.61c)求出。

在一般情况下,$R/R_0 = 1.33 \sim 1.61$,即在实际工程中所需的空气量比标准条件下多33% ~ 61%。

氧转移效率(氧利用效率)为:

$$E_A = \frac{R_0}{S} \times 100\% \tag{4.62}$$

式中:S——供氧量,kg/h;

$$S = G_s \times 0.21 \times 1.43 = 0.3 G_s \tag{4.63}$$

G_s——供气量,m^3/h;

0.21——氧在空气中所占百分数;

1.43——氧的容重,kg/m^3。

对鼓风曝气,各种空气扩散装置在标准状态下,E_A 是厂商提供的,因此供气量可以通过下式计算,即:

$$G_s = \frac{R_0}{0.3E_A} \times 100 \tag{4.64}$$

式中，R_0 可以由式(4.61c)确定。

对机械曝气，各种叶轮的充氧量与叶轮直径和叶轮线速度的关系也是厂商通过实际测定确定并提供的。如泵型叶轮的充氧量可按下列经验公式计算：

$$Q_{os} = 0.379Kv^{2.8}D^{1.88} \tag{4.65}$$

式中：Q_{os}——标准条件下(水温 20 ℃，大气压为 1.013×10^5 Pa)清水的充氧量，kg/h；

v——叶轮周边线速度，m/s；

D——叶轮公称直径，m；

K——池型结构对充氧量的修正系数，一般圆形池为 1，正方形池为 0.64，长方形池为 0.9。

3)曝气系统设计

(1)空气扩散装置

空气扩散装置的类型较多，目前应用较多的是微孔曝气器。该类型曝气器氧利用率高，阻力损失小，混合效果好，不易堵塞，并且连接部位具有可靠、有效的密封性能。

微孔曝气器直径为 215～260 mm，服务面积为 0.3～0.8 m²/个。根据曝气池池底面积和曝气器的服务面积，可以计算出所需曝气器的数量。

$$n = \frac{A}{A_0} \tag{4.66}$$

式中：n——曝气器数量，个；

A——曝气池池底面积，m²；

A_0——曝气器服务面积，m²/个。

微孔曝气器的曝气量为 1.5～5.0 m³/(个·h)，根据此数值可以计算出曝气池的工作气量。曝气池的工作气量应与按需氧量计算出的供气量相匹配，否则应进行调整。微孔曝气器一般安装于曝气池池底，膜片距池底 200～250 mm。

(2)曝气器管网设计

曝气器一般采用回环式管网布置(图 4.45)，可使每个曝气器的进气压力相等，达到沿池面均匀曝气的效果。根据供气量和选取的流速计算空气管道的直径和阻力损失。空气干管流速一般取 10～15 m/s，支管流速取 5 m/s。曝气池外采用焊接钢管，池内采用 ABS 管连接。

(3)鼓风机的选择

根据所需的供气量和空气管道的阻力损失选择鼓风机。鼓风机的升压(H)≥微孔曝气器的膜片距曝气池液面的距离(H_0)＋阻力损失($\sum h_f$)。在缺少数据的情况下，也可按 $H \geq H_0 + 1$(m)估算。

中、小型污水处理厂(站)一般选用罗茨鼓风机，大、中污水处理厂还可选用离心鼓风机。在同一供气系统中，应尽量选择同一型号的鼓风机。当工作鼓风机≤3 台时，备用 1 台；工作鼓风机≥4 台时，备用 2 台。鼓风机选好后，再按鼓风机的实际流量校核管网系统的流速和阻力，并进行适当调整。

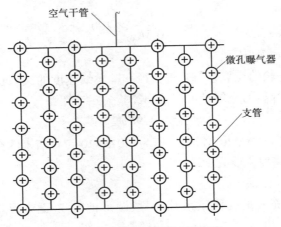

图 4.45　曝气器管网布置示意

4)污泥回流设备的设计

回流污泥量是关系到污水处理效果的重要设计参数,应根据不同的水质、水量和运行方式确定适宜的回流比(表 4.10)。

污泥回流比的计算公式如下:

$$X_r = \frac{X(1 + R)}{R} \tag{4.67}$$

回流比的大小取决于混合液污泥浓度和回流污泥浓度,而回流污泥浓度又与 SVI 有关。在曝气池的实际运行中,由于 SVI 在一定范围内变化,并且需要根据进水负荷的变化调整混合液污泥浓度,因此在进行污泥回流设备的设计时,应按最大回流比设计,并使其具有在较小回流比时工作的可能性,以便使回流污泥量可以在一定幅度内变化。

活性污泥的回流设备有提升设备和输泥管渠等,常用的污泥提升设备是污泥泵和空气提升器。污泥泵的形式主要有螺旋泵和轴流泵,其运行效率较高,可用于各种规模的污水处理工程。选择污泥泵时应首先考虑的因素是不破坏污泥的特性,且运行稳定可靠等。空气提升器结构简单、管理方便,并可在提升过程中对污泥进行充氧,但效率较低,因此常用于中、小型鼓风曝气系统。

5)二次沉淀池设计

二次沉淀池的作用是泥水分离,使混合液澄清,污泥浓缩,并且将分离的活性污泥回流到曝气池,由于水质、水量的变化,还要暂时贮存污泥。其工作性能对活性污泥处理系统的出水水质和回流污泥浓度有着直接影响。初次沉淀池的设计原则一般也适用于二次沉淀池,但由于进入二次沉淀池的活性污泥混合液浓度高,具有絮凝性,属于成层沉淀,并且密度小、沉速较慢,因此设计二次沉淀池时,最大允许水平流速(平流式、辐流式)或上升流速(竖流式)都应低于初次沉淀池。由于二次沉淀池起着污泥浓缩的作用,所以需要适当地增大污泥区容积。

二次沉淀池设计的主要内容包括池型的选择、沉淀池的面积、有效水深的计算、污泥区容积计算、污泥排放量计算等。

(1)二次沉淀池池型的选择

带有刮吸泥设施的辐流式沉淀池比较适合大、中型污水处理厂,小型污水处理厂则多采用竖流式沉淀池或多斗式平流式沉淀池。

（2）二次沉淀池面积和有效水深计算

二次沉淀池面积和有效水深的计算公式如下：

$$A = \frac{Q}{q} = \frac{Q}{3.6u} \tag{4.68}$$

$$H = \frac{Qt}{A} = qt \tag{4.69}$$

式中：Q——污水最大时流量，m^3/h；

　　q——表面水力负荷，$m^3/(m^2 \cdot h)$；

　　u——活性污泥成层沉淀时的沉速，mm/s；

　　t——水力停留时间，h，一般为 $1.5 \sim 2.5\ h$。

u 变化范围一般在 $0.2 \sim 0.5\ mm/s$。q 为 $0.72 \sim 1.8\ m^3/(m^2 \cdot h)$，该值的大小与污水水质和混合液污泥浓度有关。当污水中的无机物含量高时，可采用较高的 u；而当污水中的溶解性有机物含量较多时，则 u 宜低。混合液污泥浓度对 u 影响较大。表 4.11 列举的是 u 与混合液污泥浓度之间的关系，可供设计时参考。

表 4.11　混合液污泥浓度与 u 之间的关系

MLSS/($mg \cdot L^{-1}$)	u/($mm \cdot s^{-1}$)	MLSS/($mg \cdot L^{-1}$)	u/($mm \cdot s^{-1}$)
2 000	≤ 0.4	5 000	0.22
3 000	0.35	6 000	0.18
4 000	0.28	7 000	0.14

二次沉淀池面积以最大时流量作为设计流量，而不计回流污泥量。但中心管的计算，则应包括回流污泥量在内。

（3）污泥斗容积的计算

污泥斗的作用是贮存和浓缩沉淀污泥。由于活性污泥因缺氧而失去活性和腐败，所以污泥斗容积不宜过大。对于分建式二次沉淀池，一般污泥斗的贮泥时间为 2 h，故可采用下列公式计算污泥斗容积：

$$V_s = \frac{4(1+R)QX}{(X+X_r) \times 24} = \frac{(1+R)QX}{(X+X_r) \times 6} \tag{4.70}$$

式中：Q——污水流量，m^3/d；

　　X——混合液污泥浓度，mg/L；

　　X_r——回流污泥浓度，mg/L；

　　R——污泥回流比；

　　V_s——污泥斗容积，m^3。

（4）污泥排放量的计算

二次沉淀池中的污泥部分作为剩余污泥排放，其污泥排放量应等于污泥增长量（ΔX），可用下式确定去除单位 BOD 所产生的 MLVSS 量：

$$Y_{obs} = \frac{Y}{1 + K_d \theta_c} \qquad (4.71)$$

$$\Delta X = Y_{obs} Q(S_0 - S_e) \qquad (4.72)$$

式中,Y_{obs}为表观产率系数,kgMLVSS/kgBOD,用来估算每天的污泥量。

Y,K_d的确定是很重要的,以通过试验求得为宜,也可按经验参数进行计算。

污泥排放量也可以根据公式 $\Delta X = aQS_r - bVX$ 计算。

(5)活性污泥法工程案例

【例 4.2】 某城市的污水日排放量为 40 000 m³ 时变化系数为 1.3,BOD₅ 为 350 mg/L,拟采用活性污泥法进行处理,要求处理后的出水 BOD₅ 为 20 mg/L,试计算该活性污泥法处理系统的设计参数。

【解】 (1)污水处理程度及运行方式

①污水处理程度。污水的 BOD₅ 为 350 mg/L,经初次沉淀池处理后,其 BOD₅ 按降低 25% 计,则进入曝气池的污水 BOD₅ 浓度(S_a)为:

$$S_a = 350 \times (1 - 25\%) = 260(mg/L)$$

$$\eta = \frac{S_a - S_e}{S_a} = \frac{260 - 20}{260} = 92.3\%$$

②活性污泥法的运行方式。根据提供的条件,考虑曝气池运行方式的灵活性和多样性,以传统活性污泥法系统作为基础,又可按阶段曝气法和生物吸附再生法运行的可能性。

(2)曝气池的计算与各部位尺寸确定

①污泥负荷的确定。拟定采用的污泥负荷为 0.3 kgBOD₅/(kgMLSS·d),但为稳妥计,需加以校核,校核公式如下:

$$N_s = \frac{K_2 S_e f}{\eta}$$

K_2 取 0.018 5,f = MLVSS/MLSS = 0.75,代入各值,得:

$$N_s = \frac{0.018\ 5 \times 20 \times 0.75}{92.3\%} = 0.3[kgBOD_5/(kgMLSS·d)]$$

计算结果确证,N_s 取 0.3 是适宜的。

②确定混合液污泥浓度(X)。根据 N_s,SVI 在 80~150,取 SVI = 120(满足要求)。另取 r = 1.2,R = 50%,曝气池的混合液污泥浓度为:

$$X_r = \frac{R}{1 + R} \cdot \frac{10^6}{SVI} \cdot r = \frac{0.5 \times 1.2}{1 + 0.5} \cdot \frac{10^6}{120} = 3\ 333(mg/L) = 3\ 300(mg/L)$$

③确定曝气池容积。曝气池的容积为:

$$V = \frac{QS_a}{X_r N_s} = \frac{40\ 000 \times 260}{3\ 300 \times 0.3} = 10\ 500(m^3)$$

④确定曝气池各部尺寸。曝气池面积:设两座曝气池(n = 2),池深(H)取 4.2 m,则每座曝气池面积为

$$F_1 = \frac{V}{nH} = \frac{10\ 500}{2 \times 4.2} = 1\ 250(m^2)$$

曝气池宽度:设池宽(B)为 6 m,$\dfrac{B}{H}=\dfrac{6}{4.2}=1.43$,在 1~2,符合要求。

曝气池长度:曝气池长度 $L=\dfrac{F_1}{B}=\dfrac{1\ 250}{6}=208(\text{m})$,$\dfrac{L}{B}=34.7$(大于 10),符合要求。

曝气池的平面形式:设曝气池为三廊道式,则每廊道长 $L_1=\dfrac{208}{3}=69.3=69(\text{m})$。具体尺寸如图 4.46 所示。

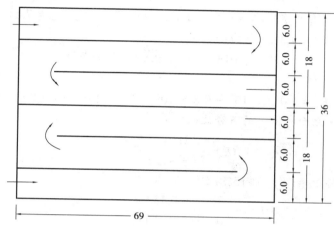

图 4.46　曝气池平面图(单位:m)

取曝气池超高为 0.5 m,则曝气池的总高度为 4.2+0.5=4.7(m)。

进水方式设计:为使曝气池能按多种方式运行,将进水方式设计成既可在池首端集中进水,按传统活性污泥法运行;也可沿池长多点进水,按阶段曝气法运行;又可集中在池中部某点进水按生物吸附法运行。

(3)曝气系统的计算与设计

①平均时需氧量的计算。

平均时需氧量按下式计算,即:

$$O_2 = a'QS_r + b'VX_v$$

查表 4.9,选用 $a'=0.5$,$b'=0.15$,代入各值得:

$$O_2 = 0.5 \times 40\ 000\left(\frac{260-20}{1\ 000}\right) + 0.15 \times 10\ 500 \times \left(\frac{3\ 300 \times 0.75}{1\ 000}\right)$$

$$= 8\ 698.1(\text{kg/d}) = 362.4(\text{kg/h})$$

②最大时需氧量:

$$O_{2\ \text{max}} = 0.5 \times 40\ 000 \times 1.3 \times \left(\frac{260-20}{1\ 000}\right) + 0.15 \times 10\ 500 \times \left(\frac{3\ 300 \times 0.75}{1\ 000}\right)$$

$$= 10\ 138.1(\text{kg/d}) = 422.4(\text{kg/h})$$

③每日去除 BOD_5 值:

$$\frac{40\ 000 \times (260-20)}{1\ 000} = 9\ 600(\text{kg/d})$$

④去除每 kgBOD 的需氧量:

$$\Delta O_2 = \frac{8\ 698.1}{9\ 600} = 0.91(\text{kgO}_2/\text{kgBOD})$$

⑤最大时需氧量与平均时需氧量之比

$$\frac{O_{2\ \max}}{O_2} = \frac{422.4}{362.4} = 1.2$$

(4)供气量的计算

采用微孔曝气器,敷设于距池底0.2 m处,淹没水深4.0 m,计算温度按最不利条件考虑,本设计定为30 ℃。查表4.10得水中溶解氧饱和度$C_{s(20)} = 9.17$ mg/L,$C_{s(30)} = 7.63$ mg/L

①空气扩散器出口处的绝对压力(P_b):

$$P_b = 1.013 \times 10^5 + 9.8 \times 10^3 H(\text{Pa})$$

代入各值,得:

$$P_b = 1.013 \times 10^5 + 9.8 \times 10^3 \times 4 = 1.405 \times 10^5(\text{Pa})$$

②空气离开曝气池面时氧气的百分比(O_t):

$$O_t = \frac{21(1 - E_A)}{79 + 21(1 - E_A)}$$

微孔曝气器的氧转移效率(E_A)取15%,则

$$O_t = \frac{21(1 - 0.15)}{79 + 21(1 + 0.15)} = 18.43\%$$

③曝气池混合液中平均氧饱和度(C_{sb}):

$$C_{sb(T)} = C_s\left(\frac{P_b}{2.026 \times 10^5} + \frac{O_t}{42}\right)$$

代入各值,得:

$$C_{sb(30)} = 7.63 \times \left(\frac{1.405 \times 10^5}{2.026 \times 10^5} + \frac{18.43}{42}\right) = 8.64(\text{mg/L})$$

④换算为在20 ℃条件下脱氧清水的充氧量(R_0):

$$R_0 = \frac{RC_{s(20)}}{\alpha[\beta\rho C_{sb(T)} - C]1.024^{(T-20)}}$$

取其值$\alpha=0.82$,$\beta=0.95$,$C=2.0$,$\rho=1.0$,代入各值得:

$$R_0 = \frac{362.4 \times 9.17}{0.82 \times [0.95 \times 1.0 \times 8.64 - 2.0] \times 1.024^{(30-20)}} = 514(\text{kg/h})$$

相应的最大时需氧量为:

$$R_{0\ \max} = \frac{422.4 \times 9.17}{0.82 \times [0.95 \times 1.0 \times 8.64 - 2.0] \times 1.024^{(30-20)}} = 599(\text{kg/h})$$

⑤曝气池平均时供气量(G_s):

$$G_s = \frac{R_0}{0.3 E_A} \times 100$$

代入各值,得:

$$G_s = \frac{514}{0.3 \times 15} \times 100 = 11\ 422(\text{m}^3/\text{h}) = 190(\text{m}^3/\text{min})$$

⑥曝气池最大时供气量

$$G_s = \frac{599}{0.3 \times 15} \times 100 = 13\ 311(\text{m}^3/\text{h}) = 222(\text{m}^3/\text{min})$$

⑦去除每 kgBOD$_5$ 的供气量：

$$\frac{11\ 422}{96\ 000} \times 24 = 2.86(\text{m}^3\ 空气/\text{kgBOD}_5)$$

⑧每 m^3 污水的供气量：

$$\frac{11\ 422}{40\ 000} \times 24 = 6.9(\text{m}^3\ 空气/\text{m}^3\ 污水)$$

⑨曝气系统。微孔曝气器的曝气量(g_0)取 2.5 m^3/(个·h)，服务面积为 0.5 m^2/个。曝气器数量为：

$$n = \frac{11\ 422}{2.5} = 4\ 568(个)$$

曝气器实际服务面积为：

$$A_0' = \frac{A}{n} = \frac{1\ 250 \times 2}{2.5} = 0.55(\text{m}^2/个)，符合要求。$$

鼓风机型号：采用风量为 90 m^3/min、静压力为 49 kPa 的罗茨鼓风机 4 台，其中 1 台备用。高负荷时 3 台工作，平时 2 台工作，低负荷时 1 台工作。

空气管道的直径根据管网布置情况计算。

4.2.6　活性污泥法系统运行维护

在活性污泥系统投产运行时，运行管理人员不仅应熟悉处理设备的构造和功能，还要深入掌握设计内容和设计意图。对于城市污水和性质与其相类似的工业废水，在投产前首先进行的是培养活性污泥；对于其他工业废水，除培养活性污泥外，还需要对活性污泥进行驯化，使其适应所处理废水的特点。

当活性污泥的培养驯化结束后，还应进行试运行，以确定系统的最佳运行条件。

1）活性污泥的培养

根据污水水量、水质和污水处理厂(站)的条件，可采用的活性污泥培养法有下列几种：

(1)全流量连续直接培养法

全部流量通过活性污泥系统的曝气池和二次沉淀池，连续进水和出水。二次沉淀池不排放剩余污泥，全部回流曝气池，直到 MLSS 和 SV 达到适宜数值为止。

为了加快培养速度，减少培养时间，可考虑污水不经初次沉淀池处理，直接进入曝气池；在不产生大量泡沫的前提下，提高供气量，以保证向混合液提供足够的溶解氧，并使其充分混合；也可以从同类的正在运行的污水处理厂提取一定数量的活性污泥进行接种。

活性污泥培养驯化期间必须使微生物的营养物质保持平衡。

(2)流量分段直接培养法

采用连续进水和出水方式运行，控制污水投配流量，使其随形成的污泥量的增加而增加。即将培养期分为几个阶段，最后使污水投配流量达到设计流量，MLSS 达到适宜浓度。

（3）间歇培养法

间歇培养法适用于生活污水所占比例较小的城市污水处理厂。将污水引入曝气池，水量为曝气池容积的 50% ~ 70%，曝气 4 ~ 6 h，再静止 1 ~ 1.5 h。排放上清液，排放量约占总水量的 50%。此后再注入污水，重复上述操作，每天 1 ~ 3 次，直到混合液中的 SV 达到 15% ~ 20% 为止。

水温在 15 ℃以上的条件下，一般营养比较平衡的城市污水，经 7 ~ 15 d 的培养，即可达到上述情况。为了缩短培养时间，也可以考虑用同类污水处理厂的剩余活性污泥进行接种。

2）活性污泥的驯化

对工业废水，除培养外，还需对活性污泥进行驯化，使其适应所处理的废水。常用的驯化方法可分为异步驯化法和同步驯化法。异步驯化法是先培养后驯化，即先用生活污水或粪便稀释水将活性污泥培养成熟，此后再逐步增加工业废水在混合液中的比例，以逐步驯化污泥。同步驯化法则是在用生活污水培养活性污泥的开始，就投加少量的工业废水，以后则逐步提高工业废水在混合液中的比例，逐步使活性污泥适应工业废水的特性。驯化阶段以全部使用工业废水而结束。

3）活性污泥系统的试运行

活性污泥驯化成熟后，就开始试运行。试运行的目的是确定活性污泥系统的最佳运行条件。在系统运行中，作变数考虑的因素有混合液污泥浓度、空气量、污水注入方式等；如采用生物吸附法，则还有污泥再生时间和吸附时间的比值；如采用曝气沉淀池，还要确定回流窗孔开启高度；如工业废水养料不足，还应确定氮、磷的投加量等。将这些变数组合成几种运行条件分阶段试验，观察各种条件的处理效果，并确定最佳运行条件，这就是试运行的任务。

活性污泥法要求在曝气池内保持适宜的营养物与微生物的比值，供给所需要的氧，使微生物与有机污染物很好地接触，并保持适当的接触时间等。如前所述，营养物与微生物的比值一般用污泥负荷率加以控制，其中营养物数量由流入污水量和浓度所决定，因此应通过控制活性污泥的浓度来维持适宜的污泥负荷率。不同的运行方式有不同的污泥负荷率，运行的混合液污泥浓度就是以其运行方式的适宜污泥负荷率作为基础确定的，并在试运行过程中确定最佳条件下的 N_s 和 MLSS。

MLSS 最好每天都能够测定，如 SVI 稳定时，也可用污泥沉降比暂时代替 MLSS 的测定。根据测定的 MLSS 或污泥沉降比，便可控制污泥回流量和剩余污泥量，并获得这方面的运行规律。此外，也可通过相应的污泥龄加以控制。

关于空气量，应满足供氧和搅拌这两者的要求。在供氧上应使最高负荷时混合液溶解氧含量保持在 1 ~ 2 mg/L。搅拌的作用是使污水与污泥充分混合，因此搅拌程度应通过测定曝气池表面、中间和池底各点的污泥浓度是否均匀而定。

活性污泥系统有多种运行方式，在设计中应予以充分考虑，各种运行方式的处理效果应通过试运行阶段加以比较观察，然后确定出最佳效果的运行方式及其各项参数。在正式运行过程中，还可以对各种运行方式的效果进行验证。

4）活性污泥系统运行效果检测

试运行确定最佳条件后，即可转入正常运行。为了经常保持良好的处理效果，积累经验，需要对处理情况进行定期检测。检测项目如下：

①反映处理效果的项目:进出水总的和溶解性的 BOD、COD,进出水总的和挥发性的 SS,进出水的有毒物质(对应工业废水)。

②反映污泥情况的项目:污泥沉降比(SV)、MLSS、MLVSS、SVI、溶解氧(DO)、微生物观察等。

③反映污泥营养和环境条件的项目:氮、磷、pH 值、水温等。

一般 SV 和溶解氧最好 2~4 h 测定一次,至少每班一次,以便及时调整回流污泥量和空气量。微生物观察最好每班一次,以预示污泥异常现象。除氮、磷、MLSS、MLVSS、SVI 可定期测定外,其他各项应每天测定一次。

此外,每天要记录进水量、回流污泥量和剩余污泥量,还要记录剩余污泥排放规律、曝气设备的工作情况、空气量和电耗等。上述检测项目如有条件,应尽可能进行自动检测和自动控制。

5)活性污泥系统运行过程中的异常情况

活性污泥系统在运行过程中,有时会出现异常情况,使处理效果降低,污泥流失。下面介绍运行中可能出现的几种主要的异常现象和对其采取的相应措施。

(1)污泥膨胀

正常的活性污泥沉降性能良好,含水率在 99% 左右。当污泥变质时,污泥不易沉淀,SVI 增高,污泥的结构松散和体积膨胀,含水率上升,澄清液稀少(但较清澈),颜色也有异变,这就是污泥膨胀。污泥膨胀主要是由于丝状菌大量繁殖所引起,也有由污泥中结合水异常增多导致的污泥膨胀。一般污水中碳水化合物较多,缺乏氮、磷、铁等养料,溶解氧不足,水温高或 pH 值较低等都容易引起丝状菌大量繁殖,导致污泥膨胀。此外,超负荷、污泥龄过长或有机物浓度梯度小等也会引起污泥膨胀。排泥不通畅则引起结合水性污泥膨胀。

为了防止污泥膨胀,首先应加强操作管理,经常检测污水水质、曝气池内溶解氧、污泥沉降比、污泥指数和进行显微镜观察等。如发现不正常现象,就需采取预防措施。一般可采取调整、加大空气量,及时排泥,在有可能时采取分段进水,以减轻二次沉淀池的负荷等措施。

当污泥发生膨胀后,解决的办法可针对引起膨胀的原因采取措施。如缺氧、水温高等,可加大曝气量,或降低进水量以减轻负荷,或适当降低 MLSS,使需氧量减少等;如污泥负荷率过高,可适当提高 MLSS,以调整负荷。必要时还要停止进水,"闷曝"一段时间。如缺乏氮、磷、铁等养料,可投加硝化污泥或氮、磷等成分。如 pH 值过低,可投加石灰等调节 pH 值。若污泥大量流失,可投加 5~10 mg/L 氯化铁,帮助凝聚,刺激菌胶团生长;也可投加漂白粉或液氯(按干污泥的 0.3%~0.6% 投加),抑制丝状菌繁殖,特别能控制结合水性污泥膨胀。也可投加石棉粉末、硅藻土、黏土等惰性物质,降低污泥指数。污泥膨胀的原因有很多,以上只是污泥膨胀的一般处理措施。

(2)污泥腐化

在二次沉淀池有可能出现由于污泥长期滞留而产生厌气发酵,生成 H_2S、CH_4 等气体,使大块污泥上浮的现象。上浮的污泥腐败变黑,产生恶臭。此时也不是全部污泥上浮,大部分污泥都是正常排出或回流,只有积在死角长期滞留的污泥才腐化上浮。防止污泥腐化上浮的措施有:安设不使污泥外溢的浮渣清除设备;消除沉淀池的死角区;加大池底坡度或改进池底刮泥设备不使污泥滞留于池底;及时排泥和疏通堵塞等。

（3）污泥上浮

污泥在二次沉淀池呈块状上浮的现象，并不是由于腐败所造成的，而是由于在曝气池内污泥龄过长，硝化进程较高（一般硝酸铵达 5 mg/L），在沉淀池底部产生反硝化，硝酸盐中的氧被利用，氮即呈气体脱出附于污泥上，从而使污泥比重降低，整块上浮。所谓反硝化是指硝酸盐被反硝化菌还原成氨和氮的作用。反硝化作用一般在溶解氧低于 0.5 mg/L 时发生，并在实验室静沉 30~90 min 以后发生。因此，为防止这一异常现象发生，应增加污泥回流量或及时排出剩余污泥，在脱氮之前即将污泥排除，或降低混合液污泥浓度，缩短污泥龄和降低溶解氧等，使之不进行到硝化阶段。

（4）污泥解体

处理水质混浊、污泥絮体微细化、处理效果变坏等则是污泥解体现象。导致这种异常现象的原因有运行方面的问题，也有可能是污水中混入了有毒物质。

运行不当，如曝气过量，会使活性污泥微生物-营养的平衡遭到破坏，使微生物量减少并失去活性，吸附能力降低，絮凝体缩小质密，一部分则成为不易沉淀的羽毛状污泥，处理水质浑浊，SVI 降低等。当污水中存在有毒物质时，微生物会受到抑制或伤害，净化功能下降或完全停止，从而使污泥失去活性。一般可通过显微镜观察来判别产生的原因。当鉴别出是运行方面的问题时，应对污水量、回流污泥量、空气量和排泥状态以及 SV、MLSS、DO、N_s 等多项指标进行检查，加以调整；当确定是污水中混入有毒物质时，需查明来源，采取相应措施。

（5）泡沫问题

曝气池中产生泡沫，主要原因是污水中存在大量合成洗涤剂或其他起泡物质。泡沫给生产操作带来一定困难，如影响操作环境，带走大量污泥。当采用机械曝气时，还会影响叶轮的充氧能力。消除泡沫的措施有：分段注水以提高混合液浓度，进行喷水或投加除沫剂。常用的除沫剂有机油、煤油等，投量为 0.5~1.5 mg/L。此外，用风机机械消泡也是一种有效措施。

4.3　城镇污水的生物膜法处理

生物膜法是根据土壤自净的原理发展起来的。最早人们利用污水灌溉农田，发现土壤渗滤作用对污水中有机物有净化作用，因此用人工方法建造了间歇沙滤池及接触滤池。继而采用较大颗粒的滤料，建成了滴滤池，现一般称为生物滤池。最早的生物滤池是 1893 年在英国试验成功，1900 年用于污水处理。

从微生物对有机物降解过程的基本原理分析，生物膜法与活性污泥法是相同的，两者的主要不同之点在于微生物在处理构筑物中存在的形式不同。在活性污泥法中，微生物形成絮状，悬浮在混合液中，不停地与废水混合和接触，称为悬浮生长；而在生物膜法中，微生物固定于载体的表面形成生物膜，当废水流经其表面时，互相接触，称为附着生长。

传统活性污泥法基建和运行费用较高，能耗大，管理也较为复杂，易出现污泥膨胀和污泥上浮问题，对 N、P 去除效果有限；而生物膜法运行稳定，脱氮效果强，抗冲击负荷、节能、经济、无污泥膨胀问题，可以形成较长食物链，污泥产量少，中小型城镇和温暖地区较为适用。

利用生物膜净化污水的装置称为生物膜反应器。根据废水与生物接触形式的不同，生物膜反应器可分为生物滤池（普通生物滤池、高负荷生物滤池、塔式生物滤池）、生物转盘、生物接触氧化、生物流化床和曝气生物滤池等。

4.3.1 生物膜与生物膜法

1)生物膜

废水通过滤池时,滤料截留了废水中的悬浮物质,并把废水中的胶体物质吸附在自己的表面,它们中的有机物使微生物很快繁殖起来,这些微生物又进一步吸附了废水中呈悬浮、胶体和溶解状态的物质,填料表面逐渐形成一层生物膜。生物膜主要由细菌的菌胶团和大量的真菌菌丝组成,其中还有许多原生动物和较高等动物生长。

在生物滤池表面的滤料中,常常存在着一些褐色或其他颜色的菌胶团。也有的滤池表层有大量的真菌菌丝存在,因此形成一层灰白色黏膜。下层滤料生物膜则呈黑色。在春夏秋三季,滤池中容易滋生灰蝇,它们的幼虫色白透明,头粗尾细,常分布在滤料表面,成虫后即在滤池及其周围栖翔。

2)生物膜法

生物膜法,即采用生物膜处理污水的方法。生物膜法的基本流程如图 4.47 所示,污水经沉淀池去除悬浮物后进入生物膜反应池,去除有机物。生物膜反应池出水入二次沉淀池去除脱落的生物体,澄清液排放。污泥浓缩后运走或进一步处置。

图 4.47　生物膜法基本流程

图 4.48 是生物膜一小块滤料放大了的示意图。它可以帮助分析、理解生物膜对污水的净化作用。

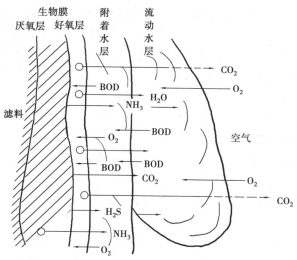

图 4.48　生物膜结构及其工作示意图

从图中可以看出,滤料表面的生物膜分为厌氧层和好氧层。由于生物膜的吸附作用,在好氧层表面有一层附着水层,在附着水层外部是流动水层。由于进入生物处理池中待处理污水,有机物浓度较高。因此,当流动水流经滤料表面时,有机物就会从运动着的污水中通过扩散作用转移到附着水层中去,并进一步被生物膜所吸附。同时空气中的氧也通过流动水、附着水进入生物膜的好氧层中,生物膜中的微生物在氧的参与下对有机物进行氧化分解和机体新陈代谢,其代谢产物如 CO_2、H_2O 等无机物又沿着相反方向从生物膜经过附着水层排到流动水层及空气中去,使污水得到净化。同时,微生物不断繁殖,生物膜厚度不断增加,造成厌氧层厚度不断增加。

内部厌氧层的厌氧菌用死亡的好氧菌及部分有机物进行厌氧代谢,代谢产物如有机酸、H_2S、NH_3 等转移到好氧层或流动水层中。当厌氧层还不厚时,好氧层仍能保持净化功能;但当厌氧层过厚,代谢产物过多时,二层间将失去平衡,好氧层上的生态系统遭到破坏,生物膜即呈老化状态从而脱落(自然脱落),再行开始增长新的生物膜。在生物膜成熟后的初期,微生物好氧代谢旺盛,净化功能最好,在膜内出现厌氧状态时,净化功能下降,而当生物膜脱落时降解效果最差。生物膜就是通过吸附→氧化→增厚→脱落过程而不断地对有机污水进行净化的。但好氧代谢起主导作用,是有机物去除的主要过程。

3)生物膜法的分类

按生物膜与污水的接触方式不同,生物膜法可分为充填式和浸没式两类。充填式生物膜法的填料(载体)不被污水淹没,自然通风或强制通风供氧,污水流过填料表面或盘片旋转浸过污水,如生物滤池和生物转盘等。浸没式生物膜法的填料完全浸没于水中,一般采用鼓风曝气供氧,如接触氧化和生物流化床等。

4)生物膜处理法的特征

(1)微生物方面的特征

①参与净化反应的微生物多样化。生物膜中微生物附着生长在滤料表面,生物固体平均停留时间较长,因此在生物膜上可生长世代期较长的微生物,如硝化菌等。在生物膜中丝状菌很多,有时还起主要作用。由于生物膜是固着生长在载体表面,不存在污泥膨胀的问题,因此丝状菌的优势得到了充分发挥。此外,线虫、轮虫类以及寡毛类微型动物出现的频率也较高。

②生物的食物链较长。在生物膜上生长繁育的生物中,微型动物存活率较高。在捕食性纤毛虫、轮虫类、线虫类之上栖息着寡毛类和昆虫,因此生物膜上形成的食物链较长。生物膜处理系统内产生的污泥量也少于活性污泥处理系统。

③硝化菌得以增长繁殖。因此,生物膜处理法的各项处理工艺都具有一定的硝化功能,采取适当的运行方式,还可以使污水反硝化脱氮。

④各段具有优势菌种。生物滤池污水是自上而下流动,逐步得以净化的,由于上下水质不断发生变化,对生物膜上微生物种群产生了很大影响。在上层大多是以摄取有机物为主的异养微生物,底部则是以摄取无机物为主的自养型微生物。

(2)处理工艺方面的特征

①运行管理方便、耗能较低。生物膜法中丝状菌起一定的净化作用,但丝状菌的大量繁殖会降低污泥或生物膜的密度,如果在活性污泥法运行管理中,丝状菌增加能导致污泥膨胀,而丝状菌在生物膜法中无不良作用。相对于活性污泥法,生物膜法处理污水的能耗低。

②具有硝化作用。在污水中起硝化作用的细菌属自养型细菌,容易生长在固体介质表面

上被固定下来,故用生物膜法进行污水的硝化处理,能取得好的效果,且较为经济。

③抗冲击负荷能力强。污水的水质、水量时刻在变化,当短时间内变化较大时,即产生了冲击负荷,生物膜法处理污水对冲击负荷的适应能力较强,处理效果较为稳定。有毒物质对微生物有伤害作用,一旦进水水质恢复正常后,生物膜法净化污水的功能即可得到恢复。

④污泥沉降脱水性能好。生物膜法产生的污泥主要是从介质表面脱落下来的老化生物膜,为腐殖污泥,其含水率较低,呈块状,沉降及脱水性能良好,在二次沉淀池内易分离,得到较好的出水水质。

4.3.2 生物滤池

1)生物滤池的分类

生物滤池分为普通生物滤池、高负荷生物滤池、塔式生物滤池。

生物膜法处理污水最初使用的装置为普通生物滤池,也称滴滤池,为第一代生物滤池。这种装置是将污水喷洒在由粒状介质(石子等)堆积起来的滤料上,污水从上部喷淋下来,经过堆积的滤料层,滤料表面的生物膜将污水净化,供氧由自然通风完成,氧气通过滤料的空隙,传递到流动水层、附着水层、好氧层。此种方法处理污水的负荷较低,但出水水质很好,故亦称为低负荷生物滤池。20世纪初,英国最先得到实际应用,之后在欧洲和北美得到了应用。

为了提高生物滤池的处理效率,20世纪中期人工制造的滤料出现,由于其具有比表面积大、滤料之间的空隙大、质轻等优点,提高了生物滤池的负荷,减小了占地面积,使高负荷生物滤池和塔式生物滤池工艺得到了发展。

2)生物滤池的构造

(1)普通生物滤池的构造

普通生物滤池由池体、滤料、布水装置和排水系统4个部分组成,其构造如图4.49所示。

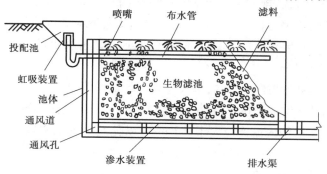

图 4.49　普通生物滤池构造示意图

①池体。普通生物滤池在平面上多呈方形或矩形。四周的池壁(池壁起围挡滤料的作用)一般用砖石或混凝土筑造,池壁要能承受滤料的压力,池壁高度一般应高出滤池表面0.4~0.5 m。

②滤料。滤料是生物滤池的主体,对生物滤池的净化功能有直接影响,对滤料的要求:具有较大的比表面积,以利于形成较高的生物量;具有较大的空隙率,以利于氧的供应和氧的传递;具有较高的机械强度,耐腐蚀性强;价格低廉,能够就地取材。常用实心拳状滤料,主要有碎石、卵石、炉渣和焦炭等。滤料分为工作层和承托层,总厚度为 1.5~2.0 m。工作层厚为

1.3~1.8 m,粒径一般在 30~50 mm;承托层厚 0.2 m,粒径为 60~100 mm。各层滤料粒径应均匀一致,对于有机物浓度较高的废水,应采用粒径较大的滤料,以防止滤料堵塞。

③布水系统。生物滤池布水系统的作用是向滤料表面均匀地布水。若布水不均匀,会造成某一部分滤料负荷过大,而另一部分负荷不足。普通生物滤池常用的布水系统是固定喷嘴式布水系统,它由投配池、虹吸装置、布水管道和喷嘴 4 部分组成。

如图 4.50 所示,污水进入配水池,当水位达到一定高度后,虹吸装置开始工作,污水进入布水管路。配水管设有一定坡度以便放空,布水管道敷设在滤池表面下 0.5~0.8 m,喷嘴安装在布水管上,伸出滤料表面 0.15~0.2 m,喷嘴的口径为 15~20 mm。当水从喷嘴喷出时,受到喷嘴上部设有的倒锥体的阻挡,使水流向四周分散,形成水花,均匀喷洒在滤料上。当配水池水位降到一定程度时,虹吸被破坏,喷水停止。这种布水装置的优点是运行方便,易于管理和受气候影响较小;缺点是需要的水头较大(20 m)。

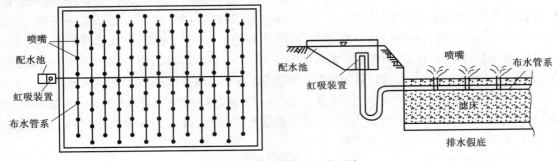

图 4.50　固定喷嘴式布水系统

④排水系统。生物滤池的排水系统设在滤池底部,其作用是排除处理后的污水,保证滤池有良好的通风和支撑滤料。排水系统包括渗水装置、集水沟和排水渠。

渗水装置有多种,常用的是混凝土板式渗水装置。渗水装置的作用是支撑滤料,排除滤过的污水,进入空气。渗水装置上的空隙总面积不得小于滤池总面积的 20%,渗水装置与池底之间的距离不得小于 0.4 m。

池底以 1%~2% 的坡度坡向集水沟,集水沟宽 0.15 m、间距 2.5~4.0 m,并以 0.5%~1.0% 的坡度坡向总排水沟,总排水沟的坡度不应小于 0.5%。为了通风良好,总排水沟的过水断面积应小于其总断面积的 50%,沟内流速应大于 0.7 m/s,以免发生沉积和堵塞。小型的普通生物滤池,池底可不设集水沟,全部做成 1% 的坡度,坡向总排水沟。

(2)高负荷生物滤池的构造

高负荷生物滤池的构造与普通生物滤池基本相同,由于其布水系统采用旋转布水器,故其平面尺寸多为圆形。

高负荷生物滤池的滤料与普通生物滤池不同。其滤料粒径一般为 40~100 mm,大于普通生物滤池,滤料的空隙率较高,滤料层高一般为 2.0 m。其差别主要表现在布水装置。

高负荷生物滤池多采用旋转布水器(图 4.51)。它由固定不动的进水管和可旋转的布水横管组成,布水横管有 2 根或 4 根,横管中心轴距滤池地面 0.15~0.25 m,横管绕竖管旋转,旋转的动力可以用电机,也可用水力反冲产生。从图 4.51 可以看出,在横管的统一侧开一系列间距不等的孔口,周边较密,中心较疏,当污水从孔口喷出后产生反作用力,布水横管按喷水反方向旋转,将污水均匀洒布在池面上。横管与固定进水竖管连接处要封闭良好,并减小旋转时的摩擦力,布水器的旋转部分与固定竖管的连接处采用轴承连接。

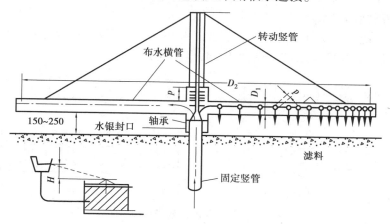

图 4.51 旋转布水器示意图

（3）塔式生物滤池的构造

塔式生物滤池的构造与一般生物滤池基本相似,主要不同在于采用轻质高孔隙率的塑料滤料和塔体结构,如图 4.52 所示。塔式生物滤池主要由塔身、滤料、布水设备、通风装置和排水系统所组成。

①塔身。塔身起围挡滤料的作用,可用钢筋混凝土结构、砖结构、钢结构和钢框架与塑料板面的混合结构。塔身分若干层,每层设有支座以支撑滤料和生物膜的重量。另外,塔身上还开设观察窗,供观察、采样、填装滤料等用。

②滤料。塔式生物滤池中采用的滤料大多为轻质高孔隙率的塑料滤料。其形状可做成蜂窝状、波纹状等。目前多采用经酚醛树脂固化,内切圆直径为 19 ~ 25 mm 的纸质蜂窝滤料和玻璃布蜂窝滤料。

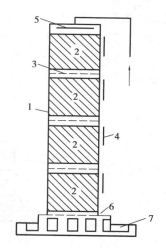

图 4.52 塔式生物滤池构造
1—塔身;2—滤料;3—格栅;
4—检修口;5—布水器;
6—通风口;7—集水槽

③布水装置。塔式生物滤池的布水装置与一般的生物滤池相同,也广泛使用旋转布水器,也采用固定式穿孔管。前者适用于圆形滤池,后者适用于方形滤池。

④通风装置。塔式生物滤池一般都采取自然通风,塔底有高度为 0.4 ~ 0.6 m 的空间,周围留有通风口,也可以采用人工机械通风。

⑤排水系统。塔式生物滤池的出水汇集于塔底的集水槽,然后通过渠道送往沉淀池进行生物膜与水的分离。

3）生物滤池的运行方式

生物过滤法系统基本上由初次沉淀池、生物滤池、二次沉淀池组合而成,其组合形式有单级运行系统和多级运行系统。

单级运行系统如图 4.53 所示。图 4.53(a)为单级直流系统,多用于低负荷生物滤池。图

4.53(b)、(c)、(d)均为单级回流系统,多用于高负荷生物滤池。图4.53(b)的处理水回流至生物滤池前,用以加强表面负荷,又不加大初次沉淀池的容积,但二次沉淀池要适当大些。图4.53(c)是生物滤池出水直接回流到生物滤池前,可加大表面负荷,又利用生物接种,促进生物膜更新,这个系统的两个沉淀池都比较小。图4.53(d)是不设二次沉淀池,滤池出水回流到初次沉淀池前,加强初次沉淀池生物絮凝作用,促进沉淀效果。

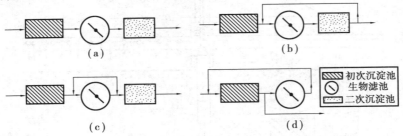

图 4.53　生物滤池的单级运行系统

多级运行系统如图4.54所示。据试验和分析,第一级生物滤池处理效率可达70%,第二级处理效率可达20%,第三、四级的处理效率很低,在5%左右,因此一般取两级。图4.54(a)、(b)均为二级直流系统。二级串联工作的生物滤池的优点:滤层深度可适当减小,通风条件好,两次洒水充氧,出水水质较好些;缺点:增加了提升泵,加大了占地面积。一般第一级生物滤池采用粒径较大的滤料,后一级采用粒径较小的滤料。图4.54(c)、(d)均为二级回流系统。

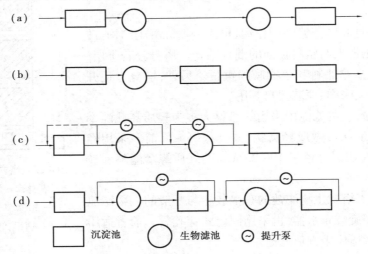

图 4.54　生物滤池的多级运行系统

采用回流的优点:增大水力负荷,促进生物膜的脱落,防止堵塞;污水被稀释,降低了基质浓度;可向生物滤池连续接种,促进生物膜的生长;提高进水的溶解氧;由于进水量增加,有可能采用水力旋转布水器;防止滤池滋生蚊蝇。缺点:缩短污水在滤池中的停留时间;洒水量大,将降低生物膜吸附有机物的速度;回流水中难降解的物质会产生积累,以及冬天使池中水温降低等。

如图4.55所示为二级交替运行系统,每一生物滤池可交替作为一级和二级使用,循环往复,使负荷率比一般二级系统提高2~3倍。

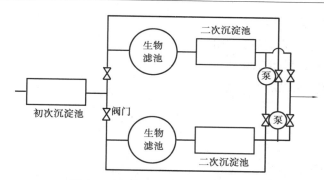

图 4.55　生物滤池二级交替运行系统

采用生物滤池处理污水时,应该做好滤池类型和运行系统的选择。一般来说,低负荷生物滤池的体积大,占地多,滤料的需要量大,易堵塞,常出现池蝇和臭味,目前已不常采用,仅在水量小的地区选用。目前大多数采用高负荷生物滤池。

确定流程时,应该决定是否用初次沉淀池,采用几级过滤,采用回流与否,选择回流方式及回流比等问题。是否用初次沉淀池视水质而定,悬浮物较多的污水一般都使用初次沉淀池。

4)生物滤池的性能

生物滤池早于活性污泥法,活性污泥法的发明之初是以生物滤池的替代工艺出现的,但生物滤池至今仍有大量应用。

与活性污泥工艺不同的是,在生物滤池中常采用出水回流,而基本不会采用污泥回流,因此从二次沉淀池排出的污泥全部作为剩余污泥进入污泥处理流程进行进一步的处理。

生物膜法与活性污泥法的比较见表 4.12。

表 4.12　生物膜法与活性污泥法的比较

项　目	生物膜法	活性污泥法
基建费	低	较低
运行费	低	较高
气候的影响	较大	较小
技术控制	较易控制	要求较高
灰蝇和臭味	蝇多、味大	无
最后出水	负荷低时,硝化程度较高,但悬浮物较高	悬浮物较少,但硝化程度不高
剩余污泥量	少	大
泡沫问题	很少	较多

5)生物滤池的设计

(1)普通生物滤池的设计与计算

普通生物滤池的设计与计算包括滤料的选定、滤料容积、滤池深度和平面尺寸的确定,布水系统和排水系统的设计计算。

滤料容积可以按容积负荷计算:

$$V = \frac{QL_a}{N_v} \qquad (4.73)$$

式中:V——滤料容积,m^3;

　　Q——原污水的日平均流量,m^3/d;

　　L_a——原污水的 BOD_5 值,mg/L;

　　N_v——容积负荷,$gBOD_5/(m^3$ 滤料·d$)$。

滤池表面积:

$$A = \frac{V}{H} \tag{4.74}$$

式中:A——滤池表面积,m^2;

　　H——滤料层高度,m。

求出滤池表面积后,用水力负荷校核,水力负荷值应在 $10 \sim 30\ m^3/(m^2$ 滤料·d$)$。

(2)高负荷生物滤池工艺设计与计算

高负荷生物滤池工艺设计与计算分为两部分:滤池的计算与设计;旋转布水器的计算与设计。

滤池容积的计算方法有多种,本教材介绍负荷法。

滤池容积的负荷率按日平均污水量计算。进入滤池的污水,当 BOD_5 大于 200 mg/L 时,必须加回流水稀释。在进行工艺计算前,首先应确定进入滤池的污水经回流稀释后的 BOD_5 值 L_a 以及回流稀释倍数。

经回流水稀释后,进入滤池污水的 BOD_5 值为:

$$L_a = \alpha L_e \tag{4.75}$$

式中:L_a——喷洒向滤池污水的 BOD_5 值,mg/L;

　　L_e——滤池处理水的 BOD_5 值,mg/L;

　　α——系数,按表 4.13 所列数据选用。

表 4.13　系数 α

污水冬季平均气温/℃	年平均气温/℃	滤料层高度/m				
		2.0	2.5	3.0	3.5	4.0
8~10	<3	2.5	3.3	4.4	5.7	7.5
10~14	3~6	3.3	4.4	5.7	7.5	9.6
>14	>6	4.4	5.7	7.5	9.6	12.0

回流比可按下式求得:

$$r = \frac{L_0 - L_a}{L_a - L_e} \tag{4.76}$$

式中:L_0——原污水的 BOD_5 值,mg/L;

　　其余符号含义同前。

按容积负荷计算,滤料容积 V:

$$V = \frac{Q(1 + r)L_a}{N_v} \tag{4.77}$$

式中:Q——原污水日平均流量,m^3/d;

N_v——容积负荷,$gBOD_5/(m^3$ 滤料·d$)$;

其余符号含义同前。

滤池表面积A:

$$A = \frac{V}{H} \quad\quad\quad (4.78)$$

式中:H——滤料层高度,m。

按水力负荷计算,滤池表面积A:

$$A = \frac{Q(1 + r)}{N_q} \quad\quad\quad (4.79)$$

式中:N_q——滤池表面水力负荷,m^3 污水$/(m^2$ 滤料表面·d$)$;

其余符号含义同前。

【例4.3】 城镇设计人口 $N = 60\,000$ 人,污水量标准为 $250\,L/($人·d$)$,排放的 BOD_5 量为 $30\,g/($人·d$)$。镇内有一座工厂,污水量为 $2\,000\,m^3/d$,BOD_5 值为 $1\,000\,mg/L$。混合污水冬季平均温度为 15 ℃,年平均气温为 10 ℃。滤料层厚度为 $H = 2.0\,m$,采用旋转布水器布水,要求处理后出水 $BOD_5 \leq 30\,mg/L$。

【解】 高负荷生物滤池计算。

①污水平均日流量 Q:

$$Q = \frac{60\,000 \times 250}{1\,000} + 2\,000 = 17\,000(m^3/d)$$

②污水的 BOD_5 浓度 L_0:

$$L_0 = (60\,000 \times 30 + 2\,000 \times 1\,000) \times \frac{1}{17\,000} = 223.53(mg/L)$$

③因为 $L_0 > 200\,mg/L$,原污水必须用回流水稀释,回流稀释后混合污水浓度(L_a):

根据所给条件查表4.13得 $\alpha = 4.4$,故

$$L_a = 4.4 \times 30 = 132(mg/L)$$

④回流稀释比 r:

$$r = \frac{L_0 - L_a}{L_a - L_e} = \frac{223.53 - 132}{132 - 30} = 0.897$$

⑤滤池总面积 A:

取 $N_a = 1\,800\,gBOD_5/(m^2 \cdot d)$

$$A = \frac{Q(1 + r)L_a}{N_a} = \frac{17\,000(0.897 + 1) \times 132}{1\,800} = 2\,365(m^2)$$

⑥滤池滤料总体积 V:

$$V = HA = 2 \times 2\,365 = 4\,730(m^3)$$

⑦单个滤池面积 A_1:

采用 4 个滤池,每个滤池面积:$A_1 = \frac{1}{4}A = \frac{1}{4} \times 2\,365 = 591.25(m^2)$

⑧滤池直径 D:

$$D = \sqrt{\frac{4A_1}{\pi}} = \sqrt{\frac{4 \times 591.25}{\pi}} = 27.44(m)$$

⑨校核水力负荷 N_q：

$$N_q = \frac{Q(1 + r)}{A} = \frac{17\,000 \times (1 + 0.897)}{2\,365} = 13.64\left[m^3/(m^2 \cdot d)\right]$$

水力负荷介于 $10 \sim 30\ m^3/(m^2 \cdot d)$，符合要求。经计算，采用 4 座直径 27.5 m、高 2.0 m 的高负荷生物滤池。

4.3.3 生物转盘

1）生物转盘的构造

生物转盘由盘片、接触反应槽、转轴及驱动装置组成，如图 4.56 所示。盘片串联成组，其中贯以转轴，转轴的两端安设在半圆形的接触反应槽的支座上。转盘面积的 45%~50% 浸没在槽内的污水中，转轴高出水面 10~25 cm。

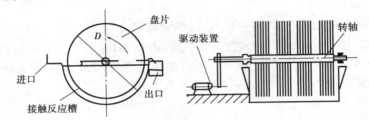

图 4.56　生物转盘构造图

（1）盘片

长期以来多采用圆形或正多边形。近年来，为了提高单位体积盘片的表面积，也有采用波纹圆板或采用波纹圆板与平面圆板相组合的盘片，也有采用蜂窝转盘的。

转盘的材料要求质轻、高强、耐腐、不易变形和比表面大等，常采用聚氯乙烯、聚苯乙烯塑料以及玻璃钢等材料。

转盘的直径一般为 2~3 m，目前也有增大至 4.0 m 的。盘片之间的净间距一般为 20~30 mm（废水浓度高时取上限）。间距太大，转盘的有效表面积减少；间距太小，通风不良，易于堵塞。盘片的厚度在保证强度的前提下，应尽量小，一般为 2~10 mm。在一套生物转盘装置内，盘片多达 100~200 片，它们平行地装在转轴上，需有支撑加固以防止挠曲变形以及互相碰上。

（2）氧化槽

氧化槽可采用钢板制作，也可采用钢筋混凝土或砖砌。断面最好是半圆形，以防止产生死角。槽壁与盘片之间的距离一般为 20~50 mm。槽内水面应在转轴以下约 15 mm。氧化槽的容积 V 可根据盘片总面积来决定。氧化槽容积与盘片面积之比称为体积面积比，用下式表示：

$$G = \frac{V}{\sum F} \tag{4.80}$$

式中：G——氧化槽体积面积比，L/m^2；

　　$\sum F$——盘片总面积，m^2；

　　V——氧化槽有效容积，L。

一般建议 $G \geqslant 5\ L/mm^2$。试验表明，当 $G < 5\ L/mm^2$，增大 G 可提高出水水质；$G > 5\ L/mm^2$，出水水质变化不大。

（3）转轴

转轴一般采用碳钢，轴长一般应控制在 0.5~6.0 m，有时可达 7~8 m。轴长不宜太长，否则往往由于同心度加工不良，易于挠曲变形，发生断裂。轴直径应通过强度和刚度计算确定，一般采用 30~50 mm，大型转盘的直径可达 80 mm。

转盘的转速一般为 0.8~3 r/min，线速度以 10~20 m/min 为宜。转速太高，能耗大，转轴易于损坏，使生物膜过早脱落。

（4）驱动装置

生物转盘的驱动装置包括动力设备和减速装置两部分。动力设备分为电力机械传动、空气传动及水力传动等。国内一般采用电动和气动。电动生物转盘以电动机为动力，通过变速装置带动转轴按所希望的转速转动。对于大型转盘，一般一台转盘设一套驱动装置；对于中、小型转盘，可由一套驱动装置带动一组（一般为 3~4 级）转盘转动。气动生物转盘以压缩空气为动力，推动转盘转动。在转盘的下部设有空气喷头，低压空气以 0.2 kg/cm² 左右从喷头释放，流向附着于转盘外缘的空气栅。由于捕捉空气产生一种浮力，随之在转动轴上产生一种转矩，使转盘转动。气动传动兼有充氧作用，动力消耗较省。由于传动受力均匀，转轴寿命长。

2）生物转盘的工作原理与运行特征

（1）生物转盘工作原理

盘片是生物膜的载体，与生物滤池中滤料的作用相同。运行时，转盘表面的生物膜交替与废水和大气相接触。与废水接触时，生物膜吸附废水中的有机物，同时也分解所吸附的有机物；与空气接触时，可吸附空气中的氧，并继续氧化所吸附的有机物。这样，盘片上的生物膜交替与废水和大气相接触，反复循环，使废水中的有机物在好氧微生物（即生物膜）作用下得到净化。盘片上的生物膜不断生长和不断自行脱落，因此在转盘后应设二次沉淀池。

生物转盘的流程要根据污水的水质和处理后水质的要求确定。城市污水常规处理流程如图 4.57 所示。

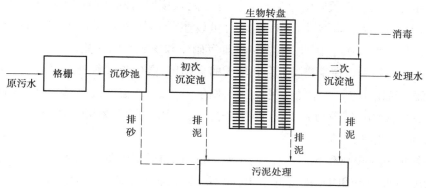

图 4.57 城市污水生物转盘处理流程图

根据转轴和盘片的布置形式，生物转盘可分为单轴单级、单轴多级（图 4.58）和多轴多级（图 4.59）。级数的多少主要根据污水性质、出水要求而确定。

一般城市污水多采用 4 级转盘进行处理。应当注意，首级负荷高、供氧不足，应采取加大盘片面积、增加转速来解决供氧不足的问题。

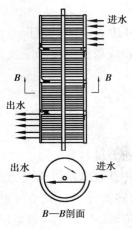

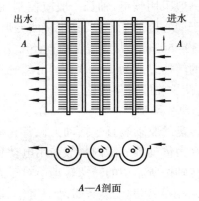

图 4.58　单轴 4 级生物转盘图　　　　图 4.59　3 轴 3 级生物转盘图

（2）生物转盘运行特征

生物转盘作为污水处理反应器,具有结构简单、运转安全、处理效果好、维护管理方便、运行费用低等优点,是因为其运行工艺和维护方面具有下面特征:

①处理污水成本较低。由于转盘上的生物膜从水中进入空气中时充分吸收了有机污染物,生物膜外侧的附着水层可以从空气中吸氧,接触反应槽不需要曝气,因此生物转盘运转较为节能。有关文献记载,以流入污水的 BOD_5 浓度为 200 mg/L 计,每去除 1 kg BOD_5 约耗电 0.71 kW·h,为活性污泥反应系统的 1/4 ～ 1/3。

②接触反应时间短。对于处理城市污水的生物转盘,其第一段的生物膜可达 194 g/m^2,如果以氧化槽容积折算此值,相当于 40 000~60 000 mg/L 的 MLVSS,F/M 为 0.05~0.1,只是活性污泥法 F/M 的几分之一。因此,生物转盘能在较短的接触时间取得较高的净化率。

③生物相分级。在每段转盘上生长着适应于流入该级污水性质的生物相,在后段可以出现原生动物、藻类和后生动物;同时在转盘上可以生长污泥龄长、增殖世代时间长的微生物（消化菌即属此类微生物）。因此,生物转盘具有硝化和反硝化的功能。

④产生的污泥量少。在生物膜上存在较长的食物链,微生物逐级捕食,因此污泥产量少,大致是活性污泥系统的 1/2。产生的污泥量与原水的 SS 浓度、水温、转盘转数以及 BOD_5 去除率有关。在水温为 5~20 ℃、转数为 2~5 r/min 的条件下,BOD_5 去除率为 90% 时,去除 1 kgBOD_5 的污泥产率为 0.25 kg 左右。

⑤能够处理 10~40 000 mg/L 范围的污水,并能取得较好的处理效果。多段生物转盘最适合处理高浓度污水。当 BOD_5 浓度低于 30 mg/L 时,就能产生硝化反应。

⑥具有除磷功能。直接向接触反应槽投加混凝剂,能够去除 80% 以上的磷;再则生物转盘不需回流污泥,可直接向二次沉淀池投加混凝剂去除磷和胶体性污染物质。

⑦易于维护管理。生物转盘反应器设备简单,复杂设备少,不产生污泥膨胀现象,日常对设备定期保养即可。

⑧噪声低,无不良气味。设计运行合理的生物转盘也不生长滤池蝇,不产生恶臭和泡沫;由于没有曝气装置,噪声极低。

3）生物转盘设计

生物转盘设计与计算主要内容包括求出所需转盘的总面积、盘片总片数、接触氧化槽总容积、转轴长度及污水在接触氧化槽的停留时间等。

（1）转盘总面积 A

转盘总面积的确定通常采用负荷法。生物转盘常用的负荷参数有 BOD_5 面积负荷率 N_A 和水力负荷率 N_g。

面积负荷率 N_A 是指单位盘片表面积在 1 d 内能承受的并使转盘达到预期处理效果的 BOD_5 的量，单位以 $gBOD_5/(m^2 \cdot d)$ 表示；水力负荷率 N_g 则是指单位盘片表面积在 1 d 内能够接收并使转盘达到预期处理效果的污水量，单位以 $m^3/(m^2 \cdot d)$ 表示。

$$N_A = \frac{QL_0}{A} \tag{4.81}$$

$$N_g = \frac{Q}{A} \tag{4.82}$$

式中：Q——平均日污水量，m^3/d；

L_0——原污水的 BOD_5 值，mg/L；

A——盘片总面积，m^2。

生物转盘处理城市污水时，BOD_5 值面积负荷率介于 5~20 $gBOD_5/(m^2 \cdot d)$，首级转盘的负荷率不宜超过 40~50 $gBOD_5/(m^2 \cdot d)$。国外根据对处理水水质的要求不同，采用 BOD_5 面积负荷率分别为 20~40 $gBOD_5/(m^2 \cdot d)$（处理水 $BOD_5 \leq 60$ mg/L）和 10~20 $gBOD_5/(m^2 \cdot d)$（处理水 $BOD_5 \leq 30$ mg/L）。水力负荷 N_g 在很大程度上取决于原污水的 BOD_5 值，对于一般城市污水，此值多在 0.08~0.2 $m^3/(m^2 \cdot d)$。

确定了负荷率值后，转盘总面积可按如下公式确定：

$$A = \frac{QL_0}{N_A} \tag{4.83}$$

或

$$A = \frac{Q}{N_g} \tag{4.84}$$

（2）转盘的总片数 M

转盘的总片数 M 可由下面公式求得，圆形转盘直径为 D，盘片数：

$$M = \frac{A}{2 \times \frac{\pi}{4}D^2} = 0.637\frac{A}{D^2} \tag{4.85}$$

当转盘为多边形，单片转盘面积为 a，盘片数：

$$M = \frac{A}{2a} \tag{4.86}$$

式中，分母中的 2 是考虑盘片双面均为有效面积。

（3）转盘的转轴长度 L

假定采用 n 级（台）转盘，则每级转盘的盘片数 $m = \dfrac{M}{n}$。由 m 可进一步求得每级转盘的转轴长度：

$$L = m(d + b)K \tag{4.87}$$

式中：L——每级转盘的转轴长度，mm；

$\quad\quad m$——每级转盘的盘片数；

$\quad\quad d$——盘片间距，mm；

$\quad\quad b$——盘片厚度，与转盘材料有关，一般取值为 $0.001 \sim 0.013$ m；

$\quad\quad K$——考虑污水流动的循环沟道的系数，取 1.2。

（4）接触反应槽的容积 V

接触反应槽的容积与槽的断面形式有关，当采用半圆形接触反应槽时，其总有效容积 $V(\mathrm{m}^3)$ 和净有效容积 $V'(\mathrm{m}^3)$ 分别为：

$$V = (0.294 \sim 0.335)(D + 2\delta)^2 L \tag{4.88}$$
$$V' = (0.294 \sim 0.335)(D + 2\delta)^2(L - mb) \tag{4.89}$$

式中：δ——盘片边缘与接触反应槽内壁之间的净间距，m。

$\quad\quad 0.294 \sim 0.335$——系数，取决于转轴中心距水面高度 r（一般为 $0.15 \sim 0.30$ m）与盘片直径

$\quad\quad\quad D$ 之比，当 $\dfrac{r}{D} = 0.1$ 时，可取为 0.294；当 $\dfrac{r}{D} = 0.06$ 时，可取为 0.335。

（5）接触时间 t_a

污水在氧化槽内的平均接触时间（停留时间）为：

$$t_a = \frac{V}{Q} \tag{4.90}$$

式中：t_a——平均接触时间，h；

$\quad\quad V$——氧化槽有效容积，m^3；

$\quad\quad Q$——污水流量，m^3/d。

【例 4.4】 某住宅小区人口 10 000 人，排水量标准为 100 L/（人·d），经沉淀处理后 BOD_5 值为 135 mg/L，处理水的 BOD_5 值不得大于 15 mg/L。拟采用生物转盘处理，试进行生物转盘设计。

【解】 （1）确定设计参数

①平均日污水量：

$$10\,000 \times 0.1 = 1\,000(\mathrm{m}^3/\mathrm{d})$$

②对处理水要求达到的 BOD_5 去除率：

$$\eta = \frac{135 - 15}{135} = 88.9\%$$

面积负荷率：$N_A = 11$ $\mathrm{gBOD_5}/(\mathrm{m}^2 \cdot \mathrm{d})$

水力负荷率：$N_g = 110$ L/$(\mathrm{m}^2 \cdot \mathrm{d}) = 0.11$ $\mathrm{m}^3/(\mathrm{m}^2 \cdot \mathrm{d})$

（2）转盘计算

①盘片总面积。

按面积负荷率计算：

$$A = \frac{1\ 000 \times 135}{11} = 12\ 272(\text{m}^2)$$

按水力负荷率计算：

$$A = \frac{1\ 000}{0.11} = 9\ 091(\text{m}^2)$$

两者所得数值接近，为稳妥计，采用较大的数据即 12 272 m²。

②当采用直径 3.2 m 的盘片时，求盘片总片数，按式（4.85）计算。

$$M = \frac{0.636 \times 12\ 272}{3.2^2} = \frac{7\ 805}{10.24} = 762(\text{片})$$

③按 5 台转盘考虑，每台盘片数为 153，即 m 值按 155 片设计。

每台转盘按单轴 4 级设计，首级转盘 45 片，第二级 40 片，第三、四级各 35 片。

④接触氧化槽的有效长度，盘片间距 d 取 25 mm，采用硬聚氯乙烯盘片，b 值为 4 mm，有效长度按式（4.87）计算。

$$L = 155 \times (25 + 4) \times 1.2 = 5\ 394\ \text{mm} \approx 5.4(\text{m})$$

即接触氧化槽全长取 5.4 m。

⑤接触氧化槽有效容积，按式（4.89）计算，采用半圆形接触氧化槽。r 值取 200 mm，$\frac{r}{D}$ 为 0.062 5，系数取 0.294 与 0.335 的中间值，即 0.33，δ 值取 200 mm。

$$V' = 0.33 \times (3.2 + 2 \times 0.2)^2 \times (5.4 - 155 \times 0.004)$$
$$= 0.33 \times 12.96 \times 4.78 = 20.44(\text{m}^3)$$

⑥污水在接触氧化槽内的停留时间：

$$t = \frac{20.44 \times 5}{1\ 000} \times 24 = 2.45(\text{h})$$

4）生物转盘的发展

（1）空气驱动式生物转盘

如图 4.60 所示，在转盘边缘设集气槽，转盘下面偏离中心位置设曝气装置。空气离开曝气器后，在上升过程中被集气槽捕集，在转盘一侧产生浮力使之旋转。该工艺主要用于城市污水二级处理和氮素消化。

（2）合建式生物转盘

如图 4.61 所示为合建式生物转盘。合建式生物转盘将生物转盘与二次沉淀池合建为一体，将二次沉淀池分成两层，中间用底板隔开，转盘在上层，沉淀区在下层。

（3）活性污泥-生物转盘复合工艺

如图 4.62 所示，在活性污泥曝气池上设生物

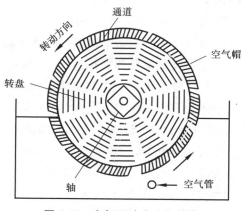

图 4.60　空气驱动式生物转盘

转盘,以提高原有设备的处理效率。

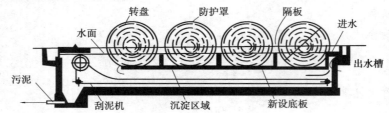

图 4.61 合建式生物转盘

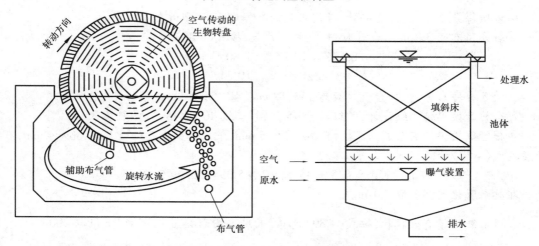

图 4.62 活性污泥-生物转盘复合工艺   图 4.63 生物接触氧化池构造示意图

4.3.4 生物接触氧化法

生物接触氧化法的反应器为生物接触氧化池,也称为淹没式生物滤池。生物接触氧化法就是在反应器中填加惰性填料,已经充氧的污水浸没并流经全部惰性填料,污水中的有机物与填料上的生物膜充分接触,在生物膜上的微生物的新陈代谢作用下,有机污染物质被去除。生物接触氧化法处理技术除了上述的生物膜降解有机物机理外,还存在与曝气池相同的活性污泥降解机理,即向微生物提供所需氧气,并搅拌污水和污泥使之混合,因此这种技术相当于在曝气池内填充供微生物生长繁殖的栖息地——惰性填料,所以此方法又称为接触曝气法。

1) 生物接触氧化池的构造

生物接触氧化池主要由池体曝气装置、填料床及进出水系统组成,如图 4.63 所示。

池体的平面形状多采用圆形、方形或矩形,其结构由钢筋混凝土浇筑或用钢板焊制。池体的高度一般为 4.5~5.0 m,其中填料床高度为 3.0~3.5 m,底部布气高度为 0.6~0.7 m,顶部稳定水层为 0.5~0.6 m。填料是生物接触氧化池的重要组成部分,它直接影响污水的处理效果。由于填料是产生生物膜的固体介质,所以对填料的性能有如下要求:要求比表面积大、空隙率高、水流阻力小、流速均匀;表面粗糙,增加生物膜的附着性,并要外观形状、尺寸均一;化学与生物稳定性较强,经久耐用,有一定的强度;要就近取材,降低造价,便于运输。

目前,生物接触氧化池中常用的填料有蜂窝状填料、波纹板状填料及软性与半软性填料等,如图 4.64 和表 4.14 所示。

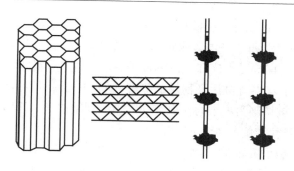

（a）蜂窝状　　（b）波形板状　　（c）软纤维填料

图 4.64　生物接触氧化池中常用填料

表 4.14　填料的有关性能指标

填料种类	材　质	比表面积/（m²·m⁻³）	孔隙率/%
蜂窝状填料	玻璃钢、塑料	133~360	97~98
波纹状填料	硬聚氯乙烯	150	95
半软性填料	变性聚乙烯塑料	87~93	97
软性填料	化学纤维	~2 000	~99

　　曝气系统由鼓风机、空气管路、阀门及空气扩散装置组成。目前常用的曝气装置为穿孔管，孔眼直径为 5 mm，孔眼中心距为 10 cm 左右。布气管一般设在填料床下部，也可设在一侧。要求曝气装置布气均匀，并考虑填料发生堵塞时能适当加大气量及提高冲洗能力。生物接触氧化池的曝气装置也可采用表面曝气供氧。

　　进水装置一般采用穿孔管进水，孔眼直径为 5 mm，间距为 20 cm 左右，水流出孔流速为 2 m/s。布水穿孔管可设在填料床的下部，也可设在填料床的上部，要求布水均匀。在填料床内，使污水、空气、微生物三者充分接触，以便生物降解。要考虑填料床发生填塞时，为冲洗填料加大进水量的可能。

2）生物接触氧化池的形式

　　根据生物接触氧化池的进水与布气的形式，可将其分为以下 3 种：

　　（1）表面曝气充氧式

　　如图 4.65 所示，此种生物接触氧化池与活性污泥法完全混合曝气池相类似。其池中心为曝气区，池上面安装表面机械曝气设备，污水从池底中心配入，中心曝气区的周围充满填料，称之为接触区，处理水自下向上呈上向流，从池顶部出水堰流出，排出池外。

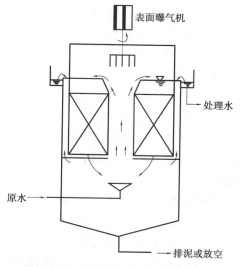

图 4.65　生物接触氧化池的构造

（2）采用鼓风曝气，底部进水，底部进空气式

如图4.66所示，处理水和空气均从池底部均匀布入填料床上，填料、污水在填料中产生上向流，填料表面的生物膜直接受水流和气流的冲击、搅拌，加速生物膜的脱落与更新，使生物膜保持良好的活性，有利于水中有机污染物质的降解，同时上向流可以避免填料堵塞现象。此外，上升的气泡经填料床时被切割为更小的气泡，使得气泡与水的接触面积增加，氧的转移率增高。

（3）用鼓风曝气，空气管侧部进气，上部进水式

如图4.67所示，填料设在池的一侧，另一侧通入空气为曝气区，原水先进入曝气区，经过曝气充氧后，缓缓流经填料区，与填料表面的生物膜充分接触，污水反复在填料区和曝气区循环，处理水在曝气区排出池体。由于空气和污水没有直接冲击填料，填料表面的生物膜脱落和更新较慢，但经曝气区充氧的污水，以相对静态的形式流过填料区，有利于污水中有机污染物的氧化分解。

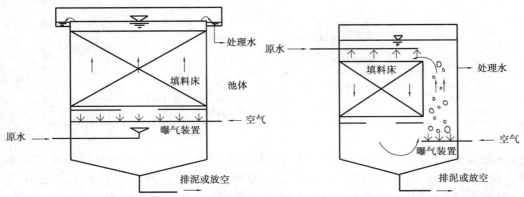

图4.66　底部进水、进气式生物接触氧化池　　图4.67　侧部进气、上部进水式生物接触氧化池

3）生物接触氧化池的特点

在生物接触氧化池内安装有填料，在充氧的条件下充满污水，填料淹没在污水之中。污水以一定的流速流经填料，由于填料上已经挂有生物膜，污水与生物膜充分接触。在生物膜上微生物的新陈代谢作用下，污水中有机物得到去除，污水得到净化。因此，生物接触氧化池又称为淹没式生物滤池。

另外，生物接触氧化处理技术在处理过程中，采用与曝气池相同的曝气方法，提供微生物氧化有机物所需要的氧量，并起搅拌混合作用。这就相当于在曝气池中添加填料，供微生物栖息，因此又可将其称为接触曝气池。

综上所述，生物接触氧化是介于活性污泥法与生物滤池两者之间的处理技术，也可以说生物接触氧化法是具有活性污泥法特点的生物膜法，它综合了曝气池和生物滤池两者的优点。因此，生物接触氧化法应用广泛，在污水处理领域很受重视。

净化污水主要靠填料上的生物膜。此外，池中尚存在一定浓度类似活性污泥的悬浮生物量，对污水也起一定的净化作用。

生物接触氧化池的优缺点：

①主要优点：对冲击负荷有较强的适应能力；污泥量少，不产生污泥膨胀，出水水质有保证；不产生滤池蝇，也不散发臭味；具有一定的脱氮除磷功能，可用于三级处理。

②主要缺点:若运行或设计不当,填料可能发生堵塞;布水、布气不易均匀。

4)生物接触氧化池工艺设计

(1)生物接触氧化池的工艺流程

生物接触氧化池的工艺流程可分为一级处理流程、二级处理流程和多级处理流程。

①一级处理流程。如图4.68所示,原污水先经初次沉淀池处理后进入生物接触氧化池,经接触氧化后,水中的有机物被氧化分解,脱落或老化的生物膜与处理水进入二次沉淀池进行泥水分离,经沉淀后,沉泥排出处理系统,二次沉淀池沉淀后的水作为处理水排放。

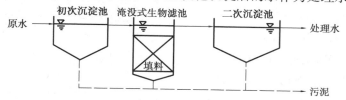

图4.68 生物接触氧化技术一级处理流程

②二级处理流程。如图4.69所示,在二级处理流程中,两段生物接触氧化池串联运行,两个氧化反应池中间的沉淀池可以设也可以不设。在一级生物接触氧化池内,有机污染物与微生物比值较高,即$F/M>2.2$,微生物处于对数增殖期,BOD_5负荷率高,有机物去除较快,同时生物膜增长亦较快。在后级生物接触氧化池内,F/M一般为0.5左右,微生物处于减速增殖期或内源呼吸期,BOD_5负荷低,处理水水质提高。

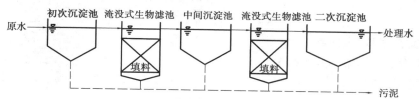

图4.69 生物接触氧化技术二级处理流程

③多级处理流程。多级处理流程是连续串联3座或多个生物接触氧化池组成的系统。多级生物接触氧化池,在各池内的有机污染物的浓度差异较大,前级池内的BOD_5浓度高,后级则很低,因此在每个池内的微生物相有很大不同,前级以细菌为主,后级可出现原生动物或后生动物。这对处理效果有利,处理水水质非常稳定。另外,多级生物接触氧化池具有硝化和生物脱氮功能。

(2)生物接触氧化池的设计参数

①生物接触氧化池的个数或分格数应不少于两个,并按同时工作设计。

②填料的体积按填料容积负荷和平均日污水量计算。填料的容积负荷一般应通过试验确定。当无试验资料时,对于生活污水或以生活污水为主的城市污水,容积负荷一般为1 000~1 800 $gBOD_5/(m^3 \cdot d)$。

③污水在滤池内的有效接触时间一般为1~2 h。

④进水BOD_5浓度应控制为100~250 mg/L范围内。

⑤填料层总高度一般为3 m。当用蜂窝填料时,一般应分层装填,每层高为1 m,蜂窝孔径应不小于5 mm。

⑥生物接触氧化池中的溶解氧含量一般应维持在2.5~3.5 mg/L,气水比为(15~20):1。

⑦为保证布水、布气均匀,每格滤池面积一般应不大于 25 m²。

（3）生物接触氧化池的计算

与其他生化处理构筑物类似,仍采用负荷率法。

①生物接触氧化池的有效容积（填料体积）:

$$V = \frac{Q(L_a - L_e)}{N} \tag{4.91}$$

式中:V——滤池有效容积,m³;

Q——平均日污水量,m³/d;

L_a——进水 BOD_5 浓度,mg/L;

L_e——出水 BOD_5 浓度,mg/L;

N——容积负荷,g $BOD_5/(m^3 \cdot d)$。

②滤池总面积:

$$F = \frac{V}{H} \tag{4.92}$$

式中:F——滤池总面积,m²;

H——填料总高度,m,一般 $H = 3$ m。

③滤池格数:

$$n = \frac{F}{f} \tag{4.93}$$

式中:n——滤池格数,个,$n \geqslant 2$ 个;

f——每格滤池面积,m²,$f \leqslant 25$ m²。

④校核接触时间:

$$t = \frac{nfH}{Q} \tag{4.94}$$

式中:t——滤池有效接触时间,h。

⑤滤池总高度:

$$H_0 = H + h_1 + h_2 + (m - 1)h_3 + h_4 \tag{4.95}$$

式中:H_0——滤池总高度,m;

h_1——超高,m,$h_1 = 0.5 \sim 0.6$ m;

h_2——填料上水深,m,$h_2 = 0.4 \sim 0.5$ m;

h_3——填料层间隙高,m,$h_3 = 0.2 \sim 0.3$ m;

m——填料层数,层;

h_4——配水区高度,m,当采用多管曝气时,不考虑进入检修者 $h_4 = 0.5$ m,考虑进入检修者 $h_4 = 1.5$ m。

⑥需氧量:

$$D = QD_0 \tag{4.96}$$

式中:D——需氧气量,m³/d;

D_0——每 m³ 污水需氧气量,m³/m³。

【例4.5】 已知某居民区污水量 $Q = 2\,500$ m³/d,污水 BOD_5 浓度 $L_a = 100 \sim 150$ mg/L。拟采用生物接触氧化池处理,出水 BOD_5 浓度 $L_e \leqslant 20$ mg/L。试设计生物接触氧化池。

【解】 (1)确定设计参数

①平均时污水量: $Q = 2\,500$ m³/d $= \dfrac{2\,500}{24}$ m³/h $= 104$ m³/h

②进水 BOD_5 浓度: $L_a = 150$ mg/L

③出水 BOD_5 浓度: $L_e = 20$ mg/L

④ BOD_5 去除率: $\eta = \dfrac{L_a - L_e}{L_a} = \dfrac{150 - 20}{150} = 0.867 = 86.7\%$

⑤根据试验资料确定:

a.填料容积负荷: $N = 1.5$ kgBOD_5/(m³·d)

b.有效接触时间: $t = 2$ h

c.气水比: $D_0 = 15$ m³/m³

(2)生物接触氧化池计算

①有效容积: $V = \dfrac{Q(L_a - L_e)}{N} = \dfrac{2\,500(150 - 20)}{1\,500} = 216.7$(m³)

②滤池总面积:设 $H = 3$ m,分3层,每层高1 m,故 $F = \dfrac{V}{H} = \dfrac{216.7}{3} = 72.2$(m²)

③每格滤池面积:采用4格滤池,每格滤池面积

$$f = \frac{F}{4} = \frac{72.2}{4} = 18(\text{m}^2) < 25(\text{m}^2)$$

每格滤池尺寸: $L \times B = 4.5$ m $\times 4$ m

④有效接触时间: $t = \dfrac{nfH}{Q} = \dfrac{4 \times 18.5 \times 3}{104} = 2.08$(h)

⑤滤池总高度: $H_0 = H + h_1 + h_2 + (m-1)h_3 + h_4$

其中取 $H = 3.0$ m, $h_1 = 0.5$ m, $h_2 = 0.5$ m, $h_3 = 0.3$ m, $m = 3$, $h_4 = 1.5$ m,则

$$H_0 = 3.0 + 0.5 + 0.5 + 2 \times 0.3 + 1.5 = 6.1(\text{m})$$

⑥污水在池内实际停留时间:

$$t' = \frac{nf(H_0 - h_1)}{Q} = \frac{4 \times 18 \times (6.1 - 0.5)}{104} = 3.88(\text{h})$$

⑦选用5 mm蜂窝形玻璃钢填料,所需填料总体积:

$$V = nfH = 4 \times 18 \times 3 = 216(\text{m}^3)$$

⑧采用多孔管鼓风曝气供氧,所需空气量:

$$D = QD_0 = 2\,500 \times 15 = 37\,500(\text{m}^3/\text{d})$$

⑨每格滤池所需空气量:

$$D_1 = \frac{D}{4} = \frac{D}{n} = 0.25 \times 37\,500 = 9\,375(\text{m}^3/\text{d}) = 390.6(\text{m}^3/\text{h})$$

⑩空气管路计算略。

4.3.5 生物流化床

1）生物流化床的构造

生物流化床由床体、载体、布水装置、充氧装置和脱膜装置等部分组成，现分别简要阐述如下：

①床体。平面多呈圆形，多由钢板焊制，需要时也可以由钢筋混凝土浇灌砌制。

②载体。载体是生物流化床的核心部件，表4.15列举的是我国常用载体及其物理参数。表中所列数据是载体无生物膜覆盖条件下的数据，当载体被生物膜包覆时，生物膜的生长情况对其各项物理参数，特别是膨胀率产生明显的影响，这时的各项参数应根据具体情况实地测定确定。

表4.15 常用载体及其物理参数

载 体	粒径/mm	比重	载体高度/m	膨胀率/%	空床时水上升速度/$(m \cdot h^{-1})$
聚苯乙烯球	0.5~0.3	1.005	0.7	50 100	2.95 6.90
活性炭 （新华8#）	$\phi(0.96 \sim 2.14) \times$ $L(1.3 \sim 4.7)$	1.50	0.7	50 100	84.26 160.50
焦炭	0.25~3.0	1.38	0.7	50 100	56 77
无烟煤	0.5~1.2	1.67	0.45	50 100	53 62
细石英砂	0.25~0.5	2.50	0.7	50 100	21.60 40

注：本表所列为载体未被生物包覆时的数据。

③布水装置。均匀布水是生物流化床能够发挥正常净化功能的至为重要的环节，特别是对液动流化床（二相流化床）更为重要。布水不均可能导致部分载体沉积而不形成流化，使流化床的工作受到破坏。布水装置又是填料的承托层，在停水时，载体不流失，并易于再次启动。

如图4.70所示为用于液动流化床的几种常用布水装置。

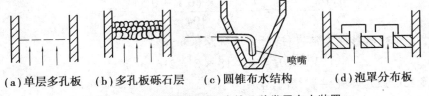

（a）单层多孔板　（b）多孔板砾石层　（c）圆锥布水结构　　（d）泡罩分布板

图4.70 用于液动流化床的几种常用布水装置

④脱膜装置。及时脱除老化的生物膜，使生物膜经常保持一定的活性，是生物流化床维持正常净化功能的重要环节。气动流化床一般不需另行设置脱膜装置。脱膜装置主要用于液动流化床，可单独另行设立，也可以设在流化床的上部。

如图4.71所示为叶轮脱膜装置，设于流化床上部，它利用叶轮旋转产生的剪切作用使生物膜与载体分离,脱落的生物膜从沉淀分离室的排泥管排出,载体则沉降并返回流化床体。

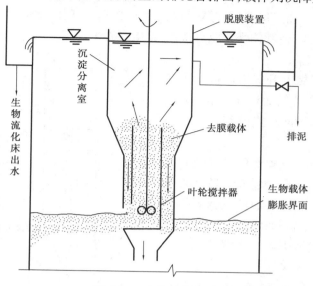

图 4.71 叶轮脱膜装置

2)生物流化床的类型

生物流化床有两相生物流化床和三相生物流化床两种。

(1)两相生物流化床

两相生物流化床靠上升水流使载体流化,床层内只存在液固两相,其工艺流程如图4.72所示。

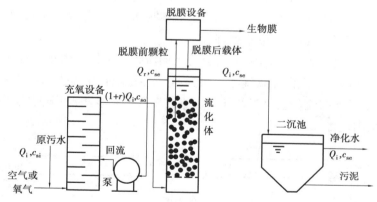

图 4.72 两相生物流化床工艺流程

两相生物流化床设有专门的充氧设备和脱膜装置。污水经充氧设备充氧后从底部进入流化床。载体上的生物膜吸收降解污水中的污染物,使水质得到净化。净化水从流化床上部流出,经二次沉淀后排放。

流化床的生物量大,需氧量也大。原污水流量一般较小,溶解的氧量不能满足生物膜的需要,应采用回流的办法加大充氧水量。此外,原污水流量较小,不能使载体流化,也应采用回流的办法加大进水流量。因此,两相生物流化床需要回流。

纯氧或压缩空气的饱和溶解氧浓度较高。以纯氧为氧源时,充氧设备出水溶解氧浓度可达 30~40 mg/L;以压缩空气为氧源时,充氧设备出水溶解氧浓度约为 9 mg/L。

有机物的降解使生物膜增厚,悬浮颗粒(附着生物膜的载体)密度变小,随出水流失。需用脱膜装置脱掉生物膜,使载体恢复原有特性,重新附着生物膜。

（2）三相生物流化床

三相生物流化床靠上升气泡的提升力使载体流化,床层内存在着气、固、液三相。内循环式三相生物流化床的工艺流程如图4.73所示。

三相生物流化床不设置专门的充氧和脱膜设备。空气通过射流曝气器或扩散装置直接进入流化床充氧。载体表面的生物膜依靠气体和液体的搅动、冲刷和相互摩擦而脱落。随出水流出的少量载体进入二次沉淀池沉淀后再回流到流化床。

三相流化床操作简单,能耗、投资和运行费用比两相流化床低,但充氧能力比两相流化床差。

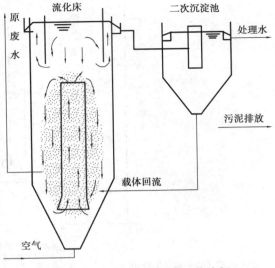

图 4.73　三相生物流化床工艺流程

4.3.6　曝气生物滤池

曝气生物滤池是在普通生物滤池的基础上,借鉴给水滤池工艺开发的集生物降解和固液分离为一体的污水处理工艺,始于 20 世纪 80 年代末,具有处理流程短、基建投资少、能耗及运行成本低、出水水质好等特点。该工艺广泛用于城镇污水、小区生活污水、中水处理、生活杂排水和食品加工废水、酿造和造纸等废水处理。

根据曝气生物滤池水流方向的不同,可分为上向流曝气生物滤池和下向流曝气生物滤池,如图 4.74 和图 4.75 所示。上向流曝气和下向流曝气生物滤池的池型结构基本相同,早期的曝气生物滤池大多都是下向流。上向流曝气生物滤池具有不易堵塞、冲洗简便、出水水质好等优点,工程应用中采用较多。

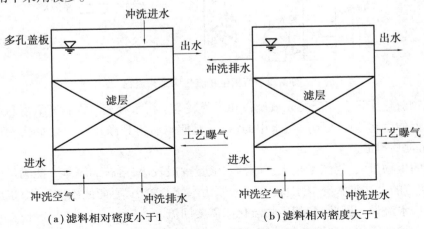

（a）滤料相对密度小于1　　　　　　（b）滤料相对密度大于1

图 4.74　上向流曝气生物滤池

1)曝气生物滤池的构造

曝气生物滤池在构造上与给水处理的快滤池类似。滤池底部设承托层,上部设滤料层。在承托层设置曝气和冲洗用的空气管及空气扩散装置,处理水集水管兼作冲洗配水管,也设置在承托层内。

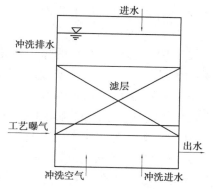

图 4.75 下向流曝气生物滤池

（1）滤池池体

曝气生物滤池的形状有圆形、正方形、矩形 3 种,结构形式有钢结构和钢筋混凝土结构等。一般当处理水量较小、池体容积较小并为单座池时,采用圆形钢结构为多;当处理水量和池容较大,选用的滤池个数较多并考虑池体共壁时,采用矩形和方形钢筋混凝土结构较为经济。滤池的平面尺寸应能满足所需流态,布水、布气均匀,滤池安装和维护管理方便,尽量同其他处理构筑物尺寸相匹配。

（2）承托层

承托层用于支撑滤料,防止滤料流失和堵塞滤头,保持冲洗稳定。承托层常用材质为卵石或磁铁矿。为保证承托层稳定,并使配水均匀,要求其材质具有良好的机械强度和化学稳定性,形状尽量接近圆形,工程中一般选用鹅卵石作为承托层。

（3）布水系统

布水系统包括滤池最下部的配水室和滤板上的配水滤头。上向流曝气生物滤池配水室的作用是使进入滤池的污水能在短时间内在配水室内混合均匀,并通过配水滤头均匀流向滤料层。布水系统除作为滤池运行时配水外,也是滤池冲洗时的布水装置。下向流曝气生物滤池布水系统主要用作滤池的冲洗布水和收集净化水。

配水区的功能是在滤池正常运行时和滤池冲洗时使水在整个滤池断面上均匀分布。进入滤池的污水先进入配水区,经一定程度混合后,依靠承托滤板和滤头的阻力作用使污水在滤板下均匀、均质分布,通过滤板上大的滤头均匀流入滤料层。在气、水联合冲洗时,配水区起到均匀配气作用。

曝气生物滤池在正常运行时一直处于曝气阶段,曝气造成的扰动足以使水均匀分布于整个滤池断面,单从进水方面看,配水设施没有一般给水滤池要求高,通常采用小阻力配水系统。滤池运行时,生物滤料层会截留部分悬浮颗粒,包括老化脱落的生物膜,增加了曝气生物滤池的过滤阻力,处理能力减小,出水水质下降,因此运行一定时间后,必须对滤池进行冲洗,以保证滤池正常运行。

如果布水系统设计不合理或安装达不到要求,使冲洗配水不均匀,将产生下列不良后果:

①整个生物滤池冲洗不均匀,影响生物滤池对污染物的去除效果。

②冲洗强度大的区域,由于水流速度过大,会冲动承托层,甚至引起生物滤料与承托层混合。生物滤料流失,有时还会引起布气系统的松动,造成较大危害。

（4）布气系统

布气系统包括正常运行时曝气所需的曝气系统和进气、水联合冲洗时的供气系统两部分。

曝气系统根据工艺所需供气量进行设计。保持曝气生物滤池中足够的溶解氧是维持曝气生物滤池生物膜高活性,对有机物和氨氮高去除率的必备条件,因此选择合适的充氧方式对曝气生物滤池的稳定运行十分重要。曝气生物滤池一般采用鼓风曝气形式,良好的充氧方式将促进氧吸收率的提高。

曝气生物滤池最简单的曝气装置是穿孔管。穿孔管属大、中气泡型,氧利用率较低,仅为3%~4%,其优点是不易堵塞、造价低。在应用中有将充氧曝气与冲洗曝气共用同一套布气管的,由于充氧曝气需气量比冲洗时需气量小,因此配气不易均匀。共用一套布气管虽然能减少投资,但因需气量不匹配,影响曝气生物滤池的稳定运行。

生物滤池一般采用专用曝气扩散器作为空气扩散装置,如德国 PHILLP MULLER 公司的OXAZUR 空气扩散器、安徽工业大学开发的单孔膜空气扩散器专利产品等。单孔膜空气扩散器一般都安装在滤料承托层里,距承托板 0.1~0.15 m,使空气通过扩散器并流过滤料层时可达到30%以上的氧利用率,按一定间隔安装在空气管道上,空气管道又被固定在承托滤板上。该种扩散器不容易被堵塞,即使堵塞也可以用水进行冲洗。

(5)冲洗系统

曝气生物滤池冲洗系统与给水处理中的 V 形滤池类似,采用气、水联合冲洗,其目的是去除生物滤池运行过程中截留的各种颗粒及胶体污染物,以及老化脱落的生物膜。曝气生物滤池气、水联合冲洗过程一般按以下步骤进行:

①降低滤池内的水位并单独气洗;

②采用气、水联合冲洗;

③单独采用水洗。

在冲洗过程中必须掌握好冲洗强度和冲洗时间,既要使截留物质被冲洗出滤池,又要避免对滤池过分冲刷,使生长在滤料表面的生物膜脱落而影响处理效果。

曝气生物滤池的冲洗可通过运行时间、滤料层阻力损失、水质参数等控制,一般由在线检测仪表将检测数据反馈给 PLC,并由 PLC 系统来自动操作和控制。

(6)出水系统

曝气生物滤池出水系统有周边出水和单侧堰出水等方式。在大、中型污水处理工程中,为工艺布置方便,一般采用单侧堰出水。

(7)自控系统

小型滤池可以采用手动控制。由于大型城镇污水处理厂处理规模较大,一般有若干组滤池构成,在运行中可能还要根据需要进行滤池组间的切换,若采用手动控制,工作量较大且较难完成。为提高滤池的处理能力和对污染物的去除效果,需要设计必要的自控系统对滤池的运行进行控制。

2)曝气生物滤池的特点

①气液在滤料间隙充分接触,由于气、液、固三相接触,氧的转移率较高,动力消耗较低;

②具有截留原污水中悬浮物与脱落的生物污泥的功能,无须设沉淀池,占地面积小;

③以 3~5 mm 的小颗粒作为滤料,比表面积大,易被微生物附着;

④池内能够保持较高的生物量,加上滤料的截留作用,污水处理效果好;

⑤无须污泥回流,也无污泥膨胀问题,如冲洗全部自动化,则维护管理也较方便。

⑥对进水的 SS 要求较高;

⑦水头损失较大,水的总提升高度较大;

⑧在冲洗操作中,短时间内水力负荷较大,冲洗出水直接回流入初次沉淀池会造成较大的冲击负荷;

⑨设计或运行管理不当时,会造成滤料随水流失。

3)曝气生物滤池的设计计算

曝气生物滤池的工艺设计包括滤池池体和冲洗系统设计两部分。

(1)设计参数

①滤池的池型可采用上向流或下向流两种进水方式。滤池个数(格数)一般不应少于2个。

②滤池前应设沉砂池、初次沉淀池或絮凝沉淀池等预处理设施,进水悬浮固体浓度不宜大于 60 mg/L。曝气生物滤池后一般不设二次沉淀池。

③池体高度应考虑配水区、承托层、滤料层、清水区和超高等,池体高度一般为 5~7 m。

④布水布气系统有滤头布水布气系统、穿孔板布水布气系统和大阻力布水布气系统。城市污水处理宜采用滤头布水布气系统。

⑤滤池宜分别设置充氧曝气和冲洗供气布气系统。过滤速率为 2~8 $m^3/(m^2 \cdot h)$,曝气速率为 4~15 $m^3/(m^2 \cdot h)$。曝气装置可采用单孔膜空气扩散器或穿孔管曝气。曝气管的位置宜设在承托层中。

⑥滤料承托层宜选用机械强度和化学稳定性良好的卵石,并按一定级配设置。其级配自上而下一般为 2~4 mm,4~8 mm,8~16 mm,高度分别为 50 mm,100 mm,100 mm。

⑦滤料层应选择强度高、不易磨损、孔隙率高、比表面积大、化学稳定性好、易挂膜、相对密度小、耐冲洗和不易堵塞的滤料,宜选用球形轻质多孔陶粒滤料或塑料球形滤料。滤料层高一般为 2.0~4.5 m。

⑧曝气生物滤池的容积负荷应通过试验确定,无条件试验时,曝气生物滤池的 5 日生化需氧量容积(以滤料计)负荷宜为 3~6 kgBOD$_5$/$(m^3 \cdot d)$,硝化容积负荷(以 NH$_3$—N 计)宜为 0.1~0.5 kg/$(m^3 \cdot d)$,反硝化容积负荷(以 H$_3$—N 计)宜为 0.8~4.0 kg/$(m^3 \cdot d)$。

⑨冲洗系统宜采用气、水联合冲洗。冲洗空气强度宜为 10~15 L/$(m^2 \cdot s)$,冲洗水强度不应超过 8 L/$(m^2 \cdot s)$,工作周期一般为 24~72 h,冲洗时间为 30~40 min。

(2)设计方法

曝气生物滤池的设计计算一般采用容积负荷法。其步骤如下:

①滤料体积:

$$V = \frac{QS_0}{1\ 000 \times L_v} \tag{4.97}$$

式中:V——滤料体积,m^3;

S_0——进水 BOD$_5$,mg/L;

Q——污水流量,m^3/d;

L_v——污水容积负荷,kgBOD$_5$/$(m^3 \cdot d)$。

②滤料面积:

$$A = \frac{V}{h_3} \tag{4.98}$$

式中:h_3——滤料高度,m。

③校核水力负荷 L_q(过滤速率):

$$L_q = \frac{Q}{A} \tag{4.99}$$

此值应介于 $2\sim8$ m³ 废水/(m² 滤池·h)。

④滤池总高度:

$$H = h_1 + h_2 + h_3 + h_4 + h_5 \tag{4.100}$$

式中:H——滤池总高度,m;

h_1——滤池超高,m,一般取 0.5 m;

h_2——稳水层高度,m,一般取 0.9 m;

h_3——滤料高度,m;

h_4——承托层高度,m,一般取 $0.25\sim0.3$ m;

h_5——配水室高度,m,一般取 1.5 m。

⑤冲洗系统计算。按设计要求选取适当的冲洗强度,然后按下式计算:

$$Q_气 = q_气 \times A \tag{4.101}$$

式中:$Q_气$——滤池冲洗需气量,m³;

$q_气$——空气冲洗强度,m³/(m²·h)

A——滤池面积,m²。

同理:

$$Q_水 = q_水 \times A \tag{4.102}$$

式中:$Q_水$——滤池冲洗需水量,m³;

$q_水$——水冲洗强度,m³/(m²·h)。

然后按设计要求校核冲洗水量,确定工作周期及冲洗时间。

【例 4.6】 某污水厂污水量 $Q = 6\,000$ m³/d,进水 BOD$_5$ 浓度 $S_0 = 160$ mg/L,进水溶解 BOD$_5$ 浓度 $S_e \leq 20$ mg/L。拟采用曝气生物滤池处理,试进行曝气生物滤池工艺设计计算。

【解】 ①曝气生物滤池滤料体积。拟采用陶粒滤料,BOD$_5$ 容积负荷 L_v 选用 3.0 kgBOD$_5$/(m³·d)。

$$V = \frac{QS_0}{1\,000 \times L_v} = \frac{6\,000 \times 160}{1\,000 \times 3.0} = 320(\text{m}^3)$$

②曝气生物池面积。设滤料分两格,滤池高 h_3 为 3.5 m,则曝气生物滤池面积为:

$$A = \frac{V}{h_3} = \frac{320}{3.5} = 91.4(\text{m}^2)$$

单格滤池面积:

$$A_单 = \frac{A}{2} = \frac{91.4}{2} = 45.7(\text{m}^2)$$

滤池每格采用方形,单格滤池边长 a 为:

$$a = \sqrt{A_单} = \sqrt{45.7} = 6.8(\text{m})$$

则设计的单格滤池面积为 $6.8 \times 6.8 = 46.2(\text{m}^2)$。

③校核水力负荷 L_q：

$$L_q = \frac{Q}{A} = \frac{6\,000}{2 \times 6.8 \times 6.8} = 64.9[\,m^3/(m^3 \cdot d)\,] = 2.7[\,m^3/(m^2 \cdot h)\,]$$

水力负荷 L_q 介于 $2\sim8\,m^3$ 废水$/(m^2$ 滤池$\cdot h)$，满足要求。

④滤池总高：$H = h_1 + h_2 + h_3 + h_4 + h_5 = 0.5 + 0.9 + 3.5 + 0.3 + 1.5 = 6.7(m)$

⑤冲洗系统计算，采用气、水联合冲洗。

a.空气冲洗计算：选用空气冲洗强度为 $40\,m^3/(m^2 \cdot h)$，两格滤池轮流冲洗，每格需气量：

$$Q_气 = q_气 \times A_单 = 40 \times 46.2 = 1\,848(m^3/h) = 30.8(m^3/min)$$

b.水冲洗计算：选用水冲洗强度为 $25\,m^3/(m^2 \cdot h)$，每格需水量：

$$Q_水 = q_水 \times A_单 = 25 \times 46.2 = 1\,155(m^3/h) = 19.3(m^3/min)$$

c.工作周期以 $24\,h(1\,d)$ 计，水冲洗每次 $15\,min$，冲洗水量与处理水量比为：

$$(19.3 \times 2 \times 15)/6\,000 = 9.65\%$$

4.3.7 生物膜法运行管理

1）生物膜的培养

正式运行前，有一个培养生物膜的挂膜阶段。在这个阶段，洁净的无膜滤床逐渐长出生物膜，处理效率和出水水质不断提高。当温度适宜时，挂膜阶段历时约一周。

处理含有毒有害物质的工业污水时，在滤池正常运行前，要有一个让微生物适应新环境、迅速繁殖壮大的阶段，称为驯化-挂膜阶段。驯化-挂膜有两种方式，一种方式是从其他工厂污水站或城市污水厂取来活性污泥或生物膜碎屑（都取自二次沉淀池），进行驯化、挂膜。可把取来的数量充足的污泥同工业污水、清水和养料按适当比例混合，喷灌生物滤池，出水进入二次沉淀池，再用二次沉淀池的污泥和部分出水同工业污水和养料混合，喷灌生物滤池。在滤床明显出现生物膜迹象后，以二次沉淀池出水水质为参考，在循环中逐步调整工业污水和出水的比例，直到不用出水和回流污泥。这时驯化-挂膜结束，运行进入正常状态。这种方式特别适用于试验性装置，对大型生物滤池，由于需要的活性污泥量太多，这种方式是不现实的。另一种方式是先用生活污水、城市污水、河水进行运行和挂膜，然后逐渐增加工业污水进行驯化。

在挂膜驯化阶段，一定要保证供氧量。自然通风供氧的生物滤池是在池底设置通风孔，废水的流向自上而下，气流则靠拔风作用自下而上运动。这种方法会使污水中易挥发有毒物质随气流带出池外，污染空气，因此有的处理厂在池顶增设水喷淋吸收设施，吸收液再送回池内处理。

机械抽风供氧的生物滤池的抽风方式分为顺抽风和倒抽风两种。这时可用风机把排出的气体通过管子导入水浸式吸收罐或吸收塔，再送回滤池处理或直接在塔内做生物过滤处理。

生物膜法的投产与活性污泥处理装置投产相类似，有一个生物膜的培养与驯化阶段。这一阶段一方面是使微生物生长、繁殖直到滤料表面长满生物膜，微生物的数量满足污水处理的要求；另一方面则是使微生物能逐渐适应所处理的污水水质，即驯化微生物。可先将生活污水投配入滤池，待生物膜形成后（夏季时 $2\sim3$ 周即达成熟），再逐渐加入工业废水，或直接将生活污水与工业废水的混合液投入滤池，或向滤池投配其他废水处理厂的生物膜或活性污泥等。当处理工业废水时，通常先投 20% 的工业废水量和 80% 生活污水量来培养生物膜。当观察到一定的处理效果时，逐渐加大工业废水量和生活污水量的比值，直到全部是工业废水时为止。

当生物膜的培养与驯化结束,生物滤池便可按设计方案正常运行。

2)生物滤池运行中的异常问题及处理措施

在污水生物处理设备中,虽然生物滤池的运转故障是很少的,但仍具有产生故障的可能性。下面介绍一些常见问题及处理措施。

(1)滤池积水

滤池积水的原因有:滤料的粒径太小或不够均匀;由于温度的骤变使滤料破裂以致堵塞孔隙;初级处理设备运转不正常,导致滤池进水中的悬浮物浓度过高;生物膜的过度剥落堵塞了滤料间的孔隙;滤料的有机负荷过高。

滤池积水的预防和补救措施有:耙松滤池表面的滤料;用高压水流冲洗滤料表面;停止运行积水面积上的布水器,让连续的废水流将滤料上的生物膜冲走;向滤池进水中投配一定量的游离氯(15 mg/L),历时数小时,隔周投配,投配时间可在晚间低流量时期,以减小氯的需要量;停转滤池一天或更长一些时间以便使积水滤干;对于有水封墙和可以封住排水渠的滤池,可用污水淹没滤池并持续至少一天的时间;如以上方法均无效时,可以更换滤料,这样做能比清洗旧滤料更经济。

(2)滤池蝇问题

滤池蝇是一种小型昆虫,幼虫在滤池的生物膜上滋生,成体蝇在池周围飞翔,可飞越普通的窗纱,进入人体的眼、耳、口鼻等处,它的飞翔能力仅为方圆数百米,但可随风飞得更远。滤池蝇的生长周期随气温的上升而缩短,从 15 ℃的 22 d 到 29 ℃的 7 d 不等。在环境干湿交替条件下发生最频。滤池蝇的危害主要是影响环境卫生。

防治滤池蝇的方法有:生物滤池连续进水不可间断;按照与减少积水相类似的方法减少过量的生物膜;每周或隔周用污水淹没滤池一天;彻底冲淋滤池暴露部分的内壁,如尽可能延长布水横管,使废水能洒布于壁上,若池壁保持潮湿,则滤池蝇不能生存;在厂区内消除滤池蝇的避难所;在进水中加氯,使余氯为 0.5~1 mg/L,加药周期为 1~2 周,以避免滤池蝇完成生命周期;在滤池壁表面施药杀灭欲进入滤池的成蝇,施药周期 4~6 周即可控制池蝇,但在施药前应考虑杀虫剂对受纳水体的影响。

(3)臭味

滤池是好氧的,一般不会有严重的臭味,若有臭皮蛋味,则表明有厌氧条件。

臭味的防治措施有:维护所有设备(包括沉淀和废水系统)均为好氧状态;降低污泥和生物膜的积累量;当流量低时向滤池进水中短期加氯;出水回流;保持整个污水厂的清洁;避免出现堵塞的下水系统;清洗所有滤池通风口;将空气压入滤池的排水系统以加大通风量;避免高负荷冲击,如避免牛奶加工厂、罐头厂高浓度废水的进入,以免引起污泥的积累;在滤池上加盖并对排放气体除臭。此外,美国还曾经用加氧化氢到初级塑料滤池出水,丹麦还曾用塑料球覆盖在滤池表面上除臭等方法。

(4)滤池表面结冰问题

滤池在冬天不仅处理效率低,有时还可能结冰,使其完全失效。

防止滤池结冰的措施有:减少出水回流倍数,有时可完全不回流,直至天气暖和为止;调节喷嘴,使之布水均匀;在上风向设置挡风屏;及时清除滤池表面出现的冰块;当采用二级滤池时,可使其并联运行,减少回流量或不回流,直至气候转暖。

（5）布水管及喷嘴的堵塞问题

布水管及喷嘴的堵塞使废水在滤料表面上分布不均,结果进水面积减少,处理效率降低。严重时大部分喷嘴堵塞,会使布水器内压增高而爆裂。

布水管及喷嘴堵塞的防治措施有:清洗所有孔口;提高初次沉淀池对油脂和悬浮物的去除率;维持滤池适当的水力负荷以及按规定布水器进行涂油润滑等。

（6）蜗牛、苔藓和蟑螂问题

蜗牛、苔藓及蟑螂等常见于南方地区,可引起滤池积水或其他问题。蜗牛本身无害,但其繁殖快,可在短期内迅速增多,死亡后,其壳可导致某些设备堵塞。

防治措施:在进水中加氯;用最大回流量冲洗滤池。

（7）生物膜过厚的问题

生物膜内部厌氧层的异常增厚,可发生硫酸盐还原,污泥发黑发臭,可导致生物膜活性低下,大块脱落,使滤池局部堵塞,造成布水不均,不堵的部位流量及负荷偏高,出水水质下降。

防止生物膜过厚的措施有:加大回流量,借助水力冲脱过厚的生物膜;采取两级滤池串联,交替进水;低频进水,使布水器的转速减慢,从而使生物膜下降。

（8）滤池泥穴问题

在滤池表面形成一个个由污泥堆积成的凹坑,称其为滤池泥穴。泥穴的产生会影响布水的均匀程度,并因此而影响处理效果。产生原因主要是石块或其他滤料太小或大小不均匀;石块或其他滤料因恶劣气候条件而破碎,引起堵塞;初次沉淀池运行不良,使大量悬浮物进入。

滤池泥穴问题防治方法:在进水中加氯,剂量为游离氯 5 mg/L,或隔几周加氯数小时,最好在流量小时进行以减少用氯量,1 mg/L 氯即会抑制真菌的生长;使滤池停止运行 1 d 或数天,使膜变干;使滤池至少淹没 24 h(当滤池壁坚固、不漏水,出水道也能堵塞时);当上述方法失效时,只能重新铺滤料,用新的滤料往往比用旧的滤料经冲洗干净后再铺更经济。

3）生物转盘异常问题及其预防措施

一般来说,生物转盘是生化处理设备中最为简单的一种,只要设备运行正常,往往会获得令人满意的处理效果。但在水质、水量、气候条件大幅度变化的情况下,加上操作管理不慎,也会影响或破坏生物膜的正常工作,并导致处理效果降低。常见的异常现象有如下几种。

（1）生物膜严重脱落

在转盘启动的两周内,盘面上生物膜大量脱落是正常的,当转盘采用其他水质的活性污泥来接种时,脱落现象更为严重。但在正常运行阶段,膜的大量脱落会给运行带来困难。产生这种情况的主要原因可能是进水中含有过量毒物或抑制生物生长的物质,如重金属、氯或其他有机毒物。此时应及时查明毒物来源、浓度、排放的频率与时间,立即将氧化槽内的水排空,用其他污水稀释。彻底解决的办法是防止毒物进入,如不能控制毒物进入时应尽量避免负荷达到高峰,或在污染源采取均衡的办法,使毒物负荷控制在允许的范围内。

pH 值突变是造成生物膜严重脱落的另一原因,当进水 pH 值在 6.0~8.5 范围时,运行正常,膜不会大量脱落。若进水 pH 值急剧变化,当 pH 值小于 5 或大于 10.5,将导致生物膜大量脱落。此时,应投加化学药剂予以中和,以使进水 pH 值保持在 6.0~8.5 的正常范围内。

（2）产生白色生物膜

当进水发生腐败或含有高浓度的硫化物如硫化氢、硫化钠、硫酸钠等,或负荷过高使氧化槽内混合液缺氧时,生物膜中硫细菌(如贝氏硫细菌或发硫细菌)会大量繁殖,并占优势。有时除上述条件外,进水偏酸性,使膜中丝状真菌大量繁殖。此时,盘面会呈白色,处理效果大大下降。

防止产生白色生物膜的措施有:对原水进行预曝气;投加氧化剂(如水、硝酸钠等),以提高污水的氧化还原电位;对污水进行脱硫预处理;消除超负荷状况,增加第一级转盘的面积,将一、二级串联运行改为并联运行以降低第一级转盘的负荷。

(3)固体的累积

沉砂池或初次沉淀池中悬浮固体去除率不佳,会导致悬浮固体在氧化槽内积累并堵塞污水进入的通道。挥发性悬浮固体(主要是脱落的生物膜)在氧化槽内大量积累也会产生腐败、发臭,并影响系统运行。

在氧化槽中积累的固体物数量上升时,应用泵将其抽出,并检验固体的类型,以针对产生累积的原因加以解决。如属原生固体积累,则应加强生物转盘预处理系统的运行管理;若系次生固体积累,则应适当增加转盘的转速,增加搅拌强度,使其便于和出水一道排出。

(4)污泥漂浮

从盘片上脱落的生物膜呈大块絮状,一般用二次沉淀池加以去除。二次沉淀池的排泥周期通常采用 4 h。周期过长会产生污泥腐化;周期过短,则会加重污泥处理系统的负担。当二次沉淀池去除效果不佳或排泥不足或排泥不及时等都会形成污泥漂浮现象。由于生物转盘不需要回流污泥,污泥漂浮现象不会影响转盘生化需氧量(BOD)的去除率,但会严重影响出水水质。因此,应及时检查排污设备,确定是否需要维修,并根据实际情况适当增加排泥次数,以防止污泥漂浮现象的发生。

(5)处理效率降低

凡存在不利于生物的环境条件,皆会影响处理效果,主要有以下几个方面:

①污水温度下降。当污水温度低于 13 ℃时,生物活性减弱,有机物去除率降低。

②流量或有机负荷的突变。短时间的超负荷对转盘影响不大,持续超负荷会使 BOD 去除率降低。大多数情况下,当有机负荷冲击小于全日平均值的 2 倍时,出水效果下降不多。在采取措施前,必须先了解存在问题的确切程度,如进水流量、停留时间、有机物去除率等。如属昼夜瞬时冲击,则很容易人工调整排放污水时间或设调节池予以解决;若长时期流量或负荷偏高,则必须从整个布局上加以调整。

③pH 值。氧化槽内 pH 值必须保持在 6.5~8.5 范围内,进水 pH 值一般要求调整在 6~9 范围内,通过适当驯化,可以将适应范围略微扩大。但只要超出适应范围,污水处理效率明显下降。

4.4 污水的厌氧生物处理

厌氧生物处理又称为厌氧消化法或厌氧发酵法,是指在无溶解氧(DO)条件下通过厌氧微生物(包括兼性厌氧微生物)作用,将废水中的各种复杂有机物分解转化成甲烷和二氧化碳等物质的过程。厌氧生物处理技术不仅用于有机污泥和高浓度有机废水的处理,而且能有效地处理城市污水等低浓度污水。

4.4.1　厌氧理论

1)厌氧生物处理对象

（1）有机污泥

有机污泥包括废水好氧生物处理过程生成的大量活性污泥和生物膜、初次沉淀池可沉淀的有机固体，以及人畜的粪便等。上述物质是极不稳定的，有恶臭，并带有病原菌和寄生虫卵等，应妥善处理。

（2）有机废水

食品工业如酒精、味精、制糖、淀粉、屠宰和啤酒等工业排出的废水，不仅数量多，而且浓度也很高。未经处理排入环境，对水体造成了很大危害。对于这些以农牧产品为原料的加工工业排出的高浓度有机废水，是厌氧生物处理的主要对象。

2)厌氧生物处理的目的

①通过厌氧生物处理可杀菌灭卵、防蝇除臭，以防传染病的发生和蔓延。粪便无害化的卫生评价一般把蛔虫卵的死亡率作为卫生评价的指标。如蛔虫卵杀灭了，其他虫卵和细菌也就基本杀死了。一般高温厌氧可杀死蛔虫卵 95.6% ~ 99.7%，中温厌氧可杀死 60% 左右。

②通过厌氧生物处理可去除废水中的大量有机物，防止对水体产生污染。

③利用污水厂污泥和高浓度有机废水产生沼气可获得可观的生物能。如产生 1 t 酒精要排出约 14 m^3 糟液，每 1 m^3 糟液可产生沼气 18 m^3，则每生产 1 t 酒精其排出的糟液可产生约 250 m^3 的沼气。其发热量约相当于 250 kg 煤。

④厌氧发酵后，固体量一般可减少 1/2，并提高了污泥的脱水性能，有利于污泥的运输、利用和处置。厌氧法能产生大量沼气，国外有些污水厂利用污泥消化产生的沼气发电，能源能做到基本自给或解决约 60%。至于高浓度有机废水（如酒精废液）的厌氧处理，回收的生物能（沼气）不仅自给，而且可向社会提供大量的能源，是产能型的废水处理方法。

3)厌氧生物处理基本原理

厌氧生物处理是一个复杂的微生物化学过程，依靠三大主要类群的细菌，即水解产酸细菌、产氢产乙酸细菌和产甲烷细菌的联合作用完成，因此可将厌氧消化过程划分为 3 个连续阶段，既水解酸化阶段、产氢产乙酸阶段和产甲烷阶段。

（1）第一阶段为水解酸化阶段

复杂的大分子、不溶性有机物先在细胞外酶的作用下水解为小分子、溶解性有机物，然后转入细胞体内，分解产生挥发性有机酸、醇类、醛类等。这个阶段主要产生较高级脂肪酸。

碳水化合物、脂肪和蛋白质的水解酸化过程分别为：

$$\begin{matrix}\text{多糖（如纤维素）}\\ \text{低聚糖}\end{matrix} \xrightarrow[\text{细胞外酶}]{\text{水解}} \text{单糖} \xrightarrow[\text{产酸细菌}]{\text{酸化}} \begin{matrix}\text{脂肪酸、醇类}\\ CO_2、H_2\end{matrix} \tag{4.103}$$

$$\text{脂肪} \xrightarrow[\text{细胞外酶}]{\text{水解}} \text{长链脂肪酸、甘油} \xrightarrow[\text{产酸细菌}]{\text{酸化}} \begin{matrix}\text{脂肪酸、醇类}\\ H_2O、CO_2\end{matrix} \tag{4.104}$$

$$\text{蛋白质} \xrightarrow[\text{细胞外酶}]{\text{水解}} \text{氨基酸} \xrightarrow[\text{产酸细菌}]{\text{酸化}} \begin{matrix}\text{脂肪酸、醇类}\\ NH_3、H_2O、CO_2、H_2S\end{matrix} \tag{4.105}$$

由于简单碳水化合物的分解产酸作用，要比含氮有机物的分解产氨作用迅速，故蛋白质的分解在碳水化合物分解后产生。

含氮有机物分解产生的 NH_3 除了提供合成细胞物质的氮源外,在水中部分电离,形成 NH_4HCO_3,具有缓冲消化液 pH 的作用,有时也把继碳水化合物分解后的蛋白质分解产氨过程称为酸性减退期,其反应为:

$$NH_3 \xrightarrow{H_2O} NH_4^+ + OH^- \xrightarrow{CO_2} NH_4HCO_3 \tag{4.106}$$

$$NH_4HCO_3 + CH_3COOH \longrightarrow CH_3COONH_4 + H_2O + CO_2 \tag{4.107}$$

(2)第二阶段为产氢产乙酸阶段

在产氢产乙酸细菌的作用下,第一阶段产生的各种有机酸和醇类被分解转化成乙酸和 H_2,在降解奇数碳素有机酸时还形成 CO_2,如:

$$\underset{(戊酸)}{CH_3CH_2CH_2CH_2COOH} + 2H_2O \longrightarrow \underset{(丙酸)}{CH_3CH_2COOH} + \underset{(乙酸)}{CH_3COOH} + 2H_2 \tag{4.108}$$

$$\underset{(丙酸)}{CH_3CH_2COOH} + + 2H_2O \longrightarrow \underset{(乙酸)}{CH_3COOH} + 3H_2 + CO_2 \tag{4.109}$$

(3)第三阶段为产甲烷阶段

产甲烷细菌将乙酸(乙酸盐)、CO_2 和 H_2 等转化为甲烷。此过程由两类生理功能截然不同的产甲烷菌完成,一类把 H_2 和 CO_2 转化成甲烷,另一类从乙酸或乙酸盐脱羧产生 CH_4,前者约占总量的 1/3,后者约占 2/3,其反应式为:

$$4H_2 + CO_2 \xrightarrow{产甲烷菌} CH_4 + 2H_2O \quad (占 1/3) \tag{4.110}$$

$$CH_3COOH \xrightarrow{产甲烷菌} CH_4 + CO_2 \tag{4.111}$$

$$CH_3COONH_4 + H_2O \xrightarrow{产甲烷菌} CH_4 + NH_4HCO_3 \quad (占 2/3) \tag{4.112}$$

上述 3 个阶段的反应速度依废水性质而异,在含纤维素、半纤维素、果胶和脂类等污染物为主的废水中,水解作用易成为速度限制阶段;简单的糖类、淀粉、氨基酸和一般的蛋白质均能被微生物迅速分解,对含这类有机物为主的废水,产甲烷反应易成为限速阶段。

综上,厌氧消化三阶段的模式如图 4.76 所示。

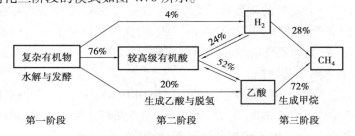

图 4.76　有机物厌氧消化三阶段模式图

虽然厌氧消化过程从理论上可分为以上 3 个阶段,但是在厌氧反应器中,这 3 个阶段是同时进行的,并保持某种程度的动态平衡,这种动态平衡一旦被 pH 值、温度、有机负荷等外加因素破坏,则首先将使产甲烷阶段受到抑制,其结果会导致低级脂肪酸的积存和厌氧进程的异常变化,甚至会导致整个厌氧消化过程停滞。

4)厌氧微生物

厌氧生物处理是以厌氧细菌为主而构成的微生物生态系统。厌氧细菌有两种:一种是只要有氧存在就不能生长繁殖的细菌,称为专性厌氧菌,又称为绝对厌氧菌;另一种是不论有氧存在与否都能增长的细菌,称为兼性厌氧细菌(也称兼性细菌)。

（1）参与厌氧消化第一阶段的微生物

参与厌氧消化第一阶段的微生物包括细菌、真菌和原生动物,统称水解与发酵细菌,大多数为专性厌氧菌,也有不少兼性厌氧菌。根据其代谢功能可分为以下几类:

①纤维素分解菌:参与对纤维素的分解,纤维素的分解是厌氧消化的重要一步,对消化速度起着制约作用。这类细菌利用纤维素并将其转化为 CO_2、H_2、乙醇和乙酸。

②碳水化合物分解菌:这类细菌的作用是水解碳水化合物成葡萄糖,以具有内生孢子的杆状菌占优势。丙酮、丁醇梭状芽孢杆菌(Clostridium Acetobuty Licum)能分解碳水化合物产生丙酮、乙醇、乙酸和氢等。

③蛋白质分解菌:这类细菌的作用是水解蛋白质形成氨基酸,进一步分解成为硫醇、氨和硫化氢,以梭菌占优势。非蛋白质的含氮化合物,如嘌呤、嘧啶等物质也能被其分解。

④脂肪分解菌:这类细菌的功能是将脂肪分解成简易脂肪酸,以弧菌占优势。

原生动物主要有鞭毛虫、纤毛虫和变形虫。真菌主要有毛霉(Mucor)、根霉(Rhizopus)、共头霉(Syncephalastrum)、曲霉(Aspergillus)等,真菌参与厌氧消化过程,并从中获取生活所需能量,但丝状真菌不能分解糖类和纤维素。

（2）参与厌氧消化第二阶段的微生物

参与厌氧消化第二阶段的微生物是一群极为重要的菌种——产氢产乙酸菌以及同型乙酸菌。国内外一些学者已从消化污泥中分离出产氢产乙酸菌的菌株,其中有专性厌氧菌和兼性厌氧菌。它们能够在厌氧条件下,将丙酮酸及其他脂肪酸转化为乙酸、CO_2,并放出 H_2。同型乙酸菌的种属有乙酸杆菌,它们能够将 CO_2、H_2 转化成乙酸,也能将甲酸、甲醇转化为乙酸。由于同型乙酸菌的存在,可促进乙酸形成甲烷的进程。

（3）参与厌氧消化第三阶段的微生物

参与厌氧消化第三阶段的微生物是甲烷菌或称为产甲烷菌(Methanogens),是甲烷发酵阶段的主要细菌,属于绝对的厌氧菌,主要代谢产物是甲烷。甲烷菌常见的有 4 类:

①甲烷杆菌:杆状细胞,连成链或长丝状,或呈短而直的杆状;

②甲烷球菌:球形细胞,呈正圆或椭圆形,排列成对或成链;

③甲烷八叠球菌:可繁殖成为有规则的、大小一致的细胞,堆积在一起;

④甲烷螺旋菌:呈有规则的弯曲杆状和螺旋丝状。

5）厌氧生物处理的影响因素

因甲烷菌对环境条件的变化最为敏感,其反应速度决定了整个厌氧消化的反应进程,因此厌氧反应的各项影响因素也以对甲烷菌的影响因素为准。

（1）温度因素

甲烷菌对于温度的适应性可分为两类,即中温甲烷菌(适应温度区为 30~36 ℃)和高温甲烷菌(适应温度区为 50~53 ℃)。两区之间的温度、反应速度反而减退,说明消化反应与温度之间的关系是不连续的。温度与有机物负荷、产气量的关系如图 4.77 所示。

利用中温甲烷菌进行厌氧消化处理的系统称为中温消化,利用高温甲烷菌进行消化处理的系统称为高温消化。从图 4.77 可知,中温消化条件下,有机物负荷为 2.5~3.0 kg/(m³·d),产气量为 1~l.3 m³/(m³·d);而高温消化条件下,有机物负荷为 6.0~7.0 kg/(m³·d),产气量为 3.0~4.0 m³/(m³·d)。

中温或高温厌氧消化允许的温度变动范围为(±1.5~2.0) ℃。当有±3 ℃的变化时,就会抑制消化速率;有±5 ℃的急剧变化时,就会突然停止产气,使有机酸大量积累而破坏厌氧消化。消化温度与消化时间的关系如图 4.78 所示。消化时间是指产气量达到总量 90% 所需的时间。由图 4.78 可知,中温消化的消化时间为 20~30 d,高温消化为 10~15 d。因中温消化的温度与人的体温接近,故对寄生虫卵及大肠菌的杀灭率较低;高温消化对寄生虫卵的杀灭率可达 99%。

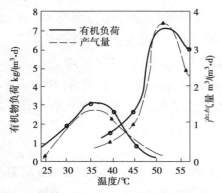

图 4.77　温度与有机物负荷、产气量关系图

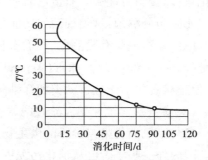

图 4.78　温度与消化时间的关系

（2）污泥投配率

污泥投配率是指每日投加新鲜污泥体积占消化池有效容积的百分数。

投配率是消化池设计的重要参数,投配率过高,消化池内脂肪酸可能积累,pH 下降,污泥消化不完全,产气率降低;投配率过低,污泥消化完全,产气率较高,消化池容积大,基建费用增高。根据我国污水处理厂的运行经验,城市污水处理厂污泥中温消化的投配率以 5%~8% 为宜,相应的消化时间为 12.5~20 d。

（3）搅拌和混合

厌氧消化是由细菌体的内酶和外酶与底物进行的接触反应,因此必须使两者充分混合。搅拌的方法一般有消化气循环搅拌法、泵加水射器搅拌法和混合搅拌法等。

（4）营养与 C/N 比

厌氧消化池中,细菌生长所需营养由污泥提供。合成细胞所需的碳(C)源担负着双重任务,其一是作为反应过程的能源,其二是合成新细胞。污泥细胞质(原生质)的分子式是 $C_5H_7NO_2$,即合成细胞的 C/N 比约为 5:1,因此要求 C/N 达到(10~20):1为宜。如 C/N 太高,细胞的氮量不足,消化液的缓冲能力低,pH 值易降低;C/N 太低,氮量过多,pH 值可能上升,胺盐容易积累,会抑制消化进程。根据统计结果,各种污泥底物含量及 C/N 见表 4.16。

从 C/N 看,初次沉淀池污泥的营养成分比较合适,混合污泥次之,而活性污泥不太适宜单独进行厌氧消化处理。

表 4.16　各种污泥底物含量及 C/N

底物名称	污泥种类		
	初次沉淀池污泥	活性污泥	混合污泥
碳水化合物/%	32.0	16.5	26.3
脂肪、脂肪酸/%	35.0	17.5	28.5
蛋白质/%	39.0	66.0	45.2
C/N	(9.40~10.35):1	(4.60~5.04):1	(6.80~7.50):1

（5）有毒物质

所谓有毒是相对的，事实上任何一种物质对甲烷消化都有两方面的作用，即有促进与抑制甲烷细菌生长的作用，关键在于它们的浓度界限，即毒阈浓度。

表 4.17 列举了某些物质的毒阈浓度。低于毒阈浓度下限，对甲烷细菌生长有促进作用；在毒阈浓度范围内，有中等抑制作用，如果浓度逐渐增加，则甲烷细菌可被驯化；超过毒阈浓度上限，则对甲烷细菌有强烈的抑制作用。

表 4.17　某些物质的毒阈浓度

物质名称	毒阈浓度界限 /(mol·L^{-1})	物质名称	毒阈浓度界限 /(mol·L^{-1})
碱金属和碱土金属 Ca^{2+},Mg^{2+},Na^+,K^+	10^{-1}~10^{+6}	胺类	10^{-5}~10^0
重金属 Cu^{2+},Ni^{2+},Zn^{2+},Hg^{2+},Fe^{2+}	10^{-5}~10^{-3}	有机物质	10^{-6}~10^0
H^+ 和 OH^-	10^{-6}~10^{-4}		

在消化过程中，对消化有抑制作用的物质主要有重金属离子、S^{2-}、NH_3、有机酸等。

重金属离子对甲烷消化的抑制作用体现在两个方面：一是与酶结合，产生变性物质，使酶的作用消失；二是重金属离子及氢氧化物的絮凝作用，使酶沉淀。但重金属的毒性可以用络合法降低。例如当锌的浓度为 1 mg/L 时，具有毒性，用硫化物沉淀法，加入 Na_2S 后，产生 ZnS 沉淀，毒性得到降低。多种金属离子共存时，毒性有互相拮抗作用，允许浓度可提高。

阴离子的毒害作用主要是 S^{2-}。S^{2-} 的来源有两方面：由无极硫酸盐还原而来；由蛋白质分解释放。硫的有利方面是：低浓度硫是细菌生长所需要的元素，可促进消化进程；硫直接与重金属络合形成硫化物沉淀。硫的有害方面是：若重金属离子较少，则消化液中将产生过多的 H_2S 释放而进入消化气中，降低消化气的质量并腐蚀金属设备（管道、锅炉等）。

氨来源于有机物的分解，可在消化液中离解成 NH_4^+，其浓度由 pH 值决定。当有机酸积累，pH 值降低，NH_3 浓度减小，NH_4^+ 浓度增大。当 NH_4^+ 浓度超过 150 mg/L 时，消化即受到抑制。

(6)酸碱度、pH 值和消化液的缓冲作用

甲烷菌对 pH 值的适应范围在 6.6~7.5,即只允许在中性附近波动。在消化系统中,如果第一、二阶段的反应速率超过产甲烷阶段,则 pH 值会降低,影响甲烷菌的生活环境。但由于消化液的缓冲作用,在一定范围内可以避免发生这种情况。缓冲剂是在有机物分解过程中产生的,即消化液中的 CO_2(碳酸)及 NH_3(以 NH_3 和 NH_4^+ 的形式存在,NH_4^+ 一般是以 NH_4HCO_3 存在)。因此,要求消化液有足够的缓冲能力,应保持碱度在 2 000 mg/L 以上。

6)厌氧生物处理的特点

厌氧生物处理具有下列优点:

①处理成本低。在废水处理成本上比好氧处理要便宜得多,特别是对中等以上浓度(COD>1 500 mg/L)的废水更是如此。厌氧法成本的降低主要由于动力的大量节省、营养物添加费用和污泥脱水费用的减少,即使不计沼气作为能源带来的收益,厌氧法也仅约为好氧法成本的 1/3;如所产沼气能被利用,则费用更会大大降低,甚至带来相当的利润。

②低能耗。厌氧处理不但能源需求很少而且还能产生大量的能源。厌氧法处理污水可回收沼气。回收的沼气可用于锅炉燃料或家用燃气。当处理水 COD 在 4 000~5 000 mg/L时,回收沼气的经济效益较好。

③应用范围广。厌氧生物处理技术比好氧生物处理技术对有机物浓度适应性广。好氧生物处理只能处理中、低浓度有机污水,而厌氧生物处理对高、中、低浓度有机污水均能处理。

④污泥负荷高。厌氧反应器容积负荷比好氧法要高得多,单位反应器容积的有机物去除量也因此要高得多,特别是使用新一代的高速厌氧反应器更是如此,因此其反应器负荷高、体积小、占地少。厌氧法可直接处理高浓度有机废水和剩余污泥。

⑤剩余污泥量少。好氧法处理污水,因为微生物繁殖速度快,剩余污泥生成率很高。而厌氧法处理污水,由于厌氧世代时间很长,微生物增殖缓慢,因而处理同样数量的废水仅产生相当于好氧法 1/10~1/6 的剩余污泥;剩余污泥脱水性能好,脱水时可不使用或少使用絮凝剂,因此剩余污泥处理要容易得多;可减轻后续污泥处理的负担和运行费用;污泥高度无机化,可用作农田肥料或作为新运行的废水处理厂的种泥出售。

⑥厌氧方法对营养物的需求量较低。一般认为,若以可以生物降解的 BOD 为计算依据,好氧法氮和磷的需求量为 BOD:N:P = 100:5:1,而厌氧方法为(350~500):5:1。有机废水一般已含有一定量的氮和磷及多种微量元素,可满足厌氧微生物的营养要求,因此厌氧方法可以不添加或少添加营养盐。而好氧法处理单一有机物的废水,往往还需投加其他营养物,如 N、P 等,这就增加了运行费用。

⑦易管理。厌氧方法的菌种(例如厌氧颗粒污泥)可以在停止供给废水与营养的情况下保留其生物活性与良好的沉淀性能至少 1 年以上。这一特性为其间断地或季节性地运行提供了有利条件,厌氧颗粒污泥因此可作为新建厌氧处理厂的种泥出售。

⑧灵活性强。厌氧系统规模灵活,可大可小,设备简单,易于建设,无需昂贵的设备。目前处理工业废水的上流式厌氧污泥床反应器(UASB),从几十立方米到上万立方米的规模都运行良好。

厌氧生物处理存在以下缺点:

①厌氧法启动过程较长。因为厌氧微生物的世代期长,增长速率低,污泥增长缓慢,因此

厌氧反应器的启动过程很长,一般启动期长达 3~6 个月,甚至更长,如要达到快速启动,必须增加接种污泥量,这就会增加启动费用。

②厌氧处理去除有机物不彻底。厌氧处理废水中有机物时往往不够彻底,一般单独采用厌氧生物处理不能达到排放标准,因此厌氧处理必须要与好氧处理相配合。

③厌氧微生物对有毒物质较为敏感。如果对有毒废水性质了解不足或操作不当,可能导致反应器运行条件的恶化。

4.4.2 悬浮式厌氧生物处理法

1)厌氧接触法

(1)厌氧接触法工艺流程

为了克服普通消化池不能持留或补充厌氧活性污泥的缺点,在消化池后设沉淀池,将沉淀污泥回流至消化池,形成了厌氧接触法。该系统既能控制污泥不流失、出水水质稳定,又可提高消化池内污泥浓度,从而提高设备的有机负荷和处理效率,如图4.79所示。

与普通厌氧消化池相比,它的水力停留时间大大缩短。有效处理的关键在于污泥沉降性能和污泥分离效率,由于厌氧污泥在沉淀池内继续产气,所以其沉淀效果不佳。该工艺和消化工艺一样属于中低负荷工艺。一些具有高 BOD_5 的工业废水采用厌氧接触工艺处理可得到很好的稳定性。厌氧接触工艺在我国已成功应用于酒精糟液的处理。

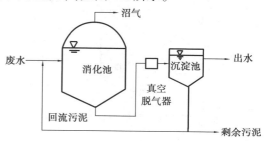

图 4.79 厌氧接触工艺流程

(2)厌氧接触法的特点

与厌氧消化法相比,厌氧接触法具有以下特点:

①消化池污泥浓度高,其挥发性悬浮物的浓度一般为 5~10 g/L,耐冲击能力强。

②COD 容积负荷一般为 1~5 kg/(m³·d),COD 去除率为 70%~80%;BOD_5 容积负荷为 0.5~2.5 kg/(m³·d),BOD_5 去除率为 80%~90%。

③增设沉淀池、污泥回流系统和真空脱气设备,流程较复杂。

④适合处理悬浮物和 COD 浓度高的废水,生物量(SS)可达到 50 g/L。

(3)运行管理存在的问题

从消化池排出的混合液在沉淀池中进行固液分离有一定的困难,其主要原因如下:

①由于混合液中污泥上附着大量的微小沼气泡,易于引起污泥上浮。

②由于混合液中的污泥仍具有产甲烷活性,在沉淀过程中仍能继续产气,从而妨碍污泥颗粒的沉降和压缩。为了提高沉淀池中混合液的固液分离效果,目前采用以下几种方法脱气:真空脱气、热交换器急冷法、絮凝沉淀和用超滤静代替沉淀池,以改善固液分离效果。此外,为保证沉淀池分离效果,在设计时,沉淀池表面负荷应比一般废水沉淀池表面负荷小,一般不大于 1 m/h;混合液在沉淀池内停留时间比一般废水沉淀时间要长,可采用 4 h。

采用厌氧接触工艺可以处理含有少量悬浮物的废水。但悬浮物的积累同样会影响污泥分离,同时悬浮物的积累会引起污泥中细胞物质比例的下降,从而降低反应器处理效率。因此,对含悬浮物浓度较高的废水,在厌氧接触工艺之前采用分离预处理是必须的。

2)厌氧流化床

厌氧流化床(AFB)与好氧流化床工艺相同,只是在厌氧条件下运行。它是借鉴流化态技术的一种生物反应装置。它以小粒径载体充满床体内作为流化粒子,污水作为流化介质。当污水从床体底部采用一定范围的高的上流速度通过床体时,载体粒子表面长满厌氧生物膜并不断上、下流动,形成流态化。

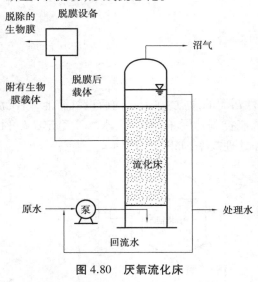

图4.80 厌氧流化床

厌氧流化床反应器由于使用较小的微粒,因此形成比表面积很大的生物膜,生物浓度高,流态化又充分改善了有机质向生物膜传递的传质速率;同时,克服了厌氧滤器中可能出现的短路和堵塞。为维持较高的上流速度,流化床反应器高度与直径的比例大于其他同类的反应器,同时采用较大的回流比(即出水回流量与原废水进液量之比)。与好氧流化床相比,厌氧流化床不需设充氧设备。滤床一般多采用粒径为0.2~1.0 mm的细颗粒填料,如石英砂、无烟煤、活性炭、陶粒和沸石等,流化床密封并设有沼气收集装置,如图4.80所示。

该工艺多用来处理COD浓度较高的工业生产有机废水,如酵母发酵废水、土霉素废水、豆制品废水、啤酒糖化废水、啤酒废水和屠宰废水等。由于填料处于流化状态,整个滤床的填料紊动、混合条件良好,床内生物膜微生物浓度可达20~30 kgVSS/m³;基质与微生物的接触亦相当充分,致使单位容积滤床可承受较大的负荷。一般来说,在中温发酵条件下厌氧流化床的有机负荷率可达10~40 kgCOD/(m³·d)。

该工艺控制较困难,管理较复杂,技术要求较高,投资和运行成本高,而且一些流化床反应器还需要一个单独的预酸化反应器,这使其造价更高,因此尚未普遍推广。

3)升流式厌氧污泥床

升流式厌氧污泥床(UASB)工艺是由荷兰人在20世纪70年代开发的,他们在研究用升流式厌氧滤池处理马铃薯加工废水和甲醇废水时取消了池内的全部填料,并在池子的上部设置了气、液、固三相分离器,于是一种结构简单、处理效能很高的新型厌氧反应器便诞生了。UASB反应器一出现便获得广泛的关注与认可,并在世界范围内得到广泛应用,到目前为止,UASB反应器是最为成功的厌氧生物处理工艺。

(1)UASB反应器原理

图4.81是UASB反应器工作原理示意图,污水尽可能均匀地引入反应器的底部,污水向上通过包含颗粒

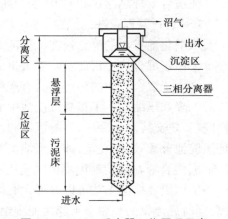

图4.81 UASB反应器工作原理示意

污泥或絮凝污泥床。厌氧反应发生在污水与污泥颗粒的接触过程,在厌氧状态下产生的沼气(主要是甲烷和二氧化碳)引起内部循环,这对于颗粒污泥的形成和维持有利。在污泥层形成的气体一些附着在污泥颗粒上,附着和没有附着的气体向反应器顶部上升,上升到表面的颗粒碰击气体发射板的底部,引起附着气泡的污泥絮体脱气。由于气泡释放,污泥颗粒将沉淀到污泥床的表面。附着和没有附着的气体被收集到反应器顶部的集气室。置于集气室单元缝隙之下的挡板可作为气体反射器,防止沼气气泡进入沉淀区,否则将引起沉淀区紊动,阻碍颗粒沉淀。包含一些剩余固体和污泥颗粒的液体经过分离器缝隙进入沉淀区。

由于分离器的斜壁沉淀区的过流面积在接近水面时增加,因此上升流速在接近排放点降低。由于流速降低,污泥絮体在沉淀区可以絮凝和沉淀。积累在相分离器上的污泥絮体在一定程度将超过其保留在斜壁上的摩擦力,其将滑回反应区,这部分污泥又可与进水有机物发生反应。

UASB 反应器最重要的设备是三相分离器,这一设备安装在反应器的顶部并将反应器分为下部的反应区和上部的沉淀区。为了在沉淀区取得对上升流中污泥絮体/颗粒满意的沉淀效果,三相分离器的第一个主要目的就是尽可能有效地分离从污泥床(层)中产生的沼气,特别是在高负荷的情况下。集气室下面反射板的作用是防止沼气通过集气室之间的缝隙逸出到沉淀室。另外,挡板还有利于减少反应室内高产气量所造成的液体絮动。UASB 系统的原理是在形成沉降性能良好的污泥絮凝体的基础上,结合在反应器内设置的污泥沉淀系统,使气相、液相和固相三相得到分离。形成和保持沉淀性能良好的污泥(可以是絮状污泥或颗粒污泥)是 UASB 系统良好运行的根本点。

(2)UASB 反应器的特性

UASB 反应器的工艺特征是在反应器上部设置气、液、固三相分离器,下部为污泥悬浮层区和污泥床区,污水从反应器底部流入,向上升流至反应器顶部流出,由于混合液在沉淀区进行固液分离,污泥可自行回流到污泥床区,这使得污泥区可保持很高的污泥浓度。UASB 反应器还具有一个很大的特点就是能在反应器内实现污泥颗粒化,颗粒污泥具有良好的沉降性能和很高的产甲烷活性。污泥的颗粒化可使反应器具有很高的容积负荷。UASB 不仅适于处理高、中等浓度的有机污水,也用于处理如城市污水这样的低浓度有机污水。

UASB 反应器的构造特点是集生物反应与沉淀于一体,结构紧凑,污水由配水系统从反应器底部进入,通过反应区经气、固、液三相分离器后进入沉淀区。气、固、液分离后,沼气由气室收集,再由沼气管流向沼气柜。固体(污泥)由沉淀区沉淀后自行返回反应区,沉淀后的处理水从出水槽排出。UASB 反应器内不设搅拌设备,上升水流和沼气产生的气流足可满足搅拌需要。UASB 反应器的构造简单,便于操作运行。

(3)UASB 的构造

UASB 反应器主要由下列几部分组成:

①布水器:即进水配水系统,其功能主要是将污水均匀地分配到整个反应器,并具有进水水力搅拌功能,这是反应器高效运行的关键之一。

②反应区:包括污泥床区和污泥悬浮层区,有机物主要在这里被厌氧菌分解,是反应器的主要部位。

③三相分离器:是反应器最有特点和最重要的装置,由沉淀区、回流缝和气封组成。其功

能是把气体(沼气)、固体(污泥)和液体分开,固体经沉淀后由回流缝回流到反应区,气体分离后进入气室。三相分离器的分离效果将直接影响反应器的处理效果。

④出水系统:其作用是把沉淀区水面处理过的水均匀地加以收集,排出反应器。

⑤气室:也称为集气罩,其作用是收集沼气。

⑥浮渣清除系统:其功能是清除沉淀区液面和气室液面的浮渣,如浮渣不多可省略。

⑦排泥系统:其功能是均匀地排除反应区的剩余污泥。

UASB 反应器可分为开敞式和封闭式两种。开敞式反应器是顶部不加密封,出水水面敞开,主要适用于处理中低浓度的有机污水;封闭式反应器是顶部加盖密封,主要适用于处理高浓度有机污水或含较多硫酸盐的有机污水。

UASB 反应器断面一般为圆形或矩形,圆形一般为钢结构,矩形一般为钢筋混凝土结构。

(4)UASB 反应器的运行效果

UASB 反应器能滞留高浓度活性很强的颗粒状污泥,平均浓度达 $30\sim40$ kgSS/m³,使处理负荷大幅度提高,可达 $7\sim15$ kgCOD/(m³·d)。同时,又不需要污泥沉淀分离、脱气、搅拌、回流污泥等辅助装置,能耗也较低,因而已得到广泛应用。污泥床污泥密度较大,浓度可达到 $50\sim100$ kgSS/m³,悬浮层污泥浓度亦可达 5 kgSS/m³ 以上。

UASB 反应器在所有高速厌氧反应器中是应用最为广泛的,可处理各种有机废水,例如各类发酵工业、淀粉加工、制糖、罐头、饮料、牛奶与乳制品、蔬菜加工、豆制品、肉类加工、皮革、造纸、制药、石油精炼及石油化工等各种来源的有机废水,见表 4.18。目前最大的 UASB 反应器是荷兰 Paques 公司为加拿大建造的处理造纸废水的 UASB 反应器,其容积为 15 600 m³,设计能力为日处理 COD 185 t。由于 UASB 具有结构简单、处理能力大、处理效果好、投资省等优点,因此受到人们的重视。

表 4.18 UASB 反应器运行效果与参数

废水类型	进水 COD /(mg·L⁻¹)	温度 /℃	反应器 /m³	负荷 /[kgCOD/(m³·d)]	HRT /h	COD 去除率 /%	产气量 /[m³·(kgCOD)⁻¹]
啤酒	1 000~1 500	20~24	1 400	4.5~7.0	0.6	75~80	
酒精	4 000~5 000	32~35	700	11.5~14.5	8.2	92	0.25
玉米淀粉	10 000	40	800	15	18.3	99.1	0.40
造纸	3 000	30~40	1 000	10.5	8~10	75	
纸浆	1 000	26~30	2 200	4.4~5.0	55.5	70~72	
制药	25 000	30~35	800	11.8	48	93	0.45
甜菜制糖	4 000~5 200	30~34	200	14~16	6~8	87~95	

4)厌氧膨胀床

(1)膨胀颗粒污泥床

膨胀颗粒污泥床(EGSB)是在 UASB 反应器的基础上于 20 世纪 80 年代后期在荷兰农业大学环境系开始研究的新的厌氧反应器。EGSB 反应器(图 4.82)与 UASB 反应器的结构非常相似,不同的是在 EGSB 反应器中采用高达 $2.5\sim6$ m/h 的上流速度,这远远大于 UASB 反应器采用的 0.5~2.5 m/h 上流速度。因此,在 EGSB 反应器中颗粒污泥床处于部分或全部"膨胀化"状态,即污泥床的体积由于颗粒之间平均距离的增加而扩大。为了提高上流速度,EGSB 反应器采用较大的高度与直径比和大的回流比。在高的上流速度和产气的搅拌作用下,废水与颗粒污泥间的接触更充分,因此可允许废水在反应器中有很短的水力停留时间,从而使 EGSB 可处理较低浓度的有机废水。一般认为 UASB 反应器更宜于处理浓度高于 1 500 mgCOD/L 的废水,而 EGSB 在处理低于 1 500 mgCOD/L 的废水时仍能有很高的负荷和去除率。

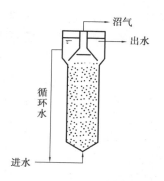

图 4.82　膨胀颗粒污泥床（EGSB）反应器

EGSB 反应器也可以看作是流化床反应器的一种改良,区别在于 EGSB 反应器不使用任何惰性填料作为细菌的载体,细菌在 EGSB 中的滞留依赖细菌本身形成的颗粒污泥;同时,EGSB 反应器的上流速度小于流化床反应器,其中的颗粒污泥并未达到流态化的状态,而只是不同程度的膨胀而已。

（2）厌氧生物膜膨胀床

厌氧生物膜膨胀床是为优化污水处理甲烷发酵工艺于 1974 年研究和开发出来的。与生物流化床相似,厌氧生物膜膨胀床亦是在床内填充细小的固体颗粒作为微生物附着生长的载体,但污水从床底部流入时仅使填料层膨胀而非流化,一般其膨胀率仅为 10%~20%,此时颗粒间仍保持互相接触。膨胀床的床体多为圆柱形结构,由钢板或树脂强化玻璃辅以聚氯乙烯衬里而制成。载体多采用细小的固体颗粒填料,如石英砂、无烟煤、活性炭、陶粒和沸石等,其粒径一般介于 0.2~1.0 mm。当有厌氧菌形成的生物膜附着在载体上时,生物膜载体颗粒的粒径稍稍增大,一般为 0.3~3.0 mm。在污水处理过程中,尽管污水以上升流的形式垂直流动而使载体颗粒膨胀,但床内每个载体颗粒仍保持在与其他颗粒相邻近的位置上,而不像流化床内的载体那样无规则的自由流化。厌氧生物膜膨胀床单位反应器容积内微生物浓度一般可达 30 g/L,因而可承受的有机负荷达到 40 kgCOD/(m³·d);载体处于膨胀状态能防止滤床堵塞;床内微生物固体停留时间较长,从而可减少剩余污泥量。厌氧生物膜膨胀床工艺与膨胀颗粒污泥床相似。

5）厌氧折板反应器

（1）厌氧折板反应器的构造和工艺流程

厌氧折板反应器是美国 1980 年开发的一种新型厌氧活性污泥法。厌氧折板反应器及废水处理工艺流程如图 4.83 所示。在反应器内垂直于水流方向设多块折板来保持反应器内较高的污泥浓度,以减少水力停留时间。折板把反应器分为若干个上向流室和下向流室。上向流室比较宽,便于污泥聚集,下向流室比较窄,通往上向流的导板下部边缘处加 60° 的导流板,便于将水送至上向流室的中心,使泥水充分混合,保持较高的污泥浓度。当废水 COD 浓度高时,为避免出现挥发性有机酸浓度过高,减少缓冲剂的投加量和减少反应器前端形成的细菌胶质的生长,处理后的水进行回流,使进水 COD 稀释至 5~10 g/L,当废水 COD 浓度较低时,不需要进行回流。

厌氧折板反应器是从研究厌氧生物转盘发展而来的,生物转盘的转动盘不动,全为固定盘,这样就产生了厌氧挡板反应器。厌氧折板反应器与厌氧转盘比较,可减少盘的片数和省去转动装置。厌氧挡板反应器实质上是一系列的升流式厌氧污泥床,由于挡板的截留,流失的污泥比升流式污泥床少,反应器内不设三相分离器。

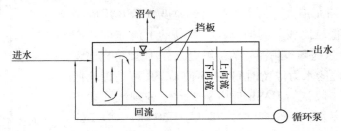

图4.83 厌氧折板反应器工艺流程图

(2)厌氧折板反应器的特点

①反应器启动期短。试验表明,接种一个月后就有颗粒污泥形成,2个月就可投入稳定运行。

②避免了厌氧滤池、厌氧膨胀床和厌氧流化床的堵塞问题。

③避免了升流式厌氧污泥床因污泥膨胀而发生污泥流失问题。

④不需混合搅拌装置。

⑤不需载体。

4.4.3 附着式厌氧生物处理法

1)厌氧滤池

厌氧滤池(AF)是一种内部填充有微生物载体的厌氧生物反应器。厌氧微生物部分附着生长在填料上,形成厌氧生物膜,另一部分在填料空隙间处于悬浮状态。厌氧滤池是在反应器内充填各种类型的固体填料,如炉渣、瓷环、塑料等来处理有机废水,污水在流动过程中保持与生长着厌氧细菌的填料相接触,有机污染物被去除。细菌生长在填料上,不随出水流失。产生的沼气则聚集于池顶部罩内,并从顶部引出。处理水则由旁侧流出。为了分离处理水挟带的生物膜,一般在滤池后需设沉淀池。可以在较短的水力停留时间下取得较长的污泥龄,平均细胞停留时间长达100 d以上。

(1)厌氧滤池的构造

厌氧滤池主要由滤料、布水系统、沼气收集系统组成。

①滤料。滤料是厌氧滤池的主体,其主要作用是提供微生物附着生长的表面及悬浮生长的空间,对滤料的要求:比表面积大,以利于增加厌氧生物滤池中的生物量;孔隙率高,以截留并保持大量悬浮微生物,同时也可防止堵塞;表面粗糙度较大,以利于厌氧细菌附着生长;机械强度高;化学和生物学稳定性好;质量轻;价格低廉等。

在厌氧滤池中经常使用的滤料有如下几种:

a.实心块状滤料:30~45 mm的碎块,比表面积和孔隙率都较小,分别为40~50 m^2/m^3和50%~60%,此时厌氧滤池中的生物浓度较低,有机负荷也低,仅为3~6 kgCOD/($m^3 \cdot d$),易发生局部堵塞,产生短流。

b.空心块状滤料:多用塑料制成,呈圆柱形或球形,内部有不同形状和大小的孔隙,比表面积和孔隙率都较大。

c.管流型滤料:包括塑料波纹板和蜂窝填料等,比表面积为 $100\sim200$ m²/m³,孔隙率可达 $80\%\sim90\%$,有机负荷可达 $5\sim15$ kgCOD/(m³·d)。

d.交叉流型滤料。

e.纤维滤料:包括软性尼龙纤维滤料、半软性聚乙烯、聚丙烯滤料、弹性聚苯乙烯填料。纤维滤料的比表面积和孔隙率都较大,偶有纤维结团现象,价格较低,应用普遍。

②布水系统。在厌氧滤池中布水系统的作用是将进水均匀分配于全池,因此在设计计算时,应特别注意孔口的大小和流速。与好氧滤池不同的是,因为需要收集产生的沼气,厌氧滤池多是封闭式的,即其内部的水位应高于滤料层,将滤料层完全淹没。其中,升流式厌氧滤池的布水系统应设置在滤池底部,这种形式在实际应用中较为广泛,一般滤池的直径为 $6\sim26$ m,高为 $3\sim13$ m;而降流式厌氧滤池的水流方向正好与之相反。升流式混合型厌氧滤池的特点是减小了滤料层的厚度,留出了一定空间,以便悬浮状态的颗粒污泥在其中生长和累积。

③沼气收集系统。厌氧滤池的沼气收集系统基本与厌氧消化池的类似。

(2)厌氧滤池的类型

按水流的方向,厌氧滤池可分为两种主要形式,如图4.84所示。

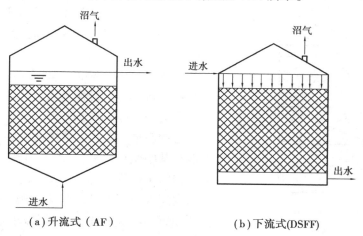

（a）升流式（AF）　　　　　　　（b）下流式(DSFF)

图 4.84　厌氧滤池的两种形式

废水向上流动通过反应器的厌氧滤池称为升流式厌氧滤池,当有机物浓度和性质适宜时采用的有机负荷可高达 $10\sim20$ kg/(m³·d)。另外还有下流式厌氧滤池,也称为下流式厌氧固定膜反应器(DSFF)。不管是什么形式,系统中的填料都是固定的,废水进入反应器内,逐渐被细菌水解酸化,转变为乙酸,最终被产甲烷菌矿化为 CH_4,废水组成随反应器不同高度而变化。因此,微生物种群分布也相应的发生规律性变化。在废水入口处,产酸菌和发酵细菌占较大比例;随着水流方向,产乙酸菌和产甲烷菌逐渐增多并占据主导地位。

两种厌氧滤池的主要不同点是其内部液体的流动方向不同,在 AF 中,水从反应器底部进入,而在 DSFF 中,进水从反应器顶部进入,两种反应器均可用于处理低浓度或高浓度废水;DSFF 由于使用了竖直排放的填料,其间距宽,因此能处理浓度相当高的悬浮性固体,而 AF 则不能。另外,在 DSFF 反应器中,菌胶团以生物膜的形式附着在填料上;而在 AF 中,菌胶团截留在填料上,特别是复合厌氧床反应器,即在厌氧滤池内有两种方式的生物量,其一是固定在填料表面的生物膜,其二是在反应器空间内形成的悬浮细菌聚集体。

（3）厌氧滤池的特点

①用于溶解性有机废水的厌氧处理,生物固体浓度高,有机负荷高,其有机负荷为0.2~16 kgCOD/（m³·d）。

②无须污泥或出水回流。

③出水挟带污泥很少,较洁净。

④降流式较升流式厌氧滤池中生物固体浓度的分布更均匀。

⑤剩余污泥量很少,有时几乎不存在排泥问题。

⑥当温度为30~35 ℃时,有机负荷率一般可达3~6 kgCOD/（m³·d）（块状填料）、5~8 kgCOD/（m³·d）（塑料填料）,相应COD去除率可达80%以上。

⑦装置简单,工艺本身能耗少,运行管理方便;

⑧滤床底部容易发生堵塞,当采用块状填料时,进水中悬浮固体（SS）含量应以不超过200 mg/L为宜。当进水COD浓度过高（>8 000或12 000 mg/L）时,应采用出水回流的措施:减少碱度的要求或降低进水COD浓度。

2）厌氧复合床反应器

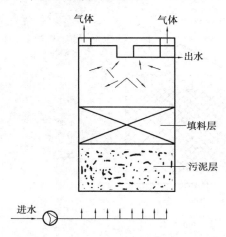

图4.85　厌氧复合床反应器示意图

厌氧复合床反应器实际是将厌氧滤池与升流式厌氧污泥床反应器组合在一起,其示意图如图4.85所示。

厌氧复合床反应器下部为污泥悬浮层,而上部则装有填料。可以看作是将升流式厌氧滤池的填料层厚度适当减小,在池底布水系统与填料层之间留出一定的空间,以便悬浮状态的颗粒污泥和絮状污泥能在其中生长积累,因此又构成一个UASB处理工艺。当污水依次通过悬浮泥层及填料层,有机物将与污泥层颗粒污泥及填料生物膜上的微生物接触并得到稳定。与厌氧滤池相比,减少了填料层的高度,也就减少了滤池被堵塞的可能性;与升流式厌氧污泥床相比,可不设三相分离器,使反应器构造与管理简单化。填料层既是厌氧微生物的载体,又可截留水流中的悬浮厌氧活性污泥碎片,从而能使厌氧反应器保持较高的微生物量,并使出水水质得到保证。厌氧复合床反应器中填料层高度一般为反应区总高度的2/3,而污泥层的高度为反应区总高度的1/3。

厌氧复合床反应器综合了厌氧滤池与升流式厌氧污泥反应器的优点,克服了它们的缺点。实际应用中可以结合具体情况,将原厌氧滤池与升流式厌氧污泥反应器进行适当改造,即便不能提高处理效率,也可以起到便于操作管理的作用。比如在升流式厌氧污泥反应器的上部加设填料,可以不设三相分离器,使反应器构造简单化;将厌氧滤池下部的填料去掉一些,可以减少滤池被堵塞的可能性。

3）厌氧生物转盘

（1）厌氧生物转盘的构造

厌氧生物转盘在构造上类似于好氧生物转盘,即主要由盘片、传动轴与驱动装置、反应槽等部分组成。在结构上利用一根水平轴装上一系列圆盘,若干圆盘为一组,称为一级。厌氧微生物附着在转盘表面,并在其上生长。附着在盘板表面的厌氧生物膜,代谢污水中的有机物,并保持较长的污泥停留时间。厌氧生物转盘的构造如图4.86所示。

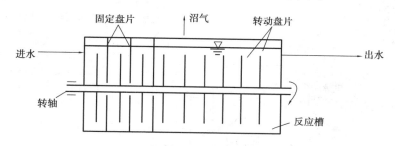

图4.86 厌氧生物转盘构造图

（2）厌氧生物转盘的特点

生物转盘中的厌氧微生物主要以生物膜的附着生长方式,适合于繁殖速度很慢的甲烷菌的生长。厌氧微生物代谢有机物的条件是在无分子氧条件下进行,构造上有如下特点:

①微生物浓度高,可承受高额的有机物负荷,一般在中温发酵条件下,有机物面积负荷可达 0.04 kgCOD/（m³ 盘片·d）左右,相应的 COD 去除率可达90%左右。

②废水在反应器内按水平方向流动,不需提升废水,从这个意义来说是节能的。

③无须处理水回流,与厌氧膨胀床和流化床相比较既节能又便于操作。

④可处理含悬浮固体较高的废水,不存在堵塞问题。

⑤由于转盘转动,不断使老化生物膜脱落,使生物膜经常保持较高的活性。

⑥具有承受冲击负荷的能力,处理过程稳定性较强。

⑦可采用多种串联,各级微生物处于最佳的条件下。

⑧便于运行管理。

厌氧生物转盘的主要缺点是盘片成本较高,使整个装置的造价很高。

4.4.4 两相厌氧消化

两相消化法就是根据消化机理,将第一、二阶段与第三阶段分别在两个消化池中进行,使各自都在最佳环境条件中进行消化,使各相消化池具有更适合于消化过程三个阶段各自的菌种群生长繁殖的环境。

两相消化中,第一相消化池容积的设计:投配率采用100%,即停留时间为 1 d;第二相消化池容积的设计:投配率采用15%~17%,即停留时间6~6.5 d。池型与构造完全同前,第二相消化池有加温、搅拌设备及集气装置,消化池的容积产气量为 1.0~1.3 m³/m³,每去除1 kg有机物的产气量为 0.9~1.1 m³/kg。

两相消化具有池容积小、加温与搅拌能耗少、运行管理方便、消化更彻底的特点。

1）两相厌氧生物处理的组成

两相厌氧生物处理法工艺流程一般如图4.87所示,工艺流程由两大部分组成。

（1）酸化反应器

这是有机物的水解、酸化部分,一般采用完全混合方式厌氧（或缺氧）反应器。这样,不仅可使物料在反应器中均匀分布,而且即使进水中含一定量悬浮固体时,也不至于影响反应器的正常运行。反应器出流经沉淀进行固液分离后,部分污泥回流至酸化罐,以保持罐中有一定的污泥浓度,剩余污泥排放。上清液由沉淀池上部流出,作为下一步反应器(气化罐)的进水。

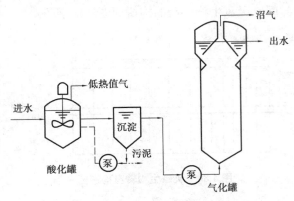

图 4.87 两相厌氧生物处理法工艺流程

(2)气化反应器

有机物经水解、酸化后,在气化反应器内继续分解产气(沼气),一般采用上流式厌氧污泥床或厌氧过滤床、膨胀床等。甲烷菌利用有机物酸化产物(低分子有机酸、醇类)为养料进行发酵产气,故称这一部分的反应器为气化反应器或甲烷反应器。反应过程中产生的沼气自气化罐顶部收集后引出利用。

2)两相厌氧生物处理的工艺特点

①有机物的酸化和气化分隔在两个独立的反应器进行,可提供产酸菌和甲烷菌各自最佳的生长条件,并获得各自较高的反应速率,以及良好的反应器运行情况。

②当进水有机物负荷变化时,由于酸化罐存在的缓冲作用,对后接气化罐的运行,影响不致过大。或者说,两相厌氧生物处理法具有一定的耐冲击负荷能力,运行稳定。

③两相厌氧生物处理法系统的总有机负荷率较高,致使反应器的总容积比较小。如在酸化反应器中,反应过程快、水力停留时间短、有机负荷率高。一般在反应 30~35 ℃情况下,水力停留时间为 10~24 h,有机负荷率为 25~60 kgCOD/(m^3·d)(相当于厌氧产气反应器的 3~4倍)。故有机物在酸化过程中所需的反应器容积是相当小的。而且,经过酸化过程后,废水的COD 一般可被去除 20%~25%,进入气化罐的有机物负荷量就可减少,相应容积也随之减少。

④采用两相厌氧生物处理法后,进入气化罐的废水水质情况有所改善,如有机物酸化降解为低分子有机酸,水中所含悬浮固体减少较多,使得气化罐运行条件良好。在这种情况下,反应器的 COD 去除率及产气率有所提高。一般在中温发酵(30~35 ℃)情况下,COD 总去除率可达 90%,总产气率达 3 m^3/(m^3·d)左右。

⑤由于两相厌氧生物处理法的反应器总容积较小,相应的基本费用降低。

4.5 污水的深度处理与回用

污水深度处理是指进一步去除二级处理出水中特定污染物的净化过程,包括以排放水体作为补充地下水源为目的的三级处理和以回用为目的的深度处理。主要处理工艺有沉淀法、粒状材料过滤法、活性炭吸附法、膜处理法、离子交换法和消毒等。

由于水资源的日益缺乏,污水已作为一种水资源进行再生处理和回用,再生水水质指标高于排放标准但又低于饮用水卫生标准。污水的深度处理是对城市污水二级处理厂的出水进一步处理,以去除其中的悬浮物和溶解性无机物与有机物等,使之达到相应的水质标准。污水深度处理后利用途径不同,处理的水质目标也不同,在前述技术中选择一种或几种工艺按照实用、经济、高效、运行稳定、操作管理方便的原则,通过技术经济比较后组合成相应的深度处理工艺。根据污水二级处理技术净化功能对城市污水所能达到的处理程度,一般情况下,污水中还含有相当数量的有机污染物、无机污染物、植物性营养盐,还可能含有细菌和重金属等有毒有害物质。

对二级处理后污水回用进行进一步深度处理的对象是:
①去除水中残存的悬浮物(包括活性污泥颗粒);脱色、除臭,使水进一步澄清。
②进一步降低水中的 BOD_5、COD、TOC 等含量,使水进一步稳定。
③进行脱氮除磷,消除能够导致水体富营养化的因素。
④进行消毒杀菌,去除水中有毒有害物质。
深度处理后的污水应能达到的目标:
①排放至包括具有较高经济价值的水体及缓流水体在内的任何水体,补充地面水源。
②回用于农田灌溉、市政杂用,如浇灌城市绿地、冲洗街道、车辆清洗、景观用水等。
③居民小区中水回用冲洗厕所。
④作为冷却水和工艺用水的补充用水,回用于工业企业。
⑤回灌地下,用于防止地面下沉或海水入浸。
表 4.19 所列是对二级处理水进行深度处理的目的、去除对象和可采用的处理技术。

表 4.19　深度处理的目的、去除对象和可采用的处理技术

处理目的	去除对象		有关指标	采用的主要处理技术
排放水体再用	有机物	悬浮状态	SS、VSS	快滤池、微滤机、混凝沉淀
		溶解状态	BOD_5、COD、TOC、TOD	混凝沉淀、活性炭吸附、臭氧氧化
防止富营养化	植物性营养盐类	氮	T-N、K-N、NH_3-N、NO_2^--N、NO_3^--N	吹脱、折点氯化脱氮、生物脱氮
		磷	PO_4^{3-}、T-P	金属盐混凝沉淀、石灰混凝沉淀、晶析法、生物除磷
再用	微量成分	溶解性无机物、无机盐类	电导率 Na^+、Ca^{2+}、Cl^-	膜处理、离子交换
		微生物	细菌、病毒	臭氧氧化、消毒(氯气、次氯酸钠、紫外线)

4.5.1　脱氮除磷

氮和磷是生物体合成细胞需要的营养元素。当大量含氮和磷的污水排入湖泊、河口、海湾等缓流水体,将造成水体的富营养化,引起藻类及其他浮游生物的过度繁殖,使水具有色和气味,造成感官不适;氨氮的存在使水体的溶解氧降低,从而导致鱼类死亡和水体黑臭。这种水如果排放到水源水体中会增加制水成本。一些氮化合物还对人和生物具有毒害作用。农业灌溉用水中,总氮(TN)含量如超过 1 mg/L,某些作物因过量吸收氮,会产生贪青倒伏现象。

以传统活性污泥法为代表的好氧生物处理法,主要去除污水中呈溶解性的有机物,对于氮、磷而言,只能去除细菌细胞由于生理上的需求而摄取的数量。因此,氮的去除率只有 20%~40%,而磷的去除率只有 5%~20%。

1)脱氮原理

在自然界中,氮以有机氮(Org-N)和无机氮(Inorganic-N)两种形态存在。前者有蛋白质、多肽、氨基酸和尿素等,主要来源于生活污水、农业废弃物和某些工业废水。无机氮又称为氨态氮(NH_3、NH_4^+),一般以 NH_3 为主。无机氮包括氨氮(NH_4^+-N)、亚硝酸氮(NO_2^--N)和硝酸氮(NO_3^--N),这三者又称之为氮化合物。无机氮一部分是由有机氮经微生物的分解转化后形成的,还有一部分是来自施用氮肥的农田排水和地表径流,以及某些工业废水。有机氮和无机氮统称为总氮(TN)。

污水脱氮技术可以分为物理化学脱氮和生物脱氮两种技术。

物理化学脱氮有吹脱法、折点加氯法、选择离子交换法、电渗析法、反渗透法、电解法等。

水中氨氮以氨离子(NH_4^+)和游离氨(NH_3)两种形式保持平衡关系为:

$$NH_3 + H_2O \rightleftharpoons NH_4^+ + OH^- \tag{4.113}$$

这一关系受 pH 值影响,当 pH 值升高,平衡向左移动,游离氨所占比例增加。25℃,当 pH 值为 7 时,氨离子所占比例为 99.4%;当 pH 值上升至 11 左右时,游离氨增高至 90%以上。此时如果让污水流过吹脱塔,便可以使氨从污水中逸出,这就是吹脱法的基本原理。吹脱法的优点是最为经济且操作简便,除氮效果稳定;缺点是逸出的氨氮会造成空气二次污染。

在城镇污水处理工艺中,主要采取生物脱氮技术。

污水生物处理中氮的转化包括同化、氨化、硝化和反硝化作用。

（1）同化作用

污水生物处理过程中,一部分氮(氨氮或有机氮)被同化成微生物细胞的组分。按细胞干重计算,微生物细胞中氮的含量约为 12.5%。

（2）氨化作用

有机氮化合物在氨化菌的作用下,分解、转化为氨态氮,这一过程称为氨化反应。以氨基酸为例,其反应如下:

$$RCHNH_2COOH + O_2 \longrightarrow NH_3 + CO_2 + RCOOH \tag{4.114}$$

氨化菌为异养菌,一般氨化过程与微生物去除有机物同时进行,有机物去除结束时,已经完成氨化过程。

（3）硝化作用

硝化作用是由硝化细菌经过两个过程,将氨氮转化成亚硝酸氮和硝酸氮。

氨氮的细菌氧化过程为:

$$NH_4^+ + 1.5O_2 \longrightarrow NO_2^- + H_2O + 2H^+ \tag{4.115}$$

此时使氨转化成亚硝酸氮。

亚硝酸氮的细菌氧化过程为:

$$NO_2^- + 0.5O_2 \longrightarrow NO_3^- \tag{4.116}$$

此时,亚硝酸氮在硝化菌的作用下进一步转化为硝酸氮。

总反应为:

$$NH_4^+ + 2O_2 \longrightarrow NO_3^- + H_2O + 2H^+ \tag{4.117}$$

亚硝酸菌和硝酸菌统称为硝化菌,硝化菌是化能自养菌,属革兰氏染色阴性和不生芽孢的短杆状细菌,广泛存活在土壤中,在自然界氮的循环中起着重要作用。这类细菌的生理活动不需要有机性营养物质,只是从 CO_2 获取碳源,从无机物的氧化中获取能量。硝化菌是专性好氧菌,只有在有溶解氧的条件下才能增殖,厌氧和缺氧条件都不能增殖,但在厌氧、缺氧、好氧状态下均会发生衰减死亡。

硝化菌对环境的变化很敏感,为了使硝化反应正常进行,必须保持硝化菌所需要的环境条件。影响硝化反应的主要因素有:

①溶解氧。硝化细菌的好氧性强,硝化反应必须在好氧条件下才能进行。在进行硝化反应的曝气生物反应池内,需要保持良好的好氧条件。试验结果证实,溶解氧含量不低于 1 mg/L,一般硝化反应中的 DO 浓度大于 2 mg/L。

②温度。硝化反应的适宜温度是 20~30 ℃,15 ℃以下时反应速率下降,5 ℃时完全停止。

③pH 值和碱度。在硝化反应过程中,将释放出 H^+ 离子,致使混合液中 H^+ 离子浓度增高,从而使 pH 值下降。硝化细菌对 pH 值非常敏感,最佳 pH 值为 8.0~8.4,在这一最佳条件下,硝化速率、硝化菌最大的比增殖速率可达最大值。

为了保持适宜的 pH 值,应在污水中保持足够的碱度,为反应过程中 pH 值的变化起缓冲作用。一般来说,1 g 氨态氮(以 N 计)完全硝化,需碱度(以 $CaCO_3$ 计)7.14 g,因此好氧池总碱度(以 $CaCO_3$ 计)宜大于 70 mg/L。

④有机物浓度。硝化菌是自养型细菌,有机物浓度虽然不是它的生长限制因素,但是若有机物浓度过高,会使增殖速率较高的异养型细菌大量增殖,从而使自养型硝化菌不能成为优势种属,硝化难以进行。故在硝化反应中,混合液中有机物含量不应过高,BOD 值宜在 20 mg/L 以下。

⑤污泥龄。为使硝化菌群能够在连续流反应池中存活,活性污泥在反应池中的污泥龄必须大于自养型硝化菌最小的世代时间,否则硝化菌的流失率将大于净增殖率,使硝化菌从系统中流失殆尽。一般污泥龄应为硝化菌最小世代时间的 2 倍以上,即安全系数应大于 2。硝化菌最小世代时间与温度密切相关,温度低,世代时间明显增长。

⑥重金属及有害物质。某些重金属、络合离子和有毒有机物,高浓度的 NH_4^+-N、NO_x^+-N 对硝化反应会产生抑制作用。

(4)反硝化作用

反硝化作用是在缺氧(不存在分子态游离溶解氧)条件下,将亚硝酸氮和硝酸氮还原成气态氮(N_2)或 N_2O、NO。参与这一生化反应的是反硝化细菌,这类细菌在无分子氧条件下,将硝酸根和亚硝酸根作为电子受体。

反硝化的简化生物化学反应式如下:

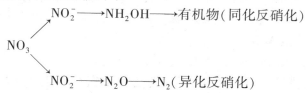

反硝化过程与硝化过程一样,也受温度、溶解氧、酸碱度、C/N、有毒物质影响。需要说明的是反硝化菌是异养兼性厌氧菌,只有 DO 在 0~0.3 mg/L 才能实现。

2)生物脱氮工艺

在城镇污水生物脱氮系统中,氮的转化过程如图 4.88 所示,颗粒性不可生物降解有机氮经生物絮凝作用成为活性污泥组分,通过剩余活性污泥将其从系统中去除;颗粒性可生物降解有机氮经水解转化为溶解性有机氮。溶解性不可生物降解有机氮随出水排出,溶解性可生降解有机氮在有氧条件下经异养细菌氨化为氨氮,由硝化菌将氨氮氧化为硝态氮,再在缺氧条件下由反硝化菌将硝态氮还原成气态氮从污水中逸出。

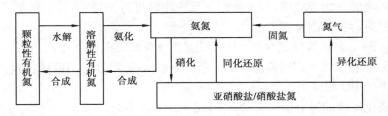

图 4.88　污水生物脱氮系统中氮的生物转化过程

生物脱氮工艺中,由于硝化和反硝化过程微生物对氧的需求不同,可以将处理构筑物分成好氧处理构筑物和缺氧处理构筑物。根据微生物在构筑物中的生长条件,可以分为悬浮生长型(活性污泥法、氧化沟)和附着生长型(生物滤池、生物转盘、生物流动床)两大类。

(1)传统活性污泥法脱氮工艺

传统活性污泥法脱氮是指污水连续经过三套生物处理装置,依次完成碳氧化、硝化、反硝化 3 个过程,分别在第一级的曝气池、第二级的硝化池、第三级的反硝化反应器内完成。其中每套系统都有各自的反应池、二次沉淀池和污泥回流系统。

该工艺的优点是好氧菌、硝化菌和反硝化菌分别生长在不同的构筑物中,反应速度较快,并且不同性质的污泥分别在不同的沉淀池中沉淀分离和回流,故运行管理较为方便,易于掌握,灵活性和适应性较大,运行效果较好。但是该工艺处理构筑物较多,设备较多,管理复杂,目前已经很少应用。

(2)二级生物脱氮系统

这种系统是在第一级中同时完成碳氧化和硝化等过程,经沉淀后在第二级中进行反硝化脱氮,然后混合液进入最终沉淀池,进行泥水分离。它具有与传统活性污泥法生物脱氮系统类似的优点,但是减少了一个中间沉淀池。

(3)单级生物脱氮系统

此种系统的特点是没有中间沉淀池(图 4.89),仅有一个最终沉淀池。有机污染物的去除和氨化过程、硝化反应在同一反应器中进行,从该反应器流出的混合液不经沉淀,直接进入缺氧池,进行反硝化。因此该工艺流程简单,处理构筑物和设备较少,克服了上述多级生物脱氮系统的缺点。但是存在着反硝化的有机碳源不足,难以控制,以及出水水质难以保证等缺点。

(4)前置反硝化脱氮(A/O)工艺

以上系统都是遵循污水碳氧化、硝化、反硝化顺序进行的。这 3 种系统都需要在硝化阶段投加碱度,在反硝化阶段投加有机物。为了解决这个问题,在 20 世纪 80 年代后期产生了前置反硝化工艺,即将反硝化反应器放置在系统前端(图4.90)。

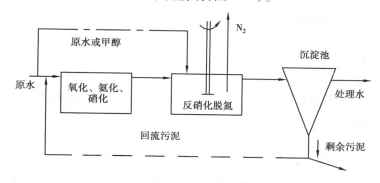

图4.89　单级生物脱氮系统

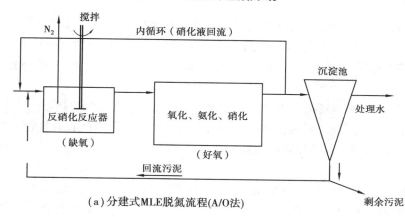

（a）分建式MLE脱氮流程(A/O法)

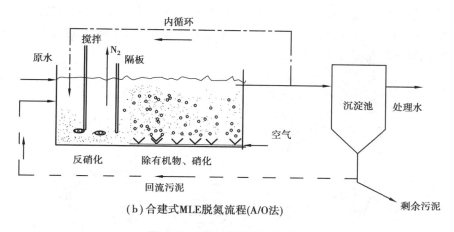

（b）合建式MLE脱氮流程(A/O法)

图4.90　MLE脱氮流程（A/O法）

A/O工艺的工作过程:原污水、回流污泥同时进入反硝化的缺氧池,与此同时,后续反应器内已进行充分反应的硝化液的一部分回流至缺氧池,在缺氧池内将硝态氮还原为气态氮,完成生物脱氮;之后,混合液进入好氧池,完成有机物氧化、氨化、硝化反应。

由于原污水直接进入缺氧池,为缺氧池的硝态氮反硝化提供了足够的碳源有机物,不需外加。缺氧池在好氧池之前,由于反硝化消耗了一部分碳源有机物,有利于减轻好氧池的有机负荷,减少好氧池的需氧量。

再则,反硝化反应产生的碱度可以补偿硝化反应消耗的部分碱度,因此,一般情况下可不必另行投碱以调节 pH 值。

该流程简单,省去了中间沉淀池,构筑物少,节省基建费用,同时运行费用低,电耗低,占地面积小。

A/O 脱氮系统的好氧池和缺氧池可以合建在同一构筑物内,用隔墙将两池分开,也可以建成两个独立的构筑物。

3)**除磷原理**

除磷技术分为化学除磷和生物除磷。磷在污水中基本上都是以不同形式的磷酸盐存在。按化学特性(酸性水解和酸化)可分成正磷酸盐、聚合磷酸盐和有机磷酸盐,分别简称为正磷、聚磷和有机磷。

化学除磷的基本原理是通过投加化学药剂形成不溶性磷酸盐沉淀物,然后通过固液分离将磷从污水中去除。可用于化学除磷的金属盐有钙盐、铁盐和铝盐 3 种。最常用的是石灰($Ca(OH)_2$)、硫酸铝($Al_2(SO_4)_3 \cdot 18H_2O$)、铝酸钠($NaAlO_2$)、三氯化铁、硫酸铁、硫酸亚铁和氯化亚铁等。

目前生物除磷的机理还没有彻底研究清楚,一般认为,生物除磷过程中,在好氧条件下细菌吸收大量的磷酸盐,磷酸盐作为能量的储备;在厌氧状态下用于吸收有机物并释放磷。这是一个循环的过程,细菌交替释放和吸收磷酸盐。

4)**生物除磷工艺**

1972 年开发的弗斯特利普(Phostrip)除磷工艺,是将生物除磷和化学除磷相结合的一种工艺,其流程如图 4.91 所示。将含磷污水和由除磷池回流的脱磷但含有聚磷菌的污泥同步进入曝气池,在好氧条件下,聚磷菌过量摄取磷,有机物得到降解,同时还可能出现硝化反应。之后,从曝气池流出的混合液进入沉淀池 Ⅰ,在这里进行泥水分离,含磷污泥沉淀至池底,已除磷的上清液作为处理水而排放,及时排放剩余污泥。

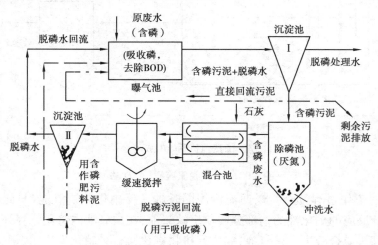

图 4.91 Phostrip 除磷工艺

回流污泥的一部分(为进水流量的 10%~20%)旁流入一个除磷池,除磷池处于厌氧状态,含磷污泥(聚磷菌)在这里释放磷。投加冲洗水,使磷充分释放,已释放磷的污泥沉于池底,然后回流至曝气池。含磷上清液从上部流出进入混合池。

含磷上清液进入混合池,同步向混合池投加石灰乳,经混合后再进行搅拌反应,磷与石灰反应,使溶解性磷转化为不溶性的磷酸钙($Ca_3(PO_4)_2$)固体物质。沉淀池(Ⅱ)为混凝沉淀池,经过混凝反应形成的磷酸钙固体物质在这里与上清液分离,已除磷的上清液回流曝气池,而含有大量 $Ca_3(PO_4)_2$ 的污泥排出。

Phostrip 除磷工艺是生物除磷与化学除磷相结合的工艺,除磷效果良好,处理水中含磷量一般都低于 1 mg/L。该工艺只适于单纯除磷、不脱氮的废水处理工艺。

本工艺流程复杂,运行管理也比较复杂,投加石灰乳,运行费用也有所提高,修建费用高。

5) 同步脱氮除磷工艺

同步脱氮除磷工艺目前常用 A^2/O 法。A^2/O 工艺是英文(Anaerobic-Anoxic-Oxic)第一个字母的简称,即厌氧-缺氧-好氧法,如图 4.92 所示。

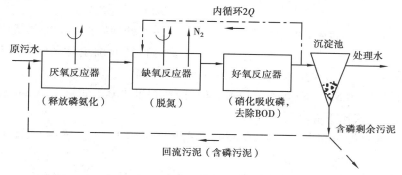

图 4.92 A^2/O 法同步脱氮除磷工艺流程

首先,原废水与含磷回流污泥一起进入厌氧池。除磷菌在这里释放磷和摄取有机物。混合液从厌氧池进入缺氧池,本段的首要功能是脱氮,硝态氮是通过内循环由好氧池送来的,循环的混合液量较大,一般为 2 倍的进水量。然后,混合液从缺氧池进入好氧池-曝气池,这一反应池单元是多功能的,去除 BOD、硝化和吸收磷等项反应都在本反应器内进行。最后,混合液进入沉淀池,进行泥水分离,上清液作为处理水排放,沉淀污泥的一部分回流厌氧池,另一部分作为剩余污泥排放。

本工艺在系统上可以称为最简单的同步脱氮除磷工艺,总的水力停留时间少于其他同类工艺。而且在厌氧(缺氧)、好氧交替运行条件下,不易发生污泥膨胀。运行中不需投药,厌氧池和缺氧池只用轻缓搅拌,运行费用低。

本工艺也存在如下各项待解决问题:除磷效果难以进一步提高,特别是当 P/BOD 值高时更是如此;脱氮效果也难以进一步提高,内循环量一般以 2Q 为限,不宜太高;沉淀池要保持一定浓度的溶解氧,减少停留时间,防止产生厌氧状态和污泥释放磷的现象出现,但溶解氧浓度也不宜过高,以防止循环混合液对缺氧反应器的干扰。

4.5.2 污水消毒

城镇污水经过二级处理后,水质已经改善,细菌含量大幅减少,但细菌的绝对值仍然很可观,并存在着有病原菌的可能。《城镇污水处理厂污染物排放标准》(GB 18918—2002)把粪大肠菌群列为基本控制项目。该标准规定执行二级标准和一级 B 类标准的污水处理厂,粪大肠菌群最高允许不超过 10 000 个/L,执行一级 A 类标准的不超过 1 000 个/L。《室外排水设计标准》(GB 50014—2021)规定,深度处理的再生水必须进行消毒。

污水消毒的主要方法是向污水中投加消毒剂,目前用于污水消毒的消毒剂有液氯、臭氧、次氯酸钠、紫外线等。

1)液氯消毒

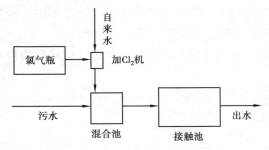

图 4.93　液氯消毒工艺流程

（1）消毒原理

氯投入水中后会产生次氯酸,是极强的消毒剂,可以杀灭细菌和病原体。消毒效果与水温、pH 值、接触时间、混合程度、污水浊度及所含的干扰物质、有效氯浓度有关。液氯消毒工艺流程如图 4.93 所示。

（2）设计参数

污水处理后出水的加氯量应根据试验或类似运行经验确定。无试验资料时,二级处理出水可采用 6~15 mg/L,再生水的加氯量按卫生学指标和余氯量确定。

混合池设计历时为 5~15 s,当用鼓风混合时,鼓风强度为 0.2 m³/(m³·min);当采用隔板式混合时,池内平均流速不应小于 0.6 m/s。

接触消毒池的接触时间不应小于 30 min,沉降速度采用 1~1.3 mm/s,保证余氯量不少于 0.5 mg/L。

【例 4.7】　已知设计污水流量 $Q_1 = 150\ 000\ m^3/d = 6\ 250\ m^3/h$(包括水厂用水量),拟采用投液氯消毒,最大投氯量为 $a = 5\ mg/L$,接触消毒池水力停留时间 $T = 0.5\ h$,仓库储氯量按 30 d 计。试设计计算该接触消毒池。

【解】　①加氯量 Q:

$$Q = 0.001aQ_1 = 0.00\ 1 \times 5 \times 150\ 000 = 750(kg/d) = 31.25(kg/h)$$

储氯量 G:

$$G = 30Q = 30 \times 750 = 22\ 500(kg)$$

②氯瓶及加氯机:

a.氯瓶数量:采用容量为 1 000 kg 的氯瓶,共 23 只。

b.氯机选型:采用 5~45 kg/h 加氯机 2 台,1 用 1 备。

③按接触时间要求计算消毒池有效容积 V:

$$V = QT = 6\ 250 \times 0.5 = 3\ 125\ m^3$$

消毒池池体具体尺寸设计示意如图 4.94 所示。

消毒池分格数 $n = 3$。

消毒池有效水深设计为 $H = 4.0\ m$。

消毒池池长 $L = 38\ m$,每格池宽 $b = 7.0\ m$,长宽比 $\dfrac{L}{b} = 5.4$。

消毒池总净宽 $B = nb = 3 \times 7.0 = 21.0(m)$。

接触池设计为纵向折流反应池。在第一格，每隔 7.6 m 沿纵向设垂直折流板；第二格，每隔 12.67 m 沿纵向设垂直折流板；第三格不设。

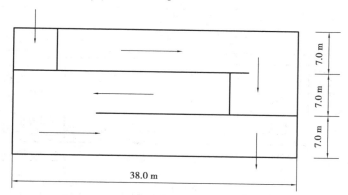

图 4.94　接触消毒池池体尺寸设计示意图

④校核接触消毒池实际有效容积 V'：

$V' = BLH = 21.0 \times 38.0 \times 4.0 = 3\ 192.0 (m^3) > 3\ 125 (m^3)$，满足有效停留时间要求。

2）臭氧消毒

臭氧由 3 个氧原子组成，极不稳定，分解时产生初生态氧[O]，具有极强的氧化能力，是除氟以外最活泼的氧化剂，对具有极强抵抗力的微生物如病毒、芽孢等具有很强的杀伤力。[O] 还有很强的渗入细胞壁的能力，从而破坏细菌有机链状机构，导致细菌的死亡。臭氧消毒的一般工艺流程如图 4.95 所示。

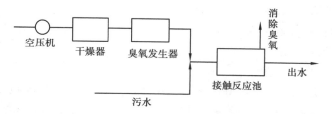

图 4.95　臭氧消毒的工艺流程

臭氧在水中的溶解度仅为 10 mg/L 左右，因此通入污水中的臭氧往往不可能全部被利用。为了提高臭氧的利用率，接触反应池最好建成水深为 4～6 m 的深水池，或建成封闭的几格串联的接触池，用管式或板式微孔扩散器扩散臭氧。扩散器用陶瓷或聚氯乙烯微孔塑料或不锈钢制成。臭氧消毒迅速，接触时间可采用 15 min，能够维持的剩余臭氧量为 0.4 mg/L。接触池排出的剩余臭氧具有腐蚀性，因此需作尾气破坏处理。臭氧不能储存，需现场边发生边使用。

（1）臭氧消毒的特点

①反应快，投量少，在水中不产生持久性残余，无二次污染；

②适应能力强，当 pH 值为 5.6～9.8、水温为 0～35 ℃时，消毒性能稳定；

③臭氧没有氯那样的持续消毒能力。

（2）臭氧消毒设计

臭氧消毒接触池设计为如图 4.96 所示的类型时，其容积可采用式（4.118）计算：

$$V = \frac{QT}{60}$$

（4.118）

式中：V——接触池容积，m^3；

$\quad\quad Q$——所需消毒的污水流量，m^3/h；

$\quad\quad T$——水力停留时间，min，一般取 $5\sim15\ min$。

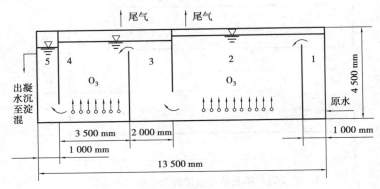

图 4.96　臭氧消毒接触池

图 4.96 中，接触池的 2、4 室的容积和布气量可按 6∶4 分配，1、3、5 室的水流速度可取为 $5\sim10\ cm/s$。池顶应密封，以防尾气漏出。当臭氧发生器低于接触池顶时，进气管应先上弯到池顶以上，再下弯到接触池内，以防池中的水倒流入臭氧发生器。

通常，接触池的深度取 $4\sim6\ m$，可保证臭氧和水的接触时间大于 $15\ min$。

臭氧需要量可按式（4.119）计算：

$$D = 1.06aQ \tag{4.119}$$

式中：D——臭氧需要量，g/h；

$\quad\quad a$——臭氧投加量，g/m^3；

$\quad\quad 1.06$——安全系数；

$\quad\quad Q$——所需消毒的污水流量，m^3/h。

【**例 4.8**】　已知设计流量 $Q=2\ 000\ m^3/h$（包括水厂用水量），拟采用臭氧消毒，经试验确定其最大投加臭氧量 $a=2\ mg/L$。试设计计算采用如图 4.96 所示的臭氧接触池。

【**解**】　（1）臭氧消毒接触池设计计算

①容积。取水力停留时间 $T=9\ min$，则臭氧消毒接触池容积为：

$$V = \frac{QT}{60} = \frac{2\ 000 \times 9}{60} = 300(m^3)$$

②尺寸设计。设池宽 5.2 m，其余尺寸如图 4.96 所示，则其容积为：

$$V = 5.2 \times 4.5 \times 13.5 = 316(m^3) > 300\ m^3，满足有效停留时间要求。$$

③1、3、5 室的水流速度 v_1、v_3、v_5 计算：

$$v_1 = v_5 = \frac{2\ 000 \times 10^2}{3\ 600 \times 5.2 \times 1.0} = 10.7(cm/s)$$

$$v_3 = \frac{1}{2}v_1 = 5.4(cm/s)$$

（2）臭氧发生器所需空气量计算

①臭氧需要量：

$$D = 1.06aQ = 1.06 \times 2 \times 2\ 000 = 4\ 240(g/h)$$

②臭氧化所需空气量。取臭氧化空气的臭氧含量 $c=10\ \mathrm{g/m^3}$，则臭氧化所需空气量为：

$$V_干 = \frac{D}{c} = \frac{4\ 240}{10} = 424（\mathrm{m^3/h}）$$

3）紫外线消毒

（1）工作原理

水银灯发出的紫外线，能穿透细胞壁并与细胞质发生反应而达到杀菌消毒的目的。波长为 2 500~3 600 Å 的紫外光杀菌能力最强。紫外光需照透水层才能起消毒作用，因此处理水水质光传播系数越高，紫外线的消毒效果越好。所以污水中的悬浮物、浊度、有机物都会干扰紫外光的杀菌效果。紫外线消毒工艺流程如图 4.97 所示。

紫外线光源是高压石英水银灯，杀菌设备主要有两种：浸入式和水面式。浸入式是把石英灯管置于水中，此法的特点是紫外线利用效率较高，杀菌效能好，但设备的构造较复杂；水面式的构造简单，但由于反光罩吸收紫外线以及光线散射，杀菌效果不如前者。

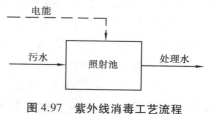

图 4.97　紫外线消毒工艺流程

（2）设计参数

紫外线消毒系统的消毒能力可用辐照剂量（简称剂量）表示，用剂量率（Doesrate）表示紫外线杀灭微生物作用的强度，包括紫外线灯的发射波长、停留时间、紫外线灯到水体任何位置的距离和灯的辐射强度等。实际应用中，用紫外线灯辐射强度和照射接触时间这两个参数来决定剂量率。用化学药剂消毒时，采用 CT 值（化学剂浓度和接触时间的乘积）来表示化学剂剂量，紫外线消毒时则采用 IT 值（紫外线强度和接触时间的乘积）来表示紫外线剂量。

《室外排水设计标准》（GB 50014—2021）规定的污水紫外线消毒的设计参数如下：

①污水厂出水采用紫外线消毒时，宜采用明渠式紫外线消毒系统，清洗方式宜采用在线机械加化学清洗的方式。

②紫外线消毒有效剂量宜根据试验资料或类似运行经验，并宜按下列规定确定：二级处理的出水宜为 15~25 $\mathrm{mJ/cm^2}$，再生水宜为 24~30 $\mathrm{mJ/cm^2}$。

③紫外线照射渠的设计，应符合下列规定：照射渠水流均匀，灯管前后的渠长度不宜小于 1 m；渠道设水位探测和水位控制装置，设计水深应满足全部灯管的淹设要求；当同时应满足最大流量要求时，最上层紫外灯管顶以上水深在灯管有效杀菌范围内。

表 4.20 为一些城镇污水厂消毒的紫外线剂量值。

表 4.20　一些城镇污水厂消毒的紫外线剂量

厂　名	拟消毒的水	紫外线剂量/（$\mathrm{mJ\cdot cm^{-2}}$）	建成时间/年
上海市长桥污水厂	$A_N O$ 二级出水	21.4	2001
上海市龙华污水厂	二级出水	21.6	2002
无锡市新城污水厂	二级出水	17.6	2002
深州市大工业区污水厂（一期）	二级出水	18.6	2003
苏州市新区第二污水厂	二级出水	17.6	2003
上海市闵行区污水处理厂	$A_N O$ 二级出水	15.0	1999

4.5.3 污水的回用

1）回用处理对象

（1）悬浮物的去除

污水中含有的悬浮物是粒径从数 10 nm 到 1 μm 以下的胶体颗粒。经二级处理后，在处理水中残留的悬浮物是以粒径从几 mm 到 10 μm 的生物絮凝体和未被凝聚的胶体颗粒。这些颗粒几乎全部都是有机性的。二级处理水 BOD_5 的 50%～80% 都来源于这些颗粒。此外，去除残留悬浮物是提高深度处理和脱氮除磷效果的必要条件。

去除二级处理水中的悬浮物，采用的处理技术要根据悬浮物的状态和粒径确定。粒径在 1 μm 以上的颗粒，一般采用砂滤去除；粒径从几百 Å 到几十 μm 的颗粒，采用微滤机一类的设备去除；而粒径在几 Å 到 1 000 Å 的颗粒，则应采用用于去除溶解性盐类的反渗透法去除；呈胶体状的粒子，则采用混凝沉淀法去除。

（2）溶解性有机物的去除

在生活污水中，溶解性有机物的主要成分是蛋白质、碳水化合物和阴离子表面活性剂。在经过二级处理的城市污水中的溶解性有机物多为丹宁、木质素、黑腐酸等难降解的有机物。对这些有机物，用生物处理技术是难以去除的，目前还没有比较成熟的处理技术。当前，从经济合理和技术可行方面考虑，采用活性炭吸附和臭氧氧化法比较适宜。

（3）溶解性无机盐类的去除

二级处理技术对溶解性无机盐类是没有去除功能的，因此在二级处理水中可能含有这一类物质。含有溶解性无机盐类的二级处理水不宜回用和灌溉农田，因为这样做可能产生下列问题：

①金属材料与含有大量溶解性无机盐类的污水相接触，可能产生腐蚀作用；

②溶解度较低的 Ca 盐和 Mg 盐从水中析出，附着在器壁上，形成水垢；

③SO_4^{2-} 还原，产生硫化氢，放出臭气；

④灌溉用水中含有盐类物质，对土壤结构不利，影响农业生产。

目前能有效地用于二级处理水脱盐处理的技术，主要有反渗透、电渗析以及离子交换等。

（4）细菌的去除

城市污水经二级处理后，水质已经改善，细菌含量也大幅度减少，但细菌的绝对值仍很可观，并存在有病原菌的可能。因此，在排放水体前或在农田灌溉时，应进行消毒处理。污水消毒应连续进行，特别是在城市水源地的上游、旅游区、夏季或流行病流行季节，应严格连续消毒。非上述地区或季节，在经过卫生防疫部门的同意后，也可考虑采用间歇消毒或酌减消毒剂的投加量。

消毒的主要方法是向污水投加消毒剂。目前用于污水消毒的消毒剂有液氯、臭氧、次氯酸钠、紫外线等。

（5）氮的去除

在自然界，氮化合物是以有机体（动物蛋白、植物蛋白）、氨态氮（NH_4^+、NH_3）、亚硝酸氮（NO_2^-）、硝酸氮（NO_3^-）以及气态氮（N_2）的形式存在的；在二级处理水中，氮则是以氨态氮、亚硝酸氮和硝酸氮的形式存在的。

氮和磷同样都是微生物保持正常生理功能必需的元素，即用于合成细胞。但污水中的含氮量相对来说是过剩的,因此一般二级污水处理厂对氮的去除率较低。

根据原理分,脱氮技术可分为物化脱氮和生物脱氮两种技术。吹脱脱氮法是一种常用的物化脱氮技术。目前采用的生物除氮工艺有缺氧-好氧活性污泥法脱氮系统(A/O)、氧化沟、生物转盘等脱氮工艺。

(6)磷的去除

污水中的磷一般有正磷酸盐、聚合磷酸盐和有机磷 3 种存在形态。经过二级生化处理后,有机磷和聚合磷酸盐已转化为正磷酸盐,它在污水中呈溶解状态,在接近中性的 pH 值条件下,主要以 HPO_4^{2-} 的形式存在。污水的除磷技术有:使磷成为不溶性的固体沉淀物,从污水中分离出去的化学除磷法;使磷以溶解态被微生物摄取,与微生物成为一体,并随同微生物从污水中分离出去的生物除磷法。属于化学除磷法的有混凝沉淀除磷技术与晶析法除磷技术,应用广泛的是混凝沉淀除磷技术。

2)污水回用处理系统

污水回用处理系统由前处理技术、中心处理技术和后处理技术 3 部分组成。

前处理技术是为了保证中心处理技术能够正常进行而设置的,它的组成根据主处理技术而定。当以生物处理系统为中心处理技术时,即以一般的一级处理技术(格栅和初次沉淀池)为前处理,但当以膜分离技术为中心处理技术时,将生物处理技术也纳入前处理内。

中心处理技术是处理系统的中间环节,起着承前启后的作用。中心处理技术有两类:一类是一般的二级处理,即生物处理技术(活性污泥法或生物膜法),另一类则是膜分离技术。

后处理技术设置的目的是使处理水质达到回用水规定的各项指标。其中,采用滤池去除悬浮物;通过混凝沉淀去除悬浮物和大分子有机物;溶解性有机物则由生物处理技术、臭氧氧化和活性炭吸附加以去除,臭氧氧化和活性炭吸附还能够去除色度、臭味;杀灭细菌则用臭氧和投氯进行。

(1)传统深度处理组合工艺

工艺 1:二级出水→砂滤→消毒。

工艺 2:二级出水→混凝→沉淀→过滤→消毒。

工艺 3:二级出水→混凝→沉淀→过滤→活性炭吸附→消毒。

此类工艺是目前常用的城市污水传统深度处理技术,在实际运行过程中可根据二级污水处理效果及回用水质要求对工艺进行具体调整。

工艺 1 是传统简单实用的污水二级处理流程,再进一步去除水中微细颗粒物并消毒制出回用水,适用作工业循环冷却用水,城市浇洒、绿化、景观、消防、补充河湖等市政用水和居民住宅的冲洗厕所用水等杂用水。在工程应用中,回用装置设施常与二级污水厂共同建设(在有用地的情况下),深度处理的运行费用为 0.1~0.15 元/t。

工艺 2 是在工艺 1 的基础上增加了混凝沉淀,即通过混凝进一步去除二级生化处理未能去除的胶体物质、部分重金属和有机污染物,出水水质为:SS<10 mg/L、BOD_5<8 mg/L,优于工艺 1 出水。这种回用水除适用作工艺 1 的回用范围外,也有被回灌地下(经进一步土地吸附过滤处理);与新鲜水源混合后作为水厂原水;在工业回用方面作锅炉补给水、部分工艺用水等。国外发达国家的城市回用水(景观、浇洒、洗车、建筑用水等)一般使用这类水质的回用水。

工艺 3 是在工艺 2 的基础上增加了活性炭吸附,这对去除微量有机污染物和微量金属离子,去除色度、病毒等污染物方面的作用是显著的。工艺 3 处理流程长,对含有重金属的污水处理效果较好。二级出水进行传统工艺 3 处理,可去除:浊度 73%~88%,SS60%~70%,色度 40%~60%,BOD₅31%~77%,COD25%~40%,总磷 29%~90%,且对可生物降解有机物的去除高于不易生物降解的有机物。此类工艺适用作除人体直接饮用外的各种工农业回用水和城市回用水,运行费用为 0.8~1.1 元/t。

(2)以膜分离为主的组合工艺

在回用水处理中应用较广泛的膜技术有微滤、超滤、纳滤、反渗透和电渗析等。微孔过滤可有效地去除污水中颗粒物,与传统工艺中的介质过滤处理相当;超滤可有效地去除污水中颗粒性及大分子物质;纳滤、反渗透则对水中溶解性小分子物质较有效。对小规模处理厂(2×10⁴ t/d),膜分离技术的单位体积水处理费用与传统处理工艺大体相当。

工艺 4:二级出水→混凝沉淀、砂滤→膜分离→消毒;

工艺 5:二级出水→砂滤→微滤→纳滤→消毒;

工艺 6:二级出水→臭氧→超滤或微滤→消毒。

此类以膜分离为主的工艺中以超滤膜分离技术替代传统工艺中的沉淀、过滤单元,以生物反应器和膜分离有机结合为核心的膜生物反应器是一项有前途的废水回用处理系统。

为了防止膜污染,膜分离技术前必须通过预处理工艺,为了提高膜分离过程的分离效率,在预处理工艺中常常将污水中微细颗粒和胶体物质去除,并将大分子有机物转化成固相,如混凝沉淀、过滤、活性炭吸附、氯化消毒等方法,并且膜处理工艺的成功运行很大程度上取决于合适的预处理工艺。膜的后处理工艺则包括 pH 值调节或气提,以防止处理后的水对管道产生腐蚀。

工艺 4 是采用混凝沉淀作为膜处理的预处理工艺,混凝的目的是利用混凝剂将小颗粒悬浮胶体结成粗大矾花,以减小膜阻力,提高透水通量;通过混凝剂的电中性和吸附作用,使溶解性的有机物变为超过膜孔径大小的微粒,使膜可截留去除,以避免膜污染。但混凝不能有效地防止膜污染,这是由于混凝主要去除相对分子量大的有机物,而无法去除相对分子量小的天然有机物。混凝所去除的有机物,微滤(MF)和超滤(UF)基本上都能截留去除。

工艺 6 采用臭氧氧化作为膜处理的预处理工艺,通常认为臭氧氧化的作用是将有机物低分子化,因此作为膜分离的预处理是不适合的,但臭氧能将溶解性的铁和锰氧化,生成胶体并通过膜分离加以去除,因而可以提高铁锰的去除率。此外,臭氧氧化可以去除异臭味。

(3)活性炭、滤膜分离为主的组合工艺

工艺 7:二级出水→活性炭吸附或氧化铁微粒过滤→超滤或微滤→消毒;

工艺 8:二级出水→混凝沉淀、过滤→膜分离→(活性炭吸附)→消毒;

工艺 9:二级出水→臭氧→生物活性炭过滤或微滤→消毒;

工艺 10:二级出水→混凝沉淀→生物曝气(生物活性炭)→超滤→消毒。

此类处理工艺则将粉末活性炭(PAC)与 UF 或 MF 联用,组成吸附-固液分离工艺流程进行净水处理。PAC 可有效吸附水中相对分子量小的有机物,使溶解性有机物转移至固相,再利用 MF 和 UF 膜截留去除微粒的特性,将相对分子量小的有机物从水中去除。更重要的是,PAC 还可有效地防止膜污染,PAC 粒径范围一般在 10~500 μm,大于膜孔径几个数量级,因而不会堵塞膜孔径。

4.6　污水的自然生物处理

　　自然生物处理是利用自然环境的净化功能对污水进行处理的一种方法,分为土地处理和稳定塘处理,即利用土壤和水体净化污水。

　　水的社会循环由于人类的干预作用增加了原来没有的物质和能量,导致系统的有序性失衡,必须要解决两个问题:一是利用人工方法恢复打破的有序性,就是污水的净化处理;二是自省人类的干预活动,以更接近自然循环的方式、方法进行生产活动,最根本的方法就是站在实现自然循环的角度,对生产过程中产生的污染物进行必要的污染治理,减少人类干预对水的自然循环的不良影响,通过对水的社会循环的有效控制,解决对自然循环的破坏作用。

4.6.1　土地处理

1)污水土地处理系统及组成

（1）污水土地处理系统

　　污水土地处理系统是在人工控制下,将污水投配在土地上,通过土壤-植物系统净化污水的一种处理工艺。污水生态处理技术以土地处理方法为基础,是污水土地处理系统的进一步演化和发展,以土壤介质的净化功能为核心,在技术上特别强调在污水污染成分处理过程中修复植物-微生物体系与处理环境或介质(如土壤)的相互关系,特别注意对环境因子的优化与调控。土地处理系统是一种环境生态工程,污水土地处理系统能够经济有效地净化污水,还能充分利用污水中的营养物质和水来满足农作物、牧草和林木对水、肥的需要,并能绿化大地、改良土壤。

（2）污水土地处理系统的组成

　　污水土地处理系统的组成包括:

　　①预处理系统;

　　②调节及贮存设备;

　　③污水的输送、配布和控制系统;

　　④土地净化田;

　　⑤净化水收集、利用系统。

　　其中,土地净化田是土地处理系统的核心环节。

2)污水土地处理系统的净化机理

　　土地处理系统是一个系列的处理过程,包括沉淀池、稳定池等处理技术以及土壤-植物系统。这里主要介绍土壤-植物系统。该系统是一个复杂的生命及非生命活动的总称,包括土壤、水和空气三大要素。土壤-植物系统净化作用是一个十分复杂的综合过程,按净化过程的作用性质,可以分为物理化学作用和生化作用两大类型。

（1）物理化学作用

　　物理化学作用包括过滤、吸附和离子交换,化学反应的化学沉淀等。

　　过滤是依靠土壤颗粒间的孔隙来截留、滤除水中的悬浮颗粒。土壤颗粒的大小,颗粒间孔隙的形状和大小、孔隙的分布以及污水中悬浮颗粒的性质、多少与大小等都会影响土壤的过滤净化效果。悬浮颗粒过粗、过多以及微生物代谢产物过多等,会导致土壤颗粒的堵塞。

吸附是在非极性分子之间的范德华力的作用下,土壤中黏土矿物颗粒能够吸附土壤中的中性分子。污水中的部分重金属离子在土壤胶体表面,因阳离子交换作用而被置换吸附并生成难溶性的物质被固定在矿物的晶格中。

金属离子与土壤中的无机胶体和有机胶体颗粒,由于螯合作用形成螯合化合物;有机物与无机物的复合化生成复合物;重金属离子与土壤颗粒之间进行阳离子交换而被置换吸附;某些有机物与土壤中重金属生成可吸性螯合物而固定在土壤矿物的晶格中。

化学沉淀是污水中的重金属离子与土壤的某些组分进行化学反应生成难溶性化合物而沉淀。如果调整、改变土壤的氧化还原电位,能够生成难溶性硫化物;改变 pH 能够生成金属氢氧化物;某些化学反应还能够生成金属磷酸盐等物质,沉积于土壤中。

(2)生化作用

生化作用包括土壤微生物的生物降解、转化及固定作用,以及植物的吸收、转化、降解与合成。

在土壤中生存着种类繁多、数量巨大的土壤微生物,对土壤颗粒中的有机固体和溶解性有机物具有强大的降解与转化能力,这也是土壤具有强大自净能力的主要原因。土壤为细菌、放线菌、真菌、藻类及原生动物提供了适宜的生活环境,由于它们不断地进行各种代谢活动,维持着土壤环境内土壤与其他环境介质之间的物质循环。

在植物生长季节,土壤中植物的根系活动特别活跃。植物通过根系可以吸收土壤和污水中的水、氮、磷等,作为构造植物体所需的物质,同时一些非植物生长必需的金属离子和部分有机物也可以随植物体蒸腾拉力被植物吸收和积累,从而去除污水中大量的营养型污染物和部分有机物。根际土壤由于土质较为疏松和植物根系的传导作用,使氧气充分,同时根系分泌的酶、氨基酸为微生物生存提供了必要的养分,为污染物降解提供了有利条件。

3)污水土地处理系统的工艺类型

(1)慢速渗滤处理系统

慢速渗滤处理系统是以表面布水或高压喷洒方式将污水投配到种有作物的土地表面,污水缓慢地在土地表面流动并向土壤中渗滤,一部分污水直接被作物吸收,一部分则渗入土壤中,而使污水得到净化,如图 4.98 所示。

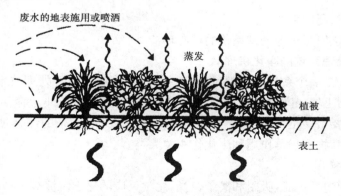

图 4.98　慢速渗滤处理系统

向土地布水可采用表面布水或喷灌布水。一般采用较低的投配负荷,以减慢污水在土壤层的渗滤速度,使其在含有大量微生物的表层土壤中长时间停留,保证水质净化效果。该系统一般不考虑处理水流出。在该处理系统中,投配的污水一部分被修复植物吸收;一部分在渗入底土的过程中,污染物被土壤介质截获,或被修复植物根系吸收、利用或固定,或被土壤中的微生物转化、降解为无毒或低毒的成分。

工程设计时需要考虑的场地工艺参数:土壤渗透系数为 0.036~0.360 m/d,地面坡度小于30%,土层厚大于 0.6 m,地下水位应大于 1.2 m。

（2）快速渗滤处理系统

快速渗滤处理系统是将污水有控制地投配到具有良好渗滤性能的土壤表面,污水在重力作用下向下渗滤过程中,通过生物氧化、硝化、反硝化、过滤、沉淀、还原等一系列作用而得到净化的污水处理工艺类型。快速渗滤处理系统周期性地向具有良好渗透性能的渗滤田灌水和休灌,使表层土壤处于淹水、干燥,即厌氧、好氧交替运行状态。在休灌期,表层土壤恢复为好氧状态,被土壤层截留的有机物被好氧微生物分解,休灌期土壤层的脱水干化有利于下一个灌水期水的下渗和排除。在灌水期,表层土壤转化为缺氧、厌氧状态,在土壤层形成的交替厌氧、好氧状态,有利于氮、磷的去除。快速渗滤处理系统如图 4.99 所示。

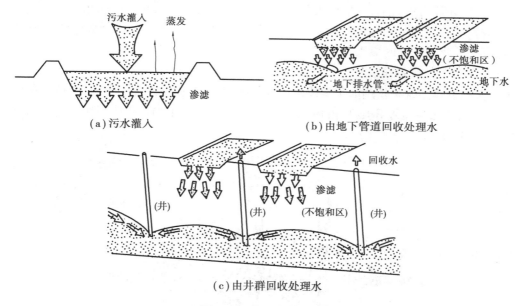

（a）污水灌入　　　　　　　　（b）由地下管道回收处理水

（c）由井群回收处理水

图 4.99　快速渗滤系统

进入快速渗滤处理系统的污水必须经过一定的预处理,一般经过一级处理即可。如场地面积有限,需加大滤速或需要较高质量的出水,则应以二级处理作为预处理。处理水一般采用地下排水管或井群进行回收,可用于补给地下水。

（3）地表漫流处理系统

地表漫流处理系统是以表面布水或低压、高压喷洒形式将污水有控制地投配到生长多年生牧草、坡度和缓、土地渗透性能低的坡面上,使污水在地表沿坡面缓慢流动过程中得以充分净化的污水处理工艺类型。由于对污水预处理要求程度较低,出水以地表径流收集为主,对地下水影响最小。在处理过程中,除少部分水量蒸发和渗入地下外,大部分再生水经集水沟回收,其水力学过程如图 4.100 所示。

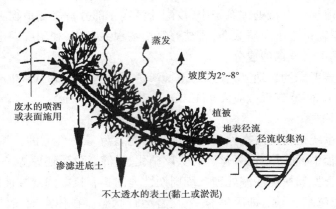

图 4.100　地表漫流系统

　　该系统的工艺目标是:在低预处理水平达到相当于二级处理出水水质;结合其他强化手段,对有机污染及营养物负荷的处理可达到较高水平;再生水收集与回用。

　　该工艺以处理污水为主,兼生长牧草,因此具有一定的经济效益。处理水一般采用地表径流收集,减轻了对地下水的污染。污水在地表漫流的过程中,只有少部分水量蒸发和渗入地下,大部分汇入建于低处的集水沟中。

　　(4)人工湿地处理系统

　　人工湿地处理系统是指用人工筑成水池或沟槽,底面铺设防渗漏隔水层,充填一定深度的填料层,种植水生植物,利用填料、植物、微生物的物理、化学、生物三重协同作用使污水得到净化,如图 4.101 所示。

图 4.101　污水湿地处理系统

　　湿地处理系统对污水净化的作用机理是多方面的,有物理的沉降作用、植物根系的阻截作用、某些物质的化学沉淀作用、土壤及植物的吸附与吸收作用、微生物的代谢作用等。此外,植物根系的某些分泌物对细菌和病毒有灭活作用,细菌和病毒也可能在对其不适宜的环境中自然死亡。

　　在湿地处理系统中,以生长在沼泽地的维管束植物为主要特征。繁茂的维管束植物向其根部输送光合作用产生的氧,每一株维管束植物都是一部“制氧机”,使其根部周围及水中保持一定浓度的溶解氧,为微生物提供了良好的栖息场所,使根区附近的微生物能够维持正常的生理活动。其次,植物也能够直接吸收和分解有机污染物。

人工湿地按照污水流动方式,分为表面流人工湿地、水平潜流人工湿地和垂直流人工湿地。

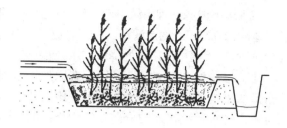

图 4.102　表面流人工湿地示意图

①表面流人工湿地:指污水在填料层表面以上,从池体进水端水平流向出水端的人工湿地,如图 4.102 所示。表面流人工湿地与污水接触的面积大,停留时间长,对悬浮物、有机物的去除效果较好。但占地面积较大,水力负荷率较小,去除能力有限,系统运行受气候影响较大,冬季水面易结冰,夏季易滋生蚊蝇,散发臭气。

②水平潜流人工湿地:指污水在填料层表面以下,从池体进水端水平流向出水端的人工湿地,如图 4.103 所示。它由一个或几个填料床组成,与表面流人工湿地相比,其水力负荷和污染负荷较大,氧源于植物根传输,对有机物、悬浮物、重金属等污染指标的去除效果好,且很少有恶臭和滋生蚊蝇现象。但是其控制相对复杂,脱氮效果较好,除磷效果欠佳。

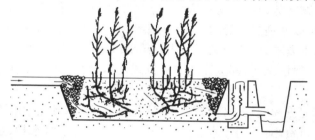

图 4.103　水平潜流人工湿地示意图

③垂直流人工湿地:指污水垂直通过池体中基质层的人工湿地,分为上行流、下行流。上行流人工湿地是进水口在湿地的底部,污水由下向上流动,湿地填料表面设置排集水管。下行流人工湿地通常在整个湿地表面设置配水系统,污水从湿地表面纵向流向填料床的底部,底部排水,水流处于湿地表面以下。床体处于不饱和状态,氧气通过大气扩散和植物传输进入湿地。硝化能力强,适合处理氨氮含量高的污水,但处理有机物能力不如水平潜流人工湿地,控制复杂,落干/淹水时间长,夏季有滋生蚊蝇现象。

(5)污水地下渗滤处理系统

地下渗滤处理系统是将污水投配到具有一定构造和良好扩散性能的地下土层中,污水经毛管浸润和土壤渗滤作用向周围和向下运动过程中达到处理、利用要求的污水处理工艺类型,如图 4.104 所示。

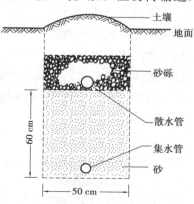

**图 4.104　地下渗滤(毛管浸润式)
示意图**

该处理系统主要应用于分散的小规模污水处理,其工艺目标主要包括:直接处理污水;在地下处理污水的同时为上层覆盖绿地提供水分与营养,使处理场地有良好的绿化带镶嵌其中;产生优质再生水以供回用;节约污水集中处理的输送费用。

污水地下渗滤处理系统一般要经过化粪池或酸化水解池预处理后,再有控制地通入设于地下距地面约 0.5 m 处的渗滤田,在土壤的渗滤作用和毛细管作用下,污水向四周扩散,通过过滤、沉淀、吸附和微生物作用下的降解作用,使污水得到净化。

地下渗滤处理系统是一种以生态原理为基础,以节能、减少污染、充分利用水资源为特点的新型的小规模污水处理工艺技术。该工艺适用于处理居住小区、旅游点、度假村、疗养院等未与城市排水系统接通的分散建筑物排出的小流量污水。

4.6.2 稳定塘

1)稳定塘的类型

稳定塘是自然的或经过人工适当修整,设围堤和防渗层的污水池塘,又称为氧化塘、生物塘。稳定塘是一种古老而又不断发展的,在自然条件下处理污水的生物处理系统。稳定塘系统由若干自然或人工挖掘的池塘组成,主要依靠菌藻作用或菌藻、水生生物等自然生物净化功能净化污水,污水在塘中的净化过程与自然水体的自净过程相近。稳定塘能够有效地处理生活污水、城市污水和各种有机性工业废水。

根据塘水中微生物优势群体类型和塘水的溶解氧工况,将稳定塘分为好氧塘、兼性塘、厌氧塘、曝气塘。专门用以处理二级处理后出水的稳定塘,称为深度处理塘。

根据处理水的出水方式,稳定塘又可分为连续出水塘、控制出水塘与贮存塘 3 种类型。上述的几种稳定塘,在一般情况下,都按连续出水方式运行,但也可按控制出水塘和贮存塘方式运行。

稳定塘处理污水建设周期短,易于施工,基建投资低;依靠自然功能净化污水,能耗低,便于维护,管理方便,运行费用低;因污水在塘内的停留时间长,故对水量、水质的变化有很强的适应能力;与养鱼、种植水生作物相结合,在塘内形成多级食物链,能够实现污水资源化,使污水处理与利用相结合;稳定塘能够将污水中的有机物转化为可用物质,处理后的污水可用于农业灌溉,以利用污水的水肥资源。另外,稳定塘处理污水停留时间长,占地面积大,没有空闲的余地不宜采用;污水净化效果在很大程度上受季节、气温、光照等自然因素的控制,不够稳定;卫生条件较差,易滋生蚊蝇、散发臭气;塘底防渗处理不好,可能引起对地下水的污染。

2)稳定塘的净化机理

污水稳定塘属于生物处理设施,稳定塘净化污水的原理与自然水域的自净机理十分相似,污水在塘内停滞的过程中,水中的有机物通过好氧微生物的代谢活动被氧化,或经过厌氧微生物的分解而达到稳定化。好氧微生物代谢需要的溶解氧由塘表面的大气复氧作用以及藻类的光合作用提供,也可以通过人工曝气供氧。

(1)稳定塘生态系统

稳定塘生态系统由生物和非生物两部分组成。生物部分主要包括细菌、藻类、原生动物、后生动物、水生植物以及高等水生动物;非生物部分包括光照、风力、温度、有机负荷、溶解氧、pH、CO_2、氮、磷营养元素等。

细菌在稳定塘内对有机污染物的降解起主要作用。稳定塘中的绝大部分细菌属兼性异养菌,这类细菌以有机化合物作为碳源,并以这些物质分解过程中产生的能量作为维持其生理活动的能源。此外,在相应的稳定塘中还存活着好氧菌、厌氧菌以及自养菌。

藻类具有叶绿体,能够进行光合作用,是塘水中溶解氧的主要提供者,在稳定塘内起着十分重要的作用。藻类在光照充足的白昼,吸收二氧化碳放出氧;在黑暗的夜晚,消耗氧并放出二氧化碳。稳定塘内藻类的主要种属有绿藻及蓝藻等。

在稳定塘内也出现原生动物和后生动物等微型动物,它们捕食藻类、菌类,防止其过度增殖,其本身又是良好的鱼饵。水生植物能够提高稳定塘对有机污染物和氮磷等无机营养物的去除效果,另外收获后也可作某些用途,能够取得一定的经济效益。

为了使稳定塘具有一定的经济效益,可以考虑利用塘水养鱼和放养鸭、鹅等水生动物及禽类。

在稳定塘内存活的不同类型的生物构成了其生态系统。菌藻共生体系是稳定塘内最基本的生态系统。其他水生植物和水生动物的作用则是辅助性的,它们的活动从不同途径强化了污水的净化过程。

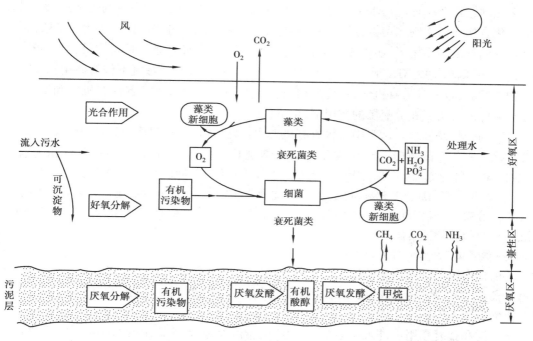

图4.105　兼性稳定塘生态系统

如图4.105所示为典型的兼性稳定塘的生态系统,其中包括好氧区、厌氧区及两者之间的兼性区。稳定塘内生态系统中的各种生物种群的作用各不相同,存在着互相依存、互相制约的关系。

①菌藻共生关系。在稳定塘内对溶解性有机污染物起降解作用的是异养菌,每分解1 g有机物需氧1.56 g,而每合成1 g藻类,释放出1.244 g氧。因此,细菌代谢活动所需的氧由藻类通过光合作用提供,而其代谢产物CO_2又提供给藻类用于光合反应。在稳定塘内细菌和藻类之间就是保持着这样的互相依存及互相制约的关系。

②稳定塘内的食物链网。在稳定塘内存在着多条食物链,这些食物链纵横交错结成食物链网。细菌、藻类及一些水生植物是生产者,处于最低营养级;细菌与藻类为原生动物及枝角类动物所食用,并不断繁殖,它们又被鱼类吞食;藻类和水生植物既是鱼类的饵料,又可能成为鸭、鹅等水禽类的饲料。在稳定塘内,水生动物处在最高营养级。如果各营养级之间保持由多

到少的数量关系,不仅能使污水中的有机污染物得到降解,而且其降解产物能被水生动植物利用。

（2）稳定塘内各种物质的迁移与转化

在稳定塘生态系统中,各种物质不断地进行迁移和转化,其中主要的是碳、氮及磷的迁移转化和循环。

①碳的转化与循环。污水中的碳主要以溶解性有机碳形式进入稳定塘,在塘内首先通过细菌的新陈代谢作用,使溶解性有机碳转化为无机碳,又通过合成作用使细菌本身得到增殖;藻类通过光合作用吸收无机碳,本身机体得到增殖,当无光照射时,藻类通过呼吸作用又释放无机碳;衰死的细菌、藻类的机体沉入塘底,在厌氧发酵作用下,分解为溶解性有机碳和无机碳;塘水中的不溶性有机碳在塘底的厌氧发酵作用下分解,转化成溶解性有机碳和无机碳。

②氮的转化及循环。污水中的氮主要呈有机氮化合物和氨氮两种形态。进入稳定塘后,有机氮化合物在微生物作用下分解为氨态氮;氨态氮在硝化菌的作用下,转化为硝酸盐氮;硝态氮在反硝化菌的作用下,还原成分子态氮;在 pH 值较高、水力停留时间较长、温度较高的环境下,水中的氨态氮以 NH_3 形式存在,可向大气挥发;氨态氮或硝态氮可作为微生物及各种水生植物的营养,合成其本身机体;衰死的细菌和藻类经解体后形成溶解性有机氮和沉淀物;沉淀在厌氧区的有机氮在厌氧菌的作用下,也可得到分解。

③磷的转化及循环。污水中既含有有机磷化合物,也含有溶解性的无机磷酸盐。细菌、藻类及其他生物一方面能吸收无机磷化合物以满足其生命活动的需要,并将其转化为有机磷（合成代谢）;另一方面,又可氧化分解有机磷（分解代谢）。随着白昼和夜晚光合作用的发生和停止,塘水的 pH 随着上升和降低,使溶解性磷与不溶解磷之间不断地相互转化。如果水中存在有三价铁化合物,可与溶解性磷酸盐结合形成磷酸铁沉淀;如果水中存在硝酸盐,则可促使沉积中的磷转化为溶解性磷。

（3）稳定塘对污水的净化作用

①稀释作用。进入稳定塘的污水在风力、水流以及污染物的扩散作用下与塘水混合,使进水得到稀释,各项污染指标的浓度得以降低。稀释并没有改变污染物的性质,但为下一步的生物净化创造了条件。

②沉淀和絮凝作用。进入稳定塘的污水,由于流速降低,所挟带的悬浮物质沉于塘底。另外,塘水中的生物分泌物一般都具有絮凝作用,使污水中的细小悬浮颗粒产生絮凝作用,沉于塘底成为沉积层,导致污水的 SS、BOD_5、COD 等各项指标都得到降低。沉积层则通过厌氧微生物进行分解。

③水生植物的作用。水生植物能吸收氮、磷等营养,使稳定塘去除氮、磷的功能得到提高;其根部具有富集重金属的功能,可提高重金属的去除率;还有向塘水供氧的功能;其根和茎能吸附有机物和微生物,使其去除 BOD_5 和 COD 的功能有所提高。

④微生物代谢作用。在好氧条件下,异养型好氧菌和兼性菌对有机污染物的代谢作用,是稳定塘内污水净化的主要途径。绝大部分有机污染物都是在这种作用下得以去除的,BOD_5 可去除 90%以上,COD 去除率也可达 80%。在兼性塘的塘底沉积层和厌氧塘内,厌氧细菌对有机污染物进行厌氧发酵分解,厌氧发酵经历水解、产氢产乙酸和产甲烷 3 个阶段,最终产物主要是 CH_4、CO_2 及硫醇等。CH_4 通过厌氧层、兼性层以及好氧层从水面逸走,厌氧反应生成的有机酸有可能扩散到好氧层或兼性层,好氧微生物或兼性微生物进一步加以分解,在好氧层

或兼性层内的难降解物质可能沉于塘底,在厌氧微生物的作用下,转化为可降解物质而得以进一步降解。

⑤浮游生物的作用。稳定塘内存活着多种浮游生物,它们对污水的净化从不同方面发挥着作用。藻类的主要功能是供氧,同时也可从塘水中去除一些污染物,如氮、磷等;在稳定塘内的原生动物、后生动物及枝角类浮游动物的主要功能是吞食游离细菌、细小的悬浮污染物和污泥颗粒,此外它们还分泌能够产生生物絮凝作用的黏液;底栖动物能摄取污泥层中的藻或细菌,使污泥数量减少;鱼类等水生生物捕食微型水生动物和残留于水中的污物。处于同一生物链的各种生物互相制约,其动态平衡有利于水质净化。

(4)影响稳定塘净化过程的因素

①光照。光是藻类进行光合作用的能源,在足够的光照强度条件下,藻类才能将各种物质转化为细胞的原生质。

②温度。温度直接影响细菌和藻类的生命活动,在适宜的温度下,微生物的代谢速率较高。

③营养物质。要使稳定塘内微生物保持正常的生理活动,必须充分满足其需要的营养物质,并使营养元素、微量元素保持平衡。

④混合。进水与塘内原有塘水的充分混合,能使营养物质与溶解氧均匀分布,使有机物与细菌充分接触,以使稳定塘更好地发挥其净化功能。

⑤有毒物质。应对稳定塘进水中有毒物质的浓度加以限制,以避免其对塘内微生物产生抑制或毒害作用。

⑥蒸发量和降雨量。蒸发和降雨使稳定塘中污染物质的浓度得到浓缩或稀释,污水在塘中的停留时间也因此而增加或缩短,将会在一定程度上影响稳定塘的净化效率。

⑦污水的预处理。进入稳定塘的污水进行适当的预处理,可以提高和保证稳定塘的净化功能,使其正常工作。预处理包括去除悬浮物和油脂、调整 pH 值、去除污水中的有毒有害物质、水解酸化等。

3)好氧塘

好氧塘深度一般在 0.5 m 左右,以使阳光能够透入塘底。好氧塘主要由藻类供氧,塘表面也由于风力的搅动进行自然复氧,全部塘水都呈好氧状态,好氧微生物对有机污染物起降解作用。在好氧塘内高效地进行着光合反应和有机物的降解反应。好氧塘内的溶解氧是充足的,但在一日内是变化的。在白天,藻类光合作用放出的氧远远超过细菌所需,塘水中氧的含量很高,可达到饱和状态;晚间光合作用停止,由于生物呼吸所耗,水中溶解氧浓度下降,在凌晨时最低。随着 CO_2 浓度的变化,引起好氧塘内 pH 值的变化。在白天 pH 值上升,夜晚又下降。

根据有机物负荷率的高低,好氧塘还可以分为高负荷好氧塘、普通好氧塘和深度处理好氧塘 3 种。高负荷好氧塘的有机负荷率高,污水停留时间短,塘水中藻类浓度很高,这种塘仅适于气候温暖、阳光充足的地区。普通好氧塘的有机负荷率较前者低,以处理污水为主要功能。深度处理好氧塘以处理二级处理工艺出水为目的,有机负荷率很低,水力停留时间较长,处理水质良好。

好氧塘内的生物相在种类与种属方面比较丰富,有菌类、藻类、原生动物、后生动物等。在数量上是相当可观的,每 1 mL 水滴内的细菌数高达 $10^8 \sim 5 \times 10^9$ 个。

好氧塘的优点是净化功能较高,有机污染物降解速率高,污水在塘内的停留时间短,但进水应进行比较彻底的预处理。好氧塘的缺点是占地面积大,处理水中含有大量的藻类,需进行除藻处理,对细菌的去除效果也较差。

4)兼性塘

兼性塘是城市污水处理中最常用的一种稳定塘,塘深在 1.2～2.5 m,在阳光能够照射透入的塘的上层为好氧层,由好氧异养微生物对有机污染物进行氧化分解。沉淀的污泥和衰死的藻类在塘的底部形成厌氧层,由厌氧微生物起主导作用进行厌氧发酵。在好氧层与厌氧层之间为兼性层,其溶解氧时有时无,一般在白天有溶解氧存在,而在夜间又处于厌氧状态,在这层里存活的是兼性微生物,它既能够利用水中游离的分子氧,也能够在厌氧条件下从 NO_3^- 或 CO_3^{2-} 中摄取氧。在兼性塘内进行的净化反应是比较复杂的,生物相也比较丰富,其污水净化是由好氧、兼性、厌氧微生物协同完成的。

5)厌氧塘

厌氧塘深度一般在 2.0 m 以上,有机负荷率高,整个塘水基本上都呈厌氧状态。厌氧塘是依靠厌氧菌的代谢功能使有机污染物得到降解,包括水解、产酸及甲烷发酵等厌氧反应全过程。净化速度低,污水停留时间长。

厌氧塘在参与反应的生物方面,只有细菌,不存在其他任何生物。在系统中有产酸菌、产氢产乙酸菌和产甲烷菌共存,但三者之间不是直接的食物链关系,而是产酸菌和产氢产乙酸菌的代谢产物——有机酸、乙酸和氢是产甲烷菌的营养物质。产酸菌和产氢产乙酸菌是由兼性菌和厌氧菌组成的群集,产甲烷菌则是专性厌氧菌。

厌氧塘内污水的污染物浓度高、塘深大,易于污染地下水,因此必须有防渗措施。厌氧塘一般多散发臭气,应使其远离住宅区,一般应在 500 m 以上。厌氧塘处理的某些废水,在水面上可能形成浮渣层,它对保持塘水温度有利,但有碍观瞻,且在浮渣上易滋生小虫,又有碍环境卫生,应考虑采取适当措施。

厌氧稳定塘一般作为高浓度有机废水的首级处理工艺,继之还设兼性塘、好氧塘甚至深度处理塘。

6)曝气塘

曝气塘是经过人工强化的稳定塘,塘深在 2.0 m 以上,塘内设曝气设备向塘内污水充氧,并使塘水搅动。曝气塘又可分为好氧曝气塘及兼性曝气塘两种,主要取决于曝气设备安设的数量及密度、曝气强度的大小等。好氧曝气塘与活性污泥处理法中的延时曝气法相近。曝气设备多采用表面机械曝气器,也可以采用鼓风曝气系统。在曝气条件下,藻类的生长与光合作用受到抑制。

由于经过人工强化,曝气塘的净化效果及工作效率都明显高于一般类型的稳定塘。污水在塘内的停留时间短,曝气塘所需容积及占地面积均较小,这是曝气塘的主要优点;但由于采用人工曝气措施,能耗增加,运行费用也有所提高。

7)深度处理塘

深度处理塘设置在二级处理工艺之后或稳定塘系统的最后。其功能是进一步降低二级处理水中残余的有机污染物(BOD_5、COD)、SS、细菌以及氮磷等植物性营养物质等,又称为三级处理塘、熟化塘,在污水处理厂和接纳水体之间起缓冲作用,以适应受纳水体或回用对水质的要求。深度处理塘一般多采用好氧塘的形式,采用大气复氧或藻类光合作用的供氧方式;也有采用曝气塘的形式,用兼性塘形式的则较少。

8)控制出水塘

控制出水塘多为兼性塘,其主要特征是人为地控制塘的出水。在年内的某个时期内,如在冬季低温季节,生物降解功能低下,处理水水质难以达到排放要求,此时塘内只有污水流入,而无处理水流出,塘起蓄水作用;在某个时期内,如在温暖季节,降解功能恢复正常,处理水水质达到排放标准,稳定塘开始正常运行,此时可将塘水大量排出,出水量远超过进水量。控制出水塘的实质是按一种特定的排放处理水制度运行的稳定塘。

控制出水塘适用结冰期较长的寒冷地区;干旱缺水,需要季节性利用塘水的地区;稳定塘处理水季节性达不到排放标准,或水体只能在丰水期接纳塘出水的地区。

4.7 污水厂污泥的处理

在水处理过程中,必然产生一定数量的污泥。污泥通常是指主要由各种微生物以及有机、无机颗粒组成的絮状物。污泥来自原水中的杂质和在处理过程中投加的物质,污泥的成分与原水及处理方法密切相关。原水中的杂质是无机的,产生的污泥也是无机的;原水中的杂质是有机的,则产生的污泥一般也是有机的。物理方法产生的污泥与原水中杂质相同,化学及物理化学法产生的污泥一般与原水中的杂质不同,生物处理方法产生的污泥是生物性的。例如,以地面水为水源的净化处理中,产生的主要是含铝或铁的无机污泥;以含铁锰地下水为水源的净化处理中,产生的是含铁锰无机污泥;在软化处理中,产生的是含钙镁无机污泥;在生活污水物理处理中,产生的是非生物性有机污泥;在生活污水生物处理中,产生的是生物性有机污泥。

污泥是污水处理过程中的必然产物。污泥含水率为97%时,污泥占处理水量的0.3%~0.5%。例如,一座 10×10^4 m³/d 的城市污水处理厂,每日产生的污泥量约230 m³。这些污泥集聚了污水的污染物,并且很不稳定,其中含有很多细菌、病原微生物、寄生虫卵以及金属离子等有毒物质,以及植物营养素、氮、磷、钾、有机物等有用物质。

污泥问题将直接影响污水处理厂的正常运行和环境卫生。污泥处理的目的和原则有4种:一是稳定化,通过稳定化处理消除恶臭;二是无害化处理,通过无害化处理杀灭污泥中的虫卵及致病微生物,去除或转化其中的有毒有害物质,如合成有机物及重金属离子等;三是减量化处理,使之易于运输处置;四是利用,实现污泥的资源化。

4.7.1 污泥的分类及特性

1)污泥的分类

根据污泥中的物质成分,将污泥分为有机污泥和无机污泥两大类。有机污泥通常称为污泥,以有机物为主要成分,具有易腐化发臭、颗粒较细、比重较小、含水率高且不易脱水的特性,是呈胶状结构的亲水性物质。其流动性强,可用泵提升和管道输送。初次沉淀池与二次沉淀池的沉淀物均属于污泥。无机污泥通常称为沉渣,以无机物为主要成分,颗粒较粗、比重较大、含水率较低且易脱水、流动性差,不易用管道输送。沉砂池与某些工业废水处理沉淀池的沉淀物属于沉渣。

根据污泥的来源可分为以下几类:

①初次沉淀污泥。主要来自初次沉淀池,其性质随混入的生产污水性质而异。处理生活污水的初次沉淀污泥大多是颗粒较细、在低流速中会沉淀的有机悬浮物质。

②腐殖污泥和剩余污泥。腐殖污泥来自生物膜法后的二次沉淀池,剩余污泥来自活性污泥法后的二次沉淀池。这两种污泥含有大量微生物及其被吸附的有机物质,因此也是以有机

物为主要成分的。

③熟污泥或消化污泥。熟污泥或消化污泥是经消化处理后的污泥。初次沉淀池污泥、腐殖污泥和剩余污泥在有条件时常作消化处理。

④化学污泥。化学污泥是采用化学方法处理污水过程中产生的污泥。

2)表示污泥性质的指标

(1)污泥的含水率

污泥的含水量以含水率表示,表示单位质量污泥所含水分的质量百分数。当处理生活污水及性质与之相近的生产污水时,初次沉淀污泥的含水率为95%~97%,腐殖污泥的含水率为96%左右,而剩余污泥含水率可达99%以上,比重接近1。因此,污泥的体积、质量及污泥所含固体物浓度之间的关系可用式(4.120)表示。

$$\frac{V_1}{V_2} = \frac{W_1}{W_2} = \frac{100 - p_2}{100 - p_1} = \frac{C_2}{C_1} \tag{4.120}$$

式中:V_1,W_1,C_1——污泥含水率为p_1时的污泥体积、质量与固体物浓度;

V_2,W_2,C_2——污泥含水率变为p_2时的污泥体积、重量与固体物浓度。

式(4.120)适用于含水率大于65%的污泥。因为含水率低于65%以后,污泥颗粒之间不再被水填满,体积内有气体出现,体积与质量不再符合上式所述关系。如果污泥含水率从99%降低到96%,污泥体积可以减少3/4。

$$V_2 = V_1 \frac{100 - p_1}{100 - p_2} = V_1 \frac{100 - 99}{100 - 96} = \frac{1}{4} V_1$$

(2)污泥的脱水性能与污泥比阻

污泥脱水性能是指污泥脱水的难易程度;污泥比阻是指单位过滤面积上,单位干重滤饼所具有的阻力。污泥比阻也可反映污泥的脱水性能。

$$r = \frac{2PA^2}{\mu} \cdot \frac{b}{\omega} \tag{4.121}$$

式中:r——比阻,m/kg,1 m/kg=9.81×10³ s²/g;

P——过滤压力,kg/m²;

A——过滤面积,m²;

μ——滤液的动力黏滞度,(kg·s)/m²;

ω——滤过单位体积的滤液在过滤介质上截留的干固体质量,kg/m³;

b——污泥性质系数,s/m⁶。

(3)挥发性固体和灰分

挥发性固体可近似代表污泥中有机物含量,又称为灼烧减重;灰分代表无机物含量,又称为灼烧残渣。挥发性固体和灰分可通过烘干、高温(550 ℃、600 ℃)焚烧称重求测。

(4)可消化程度

可消化程度表示污泥中挥发性固体被消化降解的百分数。污泥中的有机物是消化处理的对象,有一部分易于分解(或称可被气化,无机化),另一部分不易或不能被分解,如纤维素、橡胶制品等。可消化程度用R_d表示,用下式计算:

$$R_{\mathrm{d}} = \left(1 - \frac{p_{v2}p_{s1}}{p_{v1}p_{s2}}\right) \times 100 \qquad (4.122)$$

式中:R_{d}——可消化程度,%;

　　p_{s1},p_{s2}——生污泥及消化污泥的无机物含量,%;

　　p_{v1},p_{v2}——生污泥及消化污泥的有机物含量,%。

（5）湿污泥比重与干污泥比重

湿污泥质量等于污泥所含水分质量与干固体质量之和。湿污泥比重等于湿污泥质量与同体积的水质量之比值。由于水比重为1,所以湿污泥比重 γ 可用下式计算:

$$\gamma = \frac{p + (100 - p)}{p + \dfrac{100 - p}{\gamma_{s}}} = \frac{100\gamma_{s}}{p\gamma_{s} + (100 - p)} \qquad (4.123)$$

式中:γ——湿污泥比重;

　　p——湿污泥含水率,%;

　　γ_{s}——干污泥比重。

干固体物质由有机物（即挥发性固体）和无机物（即灰分）组成,有机物比重一般等于1,无机物比重为 2.5~2.65,以 2.5 计,则干污泥平均比重 γ_{s} 为:

$$\gamma_{s} = \frac{250}{100 + 1.5p_{v}} \qquad (4.124)$$

式中:p_{v}——污泥中有机物含量,%。

确定湿污泥比重和干污泥比重,对于浓缩池的设计、污泥运输及后续处理都有实用价值。

（6）污泥肥分

污泥中含有大量的植物营养素（氮、磷、钾）、微量元素,污泥中的有机腐殖质是良好的土壤改良剂。

（7）污泥的毒性与环境危害性

污泥的毒性和环境危害性来自其含有的毒性有机物、致病微生物和重金属等。

污泥中含有的毒性有机物主要是难分解的有机氯杀虫剂、苯并[a]芘、氯丹、多氯联苯等。由于这类污染物的浓度能在农作物中富集 10 倍以上,因此对环境和人类具有长期危害性。

污泥中含有比水中数量高得多的病原物,主要有细菌、病毒和虫卵等。常见的细菌有沙门氏菌、志贺细菌、致病性大肠杆菌、埃希氏杆菌、耶尔森氏菌和梭状芽孢杆菌等;常见的病毒有肝类病毒、呼肠弧病毒、脊髓灰质炎病毒、柯萨奇病毒、轮状病毒等;常见的虫卵有蛔虫卵、绦虫卵等。因此,污泥必须在资源化利用之前进行消毒处理。

污泥中一般含有较大量的重金属物质,其含量的高低取决于城市污水中工业废水所占比例及工业性质。污水经二级处理后,污水中重金属离子有 50% 以上转移到污泥中,因此污泥中的重金属离子含量一般都较高。

（8）污泥的热值与可燃性

污泥的主要成分是有机物,可以燃烧,其可燃性用干基热值表示。干基热值是指单位质量的干固体所具有的燃烧热值。有机固体的干基热值≥6 000 kJ/kg 时,可稳定燃烧供热或发电。城市污水处理的各类污泥中,新鲜污泥的热值较高,消化污泥热值较低,但其干基热值均大大超过 6 000 kJ/kg,因此干污泥具有很好的可燃性。

4.7.2 污泥量与污泥运输

1）污泥量的确定

（1）初沉污泥量

初沉污泥量可以根据污水中悬浮物浓度、去除率、污水流量及污泥含水率，用式（4.125）计算：

$$V = \frac{100 C_0 \eta Q}{1\,000(100 - p)\rho} \tag{4.125}$$

式中：V——初沉污泥量，m^3/d；

$\quad\ Q$——污水流量，m^3/d；

$\quad\ \eta$——去除率，%；

$\quad\ C_0$——进水悬浮物浓度，mg/L；

$\quad\ p$——污泥含水率，%；

$\quad\ \rho$——沉淀污泥密度，以 $1\,000\ \text{kg}/\text{m}^3$ 计。

初沉污泥量也可以按每人每天产泥量计算：

$$V = \frac{NS}{1\,000} \tag{4.126}$$

式中：N——城市人口数，人；

$\quad\ S$——产泥量，$\text{L}/(\text{d} \cdot \text{人})$。

（2）二次沉淀池污泥量

二次沉淀池的污泥量也可近似地按式（4.125）计算，η 以 80% 计。

（3）剩余活性污泥量

一般剩余活性污泥量可用活性污泥法中的计算公式进行计算，即：

$$Q_\text{S} = \frac{\Delta X}{f X_\text{r}} \tag{4.127}$$

式中：Q_S——每日排出剩余污泥量，m^3/d；

$\quad\ \Delta X$——挥发性剩余污泥量（干重），kg/d；

$\quad\ f$——污泥的 MLVSS/MLSS，对生活污水 $f = 0.75$，工业废水的 f 值通过测定确定；

$\quad\ X_\text{r}$——剩余污泥浓度，kg/m^3。

（4）消化污泥量

消化污泥量可用下式计算：

$$V_\text{d} = \frac{(100 - p_1) V_1}{100 - p_\text{d}} \left[\left(1 - \frac{p_\text{v1}}{100} \right) + \frac{p_\text{v1}}{100} \left(1 - \frac{R_\text{d}}{100} \right) \right] \tag{4.128}$$

式中：V_d——消化污泥量，m^3/d；

$\quad\ p_\text{d}$——消化污泥含水率，%，取周平均值；

$\quad\ V_1$——生污泥量，m^3/d，取周平均值；

$\quad\ p_1$——生污泥含水率，%，取周平均值；

$\quad\ p_\text{v1}$——生污泥有机物含量，%，取周平均值；

$\quad\ R_\text{d}$——可消化程度，%，取周平均值。

2）污泥的输送

污泥输送的方法有管道、卡车、驳船以及它们的组合方法。采用何种方法决定于污泥的数量与性质、污泥处理的方案、输送距离与费用、最终处置与利用的方式等因素。这里重点介绍管道输送。

污泥管道输送是污水处理厂内或长距离输送的常用方法。管道输送具有卫生条件好、没有气味与污泥外溢、操作方便并利于实现自动化控制、运行管理费用低等优点。主要缺点是一次性投资大，一旦建成后，输送的地点固定，较不灵活。因此，污泥量大时一般考虑采用管道输送，对于中小型污水处理厂，可以考虑选用卡车、驳船等输送方式。管道输送可分为重力管道与压力管道两种。重力管道输送时，距离不宜太长，管坡一般采用 0.01~0.02，管径不小于 200 mm，中途应设置清通口，以便在堵塞时用机械清通或高压水（污水处理厂出水）冲洗。压力管道输送时，需要进行详细的水力计算。

输送污泥用的污泥泵，在构造上必须满足不易被堵塞与磨损、耐腐蚀等基本条件。已经有效地用于污泥抽升的设备有隔膜泵、旋转螺栓泵、螺旋泵、混流泵、柱塞泵、PW 型及 PWL 型离心泵等。

污泥在含水率较高（高于 99%）的状态下，流动的特性接近于水流。随着固体浓度的增高，污泥的流动显示出半塑性或塑性流体的特性，在设计输泥管道时，常采用较大流速，使泥流处于紊流状态。

污泥在厂内输送时，重力输泥管一般采用 0.01~0.02 的坡度；压力输泥管一般采用表 4.21 所列举的最小设计流速。

表 4.21　压力输泥管最小设计流速

污泥含水率/%	最小设计流速/(m·s⁻¹)		污泥含水率/%	最小设计流速/(m·s⁻¹)	
	管径 150~250 mm	管径 300~400 mm		管径 150~250 mm	管径 300~400 mm
90	1.5	1.6	95	1.0	1.1
91	1.4	1.5	96	0.9	1.0
92	1.3	1.4	97	0.8	0.9
93	1.2	1.3	98	0.7	0.8
94	1.1	1.2			

长距离管道输送时，考虑由于污泥，特别是生污泥、浓缩污泥可能含有油脂，固体浓度较高，使用时间长后，管壁被油脂黏附以及管底沉积，水头损失增大。目前还没有反映污泥流动反常状态的计算公式，因此仍采用一般水管的计算公式。输送沉渣的管渠，则可参考尾矿的计算公式进行设计。根据公式计算出的水头损失值，应再乘以水头损失系数 K。

当采用管道输送污泥时，往往需要有污泥泵抽升污泥，抽升污泥的离心泵不应有急剧的转角，管道的尺寸尽可能大，以防止泵体被污泥中的纤维质和硬物质堵塞。污泥泵最好采用自灌式，当采用非自灌式时，不得使用一般清水泵所用的底阀。污泥站贮泥池的最小容积，应为污泥泵连续工作 15 min 的抽泥量。贮泥池中应采取一定的搅拌措施，以防污泥沉淀。污泥泵容易堵塞和损坏，一定要有备用泵。

3）污泥的处理与处置

污泥的处理与处置是两个不同的概念。污泥的处理方法主要包括浓缩、消化、脱水、干燥等，是为了实现污泥的稳定化、无害化和减量化；而其处置方法主要包括填埋、肥料农用、焚烧

等,主要是实现污泥的利用与资源化。从流程上来看,处理在前,处置在后。污泥处理可供选择的方案大致有:

①生污泥→湿污泥池→最终处置;

②生污泥→浓缩→自然干化→堆肥→最终处置;

③生污泥→浓缩→消化→最终处置;

④生污泥→浓缩→消化→自然干化→最终处置;

⑤生污泥→浓缩→消化→机械脱水→最终处置;

⑥生污泥→浓缩→机械脱水→干燥焚烧→最终处置。

第①②方案是以堆肥、农用为主。当污泥符合农用肥料条件及附近有农、林、牧或蔬菜基地时可考虑采用方案①;符合农用条件的污泥,在附近无法直接利用湿污泥时,可采用方案②。第③④⑤方案,以消化处理为主体,消化过程产生的生物能即沼气(或称消化气、污泥气)可作为能源利用。经消化后的熟污泥可直接处置,即方案③;或进行脱水减容后处置,即方案④⑤。第⑥方案是以干燥焚烧为主,当污泥不适于进行消化处理,或不符合农用条件,或受污水处理厂用地面积限制等地区可考虑采用,焚烧产生的热能可作为能源。

方案①~⑥的处理工艺由简到繁,工程投资和管理费用亦由低到高。选择污泥处理方案时,应根据污泥的性质与数量、资金情况与运行管理费用、环境保护要求及有关法律与法规、城市农业发展情况及当地气候条件等情况,进行综合考虑后选定。

一般的无机污泥,在适当去除一些水分后,可以作为垃圾来处置。如为有毒的无机污泥,则设法加以利用,如目前无法利用,则应将其密封后妥善处置。

根据要求污泥含水率降低程度的不同,降低含水率的方法有浓缩、脱水和干化之分。

污泥的浓缩是初步降低污泥的含水率,但未能改变污泥的流态。浓缩的主要对象是剩余污泥。浓缩常用沉淀法,也有采用气浮法和离心法的。

污泥的脱水是指将流态污泥(经过或未经过浓缩)转化为固态的湿污泥。这时,污泥的含水率从90%以上降到60%~80%。常用的脱水法分为自然脱水法和机械过滤法。

污泥的干化是指把脱水污泥的含水率进一步降低到10%左右,使湿污泥块成为干的泥粉。常用的方法是烘干法,污泥量不大时也可用风干法,但风干污泥的含水率常高于10%。

有机污泥的水分不易同固体部分分离,因此,在污泥脱水前,常先把污泥进行适当处理,以改善其脱水性能。常用的改善有机污泥脱水性能的处理方法有混凝法、淘洗混凝法、升温法和冷冻法。

4.7.3 污泥浓缩

污泥的含水率很大,初次沉淀池的污泥含水率介于95%~97%,剩余活性污泥达99%,使污泥的处理难度很大。污泥中所含水分大致分为4类:颗粒间的空隙水,约占总水分的70%;毛细水,即颗粒间毛细管内的水,约占20%;污泥颗粒吸附水和颗粒内部水,约占10%。如图4.106所示,污泥中颗粒间的空隙水容易从污泥中分离出来,一般不需调节即可采用浓缩法去除。浓缩的方法主要有重力浓缩、气浮浓缩、离心浓缩。

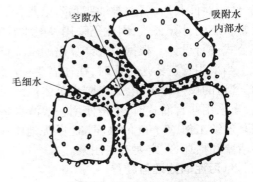

图4.106 污泥水分示意图

1) **重力浓缩**

利用污泥自身的重力将污泥间隙中的水挤出,使污泥的含水率降低的方法,称为重力浓缩法。重力浓缩构筑物称为重力浓缩池。根据运行方式的不同,可分为连续式重力浓缩池和间歇式重力浓缩池两种。

间歇式重力浓缩池如图 4.107 所示,在浓缩池不同深度上设置上清液排除管,运行时应先排除浓缩池中的上清液,腾出池容,再投入待浓缩的污泥。浓缩时间一般采用 8~12 h。

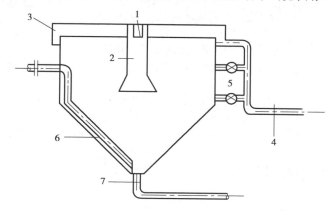

(a)带中心管间歇式浓缩池

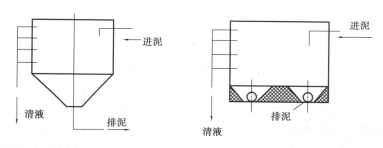

(b)不带中心管间歇式浓缩池

图 4.107　间歇式重力浓缩池

1—污泥入流槽;2—中心筒;3—出流堰;4—上清液排除管;
5—闸门;6—污泥泵泥管;7—排泥管

间歇式重力浓缩池多采用竖流式,连续式重力浓缩池多采用辐流式。图 4.108 所示为连续式重力浓缩池的基本构造,污泥由中心管 1 连续进泥,上清液由溢流堰 2 出水,浓缩污泥用刮泥机 4 缓缓刮至池中心的污泥斗,并从排泥管 3 排除,刮泥机 4 上装有垂直搅拌栅 5,随着刮泥机转动,周边线速度为 1 m/min 左右,每条栅条后面可形成微小涡流,有助于颗粒之间的絮凝,可使浓缩效果提高 20% 以上。浓缩池底坡采用 1/100~1/12,一般用 1/20。

2) **气浮浓缩**

污泥的气浮浓缩是在加压情况下,将空气溶解在澄清水中,在浓缩池中降至常压后,释放出的大量微气泡附着在污泥颗粒的周围,使污泥颗粒比重减小而被强制上浮,达到浓缩的目的。因此,气浮法较适用于污泥颗粒比重接近于 1 的活性污泥,可将污泥含水率由 99.5% 降至 94%~96%,其工艺流程如图 4.109 所示。气浮浓缩池的基本形式有圆形和矩形两种,如图 4.110 所示。

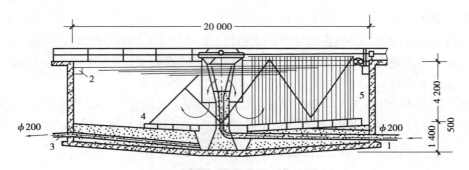

图 4.108　连续式重力浓缩池基本构造

1—中心进污泥管;2—上清液溢流堰;3—排泥管;4—刮泥机;5—搅拌栅

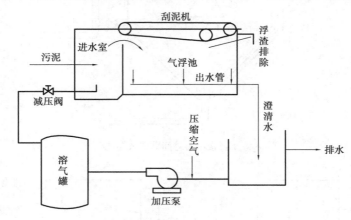

图 4.109　气浮浓缩工艺流程

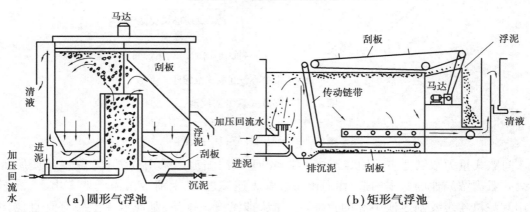

（a）圆形气浮池　　　　　　　　**（b）矩形气浮池**

图 4.110　气浮池的基本形式

气浮浓缩池的设计内容主要包括气浮浓缩池所需气浮面积、深度、空气量、溶气罐压力等。

3）离心浓缩

离心浓缩是利用污泥中的固体颗粒与液体的比重差,在离心力场所受到的离心力不同而分离。由于离心力几千倍于重力,因此离心浓缩占地面积小、造价低,但运行费用与机械维修费用较高。

用于离心浓缩的离心机有转盘式离心机、篮式离心机和转鼓离心机等。

各种离心浓缩机的运行数据见表 4.22，浓缩污泥为剩余活性污泥。

表 4.22　离心浓缩的运行参数与效果

离心机类型	$Q_0/(\text{L} \cdot \text{s}^{-1})$	$C_0/\%$	$C_u/\%$	固体回收率/%	混凝剂量/$(\text{kg} \cdot \text{t}^{-1})$
转盘式	9.5	0.75~1.0	5.0~5.5	90	不用
转盘式	25.3	—	4.0	80	不用
转盘式	3.2~5.1	0.7	5.0~7.0	93~87	不用
篮　式	2.1~4.4	0.7	9.0~10	90~70	不用
转鼓式	0.63~0.76	1.5	9~13	90	不用
转鼓式	4.75~6.30	0.44~0.78	5~7	90~80	不用
转鼓式	6.9~10.1	0.5~0.7	5~8	65	不用
				85	少于 2.26
				90	2.26~4.54
				95	4.54~6.8

4.7.4　污泥稳定

污泥消化的目的是对污泥进行稳定，以消除污泥中散发的臭味和杀灭污泥中的病原微生物。其方法有厌氧消化、好氧消化、药剂氧化、药剂稳定等。其中，厌氧消化、好氧消化是利用微生物的作用将污泥中可生物降解的有机物分解（包括微生物）；药剂氧化是利用氧化剂的作用将污泥中的有机物分解；药剂稳定是利用化学药剂的作用抑制微生物对污泥中有机物的分解，杀灭污泥中的病原微生物，使之不散发臭味。在污泥的稳定处理中最常用的是厌氧消化法。

1）污泥的厌氧消化

厌氧消化即污泥在无氧条件下，由兼性菌及专性厌氧细菌将污泥中可生物降解的有机物分解为二氧化碳和甲烷气（或称污泥气、消化气），使污泥得到稳定。

厌氧消化法可分为人工消化法与自然消化法，其中化粪池、双层沉淀池、堆肥等属于自然厌氧消化，消化池属于人工强化的厌氧消化。在人工消化法中，根据池盖构造的不同，又分为定容式（固定盖）消化池与动容式（浮动盖）消化池；按容量大小可分为小型消化池（1 500~2 500 m³）、中型消化池（2 500~5 000 m³）、大型消化池（5 000~10 000 m³）；按消化温度的不同可分为低温消化（低于 20 ℃）、中温消化（30~37 ℃）、高温消化；按运行方式可分为一级消化、二级消化。

（1）一级消化

一级消化指污泥的消化和浓缩均在单个池内同时完成。最早使用的消化池称为传统消化池，也称为低速消化池，是一个单级过程，其工艺称为一级消化工艺。这种消化池内一般不设搅拌设备，因而池内污泥有分层现象，仅一部分容积起到有机物的分解作用。池底部容积用于贮存和浓缩熟污泥。由于微生物不能与有机物充分接触，消化速率很低，消化时间长，一般为30~60 d，池子容积虽然大，但有效利用率低，仅适用于小型装置，目前很少使用，其构造原理如图 4.111 所示。

（2）二级消化

二级消化指两个消化池串联运行,生污泥连续或分批投入一级消化池中并进行搅拌和加热,池内污泥保持完全混合。一级消化池的污泥靠重力排入二级消化池,利用污泥余热继续消化,并起到污泥浓缩的作用。此系统中的一级消化池称为高速消化池,如图 4.112 所示。

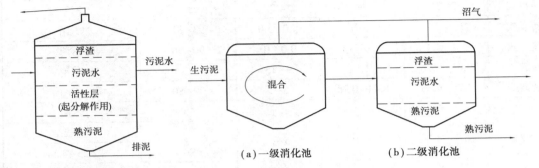

图 4.111　传统消化池构造原理　　　　图 4.112　二级消化池构造原理

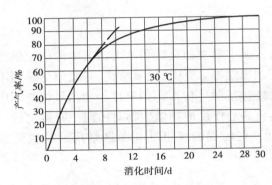

图 4.113　消化时间与产气率的关系

第一级消化池有加温、搅拌设备,并有集气罩收集沼气,消化温度为 33～35 ℃;第二级消化池没有加温与搅拌设备,消化温度为 20～26 ℃,消化气可收集或不收集。

两级消化是根据消化过程沼气产生的规律进行设计。图 4.113 所示为中温消化的消化时间与产气率的关系,由此可见,在消化的前 8 d,产生的沼气量约占全部产气量的 80%。因此,把消化池设计成两级,仅有约 20% 沼气量没有收集,但由于第二级消化池无搅拌、加温,减少了能耗。

两级消化池的设计主要是计算消化池的总有效容积,用式（4.129）、式（4.130）或式（4.131）计算,然后按容积比为一级:二级等于 1:1、2:1 或 3:2 分成两个池子即可,常采用 2:1 的比值。

（3）消化池构造

消化池的基本池形有圆柱形和蛋形两种,如图 4.114 所示。

圆柱形厌氧消化池的池径一般为 6～35 m,池总高与池径之比取 0.8～1.0,池底、池盖倾角一般取 15°～20°,池顶集气罩直径取 2～5 m,高 1～3 m。

大型消化池可采用蛋形,容积可做到 10 000 m³ 以上。蛋形消化池在工艺与结构方面有如下优点:搅拌充分、均匀,无死角,污泥不会在池底固结;池内污泥的表面面积小,即使生成浮渣,也容易清除;在池容相等的条件下,池子总表面积比圆柱形小,故散热面积小,易于保温;蛋形的结构与受力条件最好,如采用钢筋混凝土结构可节省材料;防渗性能好,聚集沼气效果好。蛋形壳体曲线做法如图 4.114(d)所示。杭州市四堡污水处理厂采用的就是蛋形消化池。

消化池的构造主要包括污泥的投配、排泥及溢流系统;沼气排出、收集与贮气设备;搅拌设备及加温设备等。

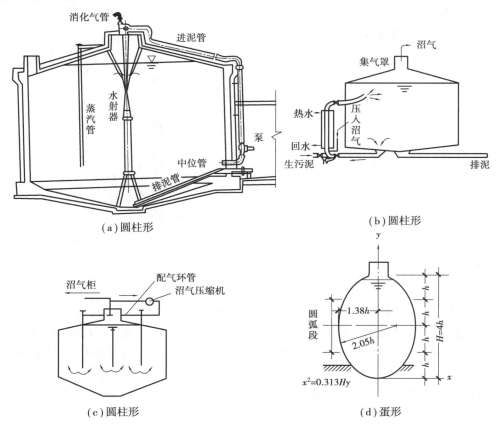

图 4.114　消化池基本池形

①污泥投配、排泥与溢流系统。

a.污泥投配。生污泥需先排入污泥投配池,然后用污泥泵抽送至消化池。污泥投配池一般为矩形,至少设 2 个,池容根据生污泥量及投配方式确定,通常按 12 h 的贮泥量设计。投配池应加盖,设排气管及溢流管。如果采用消化池外加热生污泥的方式,则投配池可兼作污泥加热池。污泥管的最小管径为 150 mm。

b.排泥。消化池的排泥管设在池底,依靠消化池内的静压将熟污泥排至污泥的后续处理装置。

c.溢流装置。为避免消化池的投配过量、排泥不及时或沼气产量与用气量不平衡等情况发生时,沼气室内的气压增高致使池顶压破,消化池必须设置溢流装置,及时溢流以保持沼气室压力恒定。溢流装置的设置原则是必须绝对避免集气罩与大气相通。溢流装置常用形式有倒虹管式、大气压式及水封式 3 种,如图 4.115 所示。

倒虹管式如图 4.115(a)所示。倒虹管的池内端插入污泥面,池外端插入排水槽,均需保持淹没状,当池内污泥面上升、沼气受压时,污泥或上清液可从倒虹管排出。

大气压式如图 4.115(b)所示。当池内沼气受到的压力超过 Δh(Δh 为 U 形管内水层高度)时,即产生溢流。

水封式如图 4.115(c)所示。水封式溢流装置由溢流管、水封管与下流管组成。溢流管从消化池盖插入设计污泥面以下,水封管上端与大气相通,下流管的上端水平轴线标高高于设计污泥面,下端接入排水槽。当沼气受压时,污泥或上清液通过溢流管(其管径一般不小于200 mm)经水封管、下流管排入排水槽。

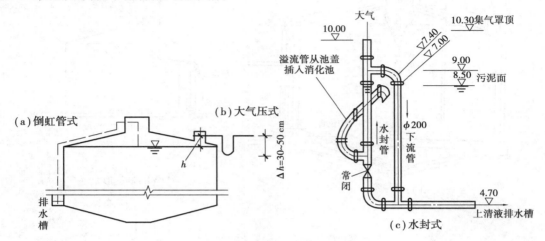

图 4.115　消化池的溢流装置

②沼气排出、收集与贮存设备。由于产气量与用气量的不平衡,所以设贮气柜调节和贮存沼气。沼气从集气罩通过沼气管道输送至贮气柜。沼气管的管径按日平均产气量计算,管内流速按 7~8 m/s 计,当消化池采用沼气循环搅拌时,则计算管径时应增加搅拌循环所需沼气量。

贮气柜有低压浮盖式与高压球形罐两种,如图 4.116 所示。贮气柜的容积一般按平均日产气量的 25%~ 40%,即 6~10 h 的平均产气量计算。

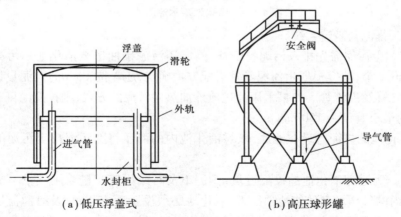

图 4.116　贮气柜

低压浮盖式的浮盖质量决定了柜内的气压,柜内气压一般为 1 177~1 961 Pa(120~200 mmH₂O),最高可达 3 432~4 904 Pa(350~500 mmH₂O)。气压大小可用盖顶加减铸铁块的数量进行调节。浮盖插入水封柜以免沼气外泄。浮盖的直径与高度比一般采用 1.5∶1。

高压球形罐在需要长距离输送沼气时采用。

③搅拌设备。搅拌的目的是使池内污泥温度与浓度均匀,防止污泥分层或形成浮渣层,均

匀池内碱度,从而提高污泥分解速度。当消化池内各处污泥浓度相差不超过 10% 时,即认为混合均匀。

消化池的搅拌方法有沼气搅拌、泵加水射器搅拌、联合搅拌 3 种。可连续搅拌,也可间歇搅拌,即在 2~5 h 内将全池污泥搅拌一次。

a.泵加水射器搅拌。如图 4.114(a)所示,生污泥用污泥泵加压后,射入水射器,水射器顶端位于污泥面以下 0.2~0.3 m,泵压应大于 0.2 MPa,生污泥量与水射器吸入的污泥量之比为 1:(3~5)。当消化池池径大于 10 m 时,应设 2 个或 2 个以上水射器。如果需要,可以把加压后的部分污泥从中位管压入消化池进行补充搅拌。

b.联合搅拌法。联合搅拌法的特点是把生污泥加温、沼气搅拌联合在一个热交换器装置内完成,如图 4.114(b)所示。经空气压缩机加压后的沼气以及经污泥泵加压后的生污泥分别从热交换器的下端射入,并把消化池内的熟污泥抽吸出来,共同在热交换器中加热混合,然后从消化池的上部污泥面下喷入,完成加温搅拌过程。热交换器通过热量计算决定,如池径大于 10 m,可设 2 个或 2 个以上热交换器。推荐使用这种搅拌方法。

c.沼气搅拌。沼气搅拌的优点是没有机械磨损,搅拌比较充分,可促进厌氧分解,缩短消化时间。沼气搅拌装置如图 4.114(c)所示。经空压机压缩后的沼气通过消化池顶盖上面的配气环管通入每根立管,立管末端在同一标高上,距池底 1~2 m,或在池壁与池底连接面上。立管数量根据搅拌气量及立管内的气流速度决定。立管气流速度按 7~15 m/s 设计,搅拌气量按每 1 000 m³ 池容 5~7 m³/min 计,空气压缩机的功率按每 m³ 池容所需功率 5~8 W 计。

④加温设备。消化池加温的目的在于维持消化池的消化温度(中温或高温),使消化能有效地进行。加温的方法有池内加温和池外加温两种。池内加温可采用热水或蒸汽直接通入消化池的直接加温方式,或通入设在消化池内的盘管进行间接加温的方式。由于存在一些诸如使污泥的含水率增加、局部污泥受热过高、在盘管外壁结壳等缺点,目前很少采用。池外加温方法是在污泥进入消化池之前,把生污泥加温到足以达到消化温度和补偿消化池壳体及管道的热损失,这种方法的优点在于可有效地杀灭生污泥中的寄生虫卵。池外加温多采用套管式泥-水热交换器或图 4.114(b)所示的热交换器兼混合器完成。

(4)消化池容积计算

消化池的数量应在两座或两座以上,以满足检修时消化池的正常工作。

消化池的容积有 3 种计算方法,即按污泥投配率计算(式 4.129)、按消化时间计算(式 4.130)和有机负荷计算(式 4.131)。

$$V = \frac{Q_0}{n} \times 100 \tag{4.129}$$

$$V = Q_0 \cdot t_d \tag{4.130}$$

$$V = \frac{W_s}{L_v} \tag{4.131}$$

式中:V——消化池总有效容积,m³;

Q_0——每日投入消化池的原污泥量,m³/d;

n——污泥投配率,%,中温消化用 5%~8%;

t_d——消化时间,宜为 20~30 d;

W_s——每日投入消化池的原污泥中挥发性干固体质量,kgVSS/d;

L_v——消化池挥发性固体容积负荷[kgVSS/(m³·d)],重力浓缩后的原污泥宜采用0.6~1.5 kgVSS/(m³·d),机械浓缩后的高浓度原污泥不应大于2.3 kgVSS/(m³·d)。

【例4.9】 某城市污水处理厂,初沉污泥量为300 m³/d,浓缩后的剩余活性污泥为180 m³/d,它们的含水率均为96%,采用两级中温消化,试计算消化池各部分尺寸。

【解】 由于剩余活性污泥量较多,故采用污泥投配率为5%,则消化池总有效容积:

$$V = \frac{Q_0}{n} \times 100 = \frac{300 + 180}{5} \times 100 = 9\ 600(\text{m}^3)$$

用两级消化,容积比采用一级:二级=2:1,则一级消化池容积为6 400 m³,用2个,每个消化池容积为3 200 m³;二级消化池1个,容积为3 200 m³。

一级消化池拟用尺寸如图4.117所示。

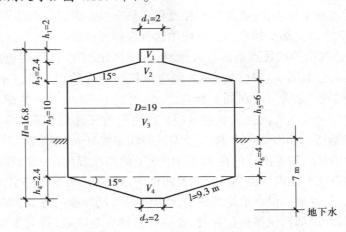

图4.117 消化池计算尺寸

消化池直径 $D = 19$ m,集气罩直径 $d_1 = 2$ m,高 $h_1 = 2$ m,池底锥底直径 $d_2 = 2$ m,锥角15°,$h_2 = h_4 = 2.4$ m。消化池柱体高度 h_3 应大于 $\frac{D}{2} = 9.5$ m,采用 $h_3 = 10$ m。

消化池总高度:

$$H = h_1 + h_2 + h_3 + h_4 = 2 + 2.4 + 10 + 2.4 = 16.8(\text{m})$$

消化池各部分容积:

● 集气罩容积:$V_1 = \frac{\pi d_1^2}{4} h_1 = \frac{3.14 \times 2^2}{4} \times 2 = 6.28(\text{m}^3)$

● 上盖容积:$V_2 = \frac{1}{3} \times \frac{\pi D^2}{4} \times h_2 = \frac{1}{3} \times \frac{3.14 \times 19^2}{4} \times 2.4 = 226.7(\text{m}^3)$

● 下锥体容积:等于上盖容积,$V_4 = 226.7$ m³

● 柱体容积:$V_3 = \frac{\pi D^2}{4} \times h_3 = \frac{3.14 \times 19^2}{4} \times 10 = 2\ 833.9(\text{m}^3)$

消化池总有效容积:

$$V = V_1 + V_2 + V_3 + V_4$$

$$= 6.28 + 2\ 833.9 + 226.7 + 226.7 = 3\ 293.6(\text{m}^3) > 3\ 200\ \text{m}^3(\text{合格})$$

二级消化池的尺寸同一级消化池尺寸。

2)污泥的好氧消化

污泥好氧消化实质上是活性污泥法的继续,微生物在外源底物耗尽后,即进入内源呼吸期,依靠代谢自身物质来维持生命活动所需能量。其反应可表示为:

$$C_5H_7NO_2 + 7O_2 \longrightarrow 5CO_2 + 3H_2O + H^+ + NO_3^-$$

从反应式可以看出,污泥中可降解物质完全被分解为无机物,反应彻底,氧化 1 kg 细胞物质需氧 $\dfrac{224}{113} = 2(\text{kg})$。在好氧消化中,为了维持微生物的正常活动,一般控制 pH 值为 7 左右,池内溶解氧浓度不应低于 2 mg/L。

与厌氧消化相比,好氧消化的优点是:污泥中可生物降解有机物的降解程度高;清液 BOD 浓度低;消化污泥量少,无臭、稳定、易脱水,处置方便;消化污泥的肥分高,易被植物吸收;好氧消化池运行管理方便简单,构筑物基建费用低等。因此,特别适合于中小污水处理厂的污泥处理。缺点是:运行能耗多,运行费用高;不能回收沼气;因好氧消化不加热,所以污泥有机物分解程度随温度波动大;消化后的污泥进行重力浓缩时,上清液 SS 浓度高等。

好氧消化池如图 4.118 所示,其构造主要包括好氧消化室,进行污泥消化;泥液分离室,使污泥沉淀回流并把上清液排除;消化污泥排除管;曝气系统,由压缩空气管、中心导流筒组成,提供氧气并起搅拌作用。消化池底坡度不小于 0.25,水深取决于鼓风机的风压,一般为 3～4 m。好氧消化法的操作较灵活,可以间歇运行操作,也可连续运行操作。

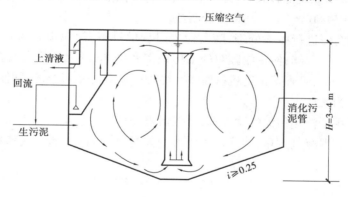

图 4.118　好氧消化池

4.7.5　污泥脱水与干化

污泥经浓缩、消化后,尚有 95%～97% 的含水率,体积仍很大。为了综合利用和最终处置,需进一步将污泥减量,进行脱水处理。污泥脱水的主要方法有自然脱水和机械脱水等。

1)污泥的机械脱水

(1)机械脱水前的预处理

预处理的目的在于改善污泥脱水性能,提高机械脱水效果与机械脱水设备的生产能力。初沉污泥、活性污泥、腐殖污泥、消化污泥均由亲水性带负电荷的胶体颗粒组成,有机质含量高、比阻值大,脱水困难。而消化污泥的脱水性能与其搅拌方法有关,若用水力或机械搅拌,污泥受到机械剪切,絮体被破坏,脱水性能恶化;若采用沼气搅拌,脱水性能可改善。

污泥的比阻为$(0.1 \sim 0.4) \times 10^9 \, s^2/g$ 时,进行机械脱水较为经济与适宜。但是污泥的比阻均大于此值,初沉污泥的比阻在$(4.7 \sim 6.2) \times 10^9 \, s^2/g$,活性污泥的比阻高达$(16.8 \sim 28.8) \times 10^9 \, s^2/g$,因此在机械脱水前,必须进行预处理。预处理的方法主要有化学调理法、热处理法、冷冻法及淘洗法等。

①化学调理法。在污泥中投加混凝剂、助凝剂一类的化学药剂,使污泥颗粒产生絮凝,比阻降低。常用的污泥化学调理混凝剂有无机、有机和生物混凝剂 3 类。无机混凝剂是一种电解质化合物,主要包括铝盐、铁盐及其高分子聚合物。有机混凝剂是一种高分子聚合电解质,按基团带电性质可分为阳离子型、阴离子型、非离子型和两性型。污水处理中常用阳离子型、阴离子型和非离子型 3 种。混凝剂种类的选择及投加量的多少与许多因素有关,应通过试验确定。

②热处理法。热处理可使污泥中有机物分解,破坏胶体颗粒稳定性,污泥内部水与吸附水被释放,比阻可降至$1.0 \times 10^8 \, s^2/g$,脱水性能大大改善;同时,寄生虫卵、致病菌与病毒等也可被杀灭。因此,污泥热处理兼有污泥稳定、消毒和除臭等功能。热处理后的污泥进行重力浓缩,可使其含水率从 97% ~ 99% 浓缩至 80% ~ 90%,如果直接进行机械脱水,泥饼含水率可达 30% ~ 45%。热处理法分为高温加压热处理法与低温加压热处理法两种,适用于各种污泥。

高温加压热处理法的控制温度为 170 ~ 200 ℃,低温加压热处理法的控制温度则低于150 ℃,可在 60 ~ 80 ℃时运行,其他条件相同,如压力为 1.0 ~ 1.5 MPa,反应时间为 1 ~ 2 h。由于高温加压法能耗较多,且热交换器与反应釜容易结垢影响热处理效率,故一般采用低温加压法。热处理法的主要缺点是能耗较多,运行费用较高,分离液的 BOD_5、COD_{cr} 高(分别为 4 000 ~ 5 000 mg/L、2 000 ~ 3 000 mg/L),设备易受腐蚀。

③冷冻法。将污泥进行冷冻处理,随着冷冻过程的进行,污泥中胶体颗粒被向上压缩浓集,水分被挤出,再进行融解,使污泥颗粒的结构被彻底破坏,脱水性能大大提高,颗粒沉降与过滤速度可提高几十倍,可直接进行机械脱水。冷冻—融解是不可逆的,即使再用机械或水泵搅拌也不会重新成为胶体。

④淘洗法。其用于消化污泥的预处理,是以污水处理厂的出水或自来水、河水把消化污泥中的碱度洗掉以节省混凝剂用量,但增加了淘洗池及搅拌设备,一增一减基本上可抵消,该法已逐渐被淘汰。

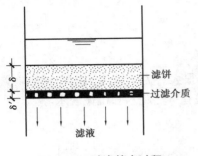

图 4.119　过滤基本过程

(2)机械脱水原理

污泥的机械脱水是以过滤介质两面的压力差作为推动力,使污泥水分被强制通过过滤介质,形成滤液;而固体颗粒被截留在介质上,形成滤饼,从而达到脱水的目的。过滤基本过程如图 4.119 所示。

过滤开始时,滤液仅须克服过滤介质的阻力。当滤饼逐渐形成后,还必须克服滤饼本身的阻力。

常用的污泥机械脱水方法有真空吸滤法、压滤法和离心法等。其基本原理相同,不同点仅在于过滤推动力的不同。真空吸滤脱水是在过滤介质的一面造成负压;压滤脱水是加压污泥把水分压过过滤介质;离心脱水的过滤推动力是离心力。

（3）真空过滤脱水

真空过滤脱水使用的机械是真空过滤机，主要用于初沉污泥及消化污泥的脱水。国内使用较广的是 GP 型转鼓真空过滤机，其构造如图 4.120 所示。转鼓真空过滤机脱水系统的工艺流程如图 4.121 所示。

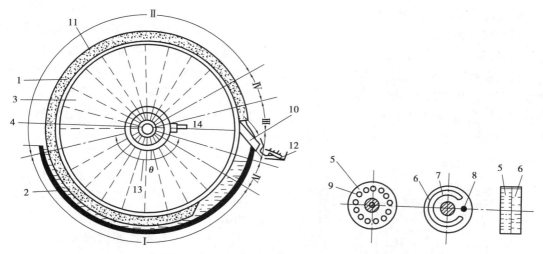

图 4.120　转鼓真空过滤机

Ⅰ—滤饼形成区；Ⅱ—吸干区；Ⅲ—反吹区；Ⅳ—休止区

1—空心转鼓；2—污泥槽；3—扇形格；4—分配头；5—转动部件；6—固定部件；
7—与真空泵通的缝；8—与空压机通的孔；9—与各扇形格相通的孔；10—刮刀；
11—泥饼；12—皮带输送器；13—真空管路；14—压缩空气管路

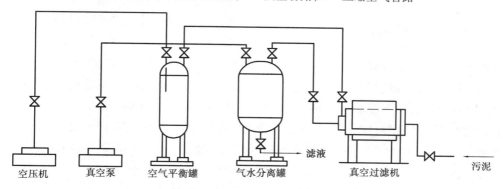

空压机　真空泵　空气平衡罐　气水分离罐　真空过滤机　滤液　污泥

图 4.121　转鼓真空过滤机工艺流程

覆盖有过滤介质的空心转鼓 1 浸在污泥槽 2 内。转鼓用径向隔板分隔成许多扇形格 3，每格有单独的连通管，管端与分配头 4 相接。分配头由两片紧靠在一起的部件 5（与转鼓一起转动）与 6（固定）组成。转动部件 5 有一列小孔 9，每孔通过连接管与各扇形格相连。6 有缝 7 与真空管路 13 相通，孔 8 与压缩空气管路 14 相通。当转鼓某扇形格的孔 9 旋转处于滤饼形成区Ⅰ时，由于真空的作用，将污泥吸附在过滤介质上，污泥中的水通过过滤介质后沿真空管路 13 流到气水分离罐。吸附在转鼓上的滤饼转出污泥槽后，若孔 9 在固定部件的缝 7 范围内，则处于吸干区Ⅱ内继续脱水；当孔 9 与固定部件的孔 8 相通时，便进入反吹区Ⅲ与压缩空气相通,滤饼被反吹松动;然后由刮刀 10 刮除,滤饼经皮带输送器外输,再转过休止区Ⅳ进入滤饼形成区Ⅰ,周而复始。

GP 型真空转鼓过滤机的主要缺点是:过滤介质紧包在转鼓上,清洗不充分,易于堵塞,影响过滤效率。为解决这个问题,可采用链带式转鼓真空过滤机,即用辊轴把过滤介质转出、卸料并将过滤介质清洗干净后转至转鼓。

真空过滤脱水的特点是能够连续生产,运行平稳,可自动控制。主要缺点是附属设备较多,工序较复杂,运行费用较高。真空过滤脱水所需附属设备包括真空泵、空压机、气水分离罐等。真空泵抽气量为每过滤面积 0.5~1.0 m³/min,真空度为 200~500 mmHg,最大为 600 mmHg,真空泵所需电机按每 1 m³/min 抽气量配 1.2 kW 计算,真空泵不少于 2 台。空压机压缩空气量按每 m² 过滤面积为 0.1 m³/min、压力(绝对压力)为 0.2~0.3 MPa 进行空压机选型,空压机所需电机按空气量每 1 m³/min 配 4 kW 计算,空压机不少于 2 台。

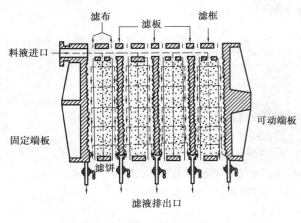

图 4.122　板框压滤机

(4)压滤脱水

压滤脱水采用板框压滤机,其基本构造如图 4.122 所示。板与框相间排列,在滤板的两侧覆有滤布,用压紧装置把板与框压紧,即在板与框之间构成压滤室,在板与框的上端中间相同部位开有小孔,污泥由该通道进入压滤室,将可动端板向固定端板压紧,对污泥进行加压,在滤板的表面刻有沟槽,下端钻有供滤液排出的孔道,滤液在压力下通过滤布,沿沟槽与孔道排出滤机,使污泥脱水。将可动端板拉开,清除滤饼。

压滤机可分为人工板框压滤机和自动板框压滤机两种。人工板框压滤机需一块一块地卸下,剥离泥饼并清洗滤布后再逐块装上,劳动强度大,效率低;自动板框压滤机,上述过程都是自动的,效率较高、劳动强度低,自动板框压滤机有垂直式与水平式两种。

压滤脱水的设计主要是根据污泥量、污泥性质、调节方法、脱水泥饼浓度、压滤机工作制度、压滤压力等计算过滤产率及所需压滤机面积与台数。压滤机的产率一般为 2~4 kg/(m²·h),压滤脱水的过滤周期为 1.5~4 h,过滤压滤为 0.4~0.6 MPa。

板框压滤机构造较简单,过滤推动力大,适用于各种污泥,但不能连续运行。

(5)滚压脱水

污泥滚压脱水的设备是带式压滤机。其主要特点是把压力施加在滤布上,依靠滤布的压力和张力使污泥脱水。这种脱水方法不需要真空或加压设备,动力消耗少,可以连续生产,目前应用较为广泛。

带式压滤机基本构造如图 4.123 所示,由滚压轴及滤布带组成。污泥先经过浓缩段(主要依靠重力),使污泥失去流动性,以免在压榨段被挤出滤布,浓缩段的停留时间为 10~20 s;然后进入压榨段,压榨时间为 1~5 min。

滚压的方式有两种:一种是滚压轴上下相对,几乎是瞬时压榨,压力大,如图 4.123(a)所示,适用于污水处理厂污泥和亲水的有机污泥脱水;另一种是滚压轴上下错开,如图 4.123(b)所示,依靠滚压轴施于滤布的张力压榨污泥,压榨的压力受张力限制,压力较小,压榨时间较长,主要依靠滚压对污泥剪切力的作用,促进泥饼的脱水,适用于疏水的无机污泥脱水。

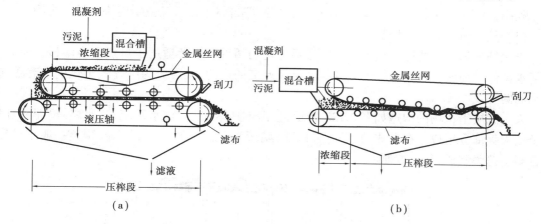

图 4.123 带式压滤机

(6)离心脱水

污泥离心脱水采用的设备一般是低速锥筒式离心机,其构造如图 4.124 所示。其主要组成部分为螺旋输送器、锥形转筒、空心转轴。污泥从空心轴筒端进入,通过轴上小孔进入锥筒,螺旋输送器固定在空心转轴上,空心转轴与锥筒由驱动装置传动,同向转动,但两者之间有速差,前者稍慢,后者稍快。污泥中的水分和污泥颗粒由于受到的离心力不同而分离,污泥颗粒聚集在转筒外缘周围,由螺旋输送器将泥饼从锥口推出,随着泥饼的向前推进不断被离心压密,而不会受到进泥的搅动,分离液由转筒末端排出。

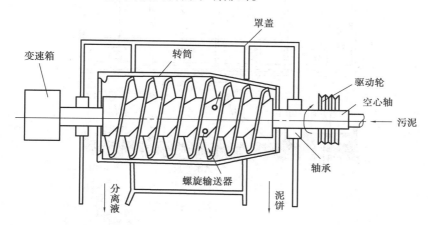

图 4.124 锥筒式离心机构造示意图

空心转轴与锥筒的速差越大,离心机的产率越大,泥饼在离心机中的停留时间也越短。泥饼的含水率越高,其固体回收率越低。

低速离心机由于转速低,动力消耗、机械磨损、噪声等都较低。污泥离心脱水具有构造简单、操作方便、可连续生产、可自动控制、卫生条件好、占地面积小、脱水效果好等优点,因此是目前污泥脱水的主要方法;缺点是污泥的预处理要求较高,必须使用高分子调节剂进行污泥调节。

2)污泥的自然干化

利用自然下渗和蒸发作用脱除污泥中的水分,即自然干化。其主要构筑物是干化场。

（1）干化场的分类与构造

干化场分为自然滤层干化场与人工滤层干化场两种。前者适用于自然土质渗透性能好、地下水位低的地区。人工滤层干化场的滤层是人工铺设的,又可分为敞开式干化场和有盖式干化场两种。

人工滤层干化场的构造如图 4.125 所示,它由不透水底层、排水系统、滤水层、输泥管、隔墙及围堤等部分组成。有盖式的,设有可移开（晴天）或盖上（雨天）的顶盖,顶盖一般用弓形复合塑料薄膜制成,移置方便。

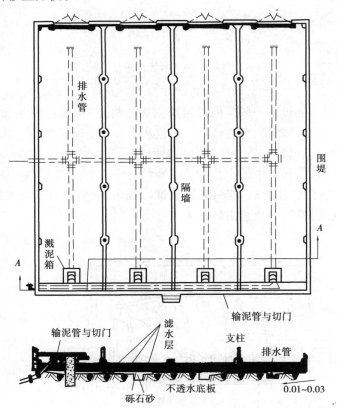

图 4.125　人工滤层干化场

滤水层的上层用细矿渣或砂层铺设,厚度为 200～300 mm;下层用粗矿渣或砾石,层厚 200～300 mm。排水管道系统用 100～150 mm 的陶土管或盲沟铺成,管道之间中心距为 4～8 m,纵坡为 0.002～0.003,排水管起点覆土深（至砂层顶面）为 0.6 m。不透水底板由 200～400 mm 厚的黏土层或 150～300 mm 厚三七灰土夯实而成,也可用 100～150 mm 厚的素混凝土铺成,底板有 0.01～0.02 的坡度坡向排水管。

隔墙与围堤把干化场分隔成若干分块,通过切门的操作轮流使用,以提高干化场利用率。

在干燥、蒸发量大的地区,可采用由沥青或混凝土铺成的不透水层而无滤水层的干化场,依靠蒸发脱水。这种干化场的优点是泥饼容易铲除。

（2）干化场的脱水特点及影响因素

干化场脱水主里依靠渗透、蒸发与撇除。渗透过程在污泥排入干化场最初的 2~3 d 内完成,可使污泥含水率降低至 85% 左右。此后水分依靠蒸发脱水,经 1 周或数周（取决于当地气候条件）后含水率可降低至 75% 左右。

影响干化场脱水的因素主要是气候条件和污泥性质。气候条件包括当地的降雨量、蒸发量、相对湿度、风速和年冰冻期。污泥性质对脱水影响较大,如初沉污泥或浓缩后的活性污泥,由于比阻较大,水分不易从稠密的污泥层中渗透下去,往往会形成沉淀,分离出上清液,故这类污泥主要依靠蒸发脱水,可在围堤或围墙的一定高度上开设撇水窗,撇除上清液,加速脱水过程。而消化污泥在消化池中承受着高于大气压的压力,污泥中含有许多沼气泡,排到干化场后,由于压力的降低,气体迅速释出,可把污泥颗粒挟带到污泥层的表面,使水的渗透阻力减小,提高了渗透脱水性能。

（3）干化场的设计

干化场设计的主要内容是确定总面积与分块数。

干化场总面积一般按面积污泥负荷进行计算。面积污泥负荷是指单位干化场面积每年可接纳的污泥量,单位为 $m^3/(m^2 \cdot a)$ 或 m/a。面积负荷的数值由试验确定。

干化场的分块数最好大致等于干化天数,以使每次排入干化场的污泥有足够的干化时间,并能均匀地分布在干化场上,且方便铲除泥饼。如干化天数为 8 d,则分为 8 块,每天铲泥饼和进泥用 1 块,轮流使用。每块干化场的宽度与铲泥饼的机械与方法有关,一般采用6~10 m。

4.7.6 污泥的最终处置

1）污泥的消毒

为避免在污泥利用和污泥处理过程中病毒、病原菌、病虫卵等对人体产生危害,必须对污泥进行经常性或季节性消毒。

各种病毒、病原菌、病虫卵等对温度都较敏感,绝大多数都能在约 60 ℃、60 min 内死亡。其致死温度与时间列于表 4.23 中,由于受到污泥的包裹,致死温度与时间要略高于表中所列数值。

表 4.23 传染病菌、病虫卵与病毒的致死温度与时间

种 类	致死温度/℃	所需时间/min	种 类	致死温度/℃	所需时间/min
蝇蛆	51	1	猪丹毒杆菌	50	15
蛔虫卵	50~55	5~10	猪瘟病虫	50~60	迅速
钩虫卵	50	3	口蹄疫菌	60	30
蛲虫卵	50	1	畜病虫卵与幼虫	50~60	1
痢疾杆菌	60	10~20	二化螟虫	60	1
伤寒杆菌	60	10	谷象	50	5
霍乱菌	55	30	小豆象虫	60	4

续表

种　类	致死温度/℃	所需时间/min	种　类	致死温度/℃	所需时间/min
大肠杆菌	55	60	小麦黑穗病菌	54	10
结核杆菌	60	30	稻热病菌	51~54	10
炭疽杆菌	50~55	60	病毒	70	25

在污泥处理过程中，有很多处理方法兼具消毒功能。如高温消化病虫卵的杀灭率达95%~100%，伤寒与痢疾杆菌杀灭率为100%。消化前的污泥加温、机械脱水前的热处理、污泥干燥与焚烧、湿式氧化、堆肥等方法都有较高的消毒效果。

专用的污泥消毒方法有加氯消毒法、巴氏消毒法、石灰稳定法等。

（1）加氯消毒法

在污泥中加氯可起到消毒作用，成本低，操作简单。但加氯后会与污泥中的 H^+ 产生 HCl，使 pH 急剧降低并可能产生氯胺。另外，HCl 会溶解污泥中的重金属，使污泥水的重金属含量增加，因此采用加氯消毒法应慎重。

（2）巴氏消毒法

巴氏消毒法又称为低热消毒法，有直接加温和间接加温两种方式。直接加温法以蒸汽直接通入污泥，使泥温达到70 ℃，持续30~60 min，所需蒸汽量根据污泥温度计算确定。本法的优点是热效率高，但污泥的含水量将增加，污泥体积将增加7%~20%。间接加温法用热交换器使泥温达到70 ℃，此法的优点是污泥的体积不会增加，但如果污泥硬度较高，会在热交换器表面产生结垢。

巴氏消毒法操作比较简单，效果好，但成本较高。热源可用消化气，消毒后的污泥余热可回收用于预热待消毒的污泥，以降低耗热量。

（3）石灰稳定法

投加消石灰调节污泥的 pH 值，使 pH 值达到 11.5，持续 2 h 可杀灭传染病菌，并有防腐与抑制气味产生的效果，兼有污泥稳定作用。此法消毒后的污泥，因 pH 值太高不能用于农田，可用作填地或制造建材。

2）污泥的干燥

让污泥与热干燥介质（热干气体）接触，使污泥中水分蒸发而随干燥介质除去。污泥干燥处理后，含水率可降至20%左右，体积可大大减小，从而便于运输、利用或最终处置。污泥干燥与焚烧各有专用设备，也可在同一设备中进行。根据干燥器形状可分为回转圆筒式、急骤干燥器及带式干燥器3种。回转圆筒式干燥器在我国应用较多，其主体是用耐火材料制成的旋转滚筒，按照热风与污泥流动方向的不同分为并流、逆流与错流3种类型。

并流干燥器中干燥介质与污泥的流动方向相同。含水率、高温度低的污泥与含湿量低、温度高的干燥介质在同一端进入干燥器，两者之间的温差大，干燥推动力也大。流至干燥器的另一端时，干燥介质的温度降低，含湿量增加，污泥被干燥且温度升高。并流干燥器的沿程推动力不断降低，被介质带走的热能少，热损失较小。

逆流干燥器中干燥介质与污泥的流动方向相反。沿程干燥推动力较均匀，干燥速度也较均匀，干燥程度高。缺点是由于含水率高、温度低的污泥与含湿量高且温度已降低的干燥介质接触,介质所含湿量有可能冷凝,反使污泥含水率提高。此外,干燥介质排出时温度较高,热损失较大。

错流干燥器的干燥筒进口端较大、出口端较小,筒内壁固定有炒板,污泥与干燥介质同端进入后,由于筒体在旋转时,炒板把污泥炒起再掉下与干燥介质流向成为垂直相交。错流干燥器可克服并流、逆流的缺点,但构造比较复杂。

3)污泥的焚烧

在下列情况下可以考虑采用污泥焚烧工艺:

①当污泥有毒物质含量高或不符合卫生要求,不能加以利用,其他处置方式又受到限制时;

②卫生要求高,用地紧张的大、中城市;

③污泥自身的燃烧热值高,可以自燃并利用燃烧热量发电;

④可与城市垃圾混合焚烧并利用燃烧热量发电。

污泥经焚烧后,含水率大大降低,使运输与最后处置简化。污泥在焚烧前应有效地脱水干燥。焚烧所需热量依靠污泥自身所含有机物的燃烧热值或辅助燃料。如果采用污泥焚烧工艺时,前处理不宜采用污泥消化或其他稳定处理,以避免有机物质减少而降低污泥的燃烧热值。

污泥焚烧分为完全焚烧和不完全焚烧。

①完全焚烧指在高温、供氧充足、常压条件下焚烧污泥,使污泥所含水分被完全蒸发,有机物质被完全氧化,焚烧的最终产物是 CO_2、H_2O、N_2 等气体及焚烧灰。

污泥的燃烧热值由污泥的有机物含量,尤其是含碳量决定,可根据污泥性质及有机物含量计算得出,也可查表4.24。

表4.24　各种污泥的燃烧热值表　　　　　　　　　　单位:kJ/kg

污泥种类	燃烧热值	污泥种类	燃烧热值
初沉污泥	15 826~18 191.6	初沉污泥与活性污泥	16 956.5
经消化的初沉污泥	7 201.3	消化后的初沉污泥与活性污泥	7 452.5
初沉污泥与腐殖污泥	14 905	活性污泥	14 905~15 214.8
消化后的初沉污泥与腐殖污泥	6 740.7~8 122.4		

完全焚烧设备主要有回转焚烧炉、立式多段炉及流化床焚烧炉等,详见有关设备手册。

②不完全燃烧又称为湿式燃烧,是经浓缩后的污泥(含水率约96%),在液态下加温加压并压入压缩空气,使有机物被氧化去除,从而改变污泥结构与成分,脱水性能大大提高。湿式燃烧有80%~90%的有机物被氧化,故又称为不完全焚烧。

湿式燃烧必须在高温高压下进行,所用的氧化剂为空气中的氧气或纯氧、富氧。湿式燃烧属于化工装置。

湿式燃烧法主要应用于高浓度有机性废水或污泥;含危险物、有毒物、爆炸物废水或污泥;回收有用物质,如混凝剂、碱等;再生活性炭等。

湿式燃烧法的特点:适应性较强,难生物降解有机物也可被氧化;达到完全杀菌;反应在密闭的容器内进行,无臭,管理自动化;反应时间短,仅约1 h;好氧与厌氧微生物难以在短时间内降解的物质如吡啶、苯类、纤维、乙烯类、橡胶制品等,都可被碳化;残渣量少,仅为原污泥的1%以下,脱水性能好;分离液中氨氮含量高,有利于生物处理。

4)污泥的处置与利用

污泥的处置是以脱水(减小体积,有利运输)及防止二次污染(可能的情况下进行综合利用,变害为利)为主要目的。污泥的最终处置方法可以分为农业使用、工业使用、填埋、丢弃海中4种。

(1)农业使用

污泥经消化、干化、脱水后,可用于农业肥料或制作饲料,但用于肥料的多。污泥用作肥料或饲料,必须满足卫生要求,即不得含有致病微生物和寄生虫卵,有毒物质含量也必须在限量之内,应满足作为农业用或饲料用的有关规定。有毒物质包括有机成分(如油脂等)与无机成分(如重金属离子)等。

有机有毒物质会破坏土壤结构或毒害作物。无机有害物质(重金属离子)可分为两部分:一部分为水溶性的,可被作物吸收;另一部分为非水溶性的,不易被作物吸收。微量重金属离子对动、植物生长都必不可少,但浓度过高又造成对动、植物的毒害。其毒害作用表现在:抑制动植物生长;使土壤贫瘠;在动植物体内积累与富集,构成对人、畜的潜在危险。

污泥肥料与化学肥料相比较,其中的氮、磷、钾含量虽较低,但有机物含量高,肥效持续时间长,可以改善土壤结构。因此把污泥用作肥料应该受到充分的重视。

污泥作为肥料,使用方法有以下3种:

①直接使用,仅适用于消化污泥;

②使用干燥污泥,这种用法方便卫生,但成本较高;

③制成复合肥料,即把污泥与化学肥料混合后使用。

(2)工业使用

利用污泥作为原料制造各种类型工业建筑材料,利用的主要方式有制砖、制作水泥添加料、制陶粒、制路基材料、制生化纤维板等。污泥建材利用应符合国家、行业和地方相关标准和规范的要求,并严格防止在生产和使用中造成二次污染。

(3)填埋

污泥填埋有单独填埋、与垃圾混合填埋两种方式。目前,国内主要是与垃圾混合填埋。另外,污泥经处理后还可作为垃圾填埋场覆盖土。污泥与生活垃圾混合填埋,污泥必须进行稳定化、卫生化处理,并满足垃圾填埋场填埋土力学要求,污泥与生活垃圾的质量混合比例应<8%。污泥用作垃圾填埋场覆盖土时,必须对污泥进行改性处理,可采用石灰、水泥基材料、工业固体废弃物等对污泥进行改性;同时也可通过在污泥中掺入一定比例的泥土或矿化垃圾,混合均匀并堆置4 d以上,以提高污泥的承载能力并消除其膨润持水性。

4.8　城镇污水处理工艺系统

4.8.1　设计水质、水量与处理程度

1)城镇污水的组成与水质特征

城镇污水是由城镇排水系统汇集的污水,它由居民的生活污水和位于城区内的工业企业

排放的工业废水组成。

生活污水是城镇污水的主要组成部分,一般情况下,城镇污水都具有生活污水的特征。典型的生活污水水质见表4.25。

表 4.25 典型的生活污水水质

指 标	浓度/(mg·L^{-1})		
	高	正常	低
总固体(TS)	1 200	720	350
溶解性总固体(DS)	850	500	250
非挥发性	525	300	145
挥发性	325	200	105
悬浮物(SS)	350	220	100
非挥发性	75	55	20
挥发性	275	165	80
可沉降物/(mg·L^{-1})	20	10	5
生化需氧量(BOD$_5$)	400	200	100
溶解性	200	100	50
悬浮性	200	100	50
总有机碳(TOC)	290	160	80
化学需氧量(COD)	1 000	400	250
溶解性	400	150	100
悬浮性	600	250	150
可生物降解有机物	750	300	200
溶解性	375	150	100
悬浮性	375	150	100
总氮(N)	85	40	20
有机氮	35	15	8
游离氮	50	25	12
亚硝酸氮	0	0	0
硝酸氮	0	0	0
总磷(P)	15	8	4
有机磷	5	3	1
无机磷	10	5	3
氯化物(Cl$^-$)	200	100	60
碱度(CaCO$_3$)	200	100	50
油脂	150	100	50

城镇排水系统一般都接纳由工业企业排放的工业废水,由于各地工业废水的水量、水质的千变万化,造成每个城镇的污水水量和水质的各不相同。

2)城镇污水的设计水质

（1）生活污水

生活污水的 BOD_5 和 SS 的设计值可取为: BOD_5 为 20~35 g/(人·d),SS 为 35~50 g/(人·d)。

（2）工业废水

工业废水的水质可参照不同类型的工业企业的实测数据或经验数据确定。

（3）水质浓度

水质浓度按下式计算:

$$S = \frac{1\,000a_s}{Q_s} \tag{4.132}$$

式中:S——某污染物质的浓度,mg/L;

a_s——每日生活污水和工业废水中该污染物质的总排放量,kg;

Q_s——每日的总排水量,以 m^3 计。

3)城镇污水处理厂的设计水量

用于城镇污水处理厂的设计水量有以下几种:

①平均日流量(m^3/d),表示污水处理厂的规模,即处理总水量。用于计算污水处理厂的年抽升电耗与耗药量,以及产生并处理的污泥总量。

②设计最大流量(m^3/h 或 L/s),用于污水处理厂的进厂管道的设计。如果污水处理厂的进水为水泵抽升,则用组合水泵的工作流量作为设计最大流量。

③降雨时的设计流量(m^3/d 或 L/s),包括旱天流量和截流 n 倍的初期雨水流量。用于校核初次沉淀池前的处理构筑物和设备。

④污水处理厂的各处理构筑物及厂内连接各处理构筑物的管渠,都应满足设计最大流量的要求。但当曝气池的设计反应时间在 6 h 以上时,可采用平均日流量作为曝气池的设计流量。

⑤当污水处理厂分期建设时,以相应的各期流量作为设计流量。

4)正确处理工业废水与城镇污水处理的关系

工业废水的成分十分复杂,可能含有特殊的污染物质,甚至所含污染物的浓度很高,如果直接排入城镇排水系统,必然会对城镇污水处理厂的运行管理带来不利影响。为了保证处理厂的正常运行,排入城镇排水系统的工业废水必须满足下列要求:

①不得含有能够破坏城镇排水管道的成分,如酸性废水及含有可燃和易爆物质的废水,还不得含有能够堵塞管道的物质和对养护工作人员造成伤害的物质;

②所含的大部分污染物质必须是能被微生物降解,并对微生物的代谢活动无抑制或毒害作用;

③污染物质的浓度不能过高,以免增加污水处理厂的负荷,影响处理效果;

④水温不得高于 40 ℃;

⑤对含有病原菌的医院、疗养院的污水,必须进行严格的消毒处理后再行排入。

城镇的市政管理部门,可根据本地的具体条件,依据我国制定的工业废水排入城镇排水系统的水质标准作出相应规定,以使污水水质与城镇污水水质基本一致,这样既不会损坏下水道,也不会影响微生物的活动。对不符合要求的工业废水,必须在厂(院)内进行预处理,方可排入城镇排水系统。

5)工业废水与生活污水共同处理的优点

(1)建设费用与运行费用较低

污水处理厂的规模越大,其单位处理能力的基建费用和运行费用越低。日处理量在 10 000 m^3 以下的污水处理厂,比日处理量介于 10 000~100 000 m^3 的污水处理厂的造价指标提高 20%~30%。

一些中小型工业企业设置的污水处理厂(站)往往需要设水量或水质调节池,某些厂还需要向处理的废水中投加化学药剂,以保证微生物对氮、磷等营养物质的需要,这都将增大污水处理设备的建设投资和运行费用。

(2)占地面积小,不影响环境卫生

工业企业分散地设置独立的污水处理厂(站)往往比集中建造大型污水处理厂占用更多的土地面积,而且还会给厂区环境带来不良影响。而城镇污水处理厂一般都建于远离城镇的郊区,而且中间隔以卫生防护带,无碍于城镇环境卫生。

(3)便于运行管理,节省管理人员

规模较大的污水处理厂,有条件配备技术水平较高的技术管理人员,有利于发挥处理设备的最大效能。单位污水量配备的管理人员数也大大低于分散处理。

(4)能够保证污水的处理效果

中小型工业企业的工业废水,其水质和水量的波动很大,给污水处理厂的运行管理带来一定困难,并影响处理效果。而城镇污水处理厂,由于大量的城镇污水而得到均衡,废水中的某些有毒物质也因此得到稀释,氮、磷等微生物营养物质也能够得到保证,这样在一定程度上保证了处理效果。

4.8.2　设计原则与步骤

城镇污水处理厂的设计可分为设计前期工作、扩大初步设计、施工图设计 3 个阶段。

1)设计的前期工作

设计前期工作主要有预可行性研究(项目建议书)和可行性研究(设计任务书)。

(1)预可行性研究

预可行性研究报告是建设单位向上级送审的项目建议书的技术附件,须经专家评审,并提出评审意见,经上级机关审批后立项,然后可进行下一步的可行性研究。我国规定,投资 3 000 万元以上的较大工程项目必须进行预可行性研究。

(2)可行性研究

可行性研究报告是对与本项工程有关的各个方面进行深入调查和研究,进行综合论证的重要文件,为项目建设提供科学依据,保证所建项目在技术上先进、可行,在经济上合理、有利,并具有良好的社会与环境效益。

城镇污水处理厂工程的可行性研究报告的主要内容包括:项目概述;工程方案的确定;工

程投资估算及资金筹措;工程远近期的结合;工程效益分析;工程进度计划;存在问题及建议;附图、附表、附件等。

可行性研究报告是国家控制投资决策的重要依据。可行性研究报告经上级有关部门批准后,可进行扩大初步设计。

2)扩大初步设计

扩大初步设计由下列 5 部分组成:

①设计说明书:包括设计依据及有关文件、城市概况及自然条件资料、工程设计说明等。

②工程量:包括工程所需的混凝土量、挖填土方量等。

③材料与设备:即工程所需钢材、水泥、木材的数量和所需设备的详细清单。

④工程概算书:计算本工程所需各项费用。

⑤图纸:主要包括污水处理厂工艺流程图、总平面布置图等。

3)施工图设计

施工图设计是以扩大初步设计为依据,并在扩大初步设计被批准后进行,原则上不能有大的方案变更及超出概算额。

施工图设计是将污水处理厂各处理构筑物的平面位置和高程精确地表示在图纸上,并详细表示出每个节点的构造、尺寸,每张图纸都应按一定的比例用标准图例精确绘制,要求达到能够使施工人员按图准确施工的程度。

4.8.3　厂址选择与工艺系统确定

1)厂址选择

污水处理厂厂址的选定与城镇的总体规划,城镇排水系统的走向、布置,处理后污水的出路等密切相关,是制订城镇污水处理系统方案的重要环节。

污水处理厂厂址选择,应进行综合的技术、经济比较与最优化分析,并通过专家的反复论证后再行确定。一般应遵循以下原则:

①应与选定的污水处理工艺相适应。

②尽量做到少占农田和不占良田。

③应位于城镇集中给水水源下游;设在城镇、工厂厂区及生活区的下游,并保持 300 m 以上的距离,但也不宜太远;位于夏季主风向的下风向。

④应考虑与处理后的污水或污泥的利用用户靠近,或靠近受纳水体,并便于运输。

⑤不宜设在雨季易受水淹的低洼处;靠近水体的处理厂要考虑不受洪水威胁;应尽量设在地质条件较好的地方,以方便施工,降低造价。

⑥要充分利用地形,选择有适当坡度的地区,以满足污水处理构筑物高程布置的需要,以减少土方工程量,降低工程造价。若有可能,宜采用污水不经水泵提升而自流流入处理构筑物的方案,以节省动力费用、降低处理成本。

⑦应与城镇污水管道系统布局统一考虑。

⑧应考虑城市远期发展的可能性,留有扩建余地。

污水处理厂的占地面积与处理水量和采用的处理工艺有关。表 4.26 所列用地面积可供在污水处理厂建设前期的规划设计时参考。

表 4.26   城镇污水处理厂用地面积

处理厂规模/(m³·d⁻¹)	一级处理占地/ha	二级处理占地/ha	
		生物滤池	活性污泥法
5 000	0.5~0.7	2~3	1~1.25
10 000	0.8~1.2	4~6	1.5~2.0
15 000	1.0~1.5	6~9	1.85~2.5
20 000	1.2~1.8	8~12	2.2~3.0
30 000	1.6~2.5	12~18	3.0~4.5
40 000	2.0~3.2	16~24	4.0~6.0
50 000	2.5~3.8	20~30	5.0~7.5
70 000	3.75~5.0	30~45	7.5~10.0
100 000	5.0~6.5	40~60	10.0~12.5

2)工艺系统确定

污水处理的工艺系统是指在保证处理水达到要求的处理程度的前提下,采用的污水处理技术各单元的组合。

对于某种污水,采用哪几种处理方法组成系统,要根据污水的水质、水量,回收其中有用物质的可能性、经济性,受纳水体的具体条件,并结合调查研究和技术与经济比较后决定,必要时还需进行试验。

在选定处理工艺流程的同时,还需要考虑确定各处理技术单元构筑物的形式,两者互为制约、互为影响。

(1)选定污水处理工艺系统应考虑的因素

①污水的处理程度。污水的处理程度是污水处理工艺流程选择的主要依据,而污水处理程度又主要取决于原污水的水质特征、处理后水的去向及相应的水质要求。污水的水质特征表现为污水中所含污染物的种类、形态及浓度,直接影响工艺流程的简单与复杂。处理后水的去向和水质要求,往往决定着污水治理工程的处理深度。

②工程造价与运行费用。以污水的水质、水量及其他自然状况为已知条件,以处理水应达到的水质指标为制约条件,以处理系统最低的总造价和运行费用为目标函数,建立三者之间的相互关系。减少占地面积是降低建设费用的一项重要措施。

③当地的各项条件。当地的地形、气候等自然条件,原材料与电力供应等具体情况。

④污水水量与污水流入工况。污水水量与污水流入工况直接影响处理构筑物的选型及处理工艺的选择。

⑤处理过程是否产生新的矛盾。污水处理过程中应注意避免造成二次污染。

工程施工的难易程度和运行管理需要的技术条件也是选定处理工艺流程需要考虑的

因素。

污水处理工艺流程的选定是一项比较复杂的系统工程,必须对上述各项因素进行综合考虑,进行多种方案的技术经济比较,选择技术先进可行、经济合理的污水处理工艺。

(2)典型的城镇污水处理工艺

城镇污水处理的典型工艺流程是由完整的二级处理系统和污泥处理系统组成。

该流程的一级处理由格栅、沉砂池和初次沉淀池组成,其作用是去除污水中的无机和有机性的悬浮污染物,污水的 BOD_5 能够去除 20%～30%。

二级处理系统是城镇污水处理厂的核心,其主要作用是去除污水中呈胶体和溶解状态的有机污染物,BOD_5 去除率达 90% 以上。通过二级处理,污水的 BOD_5 可降至 20～30 mg/L,一般可达排放水体和灌溉农田的要求。

根据《城镇污水处理厂污染物排放标准》(GB 18918—2002),二级处理只能达到一级 B 标准,如果达到一级 A 标准,还需要在二级处理的基础上进行深度处理,一般是在二次沉淀池出水后增加过滤工艺。

应用于二级处理的各类生物处理技术有活性污泥法、生物膜法和自然生物处理技术,只要运行正常,都能取得良好的处理效果。

污泥是污水处理过程的副产品,也是必然的产物。污泥包括从初次沉淀池排出的初沉污泥和从生物处理系统排出的生物污泥。在城镇污水处理系统中,对污泥的处理多采用浓缩、厌氧消化、脱水等技术单元组成的系统,处理后的污泥可作为肥料用于农业。

4.8.4 平面与高程布置

1)平面布置

在污水处理厂厂区内有各处理单元构筑物,连通各处理构筑物之间的管、渠及其他管线,辅助性建筑物,道路以及绿地等。在进行厂区平面规划、布置时,应从以下几方面进行考虑。

(1)各处理单元构筑物的平面布置

处理构筑物是污水处理厂的主体建筑物,在进行平面布置时,应根据各构筑物的功能要求和水力要求,结合地形和地质条件,合理布局,确定它们在厂区内平面的位置,以减少投资并使运行方便。应考虑的因素有:

①应布置紧凑,以减少处理厂占地面积和连接管线的长度,但应考虑施工和运行操作的方便。

②应使各处理构筑物之间的连接管渠便捷、直通,避免迂回曲折,处理构筑物一般按流程顺序布置。

③充分利用地形,以节省挖填土方量,并避开劣质土壤地段,使水流能自流输送。

④在处理构筑物之间,应有保证敷设连接管、渠要求的间距,一般可取 5～10 m,某些有特殊要求的构筑物,如污泥消化池、消化气贮罐等,其间距应按有关规定确定。

(2)管、渠的平面布置

在污水处理厂各处理构筑物之间设有贯通、连接的管渠。此外,还有放空管及超越管渠,放空管的作用是当构筑物内的设施需要检修时,能放空构筑物内的污水;超越管的作用是当构筑物发生故障或污水没必要进构筑物处理时,能越过该处理构筑物。污水处理厂一般设有超越全部处理构筑物,直接排放水体的超越管。管渠的布置应尽量短,避免曲折和交叉。

在污水处理厂内还设有给水管、空气管、消化气管、蒸汽管以及输配电线路等。在布置时，应避免相互干扰，既要便于施工和维护管理，又要占地紧凑，即可敷设在地下，也可架空敷设。

另外，在厂区内还应有完善的雨水收集及排放系统，必要时应考虑设防洪沟渠。

（3）辅助建筑物的平面布置

污水处理厂内的辅助建筑物有泵房、鼓风机房、加药间、办公室、集中控制室、水质分析化验室、变电所、机修车间、仓库、食堂等，它们是污水处理厂不可缺少的组成部分。其建筑面积大小应按实际情况与条件而定。有条件时，可设立试验车间，以不断研究与改进污水处理技术。

辅助建筑物的布置应根据方便、安全等原则确定。如泵房、鼓风机房应尽量靠近处理构筑物附近，变电所宜设于耗电量大的构筑物附近；操作工人的值班室应尽量布置在使工人能够便于观察处理构筑物运行情况的位置；办公室、分析化验室等均应与处理构筑物保持一定距离，并处于它们的上风向，以保证良好的工作条件；储气罐、储油罐等易燃易爆物品的布置应符合防爆、防火规程。

在污水处理厂内应合理地修筑道路和停车场地。一般主干道 4~6 m，车行道 3~4 m，人行道 1.5~2 m，并合理植树，绿化美化厂区，改善卫生条件。按规定，污水处理厂厂区的绿化面积不得少于30%。另外，要预留适当的扩建场地，并考虑施工方便和相互间的衔接。

在工艺设计计算时，除应满足工艺设计上的要求外，还必须符合施工、运行上的要求。对于大、中型处理厂，应作多方案比较，找出最佳方案。

总平面布置图可根据污水厂的规模采用 1∶200~1∶1 000 的比例绘制，常用的比例尺为 1∶500。

图 4.126 为 A 市污水处理厂总平面布置图。该厂的主要处理构筑物有机械清渣格栅、曝气沉砂池、初次沉淀池、鼓风深水中层曝气池、二次沉淀池、消化池等及若干辅助建筑物。该厂的平面布置特点是流线清楚、布置紧凑。鼓风机房和回流污泥泵房位于曝气池和二次沉淀池一侧，节约了管道与动力消耗，方便操作管理。污泥消化系统构筑物靠近处理厂西侧的四氯化碳制造厂，使消化气、蒸气输送管较短，节约了建设投资。办公楼与处理构筑物、鼓风机房、泵房、消化池等保持一定距离，卫生条件与工作条件均较好。在管线布置上，尽量一管多用，如超越管、处理水出厂管都借雨水管泄入附近水体，而剩余污泥、污泥水、各构筑物放空管等又都汇入厂内污水管，并流入泵房集水井。不足之处是由于厂东西两侧均为河浜，使得用地受到限制，无远期发展余地。

图 4.127 为 B 市污水处理厂总平面布置图。该厂泵站设于厂外，主要处理构筑物有格栅、曝气沉砂池、初次沉淀池、曝气池、二次沉淀池等。该厂污泥通过污泥泵房直接加压送往农田作为肥料利用。该厂平面布置的特点是布置整齐、紧凑。两期工程各自独成系统，对设计与运行相互干扰较小。办公室等建筑物均位于常年主风向的上风向，且与处理构筑物有一定距离，卫生、工作条件较好。在污水流入初次沉淀池、曝气池与二次沉淀池时，先后经 3 次计量，为分析构筑物的运行情况创造了条件。利用构筑物本身的管渠设立超越管线，既节省了管道，又运行较灵活。二期工程预留地设在一期工程与厂前区之间，若二期工程改用其他工艺或另选池型时，在平面布置上将受到一定限制。泵站与湿污泥地均设于厂外，管理不甚方便。此外，3次计量增加了水头损失。

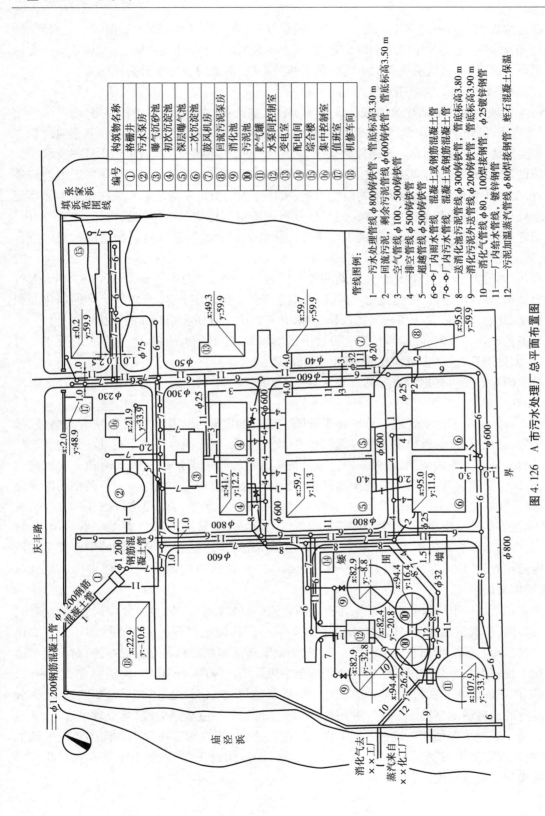

编号	构筑物名称
①	格栅井
②	污水泵房
③	曝气沉砂池
④	初次沉淀池
⑤	深层曝气池
⑥	二次沉淀池
⑦	鼓风机房
⑧	回流污泥泵房
⑨	消化池
⑩	污泥浓缩池
⑪	贮气罐
⑫	水泵间控制室
⑬	变电室
⑭	配电室
⑮	综合楼
⑯	集中控制室
⑰	值班室
⑱	机修车间

管线图例：

1——污水处理管线 φ800铸铁管
2——回流污泥管线 φ600铸铁管，剩余污泥管线 φ600铸铁管
3——空气管线 φ100，500铸铁管
4——排空管线 φ500铸铁管
5——超越管线 φ500铸铁管
6·o·o——厂内雨水管线　混凝土或钢筋混凝土管
7·o·o——厂内污水管线　混凝土或钢筋混凝土管
8——送消化池污泥管线 φ300铸铁管
9——消化污泥外送管线 φ200铸铁管，100焊接钢管
10——消化气管线 φ80，镀锌钢管，φ25镀锌钢管
11——厂内给水管线 φ80焊接钢管
12——污泥加温蒸汽管线 φ80焊接钢管，蛭石混凝土保温

图 4.126　A 市污水处理厂总平面布置图

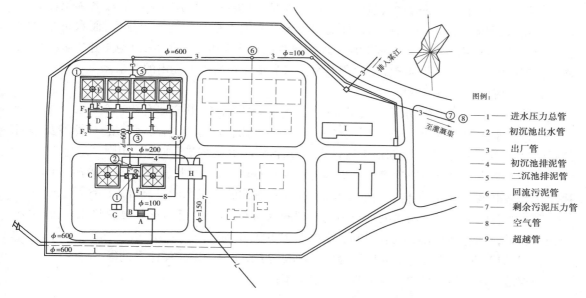

图 4.127 B 市污水处理厂总平面布置图

A—格栅;B—曝气沉淀池;C—除沉淀池;D—曝气池;E—二次沉淀池;F—计量堰;
G—除渣池;H—污泥泵房;I—机修车间;J—办公及化验室等

图例:
1— 进水压力总管
2— 初沉池出水管
3— 出厂管
4— 初沉池排泥管
5— 二沉池排泥管
6— 回流污泥管
7— 剩余污泥压力管
8— 空气管
9— 超越管

2)高程布置

污水处理厂高程布置的目的是:确定各处理构筑物和泵房的标高,确定处理构筑物之间连接管渠的尺寸及其标高,计算确定各部位的水面标高,使水能按处理流程在处理构筑物之间靠重力自流,以降低运行和维护管理费用,从而保证污水处理厂的正常运行。

相邻两构筑物之间的水面相对高差即为流程中的水头损失。水头损失包括:

①污水流经各处理构筑物的水头损失可参考表 4.27 选取或进行详细的水力计算。一般来讲,污水流经处理构筑物的水头损失主要产生在进口、出口和需要的跌水处(多在出口),而流经处理构筑物本体的水头损失则较小。

②污水流经连接前后两处理构筑物管渠(包括配水设备)的水头损失,包括沿程与局部水头损失,需要通过水力计算得出。

表 4.27 污水流经各处理构筑物的水头损失

构筑物名称	水头损失/cm	构筑物名称	水头损失/cm
格栅	10~25	曝气池:污水潜流入池	25~50
沉砂池	10~25	污水跌水入池	50~150
沉淀池:平流	20~40	生物滤池(工作高度为 2 m 时):	
竖流	40~50	①装有旋转式布水器	270~280
辐流	50~60	②装有固定喷洒布水器	450~475
双层沉淀池	10~20	混合池或接触池	10~30
		污泥干化场	200~350

③污水流经计量设备的水头损失。高程布置时,以接纳处理水的水体的最高水位作为起点,逆污水处理流程向上倒推计算,以使处理后污水在洪水季节也能自流排出,而水泵需要的扬程较小,运行费用也较低。但同时应考虑构筑物的挖土深度不宜过大,以免土建投资过大和增加施工难度。还应考虑因维修等原因需将池水放空而对高程上提出的要求。

高程布置应遵循以下原则:

①选择一条距离最长、水头损失最大的流程进行水力计算,并应留有适当余地。

②计算水头损失时,一般应以近期最大流量作为构筑物和管渠的设计流量;计算涉及远期流量的管渠和设备时,应以远期最大流量作为设计流量,并酌加扩建时的备用水头。

③在作高程布置时还应注意污水流程与污泥流程的配合,尽量减少需抽升的污泥量。在决定污泥浓缩池、消化池等构筑物的高程时,应注意它们的污泥水能自流排入厂区污水干管。

高程布置图可绘制成污水处理与污泥处理的纵断面图或工艺流程图。绘制纵断面图时采用的比例尺,一般横向与总平面图相同,纵向为 1:100~1:50。

以图 4.128 所示 B 市污水处理厂为例,说明其污水处理流程高程计算过程。

处理后的污水排入农田灌溉渠道以供农田灌溉,以灌溉渠水位作为起点,逆流程向上推算各处理构筑物的水面标高。

高程计算如下:

灌溉渠道(点 8)水位:49.25 m;

排水总管(点 7)水位:50.05 m(跌水 0.8 m);

窨井 6 后水位:50.44 m(沿程损失 0.39 m);

窨井 6 前水位:50.49 m(管顶平接,两端水位差 0.05m);

二次沉淀池出水井水位:50.84 m(沿程损失 0.35 m);

二次沉淀池出水总渠起端水位:50.94 m(沿程损失 0.10 m);

二次沉淀池中水位:51.44 m(集水槽起端水深 0.38 m,自由跌落 0.10 m,堰上水头 0.02 m);

堰 F_3 后水位:51.75 m(沿程损失 0.03 m,局部损失 0.28 m);

堰 F_3 前水位:52.16 m(堰上水头 0.26 m,自由跌落 0.15 m);

曝气池出水总渠起端水位:52.38 m(沿程损失 0.22 m);

曝气池中水位:52.64 m(集水槽中水位 0.26 m);

堰 F_2 前水位:53.22 m(堰上水头 0.38 m,自由跌落 0.20 m);

点 3 水位:53.44 m(沿程损失 0.08 m,局部损失 0.14 m);

初次沉淀池出水井(点 2)水位:53.66 m(沿程损失 0.07 m,局部损失 0.15 m);

初次沉淀池中水位:54.33 m(出水总渠沿程损失 0.10 m,集水槽起端水深 0.44 m,自由跌落 0.10 m,堰上水头 0.03 m);

堰 F_1 后水位:54.65 m(沿程损失 0.04 m,局部损失 0.28 m);

堰 F_1 前水位:55.10 m(堰上水头 0.30 m,自由跌落 0.15 m);

沉砂池起端水位:55.37 m(沿程损失 0.02 m,沉砂池出口局部损失 0.05 m,沉砂池中水头损失 0.20 m);

格栅前(A 点)水位:55.52 m(过栅水头损失 0.15 m);

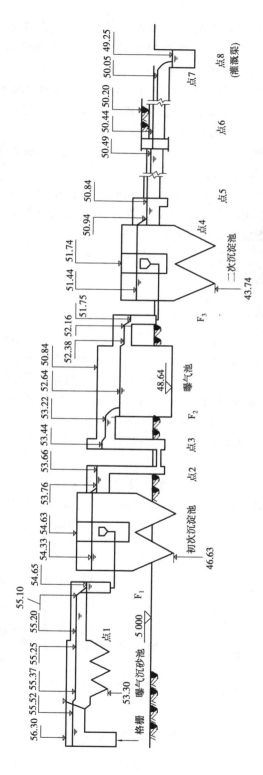

图4.128 B市污水处理厂污水处理流程高程布置图

总水头损失 6.27 m。

计算结果表明：终点泵站应将污水提升至标高 55.52 m 处才能满足流程的水力要求。根据计算结果绘制了如图 4.128 所示污水处理流程高程布置图。下面以图 4.128 所示的 B 市污水处理厂的污泥处理流程为例,作污泥处理流程的高程计算。

该厂二次沉淀池剩余污泥重力流排入污泥泵站,加压后送入初次沉淀池,利用生物絮凝作用提高初次沉淀池的沉淀效果,并与初次沉淀池污泥一起重力排入污泥投配池。污泥处理流程的高程计算从初次沉淀池开始,流程如下:

初次沉淀池→污泥投配池→污泥泵站→污泥消化池→贮泥池→外运

同污水处理流程,高程计算从控制点标高开始。

厂区地面标高为 4.2 m,初次沉淀池水面标高点为 6.7 m,初次沉淀池至污泥投配池的管道用铸铁管,长 150 m、管径 300 mm。污泥在管内呈重力流,流速为 1.5 m/s,求得其水头损失为 1.2 m,自由水头为 1.5 m,则管道中心标高为:

$$6.7-(1.20+1.50)=4.0(m)$$

流入污泥投配池的管底标高为:

$$4.0-0.15=3.85(m)$$

据此确定污泥投配池的标高。

消化池至贮泥池的各点标高受河水位(即河中污泥船)的影响,故以此向上推算。设要求贮泥池排泥管的管中心标高至少应为 3.0 m,才能自流向运泥船排净贮泥池污泥,贮泥池有效水深为 2.0 m。消化池至贮泥池为管径 200 mm、长 70 m 的铸铁管,设管内流速为 1.5 m/s,则求得水头损失为 1.20 m,自由水头设为 1.5 m。消化池采用间歇排泥方式,一次排泥后泥面下降 0.5 m,则排泥结束时消化池内泥面标高至少应为:

$$3.0+2.0+0.1+1.2+1.5=7.8(m)$$

开始排泥时泥面标高:

$$7.8+0.5=8.3(m)$$

由此选定污泥泵。根据计算结果,绘制污泥处理流程的高程图如图 4.129 所示。

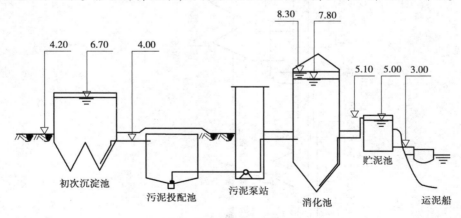

图 4.129　污泥处理流程高程布置图

4.8.5 污水处理构筑物及配水与计量

1)处理构筑物的结构要求及运行方式

（1）处理构筑物的结构要求

构筑物的结构设计应遵循如下原则：

①结构为工艺需要服务，应能保证稳定运行，符合水力运动规律；

②构筑物上要便于人员操作、检修，巡检要有安全通道及防护措施；

③与构筑物相连接的管渠要考虑易于清通。

设计构筑物时，要保证构筑物功能的良好发挥，需注意以下3个方面的要求：

①进水。构筑物进水位置一般位于构筑物中心或进水侧中部，要尽可能采取缓冲手段，防止进水速度过大，因惯性直线前进，造成短流，影响构筑物正常功能的发挥。一般采用放大口径进水和多孔进水以降低水流速度。中心管进水需外套稳流筒，起到缓冲作用。传统进水方式采用指缝墙的较多，但会受到进水中漂浮杂质的影响，因此应在杂质进入构筑物前彻底去除，否则运行中的清理非常困难。

②出水。出水有两种类型：一种是澄清型出水，另一种是非澄清型出水。澄清型出水是指沉淀池、浓缩池等构筑物需要控制出水含带悬浮性杂质，主要有集水孔出水和锯齿堰出水等方式。由于集水、出水小孔易堵塞，通常应用锯齿堰较多，但要有较好的施工质量和密封手段，以保证锯齿堰处的出水均匀。但因堰口承受负荷较低，尤其是活性污泥法的二次沉淀池中，污泥密度低，持水性强，沉淀效果不好，单层堰口出水局部上升流速相对偏大。现在，人们采用增加集水槽及集水槽双侧集水的方式来降低堰口负荷，已取得较好的效果。一般大型初次沉淀池采用双侧集水，二次沉淀池采用两道集水槽集水，沉淀效果比较理想。

非澄清型出水有水平堰口出水和直接管式出水等方式，由于出水不需要控制其含带杂质量，对堰口要求比较低，但如果是需要充分利用构筑物容积、要保证一定运行液位的构筑物，一般应采用水平出水堰口流出后经出水管出水。

③放空。污水处理构筑物必须设有放空的结构部分，并能保证在需要的情况下将构筑物内的污水或污泥全部排放干净，以便进行设备检修和构筑物自身的清理。一般放空管应设在构筑物最低位置并低于构筑物内池底最低处。同时，与构筑物连通的放空排水管线要保证低于放空管，以避免污水回灌。否则，需要在构筑物内最低处设计放置潜水泵的泵坑。另外，放空管线在构筑物外要在尽可能短的距离内设检查井，以便对放空管线进行清通和检查。

（2）构筑物的运行方式

构筑物的运行方式主要有连续和间断两种。一般小规模污水处理可采用间断运行，但间断运行存在操作麻烦、不易管理等缺点。因此，构筑物最好选用连续运行方式，采取较稳定的控制手段。运行中应注意以下问题：

①澄清型构筑物需要稳定的运行环境才能达到预期的工艺效果。因此，要防止负荷的大幅度波动，使悬浮物的沉降尽可能与静止沉淀环境接近，减少出水含带杂质量，并能将沉淀物及时排出，达到最好的去除效果。

②对于调节池、均和池、曝气池、吸水池等非澄清型构筑物，必须采取相应的防沉手段，不允许有杂质沉积。可采取构造措施或鼓风曝气、机械搅拌等形式，并对构筑物进行防沉淀维

护,保证构筑物功能的正常发挥。

2）处理构筑物之间连接管渠的设计

从便于维修和清通的要求考虑,连接污水处理构筑物之间的管渠以矩形明渠为宜。明渠多由钢筋混凝土制成,也可采用砖砌。为安全起见,或在寒冷地区为防止冬季污水在明渠内结冰,一般在明渠上加设盖板。必要时或在必要部位,也可以采用钢筋混凝土管或铸铁管。

为了防止污水中的悬浮物在管渠内沉淀,污水在管渠内必须保持一定的流速。在最大流量时,明渠内流速可介于 1.0～1.5 m/s;在最低流量时,流速不得小于 0.4～0.6 m/s(特殊构造的渠道,流速可减至 0.2～0.3 m/s);在管道中的流速应大于在明渠中的流速,并尽可能大于 1 m/s,因为在管道中产生的沉淀难以清除,使维修工作量增加。

3）配水设备

污水处理厂中,同类型的处理构筑物一般都应建 2 座或 2 座以上,向它们均匀配水是污水处理厂设计的重要内容之一。若配水不均匀,各池负担不一样,一些构筑物可能出现超负荷,而另一些构筑物则又没有充分发挥作用。用于实现均匀配水的配水设备的类型如图 4.130 所示,可按具体条件选用。

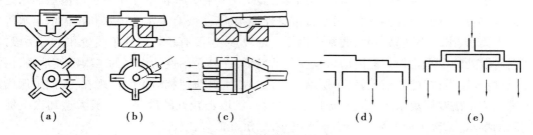

图 4.130　各种类型的配水设备

图 4.130(a)为中管式配水井;(b)为倒虹管式配水井,通常用于 2 座或 4 座为一组的圆形处理构筑物的配水,该形式配水设备的对称性好,效果较好;(c)为挡板式配水槽,可用于多个同类型的处理构筑物;(d)为一简单形式的配水槽,易修建,造价低,但配水均匀性较差;(e)是改进形式,可用于同类型构筑物多时的情况,配水效果较好,但构造稍复杂。

4）污水计量设备

准确地掌握污水处理厂的污水量,并对水量资料和其他运行资料进行综合分析,对提高污水处理厂的运行管理水平十分必要。为此,应在污水处理系统上设置计量设备。

对污水计量设备的要求是精度高,操作简单,不沉积杂物,并且能够配用自动记录仪表。

污水处理厂总处理水量的计量设备,一般安装在沉砂池与初次沉淀池之间的渠道上或厂内的总出水管渠上。

用于污水处理厂的水量计量设备有:

①计量槽。计量槽又称为巴氏槽,精确度达 95%～98%,其优点是水头损失小,底部冲刷力大,不易沉积杂物;但对施工技术要求高,施工质量不好会影响量测精度。

②薄壁堰。这种计量设备比较稳定可靠,为了防止堰前渠底积泥,只宜设在处理系统之后。常用的薄壁堰有矩形堰、梯形堰和三角堰,后者的水头损失较大,适于量测小于 100 L/s 的小流量。

③电磁流量计。电磁流量计由电磁流量变送器和电磁流量转换器组成。前者装于需量测的管道上,当导电液体(污水)流过变送器时,切割磁力线而产生感应电势,并以电信号输至转换器进行放大、输出。由于感应电势的大小仅与流体的平均流速有关,因而可测得管中的流量。电磁流量计可与其他仪表配套,进行记录、指示、积算、调节控制等。

该计量设备的优点为:变送器结构简单可靠,内部无活动部件,维护清洗方便;压力损失小,不易堵塞;量测精度不受被测污水各项物理参数的影响;无机械惯性,反应灵敏,可量测脉动流量;安装方便,无严格的前置直管段的要求。

这种计量设备价格昂贵,需精心保养,难以维修。安装时要求变送器附近不应有电动机、变压器等强磁场或强电场,以免产生干扰;同时,要求变送器内必须充满污水,否则可能产生误差。

近年来,国内还开发了几种测定管道中流量的设备,如插入式液体涡轮流量计、超声波流量计等。

本章小结

本章内容以城镇污水处理经典工艺为主线,形成预处理、常规处理、深度处理、污泥处置4个重要组成部分,并重点介绍了污水常规处理工艺中的活性污泥法和生物膜法。每一部分又详细介绍了其单元构筑物工作原理、构筑物及设备组成、基本技术参数,在理解基本概念的基础上着重强调了污水处理系统的比较和选择。通过本章学习,要求学生能够掌握城镇污水处理经典工艺过程和原理,并能进行城镇污水处理厂的平面布置和高程设计,熟悉城镇污水处理厂的运行管理基本知识、岗位要求、职责、安全操作维护。

习 题

1.城镇污水去除的主要对象是什么?

2.机械格栅如何分类?由哪些部分构成?

3.简述活性污泥法系统的组成及基本流程。

4.常用评价活性污泥性能的指标有哪些?为什么污泥沉降比和污泥体积指数在活性污泥法系统运行中有着重要意义?

5.传统活性污泥法、吸附再生活性污泥法和完全混合活性污泥法各有什么特点?

6.活性污泥法有哪些主要的运行方式?各有什么特点?

7.简述生物膜结构并讲解其工作原理。

8.简述活性污泥脱氮和除磷原理、适宜条件及工艺流程,并写出有关化学方程式。

9.活性污泥系统会出现哪些异常现象?宜采取哪些相应措施?

10.生物接触氧化池有哪些优缺点?

11.生物膜脱落的原因是什么?

12.污泥处理方案的选择和确定要考虑哪些因素?

13.污泥浓缩、脱水有哪些方法？

14.为什么要对污泥进行稳定处理？

15.选择污水处理工程方案需考虑哪些因素？

16.污水处理工程的技术经济指标设计有哪些内容？简述技术经济指标的作用。

17.污水处理厂设计在选择厂址时,应遵循哪些原则？

18.进行污水处理厂平面设计与高程设计时,应考虑哪些要求？

19.选择污水处理工艺流程需考虑的因素有哪些？

20.已知曝气池的 MLSS 为 2.2 g/L,混合液在 1 000 mL 量筒中经 30 min 沉淀后污泥量为 180 mL,计算污泥指数、回流污泥浓度和所需的污泥回流比。

21.某城镇排放的污水量为 30 000 m^3/d,污水的时变化系数为 1.4,拟采用活性污泥法进行处理,BOD_5 为 300 mg/L,初次沉淀池的 BOD_5 去除率为 25%,要求处理后出水 BOD_5 为 20 mg/L,试计算该活性污泥法处理系统的设计参数。

22.某城镇设计人口 N = 100 000 人,污水量标准 200 L/(人·d),排放的 BOD_5 量为 27 g/(人·d)。镇内有一座工厂,污水量 1 500 m^3/d,BOD_5 值为 1 800 mg/L。混合污水冬季平均温度为 15 ℃,年平均气温为 10 ℃,滤料层厚度 H = 2.0 m。要求处理后出水 $BOD_5 \leqslant$ 30 mg/L。拟采用高负荷生物滤池处理,试进行工艺设计及计算。

23.某住宅小区人口 5 000 人,排水量标准 100L/(人·d),经沉淀处理后 BOD_5 值为 135 mg/L,处理水的 BOD_5 值不得大于 15 mg/L。拟采用生物转盘处理,试进行生物转盘设计。

24.某生产废水,流量 Q 为 3 000 m^3,进水 BOD 为 200 mg/L,要求出水 BOD 为 30 mg/L,试设计生物接触氧化池。

5

工业废水处理技术

教学要求

通过本章学习,理解工业废水处理方法分类、原理、设计与运行技术参数,掌握物理法、化学法、物理化学法以及生物处理法处理工业废水的特点,熟悉典型工业废水处理工艺,并能够进行运行调试和故障排除。

知识点

调节;除油;离心分离;中和;化学沉淀;氧化还原;气浮;吸附

工业废水是在指工业生产过程中产生的废水、污水和废液,其中包括夹杂在水中流失的工业生产用料、中间产物和产品以及生产过程中产生的污染物。从不同角度出发,工业废水可分为以下不同种类:

①按工业废水中所含主要污染物的化学性质可分为无机废水和有机废水。如冶金废水是无机废水,食品加工废水是有机废水。

②按工业企业的产品和加工对象可分为电镀废水、造纸废水、炼焦煤气废水、化学肥料废水、染料废水、制革废水、农药废水等。

③按废水中所含污染物的主要成分可分为酸性废水、碱性废水、含氰废水、含铬废水、含汞废水、含酚废水、含油废水、含硫废水、含有机磷废水和放射性废水等。

④按废水处理的难易度和废水的危害性分类,将废水中主要污染物归纳为废热、常规污染物和有毒污染物3类。第一类为废热,主要为冷却水,一般可以回用;第二类为常规污染物,既无明显毒性又易于生物降解的物质,包括生物可降解的有机物、可作为生物营养素的化合物,以及有机悬浮固体等;第三类为有毒污染物,既有毒性又不易生物降解的物质,包括重金属、有毒化合物和不易被生物降解的有机化合物等。

5.1 工业废水的物理处理

5.1.1 调节

1)调节的作用

工业企业由于生产工艺的原因,在不同工段、不同时间所排放的污水差别很大,尤其是操作不正常或设备产生泄漏时,污水的水质就会急剧恶化,水量也大大增加,往往会超出污水处理设备的正常处理能力。因此,对于特征上波动比较大的污水,有必要在污水进入处理主体之前,先将污水导入调节池进行均和调节处理,使其水量和水质都比较稳定,这样就可为后续的水处理系统提供一个稳定和优化的操作条件。调节的作用体现在以下几个方面:

①提供对污水处理负荷的缓冲能力,防止处理系统负荷的急剧变化。

②减少进入处理系统污水流量的波动,使处理污水时所用化学品的加料速率稳定,适合加料设备的能力。

③在控制污水的 pH 值、稳定水质方面,可利用不同污水自身的中和能力,减少中和作用时化学品的消耗量。

④防止高浓度的有毒物质直接进入生物化学处理系统。

⑤当工厂或其他系统暂时停止排放污水时,仍能对处理系统继续输入污水,保证处理系统的正常运行。

2)调节处理的类型

调节处理一般按其主要调节功能分为水量调节和水质调节两类。

（1）水量调节

水量调节比较简单,一般只需设置一个简单的水池,保持必要的调节池容积并使其出水均匀即可。

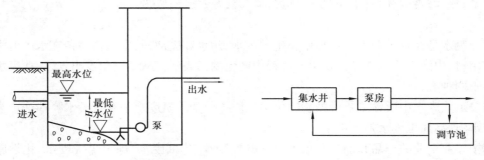

图 5.1　线内调节池　　　　　　　图 5.2　线外调节池

污水处理中单纯的水量调节有两种方式:一种为线内调节(图 5.1),进水一般采用重力流,出水用泵提升,池中最高水位不高于进水管的设计水位,最低水位为死水位,有效水深一般为 2~3 m;另一种为线外调节(图 5.2),调节池设在旁路上,当污水流量过高时,多余污水用泵打入调节池,当流量低于设计流量时,再从调节池回流至集水井,并送去后续处理。

线外调节与线内调节相比,其调节池不受进水管高度的限制,施工和排泥较方便,但被调节水量需要两次提升,消耗动力大。一般工程上线内调节采用较多。

（2）水质调节

水质调节的任务是对不同时间或不同来源的污水进行混合,使流出的水质比较均匀,以避免后续处理设施承受过大的冲击负荷。水质调节的方法有外加动力调节和差流方式调节两类。

外加动力调节就是在调节池内,采用外加叶轮搅拌、鼓风空气搅拌、水泵循环等设备对水质进行强制调节。其设备比较简单,运行效果好,但运行费用高。

采用差流方式进行强制调节,使不同时间和不同浓度的污水进行水质自身水力混合。这种方式基本上没有运行费用,但设备较复杂。

①对角线调节池。对角线调节池是常用的差流方式调节池,其结构如图 5.3 所示。对角线调节池的特点是出水槽沿对角线方向设置,污水由左右两侧进入池内,经不同的时间流到出

水槽,从而使先后过来的、不同浓度的废水混合,达到自动调节均和的目的。

为了防止污水在池内短路,可以在池内设置若干纵向隔板。污水中的悬浮物会在池内沉淀,对于小型调节池,可考虑设置沉渣斗,通过排渣管定期将污泥排出池外;如果调节池的容积很大,需要设置的沉渣斗过多,这样管理太麻烦,可考虑将调节池做成平底,用压缩空气搅拌,以防止沉淀,空气用量为 $1.5\sim3\ \mathrm{m^3/(m^2\cdot h)}$,调节池的有效水深取 $1.5\sim2\ \mathrm{m}$,纵向隔板间距为 $1\sim1.5\ \mathrm{m}$。

如果调节池采用堰顶溢流出水,则这种形式的调节池只能调节水质的变化,而不能调节水量及其波动。如果后续处理构筑物要求处理水量比较均匀和严格,可把对角线出水槽放在靠近池底处开孔,在调节池外设水泵吸水井,通过水泵把调节池出水抽送到后续处理构筑物中,水泵出水量可认为是稳定的;或者使出水槽能在调节池内随水位上下自由波动,以便贮存盈余水量,补充水量短缺。

②同心圆调节池。同心圆调节池与对角线调节池的结构原理相似,只是做成圆形,如图5.4 所示。

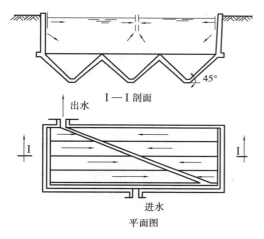

图 5.3 对角线调节池示意图

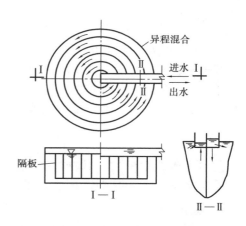

图 5.4 同心圆调节池示意图

③折流调节池。折流调节池如图 5.5 所示。在池内设置许多折流隔墙,控制污水 1/4~1/3 的流量从调节池的起端流入,在池内来回折流,延迟时间,充分混合、均衡;剩余流量通过设在调节池上的配水槽的各投配口等量地流入池内前后各个位置,从而使先后过来的、不同浓度的废水混合,达到自动调节均和的目的。

3)调节池设计

调节池的设计主要是确定其容积,可根据污水浓度和流量变化的规律,以及要求的调节均和程度来计算。

对于水量调节,计算平均流量作为出水流量,再根据流量的波动情况计算所需调节池的容积。

在一般场合,水质和水量往往都要考虑,而且有时水质的均和更重要一些,此时调节池容积可按流量和浓度比较大的连续 4~8 h 的污水水量计算。若水质水量变化大时,可取 10~12 h 的流量,甚至采取 24 h 的流量计算。采用的调节时间越长,污水水质越均匀,但调节池的容积也大,工程造价也高。因此,应根据具体条件和处理要求来选定合适的调节时间。污水经过一

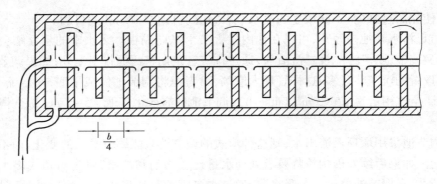

图 5.5　折流调节池示意图

定的调节时间后其平均浓度可按下式计算:

$$c = \frac{c_1 Q_1 t_1 + c_2 Q_2 t_2 + \cdots + c_n Q_n t_n}{qT} \tag{5.1}$$

式中:c——时间 T 内的污水平均浓度,mg/L;

　　　q——时间 T 内的污水平均流量,m^3/h;

　　　$c_1, c_2, \cdots, c_n$——污水在各时间段 $t_1, t_2, \cdots, t_n$ 内的平均浓度,mg/L;

　　　$Q_1, Q_2, \cdots, Q_n$——相应于 $t_1, t_2, \cdots, t_n$ 时间段内的污水平均流量,m^3/h;

　　　T——连续的 $t_1, t_2 \cdots, t_n$ 时间段（时）总和。

　　考虑废水在池内流动可能出现短路等因素,在实际计算调节池容积时,一般引入容积经验系数。对于对角线调节池来说,其容积可按下式计算:

$$V = \frac{qT}{1.4} \tag{5.2}$$

　　上述计算公式中的基本数据,是通过逐时实测污水流量、污水浓度变化得到的。污水流量和水质变化的观测周期越长,调节池容积的计算结果的准确性和可靠性也越高。

5.1.2　除油

1)含油污水中油的种类与油粒上浮

　　含油污水主要来源于石油、石油化工、钢铁、炼焦、机械加工与修理、屠宰、饮食业等企业。在一般的生活污水中,油脂占总有机物的10%。

　　油类污染物按组成成分可分为两类:第一类包括动物或植物脂肪;第二类是原油或矿物油的液体部分。

　　污水中的油类按其存在状态可分为下列 4 类:

　　①浮油:油珠的粒径一般为 $100 \sim 150~\mu m$,很容易浮于水面形成油膜或油层。浮油是含油污水的主要油组分。

　　②分散油:油珠的粒径一般为 $10 \sim 100~\mu m$,悬浮于水中,静止一定时间后可形成浮油。

　　③乳化油:油珠粒径小于 $10~\mu m$,一般为 $0.1 \sim 2~\mu m$,通常由于污水中含有表面活性剂而使之形成稳定的乳化状态,即使长期静置也难以从水中分离出来。乳化油必须先经过破乳处理转化为浮油,然后再加以分离。

　　④溶解油:油珠粒径有的小到几个纳米,其溶解度很小,在水中呈溶解状态。溶解油的含量一般不大,通常利用化学或生化方法将其分解去除。

　　对于浮油和分散油等较大的不稳定悬浮油珠颗粒来说,由于油珠颗粒的密度比水小,在静止状态下,油珠颗粒能够上浮。其上浮过程与前面所讲的密度大于水的颗粒的沉淀类同,其上浮的速度可用修正的斯托克斯(Stokes)公式表示:

$$u = \frac{\beta g(\rho - \rho_s) d^2}{18\mu}$$

(5.3)

式中:β——水中悬浮物引起颗粒碰撞的阻力系数,一般取0.95。

2)隔油池

与沉淀池的原理相似,隔油池是提供一个相对平缓的水流环境,使水中较大的油珠颗粒有足够的时间上浮于水面,从而将水中的油类污染物去除。因此,隔油池的构造与沉淀池有相似之处。常用的隔油池有平流式隔油池与斜板式隔油池。

(1)平流式隔油池

平流式隔油池的构造如图5.6所示,污水自进水管流入,经配水槽进入澄清区。在该区内,密度小的油珠上浮在水面,密度大的固体杂质则沉到池底。经分离后的净水继续流向出水槽并经出水管排出。出水端的水面附近有一根直径为200~300 mm的圆形集油管,沿其长度在管壁的一侧开有切口并可绕管轴线转动。平时切口在水面以上,需排油时,转动集油管,使切口浸入水面油层以下,循环运动的刮油刮泥机将浮于水面的油刮入管内,沿管道导出池外,同时刮油刮泥机还将污泥刮入污泥斗排出。

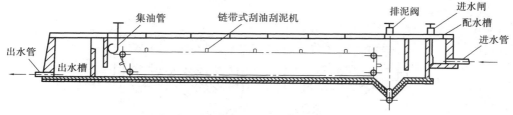

图5.6 平流式隔油池

污水在池内停留时间一般为1.5~2 h,水平流速很低,一般为2~5 mm/s,最大不超过15 mm/s。隔油池有效水深为1.5~2 m,池宽和池深之比一般为0.3~0.4,池长和池深之比不小于4,超高不应小于0.4 m。池上应加盖板,以防止石油气味的散发,同时还起防雨、防火和保温作用。

平流式隔油池的设计一般按油粒上浮速度计算。油粒上浮速度 u 可通过试验求出(与沉淀的方法相同)或用式(5.4)计算。

①表面面积 A:

$$A = \alpha \frac{Q}{u}$$

(5.4)

式中:Q——污水流量,m^3/h;

α——修正系数,与隔油池内污水水平流速对油粒上浮速度比值(v/u)有关,其值按表5.1查取。

表5.1 隔油池修正系数 α 与 v/u 的关系

v/u	20	15	10	6	3
α	1.74	1.64	1.44	1.37	1.28

②过水断面：

$$A_c = \frac{Q}{v} \tag{5.5}$$

③池长 L：

$$L = \alpha \frac{v}{u} h \tag{5.6}$$

式中：h——隔油池有效水深，m。

平流式隔油池应用较早，其优点是构造简单、运行管理方便、除油效果稳定；缺点也比较明显：体积大、占地面积大、处理能力低，除油率一般为 $60\% \sim 70\%$，只可除去浮油，影响了它的推广使用。

（2）斜板式隔油池

斜板式隔油池是借鉴斜板式沉淀池的思路，由平流式隔油池改良发展而来的，其构造如图5.7 所示。池内装置的波纹板间距为 $20 \sim 50$ mm，倾角为 $45°$。污水流入隔油池后，沿板面向下流，从出水堰排出。污水从斜板中通过时，水中的油粒上浮到上层板的下表面，并沿板的下表面向上流动，最后从位于水表面的集油管排走；水中的污泥则沉到下板的上表面，滑落池底部并通过排泥管排出。

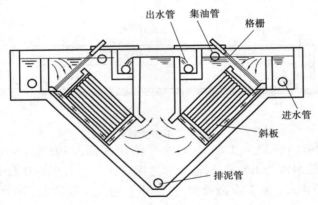

图 5.7　斜板式隔油池

由于大幅度缩短了油粒上浮距离，因此这种隔油池的油水分离效率较高，可分离油滴的最小直径约为 60 μm，污水在池中停留时间一般不大于 30 min，隔油池的占地面积只有平流式的 $1/4 \sim 1/3$，除油效率为 $70\% \sim 80\%$。我国新建的隔油池大多采用斜板式隔油池。

近些年广泛使用的是一种叫"粗粒化装置"的小型高效油水分离装置，其原理是让污水通过一种亲油性粗粒化材料，粗粒化材料对水中微小油粒快速吸附、黏附，并在其表面凝聚成较大的油滴，这些较大的油滴可以很容易地上浮去除。粗粒化装置除油率很高，可除去 $1 \sim 2$ μm 的油粒，出水含油量可降至 20 mg/L 以下。另外，设备占地面积小，药剂、动力消耗低，不产生二次污染，是一种很有发展前途的除油装置。

另外，对于难以处理的含油废水，采用气浮除油也是一个很好的方法。

5.1.3　离心分离

1）离心分离原理

高速旋转的物体能产生离心力。含悬浮物（或乳化油）的水在高速旋转时，由于颗粒和水的质量不同，受到的离心力大小也不同，质量大的被甩到外围，质量小的则留在内围，通过不同的出口分别导引出来，从而回收了水中的悬浮颗粒（或乳化油），并净化了水。

2）离心分离设备

离心分离设备按离心力产生的方式可分为两种类型：一种为水力旋流器（或称旋流分离器），有压力式和重力式两种，设备固定，水由水泵压力或重力（靠进出水水头差）沿切线方向进入设备，造成旋转运动来产生离心力；另一种为离心机，依靠转鼓的高速旋转产生离心力。

（1）压力式水力旋流器

如图 5.8 所示，水泵将水沿切线方向压入水力旋流器，沿器壁向下旋转运动（一次涡流），然后再向上旋转（二次涡流），通过上部清液排出管排出澄清液。较大的悬浮颗粒在离心力的作用下沿器壁向下滑动，随浓液从底部排出；较小的悬浮颗粒旋转到一定程度后随二次涡流由清液管排出。旋流器的中心部分还上下贯通有空气漩涡柱，空气由下部进入，上部排出。

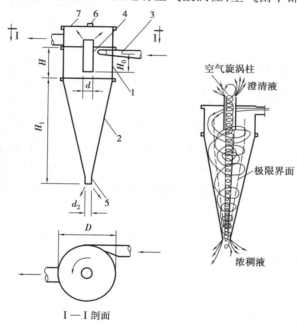

图 5.8　压力式水力旋流器

1—圆筒；2—圆锥体；3—进水管；4—上部清液排出管；
5—底部浓液排出管；6—放气管；7—顶盖

（2）水力旋流沉淀池（重力式水力旋流器）

图 5.9 为某钢厂处理轧钢废水的水力旋流沉淀池示意图。水力旋流沉淀池的直径 $D = 6$ m，地下部分深 17 m。废水由切线方向进入池内，造成旋流，在离心力及重力作用下，氧化铁皮被抛向池壁并向池底集中，定期由抓斗卸出。出水溢流到吸水井，用泵抽送到高梯度磁分离器，进一步处理后送回车间循环使用。

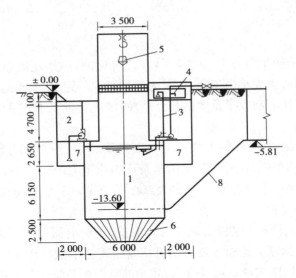

图 5.9 水力旋流沉淀池

1—重力式水力旋流器;2—水泵室;3—油泵室;4—集油槽;
5—抓斗;6—护臂钢轨;7—吸水井;8—进水管(切线方向进入)

(3)离心机

离心机的种类有很多,按分离因素分类,有低速离心机、中速离心机和高速离心机;按离心机的形式分类,有间歇式过滤离心机、转筒式离心机、管式离心机、盘式离心机等。

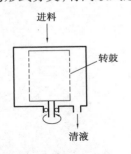

图 5.10 间歇式过滤离心机

离心机常用于污泥或化学沉渣的脱水及乳化油的分离等。

①间歇式过滤离心机。如图 5.10 所示,绕垂直轴旋转的转鼓壁上有很多圆孔,壁内衬以帆布。污泥或沉渣由上部投入鼓内,在离心力的作用下冲向鼓壁,水穿过滤布而流出鼓外,固体颗粒则被截留在鼓内,从而完成固液分离过程。停机后可将滤渣从鼓内取出。

②转筒式离心机。转筒式离心机一般属中速离心机,用于污泥脱水及含纤维或浆粕的废水处理。

③盘式离心机。盘式离心机属高速离心机,转速一般大于 5 000 r/min。转鼓内有很多盘片, 在盘片之间形成狭窄的通道,以提高固液分离的效率,如同在沉淀池中装设斜板一样。为防止盘片堵塞,进料前应先经细筛网过滤。废水进入转鼓后,废水中的轻组分(如乳化油)和重组分(如泥砂)由于所受离心力不同,重组分被甩向鼓壁,随水冲出鼓外,轻组分则随水由鼓中心流出。

5.1.4 过滤

过滤一般是指以石英砂等粒状材料组成的滤料层截留水中的悬浮杂质,从而使水获得澄清的工艺过程,其原理在地表水处理相关内容中已经阐述。

1)滤池形式

按滤料的种类分,有单层滤池、双层滤池;按作用水头分,有重力式滤池(作用水头 4~5 m)和压力滤池(作用水头 15~20 m);按进、出水及冲洗水的供给与排除方式分,有快滤池、虹吸滤池、无阀滤池和翻板滤池。根据过滤材料不同,过滤可分为颗粒材料过滤和多孔材料过滤两大类。

由于废水悬浮物浓度高,为了延长过滤周期,提高滤池的截污量,可采用上向流、粗滤料双层滤料滤池;为了延长过滤周期,适应滤池频繁冲洗的要求,可采用连续流过滤池和脉冲过滤池;对含悬浮物浓度低的废水,可采用给水处理中常用的压力滤池、无(单)阀滤池、快滤池等。

2)滤料选择

在废水处理中,颗粒材料过滤主要用于经混凝或生物处理后低浓度悬浮物的去除。由于废水的水质复杂,悬浮物浓度高、黏度大、易堵塞,选择滤料时应注意以下几点:

①滤料粒径应较大。采用石英砂为滤料时,砂粒直径可取 0.5~2.0 mm,相应的滤池冲洗强度亦大,可达 18~20 L/(m²·s)。

②滤料耐腐蚀性应较强。滤料耐腐蚀的标准是用浓度为 1% 的 Na_2SO_4 水溶液,将烘干至恒重后的滤料浸泡 28 d,质量减少值以不大于 1% 为宜。

③滤料的机械强度好,成本低。滤料可采用石英砂、无烟煤、陶粒、大理石、白云石、石榴石、磁铁矿石等颗粒材料及近年来开发的纤维球、聚氯乙烯或聚丙烯球等。

5.2 工业废水的化学处理

5.2.1 中和

工业生产中总伴随有酸性废水和碱性废水。酸性废水中常见的酸性物质有硫酸、硝酸、氢氟酸、氢氰酸、磷酸等无机酸以及醋酸、甲酸、柠檬酸等有机酸。碱性废水中常见的碱性物质有苛性钠、碳酸钠、硫化钠及胺等。如果将这些废水随意排放,不仅污染环境,还会造成巨大浪费。因此,对酸或碱性废水首先应考虑回收和综合利用,必须排放时,需进行无害化处理。

当酸性或碱性废水浓度较高,如在 3%~5% 以上时,应考虑回收和综合利用的可能性;当浓度不高时,如低于 3%~5%,回收和综合利用的经济意义不大时,可考虑中和处理,使废水的 pH 值恢复到中性附近的一定范围。

中和处理发生的主要反应是酸与碱生成盐和水的中和反应。在中和过程中,酸碱双方的当量恰好相等时称为中和反应的等当点。强酸强碱互相中和时,由于生成强酸强碱盐不发生水解,因此等当点即中性点,溶液的 pH 值等于 7.0。但中和的一方若为弱酸或弱碱,由于中和过程所生成盐的水解,尽管达到等当点,但溶液并非中性,pH 大小取决于所生成盐的水解度。

中和处理所采用的药剂称为中和剂。酸性废水处理时采用的中和剂有石灰、石灰石、白云石、苏打、苛性钠等。碱性废水处理时采用的中和剂有盐酸和硫酸。

中和处理时,首先应考虑将酸性废水与碱性废水互相中和,其次再考虑向酸性或碱性废水中投加药剂中和以及过滤中和等。

1)酸性废水的中和处理

(1)酸碱废水互相中和

酸碱废水互相中和是一种简单又经济的以废治废的处理方法。利用酸性废水和碱性废水互相中和时,应进行中和能力计算。中和时,两种废水的酸或碱的当量数应相等。在中和过程中,应控制碱性废水的投加量,使处理后的废水呈中性或弱碱性。根据化学反应当量原理,可

按下式进行计算:

$$\sum Q_b B_b \geqslant \sum Q_a B_a \alpha k \tag{5.7}$$

式中:Q_b——碱性废水流量,m^3/h;

$\quad\quad B_b$——碱性废水浓度,mg/L;

$\quad\quad Q_a$——酸性废水流量,m^3/h;

$\quad\quad B_a$——酸性废水浓度,mg/L;

$\quad\quad \alpha$——药剂比耗量,即中和 1 kg 酸所需碱量,见表 5.2;

$\quad\quad k$——反应不完全系数,一般取 1.5~2。

表 5.2　碱性中和剂的比耗量

酸	中和 1 kg 酸所需的碱量/kg				
	CaO	Ca(OH)$_2$	CaCO$_3$	MgCO$_3$	CaCO$_3$,MgCO$_3$
H$_2$SO$_4$	0.571	0.755	1.020	0.860	0.940
HNO$_3$	0.455	0.590	0.795	0.688	0.732
HCl	0.770	1.010	1.370	1.150	1.290
CH$_3$COOH	0.466	0.616	0.830	0.695	—

(2)药剂中和

投加药剂中和法常用于酸性废水的处理。以石灰石、电石渣、石灰作中和剂,也有采用碳酸钠和苛性钠作中和剂的。反应原理都是酸碱中和反应。中和剂的投加量可按化学反应式进行估算。该方法中和反应较快,废水与药剂边混合边中和,可用隔板构成狭道或用搅拌机械混合药剂和废水,停留时间采用 5~20 min。

由于药剂中常含有不参与中和反应的惰性杂质(如砂土、黏土),所以药剂的实际耗量比理论耗量要大一些。药剂的纯度应根据药剂分析资料确定。当没有分析资料时,可参考下列数据:生石灰含有效 CaO 60%~80%;熟石灰含 Ca(OH)$_2$ 65%~75%;电石渣及废石灰含有效 CaO 60%~70%;石灰石含 CaCO$_3$ 90%~95%;白云石含 CaCO$_3$ 45%~50%。

石灰的投加方式可以采用干投或湿投。干投是将石灰粉直接计量投入水中。投加时,可使用具有电磁振荡装置的石灰投配器。石灰投入废水渠,经混合槽折流混合 0.5~1 min,然后进入沉淀池将沉渣进行分离。干投法设备简单,但是反应不彻底,反应速度慢,投药量大,为理论值的 1.4~1.5 倍,且劳动强度大、卫生条件差。

目前常用的是湿投法。湿投法先将石灰消解,配制成石灰乳液,然后再投加。石灰乳浓度为 10% 左右,用泵送到投配器,经投配器投入混合反应设备。送到投配器的石灰乳量大于投加量,剩余部分回流,保持投配器液面不变,投加量由投配器控制。当短时间停止投加石灰乳时,石灰乳可在系统内循环,不易堵塞。石灰消解槽不易采用压缩空气搅拌,因为石灰乳与空气中的 CO$_2$ 会反应生成 CaCO$_3$ 沉淀,既浪费药剂又引起堵塞。一般采用机械搅拌。湿投法设备较多,反应迅速彻底,投药量少,仅为理论值的 1.05~1.10 倍。石灰乳投配流程如图 5.11 所示。

中和池可间歇运行,也可连续运行。当废水量少、废水间歇产生时,采用间歇运行较合理,设置两个池子,交替工作;当废水量大时,一般采用连续处理。

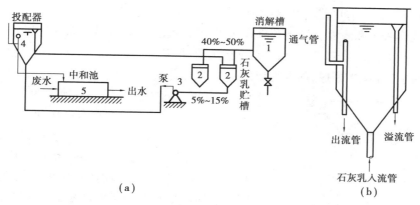

（a）　　　　　　　　　　　　　　（b）

图 5.11　石灰乳投配流程

中和过程产生的泥渣应及时分离,以防止堵塞管道。分离设备可采用沉淀池或气浮池。

投加药剂中和法适用于任何浓度、任何性质的酸性废水。对水质水量的波动适应性强,中和剂利用率高,中和过程容易调节;但劳动条件差,药剂配制和投加设备多,基建投资大,泥渣多且脱水困难。

投药中和酸性废水时,投药量 G_b(kg/h) 可以按式(5.8)计算:

$$G_b = G_a \frac{ak}{\alpha} \times 100 \tag{5.8}$$

式中:G_a——废水中酸的含量,kg/h;

　　　a——中和剂比耗量,见表 5.2;

　　　α——中和剂纯度,%;

　　　k——反应不均匀系数,一般取 1.1~1.2,石灰乳中和硫酸时取 1.1,中和盐酸或硝酸时可取 1.05。

如果用投加药剂中和法处理碱性废水,常选用硫酸作中和剂,其优点是反应速度快,中和完全。如果用工业废酸中和,则消耗成本更低。

（3）过滤中和

废水流经具有中和能力的滤料并与滤料进行中和反应的方法称为过滤中和法。工业上常用石灰石、大理石或白云石作中和滤料来处理酸性废水,反应在中和滤池中进行。水流方式为竖流式(升流或降流均可)。

过滤中和法与投加药剂中和法相比,具有操作方便、运行费用低及劳动条件好等优点。但用石灰石作滤料处理浓度较高的酸性废水尤其是硫酸废水时,因中和过程中生成的硫酸钙在水中溶解度很小,易在滤料表面形成覆盖层,阻碍滤料和酸的接触反应。因此,废水的硫酸浓度一般不超过 1~2 g/L。用白云石作滤料,硫酸浓度可以适当提高。如硫酸浓度过高,可以回流出水,予以稀释。

过滤中和所使用的中和滤池有普通中和滤池、升流式膨胀中和滤池和滚筒式中和滤池。

①普通中和滤池。普通中和滤池为固定床,水的流向有平流式和竖流式。目前多采用竖流式。竖流式又分为升流式和降流式两种。普通中和滤池的滤床厚度一般为 1~1.5 m,滤料粒径一般为 30~50 mm,过滤速度一般不大于 5 m/h,接触时间不小于 10 min。注意滤料中不能混有

粉料杂质。废水中如含有可能堵塞滤料的物质时,应进行预处理。

②升流式膨胀中和滤池。采用升流式膨胀中和滤池,可以改善硫酸废水的中和过滤。具体操作是废水从滤池的底部进入,水流自下向上流动,从池顶部流出。废水上升滤速高达 50～70 m/h,滤料间相互碰撞摩擦,加上生成的 CO_2 气体作用,有助于防止结壳,滤料表面不断更

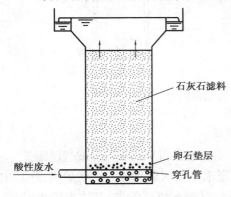

图 5.12　升流式膨胀中和滤池

新,具有较好的中和效果。滤池分为 4 个部分:底部为进水设备,一般采用大阻力穿孔管布水,孔径为 9～12 mm;进水设备上面是卵石垫层,厚度为 0.15～0.2 m,卵石粒径为 20～40 mm;垫层上面为石灰石滤料,粒径为 0.5～3 mm;滤床膨胀率保持在 50% 左右,膨胀后的滤层高度为 1.5～1.8 m,滤层上部清水区高度为 0.5 m,水流速度逐渐缓慢,出水由出水槽均匀汇集出流。滤床总高度为 3 m 左右,直径大于 2 m。如图 5.12 所示为升流式膨胀中和滤池。

当废水硫酸浓度小于 2 200 mg/L 时,经中和处理后,出水的 pH 值可提高到 6～6.5。

滤池在运行中,滤料有所消耗,应定期补充。膨胀中和滤池一般每班加料 2～4 次。当出水的 pH 值≤4.2 时,须倒床换料。滤料量大时,须考虑加料和倒床机械化操作,以减轻劳动强度。

③滚筒式中和滤池。如图 5.13 所示,装于滚筒中的滤料随滚筒一起转动,使滤料相互碰撞,及时剥离由中和产物形成的覆盖层,可以加快中和反应速度。废水由滚筒的另一端流出。

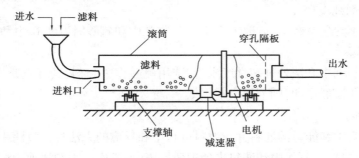

图 5.13　滚筒式中和滤池

滚筒直径为 1 m 或更大,长度为直径的 6～7 倍。滚筒转速约为 10 r/min,转轴倾斜角度为 0.5°～1°。滤料粒径较大(达十几毫米),装料体积约为滚筒体积的一半。这种装置的最大优点是进水的硫酸浓度可以超过允许浓度数倍,而滤料不必破碎得很小;其缺点是负荷率低[约为 36 $m^3/(m^2 \cdot h)$],构造复杂且动力费用较高,运转时噪声较大,同时对设备材料的耐腐蚀性要求较高。

2)碱性废水的中和处理

(1)药剂中和

碱性废水的中和剂主要采用工业硫酸。而使用盐酸的优点是反应产物的溶解度高,泥渣量少,但出水溶解固体浓度高。无机酸中和碱性废水的工艺、设备和酸性废水的加药中和设备

基本相同。酸性中和剂的比耗量见表5.3。

表5.3 酸性中和剂比耗量

碱的名称	中和1 kg碱所需要的量/kg							
	H_2SO_4		HCl		HNO_3		CO_2	SO_2
	100%	98%	100%	36%	100%	65%		
NaOH	1.22	1.24	0.91	2.53	1.57	2.42	0.55	0.80
KOH	0.88	0.90	0.65	1.80	1.13	1.74	0.39	0.57
$Ca(OH)_2$	1.32	1.34	0.99	2.74	1.70	2.62	0.59	0.86
NH_3	2.88	2.93	2.12	5.90	3.71	5.70	1.29	1.88

（2）烟道气中和

在工业上还常用另外一种形式的滤床——喷淋塔（图5.14）处理碱性废水。中和剂则是含有 CO_2 和少量 SO_2、H_2S 的烟道气。

烟道气中的 CO_2 和少量 SO_2、H_2S 与碱性废水的反应式如下：

$$CO_2 + 2NaOH \Longrightarrow Na_2CO_3 + H_2O$$
$$SO_2 + 2NaOH \Longrightarrow Na_2SO_3 + H_2O$$
$$H_2S + 2NaOH \Longrightarrow Na_2S + 2H_2O$$

喷淋塔也是一种竖流式滤池，其滤料是一种惰性填料，本身不参与中和反应。运行时，碱性废水从塔顶用布液器喷出，流向填料床，烟道气则自塔底进入，升入填料床。水、气在填料床接触过程中，废水和烟道气都得到净化，使废水中和、烟尘消除。

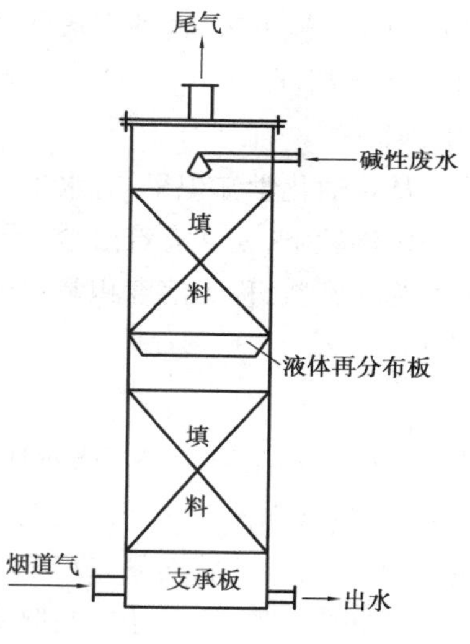

图5.14 喷淋塔

3）中和处理工程应用

某钢厂新建 14×10^4 t/a 无缝钢管生产线。酸洗车间所产生的废酸液总量为 2.26×10^4 m^3/a，含硫酸 50 g/L、$FeSO_4$ 230 g/L；酸性废水总量为 27.28×10^4 m^3/a，含硫酸 0.7 g/L、$FeSO_4$ 1.72 g/L。

综合考虑，确定采取工艺流程如下：废酸液先进入石灰中和池进行中和预处理，石灰中和池出水再与酸性废水集中进入调节池调节水质水量，然后通过耐酸泵打入变速升流式膨胀滤塔，塔内用白云石作中和滤料，再经脱气塔去除 CO_2，如果出水 pH 值还达不到排放标准，则需要通过反应槽补加部分碱液进一步中和，再进入平流式沉淀池进行沉淀，沉淀池出水进入清水池以作回用或外排。石灰中和池沉淀废渣、调节池污泥和沉淀池污泥一起打入污泥浓缩池浓缩，再经带式压滤机进行脱水后外排。其处理工艺流程如图5.15所示。

设计参数：石灰中和池 HRT = 3 h；调节池 HRT = 10 h；变速升流式膨胀滤塔上部滤速 40 m/h，下部滤速 140 m/h；脱气塔填料层高 2 m，共 3 层；反应槽 HRT = 2.5 h；平流式沉淀池 HRT = 1.5 h，$q = 2$ $m^3/(m^2 \cdot h)$；污泥浓缩池 HRT = 3 h。

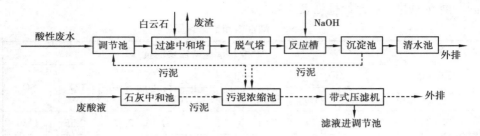

图5.15　酸性废水处理工艺流程

滤料粒径为0.5~3 mm,平均粒径为1.2 mm。

该处理站进水pH值为2.1~3.4,经处理后出水pH值为6.1~6.9。

5.2.2　化学沉淀

向废水中投加某种化学物质,使它和其中某些溶解物质发生化学反应,生成难溶的盐或氢氧化物而沉淀下来,这种方法称为化学沉淀法。在废水处理中,这种方法常用于处理一些有害的重金属离子如Hg^{2+}、Cd^{2+}、Cr^{6+}、Pb^{2+}、Cu^{2+}等,有时也用于去除某些酸根离子如SO_4^{2-}、PO_4^{3-}等。

从普通化学知识得知,水中的难溶盐(或难溶氢氧化物)的溶解性质服从溶度积原则,即在一定温度下,在含有难溶盐(或难溶氢氧化物)M_mN_n(固体)的饱和溶液中,各种离子浓度的乘积为一常数,称为溶度积常数(见表5.4),记作K_s:

$$M_mN_n = mM^{n+} + nN^{m-}$$

$$K_s = [M^{n+}]^m \times [N^{m-}]^n \tag{5.9}$$

式中:M^{n+}表示阳离子,N^{m-}表示阴离子,[ ]表示摩尔浓度。当$[M^{n+}]^m \times [N^{m-}]^n > K_s$时,溶液过饱和,超过饱和部分将析出沉淀,直到等式两边达到平衡;同理,当$[M^{n+}]^m \times [N^{m-}]^n < K_s$时,溶液不饱和,难溶物将溶解,直到等式两边达到平衡。

根据这一原理,可用它来除去废水中的金属阳离子M^{n+}或酸根阴离子N^{m-}。例如,向水中投加N^{m-}离子的某种化合物,使$[M^{n+}]^m \times [N^{m-}]^n > K_s$,形成$M_mN_n$沉淀,从而降低废水中的$M^{n+}$离子浓度。为了最大限度地使$[M^{n+}]^m$值降低,也就是使$M^{n+}$离子更完全地被除去,可以考虑增大$[N^{m-}]^n$值,也就是增大投加药剂量(即沉淀剂量),但是沉淀剂的用量也不宜加的过多,否则会产生相反的作用,一般不超过理论用量的20%~50%。

表5.4　溶度积简表

化合物	溶度积	化合物	溶度积
AgCl	1.56×10^{-10}(25 ℃)	Hg_2Cl_2	2×10^{-18}(25 ℃)
Ag_2CO_3	6.15×10^{-12}(25 ℃)	Hg_2I_2	1.2×10^{-28}(25 ℃)
Ag_2CrO_4	1.2×10^{-12}(25 ℃)	HgS	$4 \times 10^{-53} \sim 2 \times 10^{-49}$(18 ℃)
Ag_2S	1.6×10^{-49}(18 ℃)	$MgCO_3$	2.6×10^{-5}(12 ℃)
$BaCO_3$	7×10^{-9}(16 ℃)	MgF_2	7.1×10^{-9}(18 ℃)
$BaCrO_4$	1.6×10^{-10}(18 ℃)	$Mg(OH)_2$	1.2×10^{-11}(18 ℃)

化合物	溶度积	化合物	溶度积
$BaSO_4$	0.87×10^{-10}(18 ℃)	$Mn(OH)_2$	4×10^{-14}(18 ℃)
$CaCO_3$	0.99×10^{-8}(18 ℃)	MnS	1.4×10^{-15}(18 ℃)
$CaSO_4$	2.45×10^{-5}(25℃)	$PbCO_3$	3.3×10^{-14}(18 ℃)
CdS	3.6×10^{-29}(18 ℃)	$PbCrO_4$	1.77×10^{-14}(18 ℃)
$Cr(OH)_3$	6.3×10^{-31}(18～20 ℃)	PbF_2	3.2×10^{-8}(18 ℃)
$CuBr_2$	4.15×10^{-8}(18～20 ℃)	PbI_2	7.47×10^{-9}(15 ℃)
$CuCl_2$	1.02×10^{-6}(18～20 ℃)	PbS	3.4×10^{-28}(18 ℃)
CuS	8.5×10^{-45}(18 ℃)	$PbSO_4$	1.06×10^{-5}(18 ℃)
Cu_2S	2×10^{-47}(16～18 ℃)	$Zn(OH)_2$	1.8×10^{-14}(18～20 ℃)
Hg_2Br_2	1.3×10^{-21}(25 ℃)	ZnS	1.2×10^{-23}(18 ℃)

注:本表数据摘自《化学和物理手册》(*Handbook of Chemistry and Physics*)第55版(1974—1975年)。

化学沉淀法的工艺过程包括:

①投加化学沉淀剂,与水中污染物反应,形成难溶的沉淀物而析出;

②通过凝聚、沉降、上浮、过滤、离心等方法进行固液分离;

③泥渣的处理和回收利用。

1)氢氧化物沉淀法

(1)原理

除了碱金属和部分碱土金属外,其他金属的氢氧化物大多都是难溶的,因此可以用氢氧化物沉淀法去除水中的重金属离子。沉淀剂为各种碱性药剂,常用的有石灰、碳酸钠、苛性钠、石灰石、白云石等。

对一定浓度的某种重金属离子 M^{n+} 来说,是否生成难溶的氢氧化物沉淀,取决于水中的 OH^- 离子浓度,即 pH 值是金属氢氧化物沉淀的主要条件。根据金属氢氧化物的溶度积 K_s 和水的离子积 K_{H_2O},可以计算出生成氢氧化物沉淀的 pH 值。

若以 $M(OH)_n$ 表示金属氢氧化物,则

$$M(OH)_n = M^{n+} + nOH^-$$
$$K_{M(OH)_n} = [M^{n+}][OH^-]^n \tag{5.10}$$

水的离子积为:

$$K_{H_2O} = [H^+][OH^-] = 1 \times 10^{-14}(25 ℃) \tag{5.11}$$

代入式(5.11),则:

$$[M^{n+}] = \frac{K_{M(OH)_n}}{\left\{\dfrac{K_{H_2O}}{[H^+]}\right\}^n} \tag{5.12}$$

将上式两边取对数,得到:

$$\lg[M^+] = \lg K_{M(OH)_n} - \left\{ n \lg K_{H_2O} - n \lg[H^+] \right\}$$

$$= -pK_{M(OH)_n} + npK_{H_2O} - npH \tag{5.13}$$

$$pH = 14 - \frac{1}{n}(\lg[M^{n+}] - \lg K_{M(OH)_n}) \tag{5.14}$$

上式表示与金属氢氧化物沉淀平衡共存的金属离子浓度和溶液 pH 值的关系。

有些金属的氢氧化物沉淀具有两性,即它们既有酸性又有碱性,既能和酸作用,又能和碱作用。以 Zn^{2+} 为例,在 pH 值为 9 时,Zn^{2+} 几乎全部生成 $Zn(OH)_2$ 沉淀。但是,当碱加到某一数量,使 pH 值>11 时,生成的 $Zn(OH)_2$ 又能和碱作用,溶于碱中,生成 $Zn(OH)_4^{2-}$ 或 ZnO_2^{2-} 离子。因此,用氢氧化物法分离废水中的重金属时,废水的 pH 值是一个重要条件。

(2)氢氧化物沉淀法在废水处理中的应用

某矿山废水含铜 83.4 mg/L,总铁 1 260 mg/L,二价铁 10 mg/L,pH 值为 2.23,沉淀剂采用石灰乳,其工艺流程如图 5.16 所示。

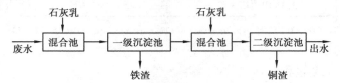

图 5.16　矿山废水处理工艺流程

一级化学沉淀控制 pH 值为 3.47,使铁先沉淀,铁渣含铁 32.84%、含铜 0.148%。二级化学沉淀控制 pH 值为 7.5~8.5,使铜沉淀,铜渣含铜 3.06%、含铁 1.38%。废水经二级化学沉淀后,出水可达到排放标准,铁渣和铜渣可回收利用。

2)硫化物沉淀法

(1)原理

多数金属能形成硫化物沉淀。大多数金属硫化物的溶解度比其氢氧化物要小得多。硫化物沉淀法是向废液中加入硫化氢、硫化铵或碱金属的硫化物,使要去除的金属离子生成难溶的硫化物沉淀,以达到分离纯化的目的。

硫化物沉淀法常用的沉淀剂有 H_2S、Na_2S、$NaHS$、$(NH_4)_2S$ 等。

S^{2-} 离子和 OH^- 离子一样,也能够与许多金属离子形成络阴离子,从而使金属硫化物的溶解度增大,不利于重金属的沉淀去除。因此,必须控制沉淀剂的投加量。

(2)应用

硫化物沉淀法处理含汞废水,在碱性条件下(pH 值为 8~10)向废水中投加硫化钠,使其与废水中的汞离子或亚汞离子进行反应:

$$2Hg^+ + S^{2-} =\!=\!= Hg_2S =\!=\!= HgS\downarrow + Hg\downarrow$$
$$Hg^{2+} + S^{2-} =\!=\!= HgS\downarrow$$

用此法处理含汞废水时,由于生成的硫化汞颗粒很小,沉淀物难以分离,为了提高除汞效果,常投加适量的混凝剂如硫酸亚铁等进行共沉,这种方法称为硫化物共沉法。先投加稍微过量的硫化钠,待生成硫化汞和汞的沉淀后,再投加适量的硫酸亚铁。部分 Fe^{2+} 离子也能生成 $Fe(OH)_2$ 沉淀。

反应生成的 FeS 和 $Fe(OH)_2$ 可作为 HgS 的载体。HgS 吸附在载体表面,与载体共同沉淀。

3)其他沉淀法

（1）钡盐沉淀法

钡盐沉淀法主要用于处理六价铬的废水,采用的沉淀剂有碳酸钡、氯化钡、硝酸钡、氢氧化钡等。如以碳酸钡作为沉淀剂处理含铬废水,则反应式如下:

$$BaCO_3 + CrO_4^{2-} =\!=\!= BaCrO_4 \downarrow + CO_3^{2-}$$

碳酸钡是一种难溶盐,它的溶度积 $K_s = 8.0 \times 10^{-9}$,铬酸钡的溶度积 $K_s = 2.3 \times 10^{-10}$。相比之下,铬酸钡的溶度积更小,因此向含有铬酸根的水中投加碳酸钡,Ba^{2+} 就会和 CrO_4^{2-} 生成 $BaCrO_4$ 沉淀,从而使 Ba^{2+} 和 CrO_4^{2-} 浓度下降。$BaCO_3$ 就会逐渐溶解,直到 CrO_4^{2-} 完全沉淀。

这种从一种沉淀转化为另一种沉淀的方法,称为沉淀的转化。

为了提高除铬效果,应投加过量的碳酸钡,反应时间为 $25 \sim 30$ min。出水中过量的 Ba^{2+} 可以用石膏去除,反应式如下:

$$CaSO_4 + Ba^{2+} =\!=\!= BaSO_4 \downarrow + Ca^{2+}$$

（2）碳酸盐沉淀法

许多金属的碳酸盐都难溶于水,因此可用碳酸盐沉淀法将这些金属离子从废水中去除。碳酸盐沉淀法可以有不同的方法:

①以难溶的碳酸钙作为沉淀剂,利用沉淀转化原理,使某些金属离子生成溶度积更小的碳酸盐而析出,如 Pb^{2+}、Cd^{2+}、Zn^{2+}、Ni^{2+}。

②以可溶性的碳酸钠作为沉淀剂,使水中金属离子生成难溶的碳酸盐沉淀而析出。

（3）铁氧体沉淀法

铁氧体是一类具有一定晶体结构的复合氧化物,具有较高的导磁率和较高的电阻率,不溶于酸、碱、盐溶液,也不溶于水。其中,尖晶石型铁氧体的化学组成一般可以用通式 $BO \cdot A_2O_3$ 表示,B 代表二价金属,A 代表三价金属。许多铁氧体的结构更复杂,A 或 B 分别由两种金属组成。磁铁矿(Fe_3O_4 或 $FeO \cdot Fe_2O_3$)是一种天然的尖晶石型铁氧体。

污水中的重金属可以通过形成 $M_xFe_{3-x}O_4$ 的尖晶石型铁氧体去除。

沉淀工艺可分为中和法和氧化法两种。

①中和法。先将 M^{2+} 和铁盐溶液混合,在一定条件下用碱中和直接形成尖晶石型铁氧体,其反应式为:

$$M^{2+} + 2Fe^{3+} + 8OH^- \longrightarrow \underbrace{M(OH)_2 + 2Fe(OH)_3}_{\text{初期凝胶}} \longrightarrow \underset{\text{中间配合物}}{\left[\begin{matrix} & OH & & OH \\ Fe^{3+} & & M^{2+} & & Fe^{3+} \\ & OH & & OH \end{matrix} \right]_n} \longrightarrow \underset{\text{(尖晶石型铁氧体)}}{nH_2O + MFe_2O_4}$$

M^{2+} 为二价可溶性金属离子。

②氧化法。将亚铁离子和其他可溶性金属离子溶液混合,在一定条件下用空气或其他氧化方法部分氧化 Fe^{2+},从而形成尖晶石型铁氧体。其反应式为:

$$\underbrace{M(OH)_2 + 2Fe(OH)_2}_{\text{初期凝胶}} + [O_2] \longrightarrow \underset{\text{中间配合物}}{\left[\begin{matrix} & OH & & OH \\ Fe^{3+} & & M^{2+} & & Fe^{3+} \\ & OH & & OH \end{matrix} \right]_n} \longrightarrow \underset{\text{(尖晶石型铁氧体)}}{MFe_2O_4 + nH_2O}$$

例如,用铁氧体法处理含铬废水。在含铬废水中加入过量的硫酸亚铁溶液,使其中的六价铬和亚铁离子发生氧化还原反应,Cr^{6+} 被还原为 Cr^{3+},而 Fe^{2+} 被氧化为 Fe^{3+},调整溶液的 pH 值,使 Cr^{3+}、Fe^{2+} 和 Fe^{3+} 转化为氢氧化物沉淀,然后加入双氧水,再使部分 Fe^{2+} 氧化为 Fe^{3+},组成 $Fe_3O_4 \cdot xH_2O$ 的磁性氧化物即铁氧体。

铁氧体沉淀法除去水中重金属离子的工艺是向废水中投加铁盐,通过工艺条件的控制,使废水中的各种金属离子形成不溶性的铁氧体晶体,再采用固液分离手段,达到去除重金属离子的目的。

该方法能一次去除多种金属离子,出水水质好、设备简单、操作方便,对水质适应性强,沉渣易分离。但是不能单独回收有用的金属,需要消耗大量的硫酸亚铁和一些苛性钠及热能,出水中的硫酸盐含量较高,处理时间较长,处理成本较高。

4)工程应用

某制革厂含铬废水来源于铬鞣和复鞣工段,Cr^{3+} 含量较高,废水处理工艺如图 5.17 所示。废水先进入储存池,再进入反应沉淀池,在反应沉淀池加入石灰进行混合,使反应液的 pH 值为 8~8.5,通入蒸汽,使水温为 70~75 ℃,静置沉淀 2 h,上清液进入总混合废水调节池,沉淀下来的铬泥由板框压滤机压成铬饼。

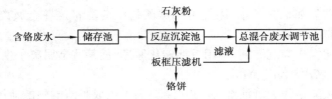

图 5.17　废水处理工艺

5.2.3　氧化还原

把溶解于废水中的有毒有害物质,经过氧化还原反应,转化为无毒无害的物质,或转化为气体或固体,使其容易从水中分离出去,这种废水处理的方法称为氧化还原法。

对于无机物,氧化还原反应的实质是元素(原子或离子)失去或得到电子。反应中,得到电子的物质称为氧化剂,本身被还原;失去电子的物质称为还原剂,本身被氧化。

物质的氧化还原能力可以用其氧化还原电位作为指标。标准氧化还原电位 $E^{\ominus}$ 可以在化学手册中查到。标准氧化还原电位值由负值到正值依次排列。排在前面的可以作为排在后面的还原剂,反应中释放出电子;排在后面的可以作为排在前面的物质的氧化剂,反应中得到电子。$E^{\ominus}$ 越大,氧化能力越强。氧化剂和还原剂的电位差越大,反应进行得越彻底。

对于有机物的氧化还原反应,难以用电子得失来分析,因为碳原子是以共价键与其他原子结合的。一般来讲,加氧或去氢称为氧化,加氢或去氧称为还原。

在氧化还原反应中,有毒有害物质有时是作还原剂的,这时需外加氧化剂;当有毒有害物质作氧化剂时,需外加还原剂。如果通电电解,则电解时阳极是一种氧化剂,阴极是一种还原剂。

水处理中常用的氧化剂有空气中的氧、纯氧、臭氧、氯气、漂白粉、次氯酸钠、三氯化铁等;常用的还原剂有硫酸亚铁、亚硫酸盐、氯化亚铁、铁屑等。

1)化学氧化

(1)空气氧化

空气氧化法是以空气中的氧作为氧化剂来氧化有机物或还原性物质的方法。目前常用的是空气氧化法处理含硫废水。

炼油厂、石油化工厂、皮革厂等排除大量的含硫废水,硫化物一般是以钠盐(NaHS 或 Na₂S)或铵盐[NH₄HS 或(NH₄)₂S]的形式存在于废水中的。在酸性废水中,则是以 H₂S 形式存在的。当含硫量不大,无回收价值时,可采用空气氧化法脱硫。碱性条件下空气氧化法脱硫效果较好。

向废水中同时注入空气和热蒸汽,硫化物转化为无毒的硫代硫酸盐或硫酸盐,反应式如下:

$$2S^{2-}+2O_2+H_2O \longrightarrow S_2O_3^{2-}+2OH^-$$

$$2HS^-+2O_2 \longrightarrow S_2O_3^{2-}+H_2O$$

$$S_2O_3^{2-}+2O_2+2OH^- \longrightarrow 2SO_4^{2-}+H_2O$$

由反应式可以计算出,氧化 1 kg 硫化物(以 S 计)为硫代硫酸盐,理论需氧量为 1 kg,相当于 3.7 m³ 空气。由于部分硫代硫酸盐(10%)会进一步氧化为硫酸盐,使需氧量增加到 4.0 m³ 空气。实际操作中,供气量为理论值的 2~3 倍。空气氧化脱硫在氧化脱硫塔中进行,如图 5.18 所示。含硫废水经过隔油沉渣后与压缩空气及水蒸气混合,升温至 80~90 ℃,进入氧化塔,塔径一般不大于 2.5 m,分 4 段,每段高 3 m。每段进口处设喷嘴,雾化进料。塔内气水体积比不小于 15,废水在塔内的平均停留时间为 1.5~2.5 h。

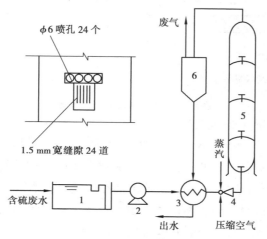

图 5.18 氧化脱硫塔

1—隔油池;2—泵;3—换热器;4—射流器;5—空气氧化塔;6—分离器

试验表明,当操作温度为 90 ℃,废水含硫量为 2 900 mg/L 时,脱硫率达 98.3%;当操作温度为 64 ℃时,其他条件相同,脱硫率为 94.3%。

(2)臭氧氧化

臭氧氧化法是利用臭氧(O₃)的强氧化能力,使污水(或废水)中的污染物氧化分解成低毒或无毒的化合物,使水质得到净化。它不仅可以降低水中 BOD、COD,而且还可起脱色、除臭、除味、杀菌、杀藻等功能,因此该处理方法越来越受到人们的重视。

①臭氧的物理化学性质。臭氧是氧的同素异形体,其分子式为 O₃,常温下臭氧为淡蓝色气体,具有一种特殊的臭味。在标准状态下,其密度为 2.144 g/L。臭氧是一种强氧化剂,其氧

化能力仅次于氟,比氧、氯及高锰酸盐等常用的氧化剂都高。除金、铂外,臭氧几乎对所有金属都有腐蚀作用,不含碳的铁、铬合金耐臭氧腐蚀性较好,可以用于制造臭氧化反应设备及零部件。

通常情况下是以空气为原料制备臭氧化空气(含臭氧的空气)。臭氧化空气中臭氧只占0.6%~1.2%。如果以纯氧作为气源,所生产的是纯氧、臭氧混合气体,其中臭氧含量可增加1倍。在标准状态下,臭氧化空气注入水中后,臭氧的溶解度只有 3~7 mg/L。

臭氧在空气中不稳定,会自行分解为氧气并放出大量的热,当温度升高时,其分解速度会加快。浓度为1%以下的臭氧,在常温常压下,其半衰期为 16 h 左右,因此臭氧不易储存,需要一边生产一边使用。臭氧在纯水中的分解速度比在空气中快得多。水中臭氧浓度为 3 mg/L,在常温常压下其半衰期仅为 5~30 min,并随水中 pH 值的提高而加快。

②臭氧的制备。臭氧的制备方法有很多,常见的制备方法有无声放电法、放射法、紫外线辐射法、等离子射流法和电解法。无声放电法又有气相中放电和液相中放电两种。在水处理中多采用气相中无声放电法,其工作原理如图 5.19 所示。

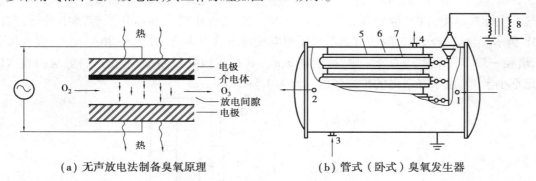

(a) 无声放电法制备臭氧原理　　　　(b) 管式(卧式)臭氧发生器

图 5.19　臭氧制备原理及设备

1—空气进口;2—臭氧化空气出口;3—冷却水进口;4—冷却水出口;
5—不锈钢管;6—放电间隙;7—玻璃管;8—变压器

在玻璃管外套一个不锈钢管,使两者之间形成放电间隙。玻璃管内壁涂石墨作为一个电极。交流电源通过变压器升压后,将高压交流电加在石墨层和不锈钢管之间,使放电间隙产生高速电流。玻璃管作为介电体,防止两极间产生火花放电。将干燥的空气或氧气从一端通入放电间隙,受到高速电子流的轰击,从另一端流出时就成为臭氧化空气或臭氧化氧气。反应式如下:

第一步:$O_2 \rightarrow 2O$;

第二步:$3O \rightarrow O_3$。

反应中伴随有 $O + O_2 \rightarrow O_3$,该反应和第二步反应一样,其逆反应是臭氧的分解,尤其是在高温下分解速度会加快。由于在放电间隙产生大量的热,使得臭氧分解,所以此种方法生产臭氧的产率不高。

以空气为原料生产臭氧,每千克 O_3 实际耗电量为 16~18 kW·h。

臭氧发生器选型主要是考虑臭氧需要量 Q_{O_3},再折合成臭氧化(干燥)空气量 $Q_干$,具体可按式(5.15)计算:

$$Q_{O_3} = 1.06QC \tag{5.15}$$

式中:Q_{O_3}——臭氧需要量,g/h;

    Q——废水处理量,m³/h;

    1.06——安全系数;

    C——臭氧投量,mg/L。

影响臭氧氧化的主要因素是废水中杂质的性质、浓度、pH 值、臭氧的浓度、臭氧的反应器类型和水力停留时间等。臭氧投量应通过试验确定。

臭氧化(干燥)空气量按式(5.16)计算:

$$Q_干 = \frac{Q_{O_3}}{C_{O_3}} \tag{5.16}$$

式中:$Q_干$——臭氧化干燥空气量,m³/h;

    C_{O_3}——臭氧化空气浓度,g/m³,一般取 10~14g/m³。

③臭氧氧化反应设备。水处理中的臭氧氧化反应实际上是一种气液接触的非均相反应。根据臭氧化空气与水的接触方式,臭氧氧化反应设备可以分为气泡式、水膜式和水滴式 3 种反应器。臭氧氧化反应设备应设置臭氧尾气消除装置。

气泡式反应器是将臭氧加入水中后,水为吸收剂,臭氧为吸收质,在气液两相间进行传质,同时臭氧与水中的杂质进行氧化反应,因此属于一种化学吸收,它不仅和两相间的传质速率有关,还和化学反应速度有关。实践表明,气泡越小,气-液的接触面积越大,但是液体的扰动越小,因此应通过试验确定最佳的气泡尺寸。

气泡产生的方式有多孔扩散式、机械表面曝气及塔板式 3 种。常见的装置是在臭氧接触反应设备底部安装多孔扩散装置,使臭氧空气分散成微小气泡进入水中。多孔扩散装置有穿孔管、穿孔板和微孔滤板。根据气和水的流动方向不同又可分为同向流和异向流两种,如图 5.20、图 5.21 所示。同向流反应器底部臭氧浓度大,原水杂质的浓度也大,大部分臭氧被易于氧化的杂质消耗掉。而上部臭氧浓度小,此处的杂质较难氧化,低浓度的臭氧往往对它无能为力。因此,臭氧利用率较低,一般为 75%,但这种同向流反应器适合用于臭氧消毒,它可促进高浓度臭氧与细菌接触。异向流反应器可以使低浓度的臭氧与杂质浓度大的水相接触,臭氧利用率较高,可达 80%,目前工业上用臭氧氧化处理污水时常采用这种反应器。

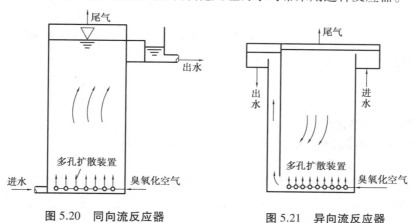

图 5.20　同向流反应器　　　　图 5.21　异向流反应器

如图 5.22 所示为表面曝气式反应器。反应器内安装曝气叶轮,臭氧化空气沿液面流动,高速旋转的叶轮在其周围形成水跃,使水剧烈搅动而卷进臭氧化空气,气-液界面不断更新,使臭氧溶于水中。

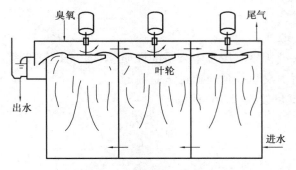

图 5.22　表面曝气式反应器

如图 5.23 所示为塔板式反应器,有筛板塔和泡罩塔,此外还有填料塔和喷雾塔。

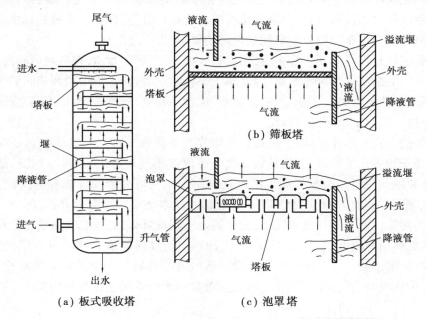

图 5.23　塔板式反应器

臭氧反应器的容积可按式(5.17)计算:

$$V = \frac{Qt}{60} \tag{5.17}$$

式中:V——臭氧反应器容积,m^3;

　　　t——水力停留时间,min,根据试验确定,一般为 5~10 min;

　　　Q——污水流量,m^3/h。

④臭氧氧化在废水处理中的应用。臭氧氧化在工业上运用较多的是印染废水处理、含氰或含酚废水处理等。它的主要优点是氧化能力强,对除臭、脱色、杀菌、去除无机物和有机物都有显著效果;处理后废水中的臭氧易分解,不产生二次污染,一般也不产生污泥;设备操作运行方便。缺点主要是臭氧发生装置造价高,臭氧生产率低,臭氧氧化过程中臭氧利用率相对低,

这样使得臭氧化造价高,处理成本也较高。

下面以含氰废水的处理为例来简要介绍臭氧氧化的实际应用。

氰与臭氧的反应式为:

$$2KCN+3O_3 \longrightarrow 2KCNO+2O_2 \uparrow$$

$$2KCNO+H_2O+3O_3 \longrightarrow 2KHCO_3+N_2 \uparrow +3O_2 \uparrow$$

按上式反应,第一步,每去除 1 mg CN^- 需臭氧 1.84 mg,生成的 CNO^- 毒性为 CN^- 的 1%;第二步氧化到无害状态时,每去除 1 mg CN^- 需臭氧 4.61 mg。整个工艺流程如图 5.24 所示。在前处理装置中把废水中的金属离子先除去,第一氧化塔用过的臭氧化空气继续送入第二氧化塔进行反应。

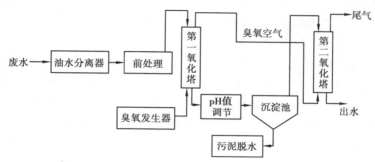

图 5.24 臭氧氧化法处理含氰废水工艺流程

（3）氯氧化

废水中的有毒有害物质为还原性物质,向其中投入氧化剂,将有毒有害物质氧化成无毒或毒性较小的新物质,此种方法称为药剂氧化法。在废水处理中用得最多的药剂氧化法是氯氧化法。氯系氧化剂有液氯、漂白粉、氯气、次氯酸钠等,其基本原理都是利用产生的次氯酸根的强氧化作用。

许多工业废水（如化工、焦化、煤气、电镀等）含有氰化物。在废水中,氰通常是以游离 CN^-、HCN 及稳定性不同的各种金属络合物如 $[Zn(CN)_4]^{2-}$、$[Ni(CN)_4]^{2-}$、$[Fe(CN)_6]^{3-}$ 等形式存在。氯氧化法常用来处理含氰废水,国内外比较成熟的工艺是碱性氯氧化法。

氰离子的氧化破坏分为两阶段进行。第一阶段在碱性条件下,CN^- 被氧化为 CNO^-:

$$CN^-+ClO^-+H_2O \longrightarrow CNCl+2OH^-$$

$$CNCl+2OH^- \longrightarrow CNO^-+Cl^-+H_2O \quad （pH 值 \geqslant 10）$$

第二阶段,CNO^- 可在不同的 pH 值下进一步氧化水解:

$$CNO^-+3ClO^-+H_2O = N_2 \uparrow +3Cl^-+2HCO_3^-（pH 值为 7.5\sim9）$$

$$CNO^-+2H^++H_2O = NH_4^++CO_2 \uparrow （pH 值 <2.5）$$

第一阶段,pH 值越高,反应速度越快,pH 值 <8.5,则有放出剧毒物 CNCl 的危险。一般工艺条件:废水 pH 值 >11,当 CN^- 浓度高于 100 mg/L 时,最好控制 pH 值为 12~13。在此情况下,反应可在 10~15 min 内完成,实际采用的是 20~30 min。

上述处理方法的缺陷是,虽然氰酸盐毒性低,仅为氰的千分之一,但 CNO^- 在低 pH 值条件下易水解生成 NH_3,且有重新溢出 CNCl 的危险。因此,需将 CNO^- 进一步氧化成 N_2 和 CO_2,消除氰酸盐对环境的污染。

在进一步氧化氰酸盐的过程中,控制 pH 值是至关重要的。pH 值 >12,反应停止;pH 值太低,氰酸根会水解生成氨,并与次氯酸反应生成有毒的氯胺。实际生产时,控制 pH 值为 7.5~

8.0,用硫酸调节 pH 值,反应过程中适当搅拌以加速反应的完全进行。

通常要求出水中保持 3~5 mg/L 的余氯,以保证 CN^- 浓度下降到 0.1 mg/L 以下。

(4)其他氧化

除了以上常用的臭氧氧化、氯氧化、空气氧化,还有一些药剂可作为氧化剂使用,如高锰酸盐。高锰酸盐是一种强氧化剂,能与水中的 Fe^{2+}、Mn^{2+}、S^{2-}、CN^-、酚以及有机化合物反应。反应时,高锰酸盐被还原,生成水合二氧化锰,因而具有吸附作用,具有很强的杀菌能力。

高锰酸盐氧化法出水没有异味,氧化剂易于投配和监测,但处理成本较高,高锰酸盐对鱼类毒性较大(最大浓度为 5 mg/L),适宜与其他处理方法配合使用,可降低处理成本。

2)化学还原

还原法目前主要用于冶炼工业产生的含铜、铅、锌、铬、汞等重金属离子废水的处理。

(1)药剂还原法

药剂还原法是利用某些化学药剂的还原性,将废水中的有毒有害物还原成低毒或无毒的化合物的一种水处理方法。常见的例子是用硫酸亚铁和亚硫酸盐还原处理含铬废水。

①硫酸亚铁还原法。向含铬废水中投加硫酸亚铁作为还原剂,亚铁离子起还原作用,在酸性条件下(pH 值为 2~3),使废水中的六价铬还原为三价铬,然后再加碱中和,调节 pH 值为 7.5~8.5,生成氢氧化铬和氢氧化铁沉淀。其反应式为:

$$H_2Cr_2O_7+6H_2SO_4+6FeSO_4 \longrightarrow Cr_2(SO_4)_3+3Fe_2(SO_4)_3+7H_2O$$

$$Cr_2(SO_4)_3+Fe_2(SO_4)_3+12NaOH \longrightarrow 2Cr(OH)_3\downarrow+2Fe(OH)_3\downarrow+6Na_2SO_4$$

沉淀的污染物是铬氢氧化物和铁氢氧化物的混合物,需要妥善处理,以防二次污染。如果采用石灰乳进行中和沉淀,污泥中还有 $CaSO_4$ 沉淀。

硫酸亚铁石灰还原法的主要工艺设计参数:废水中 Cr^{6+} 浓度为 50~100 mg/L;废水 pH 值为 1~3;还原剂用量为 $FeSO_4 \cdot 7H_2O : Cr^{6+} = (25~30):1$;反应时间不小于 30 min;中和沉淀时 pH 值为 7~9。

工艺流程包括集水、还原、沉淀、固液分离和污泥脱水等工序,可连续操作,也可间歇操作。

②亚硫酸盐还原法。常用亚硫酸钠、亚硫酸氢钠或焦亚硫酸钠作为还原剂。焦亚硫酸钠水解后生成亚硫酸氢钠。

六价铬与亚硫酸钠的反应:

$$H_2Cr_2O_7+3Na_2SO_3+3H_2SO_4 \Longrightarrow Cr_2(SO_4)_3+3Na_2SO_4+4H_2O \quad (pH=2~3)$$

六价铬与亚硫酸氢钠的反应:

$$2H_2Cr_2O_7+6NaHSO_3+3H_2SO_4 \Longrightarrow 2Cr_2(SO_4)_3+3Na_2SO_4+8H_2O \quad (pH=2~3)$$

还原后用氢氧化钠中和至 pH 值为 7~8,生成氢氧化铬沉淀。

采用 NaOH 中和生成氢氧化铬纯度高,可以回收利用。也可以用石灰中和沉淀,费用较低,但操作复杂、反应速度慢、生成泥量大,难以回收利用。

亚硫酸盐还原法设计工艺参数:废水中六价铬浓度一般控制在 100~1 000 mg/L,废水 pH 值为 2~3;还原剂用量亚硫酸钠(亚硫酸氢钠、焦亚硫酸钠):六价铬=4(4、3):1;还原反应时间 30 min;氢氧化铬沉淀时,pH 值控制在 7~8。

(2)化学还原法处理酸性镀铜废水

用连二亚硫酸钠作为还原剂,在酸性条件下,从硫酸铜溶液中还原出金属铜粉,放出二氧化硫。其反应式如下：

$$CuSO_4+Na_2S_2O_4 =\!=\!= Na_2SO_4+Cu+2SO_2\uparrow$$

沉淀后上清液无色透明，Cu^{2+} 含量在 1 mg/L 以下。部分二氧化硫可溶于水中生成亚硫酸，因此处理后滤液中含有亚硫酸及过量的连二亚硫酸钠，有很强的还原性，可以用于处理含六价铬废水。

（3）金属还原法

金属还原法是向废水中投加还原性较强的金属单质，将水中氧化性的金属离子还原成单质金属析出，投加的金属则被氧化成离子进入水中。金属还原法常用来处理含重金属离子的废水，典型例子是铁屑还原处理含汞废水，其反应式如下：

$$Fe+Hg^{2+}\longrightarrow Fe^{2+}+Hg\downarrow$$
$$2Fe+3Hg^{2+}\longrightarrow 2Fe^{3+}+3Hg\downarrow$$

铁屑还原的效果与水中 pH 值有关，当水中 pH 值较低时，铁屑还会将废水中 H^+ 还原成 H_2 逸出，因而会增加铁屑的用量。pH 值为 6~9 时效果较好，当废水的 pH 值较低时，应调节后再处理。反应温度一般控制在 20~30 ℃。

3）工程应用

某无机盐厂主要生产重铬酸钠和铬酸酐，废水主要污染物是六价铬，含量 13 mg/L 左右，全年排出含铬废水约 7 万 t。废水处理工艺流程如图 5.25 所示。

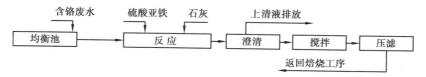

图 5.25 硫酸亚铁还原法处理含铬废水工艺流程

含铬废水进入均衡池后，由计量泵送入处理池，分析废水中的六价铬含量，按照化学计量式过量 20% 加入硫酸亚铁，并进行搅拌。废水中的六价铬在酸性条件下与硫酸亚铁发生反应生成三价铬。反应 20 min 后，分析六价铬含量指标，达到排放标准后，加入石灰调节 pH 值为 8 左右，使 Cr^{3+} 生成 $Cr(OH)_3$ 沉淀，同时 Fe^{3+}、Fe^{2+} 分别生成 $Fe(OH)_3$、$Fe(OH)_2$ 沉淀。继续搅拌 20 min 后，停止搅拌，任其自然沉降，上清液直接排出厂外，沉淀物经板框压滤机分离，滤液排放，滤渣烘干返回重铬酸钠焙烧配料工序。

此工艺流程还原时间为 20 min，澄清时间为 20 min，废水处理后六价铬含量小于 0.5 mg/L。

5.2.4 电解

电解法就是利用电解原理处理废水的方法。在废水的电解处理过程中，因阴极与电源负极相连，放出电子，废水中的阳离子则在阴极上得到电子而被还原；阳极与电源正极相连得到电子，废水中的阴离子则在阳极上失去电子而被氧化。因此，废水中的有害物质在电极上发生氧化还原反应，生成新的物质，新的物质则通过沉积在电极表面或沉淀于水中或转化为气体而被去除。

利用废水中物质电解后能沉积在电极表面的特点，处理贵重金属废水，同时又能回收纯度较高的贵重金属，如含银、含汞废水的电解处理；利用废水中物质电解后能沉淀于水中的特点，处理重金属有毒废水,此时一般以铁、铅为电极,极板溶解下来的铁、铝离子兼有混凝作用,有助于沉淀分离,如含铬废水的电解处理;利用废水中物质电解后生成气体的特点,处理非金属有毒废水,如含氰、含酚废水。下面仅以含铬废水、含氰废水为例,对其原理做简单介绍。

电解法在处理含铬废水时,一般以钢板为电极,在电极上发生如下反应:

阳极:
$$Fe-2e =\!=\!= Fe^{2+}$$
$$CrO_4^{2-} + 3Fe^{2+} + 8H^+ =\!=\!= Cr^{3+} + 3Fe^{3+} + 4H_2O$$

阴极:
$$2H^+ + 2e =\!=\!= H_2\uparrow$$
$$CrO_4^{2-} + 3e + 8H^+ =\!=\!= Cr^{3+} + 4H_2O$$

从以上反应可以看出,在阳极上,铁由于失去电子而被氧化为亚铁离子,亚铁离子是强还原剂,与废水中的铬酸根发生反应,将六价铬还原为三价铬,三价铬的毒性远小于六价铬;在阴极上,水中的氢离子因得到电子而在极板上析出,使水中氢离子减少,碱性增强,因此电解需在酸性条件下进行为好,同时也有少量的铬酸根直接从极板上获得电子而被还原为三价铬离子。通过电解及电解液中的反应产物铁离子和三价铬离子,其氢氧化物的溶度积都很小,可通过化学沉淀法去除。

电解法在处理含氰废水时,一般采用石墨做电极,当废水中不投加食盐电解质时,在阳极及废水中发生如下反应:

$$CN^- + 2OH^- + 2e =\!=\!= CNO^- + H_2O$$
$$CNO^- + 2H_2O =\!=\!= NH_4^+ + CO_3^{2-}$$
$$2CNO^- + 4OH^- - 6e =\!=\!= 2CO_2 + N_2 + H_2O$$

当电解废水中投加食盐时,在阳极及废水中发生如下反应:

$$2Cl^- - 2e =\!=\!= 2[Cl]$$
$$CN^- + 2[Cl] + 2OH^- =\!=\!= CNO^- + 2Cl^- + H_2O$$
$$2CNO^- + 6[Cl] + 4OH^- =\!=\!= 2CO_2 + N_2 + 6Cl^- + 2H_2O$$

从以上反应可以看出,在电解处理过程中,不加食盐电解质时,CN^-首先在阳极被氧化为CNO^-,然后CNO^-又被氧化为无毒的CO_2和N_2,同时CNO也有部分转化为NH_4^+;投加食盐后,不但增加了废水的导电性,降低了电解电压,电解反应也发生了变化,首先水中的氯离子被氧化为具有强氧化性的游离性氯,然后游离性氯又将CN^-和CNO^-氧化为无毒的CO_2和N_2,从而加速了电解反应。

5.3 工业废水的物理化学处理

5.3.1 混凝

混凝是水处理工程技术中不可缺少的重要工艺过程。在给水处理技术中已经进行过系统学习,对于污废水处理而言,影响混凝的因素包括水温、水化学特性、杂质性质和浓度、水力条件等,在实际工作中应注意以下几点:

①低温条件下混凝效果较差,主要是因为无机盐水解吸热,温度降低,黏度升高,布朗运动减弱,胶体颗粒水化作用增强,妨碍凝聚。

②无机盐水解造成 pH 值下降，影响水解产物形态。根据水质、去除对象不同，最佳 pH 值范围也不同。有时需碱度来调整 pH 值，碱度不够时需投加石灰。

③水中杂质浓度低，颗粒间碰撞概率下降，混凝效果差。可采取投加高分子助凝剂、投加黏土、投加混凝剂后直接过滤等措施。

5.3.2 气浮

从斯托克斯(Stokes)公式可以看出，对于密度与水接近的颗粒，无论是沉淀还是上浮，其运动速度都很小甚至为零。采用沉淀与上浮方法处理密度与水接近的颗粒，其效果都不理想。

气体的密度远小于水以及水中的颗粒物，如果能向水中注入大量的微气泡，并使其与水中欲去除的颗粒黏附在一起，形成密度比水小得多的气浮体，就很容易上浮至水面形成浮渣，从而将这些密度与水接近的颗粒分离出来。这种处理方法称为气浮，也称浮选。在污水处理领域，气浮广泛应用于：分离地面水中的细小悬浮物、藻类及微絮体；代替二次沉淀池，分离和浓缩剩余活性污泥；浓缩化学混凝处理产生的絮状化学污泥；回收含油污水中的悬浮油及乳化油；回收工业污水中的有用物质，如造纸厂污水中的纸浆纤维等。

1)气浮原理

从上面介绍的气浮思路可知，实现气浮分离必须满足两个条件：一是水中有足够数量的微小气泡；二是使欲分离的悬浮颗粒与气泡黏附形成气浮体并上浮。前者可以采用向水中充气、溶气减压等方法，比较容易满足；后者是气浮的最基本条件，也是气浮处理成功与否的关键。

水中通入气泡后，并非任何悬浮物都能与之黏附，这取决于该物质的润湿性。润湿性的大小可用润湿接触角来衡量。为了说清这个问题，现对水、气、颗粒三相黏附界面作一分析，如图5.26 所示。

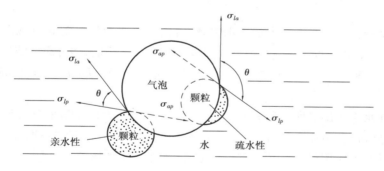

图 5.26 亲水性和疏水性颗粒的润湿接触角

在水、气、颗粒三相交界处，不同介质的相表面上因受力不均匀而存在界面张力，图5.26 中，σ_{la} 为水-气界面张力，σ_{lp} 为水-固界面张力，σ_{ap} 为气-固界面张力。水-气界面张力 σ_{la} 与水-固界面张力 σ_{lp} 的夹角 θ 称为固体颗粒的润湿接触角。润湿接触角的大小取决于固体颗粒的表面特性。接触角越大，表示固体颗粒被水润湿性越弱，颗粒与气泡接触面也就越大，二者结合牢固，容易黏附气泡形成气浮体。通常将润湿接触角 $\theta<90°$ 的颗粒，称为亲水性颗粒；润湿接触角 $\theta>90°$ 的颗粒，称为疏水性颗粒。$\theta=90°$，规定为疏水表面与亲水表面的分界线。

气浮的第二个必需条件，实际上就是要求欲去除颗粒表面具有疏水性。对于本身就是疏水性的颗粒，可直接用气浮法去除；对于亲水性颗粒，需要采取措施改变其表面特性使其变成疏水性颗粒，才可用气浮法去除。实际生产中，为提高气浮处理的分离效率，往往都投加浮选剂。浮选剂是一种能改变水中悬浮颗粒表面润湿性的表面活性物质,分子中既有极性基团又有非极性基团,它能将极性基团吸附于亲水颗粒表面,而非极性基团指向水相,在亲水性颗粒表面形成一层非极性吸附层,使颗粒具有疏水性。

在气浮过程中,悬浮颗粒靠黏附微气泡上浮,水中气泡的数量、分散度、稳定性等直接影响气浮分离效率。

向水中充入同样体积的空气,气泡体积越小,则气泡数量越多,表面积越大,分散度越高,那么气泡与悬浮颗粒接触、黏附的机会就越多,气浮效果也就越好。实践证明,气泡直径在 $100~\mu m$ 以下才能很好地附着在悬浮物上面。

在气浮过程中,往水中加入一定浓度的表面活性物质,表面活性物质将与气泡相互作用,非极性端伸入气相,极性端伸向水中,由于电荷的相斥作用,从而增加了微气泡的稳定性。这样可促进气泡在水中弥散,防止微气泡兼并变为大气泡;同时,也可避免气浮体上升到水面后,由于气泡很快破灭不能形成稳定的气浮泡沫层,在被刮渣设备去除之前,再次沉入水中。

任何事物都有两面性,表面活性物质虽然可改变颗粒的润湿性、气泡的稳定性,对气浮有利,但当其含量超过一定限度后,会使油类严重乳化,这时尽管起泡现象强烈,泡沫形成良好,但浮选效果却很差。对于乳化油的气浮,应先向污水中投加破乳剂。

用于气浮的药剂种类有很多,按其作用不同分为捕收剂、起泡剂、调整剂等。捕收剂能改善颗粒润湿性,提高可浮性,常见品种有硬脂酸、脂肪酸及其盐类、胺类等;起泡剂能确保产生大量微细且均匀的气泡,并保持泡沫的稳定,通常为表面活性剂;调整剂能提高气浮过程的选择性,加强捕收剂的作用并改善气浮条件。

气浮处理方法按气泡产生方式的不同分为溶气气浮、充气气浮及电解气浮 3 类。

2)溶气气浮

溶气气浮是先将空气在压力下送入水中,然后减压使水中的过饱和空气以微细的气泡形式释放出来,从而使水中的杂质颗粒被黏附形成气浮体,上浮到水面分离。溶气气浮产生的气泡直径只有 $20\sim100~\mu m$,粒径均匀,并且可人为控制气泡与污水的接触时间,净化效果比较好。

根据气泡在水中析出时所处压力的不同,溶气气浮又分为加压溶气气浮和溶气真空气浮两类。溶气真空气浮在负压下工作,设备构造复杂,运行维护管理不方便,生产上应用较少。加压溶气气浮是目前应用最广泛的一种气浮方法,下面介绍加压溶气气浮。

(1)基本流程

根据加压空气与水的混合方式不同,加压溶气气浮的基本流程可分为以下 3 种。

①全流程溶气气浮法。如图 5.27 所示,全部污水用泵加压至 3~4 个大气压,在溶气罐内,空气溶解于污水中,然后通过减压阀将污水送入气浮池。析出的小气泡与污水中的颗粒物形成气浮体逸出水面,在水面上形成浮渣。用刮板将浮渣连续排入浮渣槽,经浮渣管排出池外,处理后的污水通过集水系统排出。其特点是溶气量大,动力消耗较大,气浮池容积小。

②部分溶气气浮法。如图 5.28 所示,取部分污水(通常占总水量的 15%~40%)加压溶气,其余污水直接进入气浮池并在气浮池中与溶气水混合。其特点是动力消耗低,溶气罐的容积较小,气浮池的大小与全流程溶气气浮法相同,但较部分回流溶气气浮法小。

③部分回流溶气气浮法。如图 5.29 所示,取部分出水进行回流加压溶气,减压后进入气

浮池,与直接进入气浮池的污水混合。回流量一般为污水的 25% ~ 50%。其特点为:动力消耗低,气浮过程中不促进乳化,避免了中悬浮物对溶气罐的影响,是生产中最常采用的一种形式。

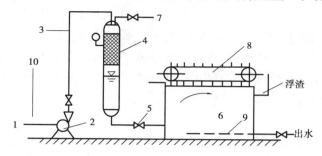

图 5.27　全溶气方式加压气浮流程示意图

1—原水;2—加压泵;3—空气;4—压力溶气罐(内含填料);5—减压阀;

6—气浮池;7—放气阀;8—刮渣机;9—集水系统;10—化学药剂

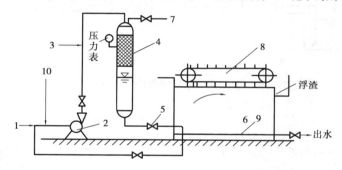

图 5.28　部分溶气方式加压气浮流程示意图

1—原水;2—加压泵;3—空气;4—压力溶气罐(内含填料);5—减压阀;

6—气浮池;7—放气阀;8—刮渣机;9—集水系统;10—化学药剂

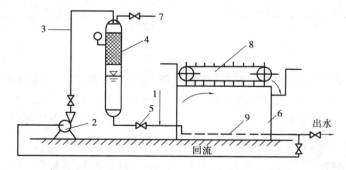

图 5.29　部分回流溶气方式加压气浮流程示意图

1—原水;2—加压泵;3—空气;4—压力溶气罐(内含填料);

5—减压阀;6—气浮池;7—放气阀;8—刮渣机;9—集水系统

(2)主要设备

从基本流程中可以看出,加压溶气气浮法的主要设备有加压泵、供气设备、溶气罐、减压阀、溶气释放器和气浮池等。

①加压泵。加压泵用于提升污水,并对水气混合物加压,使受压空气溶于水中。压力越

高,则溶气量越大,溶气水量越少。压力过高或过低均对气浮不利,应根据气浮所需空气量的多少、溶气罐的大小等选取。

②供气设备。供气方式有加压泵吸水管吸气、加压泵压水管射流吸气和加压泵-空压机联合溶气 3 种方式,如图 5.30、图 5.31、图 5.32 所示。泵前进气,是由水泵压水管引出一支管返回吸水管,在支管上安装水力喷射器,省去了空压机。前两种方式所需设备比较简单,能耗较高,一般用于对气浮要求不高且水量较小的工程;第三种方式是目前常用的,由空气压缩机直接向溶气罐供给空气,溶气效果好,功耗较小,但设备以及操作复杂,而且空压机的噪声一般比较大。

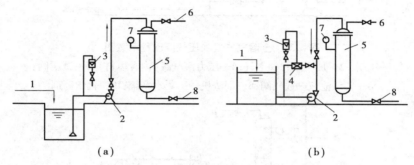

（a） （b）

图 5.30　加压泵吸水管吸气溶气方式示意图

1—废水;2—水泵;3—气量计;4—射流器;5—溶气罐;
6—放气管;7—压力表;8—减压阀

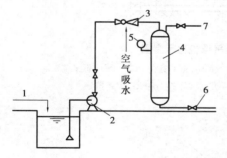 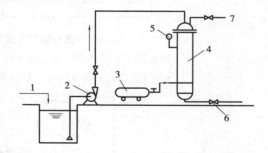

图 5.31　加压泵压水管射流吸气溶气方式示意图　　图 5.32　加压泵与空压机联合溶气方式示意图

1—废水;2—水泵;3—射流器;4—溶气罐;　　　　1—废水;2—水泵;3—空压机;4—溶气罐;
5—压力表;6—减压阀;7—放气阀　　　　　　　　5—压力表;6—减压阀;7—放气阀

③溶气罐。溶气罐是一个密封的耐压钢罐,罐上有进气管、排气管、进水管、出水管、放空管、液位计与压力表等。空气与水在罐内混合、溶解。为了提高溶气量和速度,罐内常设若干隔板或填料。操作时需定期开启罐顶放空阀,将积存在罐顶部未溶解的空气排掉,以免减少罐容,影响气浮效果。

④减压释放设备。减压释放设备的作用是使压力溶气水中的溶解空气在减压后迅速以微气泡形式释放出来,满足气浮需要。生产中采用的减压释放设备有减压阀和专用释放器两类。

减压阀可利用现成的截止阀,比较简单,缺点是开启度难以准确调解,流量容易改变,减压阀安装在气浮池外,在减压阀后的管道内容易造成气泡合并变大。

专用释放器是根据溶气释放规律制造的,安置在气浮池内压力溶气水管道的末端。其优点是消能释气瞬间完成,几乎能将水中溶解的空气全部释放出来,而且释放的微气泡平均直径较小(20~30 μm),气泡密集,附着性能好。

⑤气浮池。气浮池是提供水中悬浮颗粒与微气泡黏附、上升、去除的场所。目前常用的气浮池有平流式和竖流式两种,均为敞口式水池,如图5.33、图5.34所示。

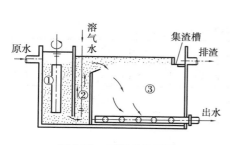

图 5.33 平流式气浮池
①—反应池;②—接触室;③—气浮池

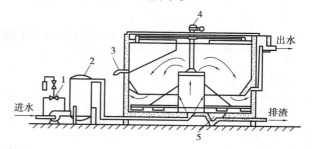

图 5.34 竖流式气浮池
1—射流器;2—溶气罐;3—泡沫排出管;
4—变速装置;5—沉渣斗

竖流式气浮池结构紧凑,水力条件好,但结构复杂,维护检修比较麻烦。平流式气浮池的池深较浅,构造简单,造价低,管理方便,目前应用较多。

(3)设计计算

以应用最多的回流溶气平流式气浮池为例,说明气浮池设计的基本方法。

气浮的设计计算比较简单,主要是确定溶气水量和所需提供空气量,计算气浮池的体积、尺寸,其余设备根据需要选取即可。

主要设计参数:

①溶气罐的压力为 0.2~0.4 MPa,混合时间一般为 2~5 min。

②气固比 G/S(空气析出量与原水中悬浮固体量的比值)应按气浮效率的要求通过试验确定。当无实测数据时,一般可选用 0.005~0.060,原水的悬浮物含量高时取下限,低时则取上限。

③气浮池分离室的液面负荷可为 5.4~7.2 m³/(m²·h),废水在气浮池的停留时间为 10~20 min。

④平流式气浮池的有效工作水深可采用 2.0~3.0 m。对长宽比没有严格要求,一般单格宽度不超过 10 m,池长不超过 15 m 为宜。

⑤一般采用刮渣机逆水流方向定期刮渣,刮渣机的水平移动速度控制在 5 m/min 以内。

⑥气浮池集水应力求均匀,一般采用穿孔集水管,给水管的最大流速宜控制在 0.5 m/s 左右。

⑦主要计算公式。

a.压力溶气水量:

$$Q_r = \frac{c_0 Q(G/S)}{a_0(fP-1)} \tag{5.18}$$

式中:Q_r——压力溶气水量,m³/h;

c_0——污水中悬浮污染物浓度,mg/L;

Q——污水流量,m^3/h;

G/S——气固比,见设计参数说明;

a_0——101.3 kPa下空气在水中的饱和溶解度,mg/L,其值与温度有关(见表5.5);

f——溶气效率,其值与溶气罐结构、溶气压力和时间有关,一般为0.5~0.8;

P——溶气绝对压力,10^5 Pa。

表5.5 空气在水中的饱和溶解度(101.3 kPa)

温度/℃	0	10	20	30	40
溶解度 $a_0/(\text{mg} \cdot \text{L}^{-1})$	36.06	27.26	21.77	18.14	15.51

b.所需提供空气量:

$$Q_a = \frac{Q_r K_T P}{f} \tag{5.19}$$

式中:Q_a——所需提供空气量,L/h;

K_T——溶解常数,$L/(m^3 \cdot kPa)$,随温度而变,不同温度下的K_T见表5.6。

表5.6 不同温度下的 K_T 值

温度 /℃	0	10	20	30	40	50
$K_T/[\text{L} \cdot (\text{m}^3 \cdot \text{kPa})^{-1}]$	0.285	0.218	0.180	0.158	0.135	0.120

设计空气量应按所需提供空气量的1.25倍供给,以留有余地,通常空气的实际用量为处理水量的1%~5%(体积比)。

c.气浮池的容积:

$$V = \frac{Q_r + Q}{v_s} \tag{5.20}$$

式中:V——气浮池的容积,m^3;

v_s——气浮池的表面负荷,5~10 $m^3/(m^2 \cdot h)$。

气浮池的尺寸参照前面的参数说明确定(略)。

3)充气气浮

充气气浮又称散气气浮。充气气浮没有溶气设备,直接将空气注入气浮池水中,利用机械剪切力将空气粉碎成细小的气泡进行浮选。充气气浮形成的气泡直径大约为1 000 μm,气浮效率不太高。但由于设备简单,对于水量较小、悬浮颗粒较大而且处理效率要求不高的废水,用充气气浮比较方便,成本较低。目前应用较多的是叶轮气浮和扩散板曝气气浮。

（1）叶轮气浮

叶轮气浮设备如图5.35所示。在气浮池底部设有旋转叶轮,在叶轮的上面装有带有导向叶片的固定盖板,盖板上有孔洞。当电动机带动叶轮旋转时,在盖板下形成负压,空气从进气管吸入,污水由盖板上的小孔进入,在叶轮的搅动下,空气被粉碎成细小的气泡,并与水充分混合成为水气混合体,甩出导向叶片之外,又经整流板稳流后,在池体内平稳地垂直上升,进行气浮,形成的泡沫不断地被刮板刮出池外。

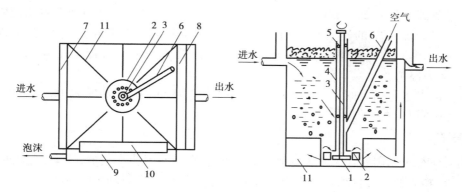

图 5.35 叶轮气浮设备构造示意图

1—叶轮;2—盖板;3—转轴;4—轮套;5—轴承;6—进气管;
7—进水槽;8—出水槽;9—泡沫槽;10—刮沫板;11—整流板

这种气浮池采用正方形,边长不超过叶轮直径的 6 倍。叶轮直径一般为 200~400 mm,最大不超过 600~700 mm,叶轮转速为 900~1 500 r/min。池有效水深可采用 2.0~3.0 m。气浮时间为 15~20 min。

（2）扩散板曝气气浮

其构造原理与一般的曝气池相似。在气浮池的下部安置有扩散板或微孔管等曝气装置,压缩空气直接通过曝气装置的微细孔隙以微小气泡的形式进入水中,进行气浮。为了提高气浮效率,尽量控制气泡的体积,曝气装置的微细孔隙一般做得比较小,但在使用中容易发生微孔堵塞。

4）电解气浮

电解气浮是在直流电的作用下,用不溶性材料作阳极与阴极对污水进行电解,在阴阳两极分别产生大量的氢气和氧气微小气泡,将污水中的悬浮颗粒黏附并带到水面,达到分离净化污水的目的。在电解气浮的过程中,在阳极附近电离形成的氢氧化物一般呈絮状,可起到混凝剂的作用,能使气浮过程和混凝过程结合进行。电解气浮法所产生的气泡直径远小于充气气浮和溶气气浮,气浮效果较好,产渣量少,装置构造也比较简单。另外,电解气浮还具有氧化、脱色和杀菌作用。因此,电解气浮是一种很有前途的污水净化方法。它的缺点主要是耗电量大。

5）工程应用

如图 5.36 所示是某炼油厂含油废水处理的回流加压溶气气浮处理工艺流程。

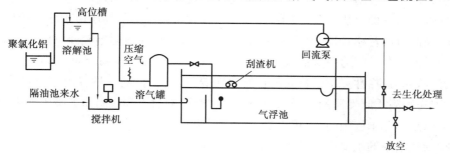

图 5.36 某炼油厂含油废水回流加压溶气气浮工艺流程

来自隔油池的废水流量为 250 m³/h。水中主要污染物含量:石油类为 80 mg/L,硫化物为 5.45 mg/L,挥发酚为 21.9 mg/L,COD 为 400 mg/L,pH 值为 7.9。

在进水管线上加入 20 mg/L 的聚氯化铝混合后流入气浮池。气浮处理后的水流向生物处理阶段进一步处理,80%的气浮出水回流至溶气罐,加压溶气,供气量按溶气水的 5%投加。溶气罐的压力为 0.3 MPa,利用释放器在气浮池内释放微气泡。气浮池的运行参数:流速 3.5 mm/s,水力停留实际为 2.5 h。

处理后出水水质:石油类为 17 mg/L,硫化物为 2.54 mg/L,挥发酚为 18.4 mg/L,COD 为 250 mg/L,pH 值为 7.5。

5.3.3 吸附

吸附是一种物质附着在另一种物质表面上的过程,它可发生在气液、气固、液固两相之间。在相界面上,物质的浓度自动发生累积或浓集。在水处理中,主要利用固体物质表面对水中物质的吸附作用。

吸附法就是利用多孔性的固体物质,使水中一种或多种物质被吸附在固体表面上,从而予以回收或去除的方法。吸附法可有效完成对水的多种净化功能,如脱色、脱臭、脱除重金属离子和放射性元素、脱除多种难以用一般方法处理的剧毒或难生物降解的有机物等。

具有吸附能力的多孔性固体物质称为吸附剂,如活性炭、活化煤、焦炭、煤渣、吸附树脂、木屑等,其中以活性炭的使用最为普遍;而废水中被吸附的物质称为吸附质;包容吸附剂和吸附质并以分散形式存在的介质称为分散相。

吸附处理可作为离子交换、膜分离技术处理系统的预处理单元,用以分离去除对后续处理单元有毒害作用的有机物、胶体和离子型物质,还可以作为三级处理后出水的深度处理单元,以获取高质量的处理出水,进而实现废水的资源化应用。吸附过程可有效捕集浓度很低的物质,且出水水质稳定、效果较好,吸附剂可以重复使用,结合吸附剂的再生,可以回收有用物质,因此在水处理技术领域得到了广泛应用。但是,吸附法对进水的预处理要求较为严格,运行费用较高。

1)吸附的分类

吸附剂表面的吸附力可分为 3 种,即分子间引力(范德华力)、化学键力和静电引力,因此吸附可分为 3 种类型:物理吸附、化学吸附和离子交换吸附。

(1)物理吸附

物理吸附是一种常见的吸附现象,亦称为范德华力吸附,是吸附质与吸附剂之间的静电力或分子间引力产生的吸附过程。物理吸附的特征表现在以下几个方面:

①物理吸附是一种放热反应,当系统的温度升高时,被吸附的物质由于分子的热运动会脱离吸附剂表面而自由转移,该现象称为脱附或解吸。吸附质在吸附剂表面可以较易解吸。

②物理吸附是分子间力引起的,因此吸附热较小,一般在 41.9 kJ/mol 以内。

③没有特定的选择性。由于物质间普遍存在着分子引力,同一种吸附剂可以吸附多种吸附质,只是因为吸附质间性质的差异而导致同一种吸附剂对不同吸附质的吸附能力有所不同。物理吸附可以是单分子层吸附,也可以是多分子层吸附。

④影响物理吸附的主要因素是吸附剂的比表面积。

(2)化学吸附

化学吸附是吸附质与吸附剂之间通过化学键力结合而引起的吸附过程。化学吸附的特征为:

①吸附热大,相当于化学反应热,吸附热一般为 83.7～418.7 kJ/mol。

②有选择性,一种吸附剂只能对一种或几种吸附质发生吸附作用,且只能形成单分子层吸附。

③化学吸附比较稳定,当吸附的化学键力较大时,吸附反应为不可逆。

④吸附剂表面的化学性能、吸附质的化学性质以及温度条件等,对化学吸附有较大的影响。

(3)离子交换吸附

离子交换吸附是指吸附质的离子由于静电引力聚集到吸附剂表面的带电点上,同时吸附剂表面原先固定在这些带电点上的其他离子被置换出来,等于吸附剂表面放出一个等当量离子。这种吸附实质上是吸附剂的表面发生了离子交换反应。在吸附质浓度相同的条件下,离子所带电荷越多,吸附越强。而对于电荷相同的离子,其水化半径越小,越易被吸附。

物理吸附、化学吸附和离子交换吸附并不是孤立的,往往相伴发生。在污水处理中,大多数的吸附现象往往是上述 3 种吸附作用的综合结果。由于吸附质、吸附剂以及吸附温度等具体吸附条件的不同,使得某种吸附占主要地位。例如,同一吸附体系在中高温下可能主要发生化学吸附,而在低温下可能主要发生物理吸附。

2)吸附平衡和吸附等温线

吸附过程是吸附和解吸的一个可逆的平衡过程。当废水与吸附剂充分接触后,一方面溶液中的吸附质被吸附剂吸附;另一方面,热运动的结果使一部分已被吸附的吸附质脱离吸附剂表面,又回到液相中去。这种吸附质被吸附剂吸附的过程称为吸附过程;已被吸附的吸附质脱离吸附剂的表面又回到液相中去的过程称为解吸过程。当吸附速度和解吸速度相等时,即单位时间内吸附的数量等于解吸的数量时,吸附质在溶液中的浓度和吸附剂表面上的浓度都不再改变而达到平衡,即达到动态的吸附平衡。此时吸附质在溶液中的浓度称为平衡浓度。

吸附剂吸附能力的大小以吸附容量(g/g)表示。所谓吸附容量是指单位质量的吸附剂(g)所吸附的吸附质质量(g)。吸附量可用下式计算:

$$q_e = \frac{V(c_0 - c_e)}{W} \tag{5.21}$$

式中:q_e——吸附剂的平衡吸附容量,g/g;

$\quad$ V——溶液体积,L;

$\quad$ c_0——溶液的初始吸附质浓度,g/L;

$\quad$ c_e——吸附平衡时的吸附质浓度,g/L;

$\quad$ W——吸附剂投加量,g。

吸附分等温吸附和等压吸附,在水污染控制中主要利用等温吸附。在温度一定的条件下,吸附容量随吸附质平衡浓度的提高而增加。把吸附容量随平衡浓度而变化的曲线称为吸附等温线。

表示吸附等温线的方程式称为吸附等温式。在污水处理中,常用的吸附等温式是弗兰德利希经验公式:

$$q = Kc^{\frac{1}{n}} \tag{5.22}$$

式中:K,n——常数;

其他符号意义同前。

将式(5.22)改写为对数式:

$$\lg q = \lg K + \frac{1}{n}\lg c \tag{5.23}$$

以 $\lg c$ 和 $\lg q$ 分别作为横坐标和纵坐标,便得到一条直线,称为弗兰德利希等温线,这条直线的截距为 $\lg K$,斜率为 $1/n$。$1/n$ 越小,吸附性能越好。一般认为 $1/n = 0.1 \sim 0.5$ 时,吸附处理出水水质较好;$1/n > 2$ 时,出水水质较差。但当 $1/n$ 较大时,由于吸附质平衡浓度较高,故吸附量较大,吸附能力发挥得也越充分,这种情况最好采用连续式吸附操作。当 $1/n$ 较小时,多采用间歇式吸附操作。

吸附容量是选择吸附剂和设计吸附设备的重要数据。这些指标虽然表示吸附剂对该吸附质的吸附能力,但这些指标与对水中吸附质的吸附能力不一定相符,因此还应参考试验数据确定吸附容量,进行设备设计。吸附容量的大小决定吸附再生周期的长短。

3)吸附的影响因素

在实际的应用中,若想达到预期的吸附净化效果,除了需要针对所处理的废水性质选择合适的吸附剂外,还必须将处理系统控制在最佳的工艺操作条件下。影响吸附的因素主要有吸附剂的性质、吸附质的性质和吸附过程的操作条件等。

(1)吸附剂的性质

吸附剂的性质主要有比表面积、种类、极性、颗粒大小、细孔的构造和分布情况及表面化学性质等。吸附是一种表面现象,比表面积越大,颗粒越小,吸附容量就越大,吸附能力就越强。吸附剂表面化学结构和表面荷电性质对吸附过程也有较大影响。一般是极性分子(或离子)型的吸附剂易吸附极性分子(或离子)型的吸附质,反之亦然。活性炭基本可以看成是一种非极性吸附剂,对水中非极性物质的吸附能力大于极性物质。

用于水处理的活性炭要求吸附容量大、吸附速度快、机械强度好。活性炭的吸附容量除其他外界条件外,主要与活性炭的比表面积有关,比表面积大,微孔数量多,可吸附在细孔壁上的吸附质就多。吸附速度主要与粒度及细孔分布有关,水处理用的活性炭,要求过渡孔(半径为 $20 \sim 1\,000$ Å)较为发达,有利于吸附质向微细孔中扩散;活性炭的粒度越小,吸附速度越快,一般在 $8 \sim 30$ 目范围较宜。活性炭的机械耐磨强度直接影响活性炭的使用寿命。

(2)吸附质的性质

吸附质的性质主要有溶解度、表面自由能、极性、吸附质分子大小和不饱和度、吸附质的浓度等。

①吸附质的溶解度对平衡吸附有重大影响。溶解度越小的吸附质越容易被吸附,也就越不容易被解吸。对于有机物在活性炭上的吸附,随同系物含碳原子数的增加,有机物疏水性增强,溶解度减小,因而活性炭对其的吸附容量越大,如活性炭从水中吸附有机酸的次序是按甲酸—乙酸—丙酸—丁酸增加。

②吸附质分子的大小和化学结构对吸附也有较大影响。吸附质分子体积越大,其扩散系数越大,吸附效率就越大。吸附过程由颗粒内部扩散控制时,受吸附质分子大小的影响较为明显。对于活性炭吸附剂来说,在同系物中,分子大的较分子小的易被吸附;不饱和键的有机物较饱和的易被吸附;芳香族的有机物较脂肪族的有机物易被吸附。

③吸附质的浓度在一定范围时,随着浓度增高,吸附容量增大。

(3)吸附过程的操作条件

吸附过程的操作条件主要包括水的 pH 值、共存物质、温度、接触时间等。

①pH 值。pH 值会影响吸附质在水中的离解度、溶解度及其存在状态,同样会影响吸附剂表面的荷电性和其他化学特性,从而影响吸附效果。活性炭从水中吸附有机污染物质的效果,一般随溶液 pH 值的增加而降低,pH 值高于 9.0 时,不易被吸附,pH 值越低时效果越好。在实际应用中,应通过试验确定最佳 pH 值范围。

②共存物质。应用吸附法处理水时,通常水中不是单一的污染物质,而是多组分污染物的混合物。物理吸附过程中,吸附剂可对多种吸附质产生吸附作用,因此多种吸附质共存时,吸附剂对其中任一种吸附质的吸附能力,都要低于组分浓度相同但只含该吸附质时的吸附能力,即每种溶质都会以某种方式与其他溶质竞争吸附活性中心点。另外,废水中有油类或悬浮物质存在时,油类物质会在吸附剂表面形成油膜,对膜扩散产生影响;悬浮物质会堵塞吸附剂孔隙,对孔隙扩散产生干扰和阻碍作用,故应采取预处理措施。

③温度。吸附过程一般是放热过程,因此低温有利于吸附,特别是以物理吸附为主的场合。吸附过程的热效应较低,通常情况下温度变化并不明显,因而温度对吸附过程的影响不大。用活性炭处理水时,温度对吸附的影响不显著。而在活性炭再生时,则需要通过大幅度加温以促使吸附质被解吸。

④接触时间。只有足够的时间使吸附剂和吸附质接触,才能达到吸附平衡,吸附剂的吸附能力才能得到充分利用。达到吸附平衡所需要的时间长短取决于吸附操作,吸附速度快,达到平衡所需要的接触时间就越短。

综上所述,影响吸附的因素有很多,应综合分析,根据具体情况,选择最佳吸附条件,达到最好的吸附效果。

4)吸附剂的种类

理论上一切固体物质的表面都有吸附作用,而实际上只有多孔性物质或磨得极细的物质,由于具有很大的比表面积,才有明显的吸附能力,也才能作为吸附剂。

工业应用的吸附剂必须满足以下要求:吸附选择性好;吸附容量大;吸附平衡浓度低;机械强度高;化学性质稳定;容易再生和再利用;制作原料来源广泛,价格低廉。

可用于水处理的吸附剂种类有很多,包括活性炭、磺化煤、焦炭、煤灰、炉渣、硅藻土、白土、沸石、麦饭石、木屑、腐殖酸、氧化硅、活性氧化铝、树脂吸附剂等。其中,应用较为广泛的是活性炭、吸附树脂和腐殖酸类吸附剂。

铝-硅系吸附剂是亲水性吸附剂,对极性物质有选择吸附,因此作为吸潮剂、脱水剂和精制非极性溶液的吸附剂;活性炭是疏水性吸附剂,对水溶性小的有机物具有较强的吸附作用,因此常作为城市污水与工业废水处理用的吸附剂。

(1)活性炭

①活性炭的分类。活性炭一般都制成粉末状或颗粒状。粉末状活性炭吸附能力强,制备容易,价格低廉,但再生困难,一般不能重复使用;颗粒状活性炭价格较贵,但可再生后重复使用,并且使用时的劳动条件较好,因此在水处理中常使用颗粒状活性炭。

纤维活性炭是一种新型高效的吸附材料,它将有机炭纤维经过活化处理后制成,具有发达的微孔结构和巨大的比表面积,并拥有众多的官能团,其吸附性能远远超过目前的普通活性炭,但对制造原料要求较高,工艺过程也较为严格。

②活性炭的一般性质。活性炭是用含炭为主的物质如煤、木屑、果壳以及含炭的有机废渣等作原料,经高温炭化和活化制得的疏水性吸附剂。活性炭的主要成分除碳以外,还含有少量的氧、氢、硫等元素,以及水分、灰分。

活性炭外观为暗黑色,具有良好的吸附性能,化学稳定性好,可耐强酸及强碱,能经受水浸、高温,比重比水轻,是多孔性的疏水性吸附剂。

③细孔构造和细孔分布。活性炭在制造过程中,挥发性有机物去除后,晶格间生成的空隙形成许多形状和大小不同的细孔。这些细孔壁的总表面积(即比表面积)一般高达 500 ~ 1 700 m²/g,这就是活性炭吸附能力强、吸附容量大的主要原因。但是比表面积相同的活性炭,对同一种物质的吸附容量并不一定相同,因为吸附容量不仅与比表面积有关,而且还与微孔结构和微孔分布、炭表面化学性质有关。

活性炭的孔径(半径)大致分为大孔($10^{-7} \sim 10^{-5}$ m)、过渡孔($2 \times 10^{-9} \sim 10^{-7}$ m)、微孔($0 \sim 2 \times 10^{-9}$ m)3 种。

一般活性炭的微孔容积为 0.15 ~ 0.90 mL/g,其表面积占总面积的 95% 以上,对吸附量的影响最大,与其他吸附剂相比,活性炭具有微孔特别发达的特征;过渡孔的容积为 0.02 ~ 0.10 mL/g,其表面积通常不超过总表面积的 5%;大孔容积为 0.2 ~ 0.5 mL/g,其表面积仅有 0.5 ~ 5 m²/g。在气相吸附中,吸附容量在很大程度上取决于微孔,而对于液相物理吸附,过渡孔起主要作用,而大孔的作用不大,但作为触媒载体时,大孔的作用甚为显著。

活性炭的性质受多种因素影响,不同的原料、不同的活化方法和条件,制得的活性炭的细孔半径也不同,表面积所占比例也不同。

活性炭的细孔分布如图 5.37 所示。

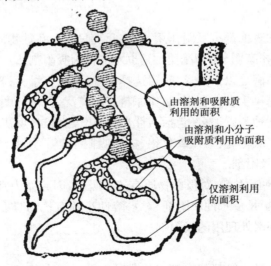

由溶剂和吸附质利用的面积

由溶剂和小分子吸附质利用的面积

仅溶剂利用的面积

图 5.37　活性炭的细孔分布及作用模式

④活性炭水处理的特点。

a.活性炭对水中有机物有较强的吸附特性。由于活性炭具有发达的细孔结构和巨大的比表面积,所以对水中溶解的有机污染物,如苯类化合物、酚类化合物、石油及石油产品等具有较强的吸附能力,而且对用生物法和其他化学法难以去除的有机污染物,如色度、异臭、亚甲蓝表面活性物质、除草剂、杀虫剂、农药、合成洗涤剂、合成染料、胺类化合物,及许多人工合成的有机化合物等都有较好的去除效果。

b.活性炭对水质、水温及水量的变化有较强的适应能力。对同一种有机污染物的污水,活性炭在高浓度或低浓度时都有较好的去除效果。

c.活性炭水处理装置占地面积小,易于自动控制,运转管理简单。

d.活性炭对某些重金属化合物也有较强的吸附能力,如汞、铅、铁、镍、铬、锌、钴等,因此活性炭用于电镀废水、冶炼废水处理上也有很好的效果。

e.饱和炭可经再生后重复使用,不产生二次污染。

f.可回收有用物质,如处理高浓度含酚废水,用碱再生后可回收酚钠盐。

(2)其他吸附剂

①树脂吸附剂。树脂吸附剂又称吸附树脂,是用一种人工合成的有机材料制造的新型有机吸附剂。它具有立体网状结构,微观上呈多孔海绵状,具有良好的物理化学性能,在150 ℃下使用不熔化、不变形,耐酸耐碱,不溶于一般溶剂,比表面积达 $800~m^2/g$。

按吸附树脂的特性,可以将其划分为非极性、弱极性、极性和强极性4种类型。在吸附树脂的制造过程中,其结构特性可以较容易地进行人为控制,如可以根据吸附质的特性要求,设计特殊的专用树脂,但价格较高。

吸附树脂具有选择性好、稳定性高、应用范围广泛等特点,吸附能力接近活性炭,比活性炭更易再生。在应用上,其性能介于活性炭与离子交换树脂之间,适用于微溶于水、极易溶于有机溶剂、分子量略大且带有极性的有机物的吸附处理,如脱色、脱酚和除油等。

②腐殖酸类吸附剂。腐殖酸是一组具有芳香结构、性质相似的酸性物质的复合混合物。腐殖酸的结构单元中含有大量的活性基团,包括酚基、羧基、醇基、甲氧基、羰基、醌基、氨基和磺酸基等。腐殖酸对阳离子的吸附性能,由上述活性基团决定。

作为吸附剂使用的腐殖酸类物质有两类:一类是直接或经简单处理后用作吸附剂的天然富含腐殖酸的物质,如泥煤、风化煤、褐煤等;另一类是将富含腐殖酸的物质用适当的黏合剂制备腐殖酸系树脂,造粒成型后应用。

腐殖酸类物质能吸附污水中的多种金属离子,尤其是重金属和放射性离子,吸附率达90%~99%。腐殖酸对阳离子的吸附净化过程包括离子交换、螯合、表面吸附、凝聚等作用,既有化学吸附,也有物理吸附。金属离子的存在形态不同,吸附净化的效果也不同。当金属离子浓度高时,离子交换占主导地位;当金属离子浓度低时,以螯合作用为主。

腐殖酸类物质在吸附重金属离子后,容易解析再生,重复利用。常用的解析剂有 H_2SO_4、HCl、NaCl、$CaCl_2$ 等。但应用中存在吸附容量不高、机械强度低、pH 值范围窄等问题,还需要进一步的研究处理。

5)吸附剂的再生

吸附剂在达到吸附饱和后,必须进行脱附再生,才能重复使用。吸附剂的再生,就是在吸附剂本身结构不发生或极少发生变化的情况下,用某种方法将被吸附的物质从吸附剂的细孔中除去,以达到能够重复使用的目的。

活性炭的再生方法有加热再生法、药剂再生法、氧化再生法等。

（1）加热再生法

加热再生法分低温和高温两种方法。

①低温法。此法适用于吸附浓度较高的简单低分子量的碳氢化合物和芳香族有机物的活性炭的再生。由于沸点较低，一般加热到 200 ℃即可脱附。一般采用水蒸气再生，可直接在塔内进行再生。被吸附的有机物脱附后可利用。

②高温法。此法适用于水处理粒状炭的再生。高温加热再生过程一般分 5 步进行：首先进行脱水，使活性炭和输送液体进行分离；其次进行干燥处理，加温到 100~130 ℃，将吸附在活性炭细孔中的水分蒸发出来，同时部分低沸点的有机物也能够挥发出来；第三步进行炭化，继续加热到 300~700 ℃，高沸点的有机物由于热分解，一部分成为低沸点的有机物进行挥发，另一部分被炭化，留在活性炭的细孔中；第四步进行活化处理，将炭化留在活性炭细孔中的残留炭用活化气体（如水蒸气、二氧化碳及氧）进行气化，达到重新造孔的目的，活化温度一般为 700~1 000 ℃；最后进行冷却处理，活化后的活性炭用水急剧冷却，防止氧化。

活性炭高温加热再生系统由再生炉、活性炭贮罐、活性炭输送及脱水装置等组成，如图 5.38 所示。

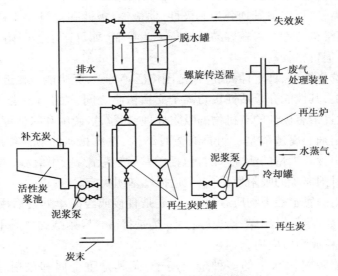

图 5.38 干式加热再生系统

几乎所有有机物都可以采用高温加热再生法再生。再生炭质量均匀，性能恢复率高（一般在 95%以上），再生时间短（粉状炭需几秒钟，粒状炭在 30~60 min），不产生有机再生废液。但再生设备造价高，再生损失率高（再生一次活性炭损失率达 3%~10%），由于高温下进行工作，再生炉内衬材料的耗量大，且需要严格控制温度和气体条件。

（2）药剂再生法

药剂再生法分为无机药剂再生法和有机溶剂再生法两类。

①无机药剂再生法。采用碱（NaOH）或无机酸（H_2SO_4、HCl）等无机药剂，使吸附在活性炭上的污染物脱附。如吸附高浓度酚的饱和炭，可以采用 NaOH 再生，脱附下来的酚为酚钠盐，可以回收利用。对于能电离的物质，最好以分子形式吸附，以离子形式脱附，即酸性物质宜

在酸里吸附,在碱里脱附;碱性物质在碱里吸附,在酸里脱附。

②有机溶剂再生法。用苯、丙酮及甲醇等有机溶剂萃取吸附在活性炭上的有机物。例如,吸附含二硝基氯苯的染料废水饱和活性炭,用有机溶剂氯苯脱附后,再用热蒸汽吹扫氯苯,脱附率可达93%。树脂吸附剂从污水中吸附酚类后,一般采用丙酮或甲醇脱附;吸附了TNT(三硝基甲苯),采用酮脱附。

药剂用量应尽量节省,控制在2~4倍吸附剂体积为宜。脱附速度一般比吸附速度慢1倍以上。药剂再生设备和操作管理简单,可在吸附塔内进行。但药剂再生,一般随再生次数的增加,其吸附性能明显降低,需要补充新炭,废弃一部分饱和炭。

(3)氧化再生法

①湿式氧化法。吸附饱和的粉状炭可采用湿式氧化法进行再生,其工艺流程如图5.39所示。饱和炭用高压泵经换热器和水蒸气加热器送入氧化反应塔。在塔内被活性炭吸附的有机物与空气中的氧反应,进行氧化分解,使活性炭得到再生。再生后的炭经热交换器冷却后,再送入再生贮槽。

②电解氧化法。将炭作阳极,进行水的电解,在活性炭表面产生的氧气把吸附质氧化分解。

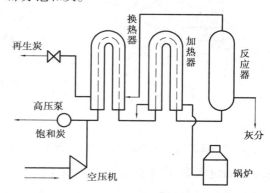

图5.39 湿式氧化法再生流程

③臭氧氧化法。利用强氧化剂臭氧,将被活性炭吸附的有机物加以氧化分解。

④生物氧化法。利用微生物的作用,将吸附在活性炭上的有机物氧化分解。

6)吸附工艺

(1)吸附操作

在水处理中,根据水的状态,可以将吸附操作分为静态吸附和动态吸附两种。

①静态吸附。静态吸附又称为静态间歇式吸附,是在水不流动条件下进行的吸附操作。其操作工艺过程:把一定数量的吸附剂投加入待处理的水中,不断进行搅拌,经过一定时间达到吸附平衡时,以静置沉淀或过滤方法实现固液分离。若一次吸附的出水不符合要求,可增加吸附剂用量,延长吸附时间或进行二次吸附,直到符合要求。静态间歇式吸附常用于小水量处理或试验研究。静态吸附常用的设备是一个池子和桶或搅拌槽。

②动态吸附。动态吸附又称为动态连续式吸附,是在水流动条件下进行的吸附操作。其操作工艺过程:污水不断地流过装填有吸附剂的吸附床(柱、罐、塔),污水中的污染物和吸附剂接触并被吸附,在流出吸附床之前,污染物浓度降至处理要求值以下,直接获得净化出水。

实际中的吸附处理系统一般都采用动态连续式吸附工艺。常用的动态吸附设备有固定床、移动床和流化床。

a.固定床。固定床是指在操作过程中将吸附剂固定填放在吸附设备中,是水处理吸附工艺中最常用的一种方式。

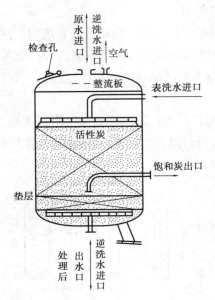

图 5.40 降流式固定床吸附塔构造示意图

固定床吸附工艺过程:当污水连续流经吸附床(吸附塔或吸附池)时,待去除的污染物(吸附质)不断地被吸附剂吸附,吸附剂的数量足够多时,出水中的污染物浓度可降低到零。在实际运行过程中,随吸附过程的进行,吸附床上部饱和层厚度不断增加,下部新鲜吸附层则不断减少,出水中污染物浓度会逐渐增加,其浓度达到出水要求的限定值时,必须停止进水,转入吸附剂的再生程序。吸附和再生可在同一设备内交替进行,也可将失效的吸附剂卸出,送到再生设备进行再生。在这项工艺中,由于再生时尚有部分吸附剂未达到饱和,所以吸附剂的利用不充分。因为这种动态设备中吸附剂在操作过程中是固定的,所以称为固定床。

根据水流方向不同,固定床又分为升流式和降流式两种形式。降流式固定床如图 5.40 所示。在降流式固定床中,水流自上而下流动,出水水质较好,但经过吸附层的水头损失较大,特别是处理含悬浮物较高的废水时,悬浮物易堵塞吸附层,因此要定期进行冲洗。有时需要在吸附层上部设冲洗设备。

在升流式固定床中,水流自下而上流动,当水头损失增大时,可适当提高水流流速,使填充层稍有膨胀(上下层不能互相混合)即可达到自清的目的。这种方式由于层内水头损失增加较慢,所以运行时间较长,但对废水入口处(底层)吸附层的冲洗不如降流式;由于流量变动或操作一时失误,就会使吸附剂流失。

根据处理水量、原水的水质和处理要求不同,固定床又可分为单床和多床(图 5.41)。多床又有串联式和并联式两种。多床并联式适用于大规模处理,出水要求较低;而多床串联式适用于小处理量,出水要求较高。

废水处理采用的固定床吸附设备的大小和操作条件,根据实际设备的运行资料建议采用下列数据:

- 塔径:1~3.5 m;
- 吸附塔(填充层)高度:3~10 m;
- 填充层高度与塔径比:(1:1)~(4:1);
- 吸附剂粒径:0.5~2 mm(活性炭);
- 接触时间:10~50 min;
- 容积(体积)速度(单位体积的吸附剂在单位时间内通过处理水的体积数):2 m³/(h·m³)以下(固定床),5 m³/(h·m³)以下(移动床);
- 线速度(单位时间内水通过吸附层的线速度,又称为空塔速度):2~10 m/h(固定床),10~30 m/h(移动床)。

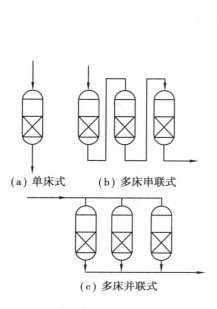

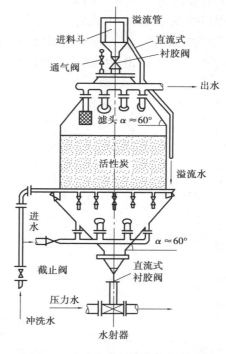

图 5.41　固定床吸附操作示意图　　图 5.42　移动床吸附塔构造示意图

b.移动床。移动床是指在操作过程中定期将接近饱和的吸附剂从吸附设备中排出,并同时加入等量的吸附剂,也称为脉冲床。在移动床中,废水从下而上流过吸附层,吸附剂由上而下间歇或连续移动,如图 5.42 所示。

移动床的工艺过程:原水从吸附塔底部流入,和吸附剂进行逆流接触,处理后的水从塔顶流出,再生后的吸附剂从塔顶加入,接近吸附饱和的吸附剂从塔底间歇地排出。这种方式较固定床能充分利用吸附剂的吸附容量,并且水头损失小。由于采用升流式,废水从塔底流入,从塔顶流出,被截留的悬浮物随饱和的吸附剂间歇地从塔底排出,故不需要冲洗设备。但这种操作方式要求塔内吸附剂上下层不能互相混合,对操作管理的要求较高。

移动床一次卸出的炭量一般为总填充量的 5%~20%,卸炭和投炭的频率与处理的水量和水质有关,从数小时到一周。在卸料的同时投加等量的再生炭或新炭。移动床高度可达 5~10 m。移动床进水的悬浮物浓度不大于 30 mg/L。移动床设备简单、出水水质好、占地面积小、操作管理方便,较大规模的废水处理多采用这种形式。

c.流化床。流化床是指在操作过程中吸附剂悬浮于由下至上的水流中,处于膨胀状态或流化状态。被处理的废水与活性炭基本上也是逆流接触。流化床一般连续卸炭和投炭,空塔速度要求上下不混层,保持炭层成层状向下移动,因此运行操作要求严格。由于活性炭在水中处于膨胀状态,与水的接触面积大,所以用少量的炭就可以处理较多的废水,基建费用低,这种操作适于处理含悬浮物较多的废水,不需要进行反冲。

由于移动床、流化床操作较麻烦,在水处理中应用较少。

(2)吸附装置设计

当设计资料缺乏时,可通过静态吸附等温线试验,确定吸附剂类型及估算处理每立方米废水所需要的吸附剂数量,再通过动态吸附穿透曲线试验确定设计参数。

吸附床的设计和运行方式的选择在很大程度上取决于穿透曲线。穿透曲线是出水浓度随时间变化所得到的曲线。动态吸附试验的工作过程如图 5.43 所示,通过监测不同吸附时间出水中吸附质的浓度,以出水中的吸附质浓度 C 为纵坐标,接触时间 t 为横坐标,把测定结果绘制成穿透曲线。

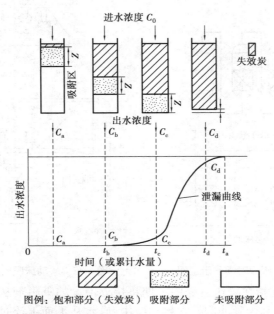

图 5.43　动态吸附试验的工作过程(穿透曲线)

当沿吸附柱不同高度,定时监测处理水中吸附质浓度或吸附剂中的吸附量时,可以发现吸附层分为 3 个区域:失去吸附能力的饱和区、正在吸附的吸附区、未吸附区。吸附过程的实质就是吸附区沿水流方向向下移动的过程,当吸附区移动到柱底部时,吸附带的前沿达到柱内整个吸附剂层的下端,此时出水浓度不再保持 $C = 0$,开始出现污染物质,这一时刻就称为吸附柱工作的穿透点(C_b 点),此时必须停止进水,进行再生,若继续进行吸附,则出水吸附质浓度(C_d 点)很快上升至接近于进水浓度,吸附剂则完全饱和,失去吸附能力。

如果以处理水的要求作为穿透点(C_c 点),则吸附区厚度 Z 可以通过下式计算:

$$Z = L(1 - t_c/t_d) = v(t_d - t_c) \tag{5.24}$$

式中:Z——吸附区厚度,m;

　　L——炭床厚度,m;

　　t_c——从进水开始到吸附层穿透的时间,h;

　　t_d——从进水开始到吸附层耗竭的时间,h;

　　v——滤速,即水流通过吸附层的速度,m/h。

吸附区厚度的影响因素有很多,如进水水质、滤速、吸附剂粒径、处理要求等。进水水质浓度越大,滤速和吸附剂粒径越大,处理要求越高,吸附区厚度就越大。吸附区内吸附剂的吸附能力只是部分被利用,其厚度是保证处理要求的最小厚度,厚度越大,吸附剂的利用率越低。在生产上需要通过试验确定合理的设计和运行参数。

吸附塔的设计方法有多种,下面简要介绍通水倍数法。

①设计步骤:

a.选定吸附操作方式。

b.参考经验数据,选择最佳空塔流速 V_L。

c.根据吸附柱试验,求得通水倍数 n(单位质量吸附剂所能处理的水的质量)。

d.根据水流速度和出水要求,选择最合适炭层高度 h(或接触时间 t)。

e.选择吸附装置的个数 N 以及使用方式。

f.计算吸附塔总面积 F 和单个吸附塔的面积 f:

$$F = Q/V_L \tag{5.25}$$
$$f = F/N \tag{5.26}$$

g.计算再生规模,即每天需再生的饱和炭量 W:

$$W = \sum Q/n \tag{5.27}$$

②设计参数:工程中有关数据应按水质、吸附剂品种及试验确定。

【例5.1】 某炼油厂拟采用活性炭吸附法进行炼油废水深度处理,处理水量 Q 为 $600\ \mathrm{m^3/h}$,废水 COD 平均为 $90\ \mathrm{mg/L}$,出水 COD 要求小于 $30\ \mathrm{mg/L}$,试计算吸附塔的主要尺寸。

【解】 根据动态吸附试验结果,决定采用间歇式移动床活性炭吸附塔,主要设计参数如下:空塔速度 $V_L = 10\ \mathrm{m/h}$;接触时间 $T = 30\ \mathrm{min}$;通水倍数 $n = 6.0\ \mathrm{m^3/kg}$;活性炭填充密度 $P = 0.5\ \mathrm{t/m^3}$。

吸附塔总面积:$F = \dfrac{Q}{V_L} = \dfrac{600}{10} = 60\ (\mathrm{m^2})$

吸附塔个数:采用 4 塔并联,$N = 4$,每个吸附塔的过水面积为:

$$f = \frac{60}{4} = 15\ (\mathrm{m^2})$$

吸附塔直径:$D = \dfrac{4f}{\pi} = 4.5\ (\mathrm{m})$

每个吸附塔的炭层高度:$h = V_L T = 10 \times 0.5 = 5\ (\mathrm{m})$

每个吸附塔填充活性炭的体积:$V = f h = 15 \times 5 = 75\ (\mathrm{m^3})$

每个吸附塔填充活性炭的质量:$G = VP = 75 \times 0.5 = 37.5\ (\mathrm{t})$

每天需再生的活性炭质量:$W = \dfrac{24Q}{n} = 2.4\ (\mathrm{t})$

(3)吸附容量的利用

从穿透曲线可知,吸附柱出水浓度达到穿透点 C_a 时,吸附带并未完全饱和,如继续通水,尽管出水浓度不断增加,但仍能吸附相当数量的吸附质,直到出水浓度等于原水浓度 C_0 为止。这部分吸附容量的利用问题,特别是吸附带比较长或不明显时,是设计时必须考虑的重要问题之一。这部分吸附容量的利用,一般有以下两种途径:

①采用多柱串联操作。假设采用如图 5.44 所示的三柱串联操作。开始时按Ⅰ柱、Ⅱ柱、Ⅲ柱的顺序通水,当Ⅲ柱出水吸附质浓度达到穿透浓度时,Ⅰ柱中的填充层已接近饱和,再生Ⅰ柱,将备用的Ⅳ柱串联在Ⅲ柱后面。以后按Ⅱ柱、Ⅲ柱、Ⅳ柱的顺序通水,当Ⅱ柱出水浓度达

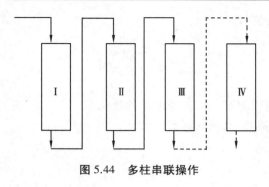

图 5.44　多柱串联操作

到穿透浓度时,Ⅱ柱进行再生,把再生后的Ⅰ柱串联在Ⅳ柱后面。这样进行再生的吸附柱中的吸附剂都是接近饱和的。

②采用升流式移动床操作。污水自下而上流过填充层,最底层的吸附剂先饱和。如果每隔一定时间从底部卸出一部分饱和的吸附剂,同时在顶部加入等量的新的或再生后的吸附剂,这样底部卸出的吸附剂都是接近饱和的,从而能充分地利用吸附剂的吸附容量。

5.4　工业废水的生物处理

5.4.1　工业废水的可生化性

可生化性也称为生物可降解性,即工业废水中有机污染物被生物降解的难易程度。确定工业废水的可生化性,对于处理方法选择、确定进水量、有机负荷具有重要意义。评价废水中有机物的生物降解性和抑制性指标有水质指标、微生物好氧速率、微生物脱氢酶活性以及有机化合物分子结构。

(1)水质指标

BOD_5/COD_{Cr}体现废水中可生物降解的有机物占总有机物量的比值,用该值来评价废水在好氧条件下的微生物可降解性。$BOD_5/COD_{Cr}<0.30$ 时,废水含有大量难生物降解的有机物;$BOD_5/COD_{Cr}>0.45$ 时,废水易生物处理;BOD_5/COD_{Cr} 为 $0.30\sim0.45$ 时可生化处理,比值越高,表明废水采用好氧生物处理所达到的效果越好。

(2)微生物耗氧速率

根据微生物与有机物接触后耗氧速率变化,可评价有机物的降解和微生物被抑制或毒害的规律。表示耗氧速率随时间变化的曲线称为耗氧曲线。曲线是以时间为横坐标,以生化反应过程中的耗氧量为纵坐标作图得到的曲线,主要取决于废水中有机物的性质。测定耗氧速率的仪器有瓦勃氏呼吸仪和电极式溶解氧测定仪。处于内源呼吸期的活性污泥耗氧曲线称为内源呼吸耗氧曲线,投加有机物后的耗氧曲线称为底物(有机物)耗氧曲线。一般用底物耗氧速率与内源呼吸速率的比值来评价有机物的可生化性。

(3)微生物脱氢酶活性

微生物对有机物的氧化分解在各种酶的参与下完成,其中脱氢酶起重要作用,它能使被氧化有机物的氢原子活化并传递给特定的受氢体,单位时间内脱氢酶活化氢的能力表现为它的活性,脱氢酶对毒物的作用非常敏感,有毒物存在时活性(单位时间内活化氢的能力)将下降。通过测定微生物的脱氢酶活性可以评价废水中有机物的可生化性。如果在以某种废水(有机污染物)为基质的培养液中生长的微生物脱氢酶的活性增加,则表明微生物能够降解该种废水(有机污染物)。

(4)有机化合物分子结构

有机物的生物降解性与其分子结构有关:

①对于烃类化合物,链烃比环烃易分解,直链烃比支链烃易分解,不饱和烃比饱和烃易分解。

②官能团的性质、多少以及有机物的同分异构作用,对其可生化性影响很大。如含有羧基(R—COOH)、酯类(R—COO—R)或羟基(R—OH)的非毒性脂肪族化合物属易生物降解有机物,含有二羧基(HOOC—R—COOH)的化合物比单羧基化合物较难降解;伯醇、仲醇非常容易被生物降解,叔醇较难降解,因为叔碳原子的键十分稳定,它不仅能抵抗一般的化学反应,对生化反应也具有很强的抵抗能力;卤代作用将使生物降解特性降低,卤代化合物的生物降解性随卤素取代程度的提高而降低。

③含有羰基(R—CO—R)或双键(—C=C—)的化合物属中等程度可生物降解的化合物,微生物需要较长的驯化时间。

④有机化合物在水中的溶解度直接影响可生化性,如油在水中的溶解度很低,很难与细菌接触并为其利用,因此油的生物降解性能差。

⑤含有氨基(R—NH₂)或羟基(R—OH)化合物的生物降解性取决于与基团连接的碳原子的饱和程度,并遵循如下顺序:伯碳原子>仲碳原子>叔碳原子。

5.4.2 工业废水的好氧生物处理

1)活性污泥法

活性污泥法处理工业废水时,常见的影响因素是营养和混合液温度。

(1)营养

微生物在其生命活动过程中,所需的营养物质包括 C、N、P 以及 Na、K、Ca、Mg、Fe、Ni 等。生活污水一般能提供活性污泥微生物的最佳营养源,其 $BOD_5:N:P=100:5:1$。经过初次沉淀池或水解酸化工艺等预处理后,BOD_5 值有所下降,N 和 P 含量相对提高,这样进入生物处理系统的污水,其 $BOD_5:N:P$ 比值可能变为100:20:2.5。对工业废水而言,上述营养比一般不能满足,此时需补充相应组分,以保证活性污泥法的正常运行。

当废水中氮源不足时,会发生多糖类物质在微生物细胞内的积累,当积累超过一定限度时,会影响有机物的去除率,还会刺激丝状微生物的生长,易被微生物利用的氮源形式为铵(NH_4^+)或硝酸根(NO_3^-)。废水中以蛋白质或氨基酸形式存在的有机氮化合物,必须先通过微生物水解产生铵,才能被微生物利用。对以有机氮为主要氮源的工业废水,必须通过试验来确定有机氮被微生物利用的有效性,因为某些芳香族氨基化合物或脂肪族叔氨基化合物不易被水解为铵。

废水中的磷必须以溶解性正磷酸盐的形式才能被微生物利用,因此含磷无机物和有机物必须先被微生物水解为正磷酸盐。氮和磷不足时,会造成有机物(BOD_5)去除率下降。

(2)混合液温度

混合液温度在 4~31 ℃范围内,反应速度常数 K 与混合液温度 T 的关系式为

$$K_T = K_{20}\theta^{(T-20)} \tag{5.28}$$

式中:T——混合液温度,℃;

K_{20}——混合液温度为 20 ℃时的反应速度常数,d^{-1};

K_T——混合液温度为 T ℃时的反应速度常数,d^{-1};

θ——温度修正系数。

生活污水 θ 为 1.015,K 受温度影响较小。工业废水的 K 一般受温度影响较大。对浓度较

高的溶解性有机废水,θ 为 1.01~1.1。工业废水的 θ 应通过试验确定。实践表明,温度为 36 ℃时,污泥絮凝体良好且有原生动物存在;温度为 43 ℃时,污泥絮凝体发生解体且不存在原生动物和丝状微生物。

某些工业废水混合液温度从 25 ℃下降到 5~8 ℃时,出水悬浮物浓度上升,悬浮物呈高度分散状态,不能被普通二次沉淀池去除。如某有机化学试剂厂有机废水,夏季混合液平均温度为 28 ℃时,出水悬浮物平均浓度为 42 mg/L;冬季混合液平均温度为 15 ℃时,出水悬浮物平均浓度上升到 104 mg/L。

混合液温度一般以 15~35 ℃为宜,超过 35 ℃或低于 15 ℃时,处理效果下降。北方冬季温度低,宜将曝气生物反应池建于室内。

2)生物膜法

(1)生物膜法处理工业废水特点

①生物膜对水质、水量的变化有较强的适应性,操作稳定;

②生物膜中的生物相比活性污泥法丰富,沿水流方向生物种群分布合理;

③不会发生污泥膨胀,运行管理方便;

④存在高营养级的微生物,有机物代谢时较多地转化为能量,合成新细胞(剩余污泥)量较少;

⑤微生物量较难控制,因而在运行方面灵活性较差;

⑥设备容积负荷有限,空间效率较低。

按生物膜与废水接触方式不同,生物膜法设备可分为填充式和浸没式两类。填充式设备有生物滤池,浸没式有接触氧化法和生物流化床。

(2)生物滤池

生物滤池采用塑料填料,有效高度可达 12 m,水力负荷可达 200 m³/(m²·d)。对于某些工业废水,根据水力负荷及填料深度的不同,BOD_5 去除率可达 90%。为避免滤池蝇滋生,要求最小水力负荷为 29 m³/(m²·d)。处理含碳废水时,为避免滤池堵塞,填料比表面积最大为 100 m²/m³。比表面积大于 320 m²/m³ 的滤料可用于硝化,此时污泥产率低。由于溶解性工业废水的反应速率比较低,对这类废水进行高去除率处理时,不宜选用生物滤池。但塑料填料滤池可用于高浓度废水的预处理。

(3)生物接触氧化

生物接触氧化是一种介于活性污泥法与生物滤池两者之间的生物处理技术,兼具两者的优点,是目前工业废水生物处理采用较广泛的一种方法。

①工艺选择。生物接触氧化法有很多种处理流程,应根据废水种类、处理程度、基建投资和地方条件等因素确定。工业废水处理量小,要求操作简单、管理方便、运行稳定。由于一段法比二段法或多段法简单,在工业废水处理中常采用一段法。为了适应不同负荷下的微生物生长,提高总处理效率,多采用推流式或多格的一段法,在高负荷和低负荷各格的填料密度和曝气强度不一定相同,使装置的设计更加合理。

②填料选择。填料关系到处理效果和建设投资。填料的比表面积、生物附着性、是否易于堵塞、价格是重要因素。填料在投资中所占比重较大,有的填料虽性能稍差,但价格便宜,也可考虑选用,在设计时可采取适当增加接触时间等方法予以弥补。

③接触停留时间的确定。接触停留时间越长，处理效果越好，所需池容和填料量多；接触时间短，会导致氧化不完全，影响难降解物质的处理效果。接触停留时间应根据水质、处理程度要求、填料种类，通过试验或同类工厂的运行资料确定。当处理生活污水或与其水质类似的工业废水时，由于污水浓度低，可生化性高，可采用较短的接触停留时间，一般为 0.8~1.2 h；而处理工业废水，由于废水种类不同，其成分和浓度差异很大，可生化性不一，应采用不同的接触停留时间。处理一般浓度（COD 在 500 mg/L 左右）的工业废水，如印染废水、含酚废水，接触停留时间一般采用 3~4 h。处理浓度较高（COD 在 1 000 mg/L 左右）的工业废水，如绢纺废水、石油化工废水等，接触停留时间宜取 10~14 h。

④气水比的确定。确定气水比时应留有余地。特别是处理 BOD_5 浓度较高的工业废水时，由于 BOD_5 负荷高，生物膜数量多，耗氧速率高；进水不均匀，有机负荷变化大，以及鼓风机使用年限和电力供应等因素的影响，气水比应留有适当余地，以增加运行上的灵活性。

⑤防止填料堵塞。选择填料时要考虑废水的水质，在处理高浓度有机废水时，选用不易堵塞的填料。在印染、啤酒、石化、农药废水处理中多选用软性纤维填料、半软性填料，这些填料一般不会发生堵塞。

在一个生产班次中，定期加大气量冲洗填料，每次冲洗 5~10 min，对于吹脱填料上衰老的生物膜、防止填料堵塞非常有效。

采用蜂窝填料时，可分层设置填料，每层填料厚度为 0.8~1.0 m，层间留有 0.25~0.3 m 的空隙，层间空隙有重新整流的作用，以防止堵塞。

5.4.3 工业废水的厌氧生物处理

1）厌氧生物处理工业废水的特点

①处理能效高，容积小，占地面积小，可降低基建投资和运行费用。

②能耗低，且可回收生物能源（沼气），是产能型废水生物处理工艺。

③污泥产量低，且生成的污泥较稳定。

④应用范围广。好氧法适用于处理低浓度有机废水，对高浓度有机废水需用大量水稀释后才能进行处理；而厌氧法可处理高浓度有机废水，也可处理低浓度有机废水。有些有机物好氧微生物对其是难降解的，而厌氧微生物对其却是可降解的。

⑤厌氧处理设备启动时间长，因为厌氧微生物增殖缓慢，启动时经接种、培养、驯化达到设计污染浓度的时间比好氧生物处理长。

⑥处理后出水水质差，往往需要进一步处理才能达到排放标准，故厌氧生物处理常作为好氧生物处理的预处理。

2）工程应用

厌氧接触法的工艺特征是在厌氧反应器后设沉淀池，污泥进行回流，使厌氧反应器内能维持较高的微生物浓度，降低水力停留时间，减少出水微生物浓度，在反应器与沉淀池之间设脱气器，维持约 5 000 Pa 的真空度，尽可能将混合液中的沼气脱除。但这种措施不能抑制产甲烷菌在沉淀池内继续产气，会导致沉淀池已下沉的污泥上翻，固液分离效果不佳，出水中 SS、COD、BOD_5 等各项指标较高，回流污泥浓度因此较低，影响反应器内污泥浓度的提高。可采取下列措施：

①在反应器与沉淀池之间设冷却器，使混合液的温度由 35 ℃降至 15 ℃，以抑制产甲烷菌

在沉淀池内活动,冷却器与脱气器联用能够有效防止污泥上浮。

②投加混凝剂提高沉淀效果。

5.4.4 工业废水的厌氧、好氧处理

厌氧处理后出水水质较差,往往需要进一步处理才能达到排放标准。一般在厌氧处理后串联好氧生物处理。以处理玉米为原料的淀粉废水为例,废水中主要含蛋白质、脂肪、纤维素等。废水先提取蛋白进行预处理,能够获得营养丰富的蛋白饲料,同时减轻后续生物处理的负荷。废水处理工艺流程如图 5.45 所示。

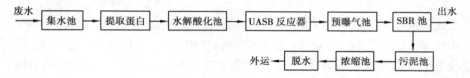

图 5.45 废水处理工艺流程

厌氧生物处理采用 UASB 反应器,大部分有机污染物在厌氧反应器中降解。反应器采用 38 ℃中温发酵,共 4 座,每座容积为 1 350 m^3,停留时间为 24 h,有机负荷率为 8 kg COD/(m^3 · d),COD 去除率为 80%,BOD_5 去除率为 90%。

好氧生物处理采用 SBR 工艺,以 8 h 为一周期,即进水 2 h、曝气 4 h、沉淀 1 h、排水 1 h。该工艺 COD 去除率为 90%,BOD_5 去除率为 95%,并具有除磷脱氮功能。

本章小结

工业废水包括工业生产过程中产生的废水、污水和废液。由于工业企业众多,产品种类各异,水质复杂,本章内容按照处理方法不同,以物理处理、化学处理、物理化学处理和生物处理为主线,系统介绍了工业废水的处理工艺原理和方法,要求学生能够了解各种方法所针对的废水水质,熟悉基本原理和工艺流程,能够对某种性质的工业废水进行方案设计和运行维护。

习 题

1.常见的工业废水有哪些? 去除的主要对象是什么?

2.常见的工业废水处理物理方法、化学方法以及物理化学方法各有哪些?

3.工业废水的生物处理方法有哪些?

4.渗透和渗析的区别是什么?

5.什么是气浮法? 其工艺原理是什么?

6.吸附法去除污染物的原理是什么?

7.从废水的来源、工艺流程、出水要求等方面比较城镇污水处理和工业废水处理有何不同。

8.工业废水处理工艺如何设计? 主要包括哪些内容?

附　录

下面摘录了 2020 年全国职业院校技能大赛改革试点赛水处理技术竞赛规程、水处理技术职业技能标准、水处理技术赛卷以及评分参考标准,请扫描二维码阅读。

竞赛规程

职业技能标准

赛卷

评分参考标准

参考文献

[1] 严煦世,范瑾初.给水工程[M].4 版.北京:中国建筑工业出版社,1999.

[2] 张自杰.排水工程:下[M].4 版.北京:中国建筑工业出版社,2015.

[3] 张玉先.给水工程[M].北京:中国建筑工业出版社,2011.

[4] 龙腾锐,何强. 排水工程:第 2 册[M].北京:中国建筑工业出版社,2015.

[5] 郭茂新.水污染控制工程学[M].北京:中国环境科学出版社,2005.

[6] 纪轩.废水处理技术问答[M].北京:中国石化出版社,2003.

[7] 王国华,任鹤云.工业废水处理工程设计与实例[M].北京:化学工业出版社,2005.

[8] 郭正,张宝军.水污染控制与设备运行[M].北京:高等教育出版社,2007.

[9] 郭正,张宝军.水污染控制技术实验实训指导[M].北京:中国环境科学出版社,2007.

[10] 钟琼.废水处理技术及设施运行[M].北京:中国环境科学出版社,2008.

[11] 张宝军.水处理工程技术　素材库[M].北京:中国建筑工业出版社,2007.

[12] 张宝军.水污染控制技术[M].北京:中国环境科学出版社,2007.

[13] 张宝军.给水排水技术[M].北京:中国劳动社会保障出版社,2010.

[14] 中华人民共和国住房和城乡建设部.室外排水设计标准:GB 50014—2021[S].北京:中国计划出版社,2021.

[15] 中华人民共和国住房和城乡建设部.室外给水设计标准:GB50013—2018[S].北京:中国计划出版社,2018.

[16] 张宝军,黄华圣.水环境监测与治理职业技能设计[M].北京:中国环境出版集团,2020.